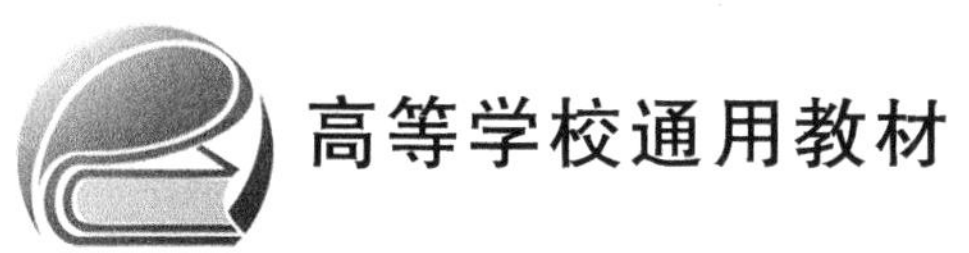

新概念航天器设计

徐 明　白 雪　郑亚茹　编著

北京航空航天大学出版社

内 容 简 介

本书对新概念航天器进行了较全面的论述。全书共分13章，主要包括绪论、基础篇和新概念篇三部分。绪论概述航天工程五大系统的具体内容，并介绍航天器研制过程，以及航天器面临的飞行空间环境。基础篇分别介绍以CubeSat立方星为例的总体及其各分系统设计，基于Agent的卫星系统建模与分布式仿真，基于价值导向的卫星架构设计和超低轨道卫星基础知识。新概念篇基于我国目前的创新技术，结合相关理论验证，给出8种原创航天器案例，包括平动点和金星探测器新构型设计、可控元件的帆式航天器设计、风筝卫星、可重构组合式立方体卫星、变速绳系卫星、电动泵火箭与上面级、分布式月球软着陆系统、潜在小行星探测概念设计。

本书可作为高等院校航空航天专业本科生、研究生教材或学习读物，也可供从事相关专业的技术人员参考。

图书在版编目(CIP)数据

新概念航天器设计 / 徐明，白雪，郑亚茹编著. -- 北京 ：北京航空航天大学出版社，2020.9

ISBN 978-7-5124-3342-7

Ⅰ. ①新… Ⅱ. ①徐… ②白… ③郑… Ⅲ. ①航天器—设计 Ⅳ. ①V423

中国版本图书馆CIP数据核字(2020)第161406号

新概念航天器设计

徐 明　白 雪　郑亚茹　编著

责任编辑　张冀青

*

北京航空航天大学出版社出版发行

北京市海淀区学院路37号(邮编100191)　http://www.buaapress.com.cn

发行部电话：(010)82317024　传真：(010)82328026

读者信箱：goodtextbook@126.com　邮购电话：(010)82316936

北京九州迅驰传媒文化有限公司印装　各地书店经销

*

开本：787×1 092　1/16　印张：18.75　字数：480千字

2020年10月第1版　2020年10月第1次印刷　印数：1 000册

ISBN 978-7-5124-3342-7　定价：59.00元

前　言

现代航天器技术自20世纪起步以来，在全世界各个国家的不断创新探索中，取得了辉煌的成就。从1957年苏联发射人类第一颗人造卫星、1969年美国宇航员阿姆斯特朗在月球迈出"人类的一大步"，到2011年国际空间站完成建造任务转入全面使用阶段、2019年中国嫦娥四号探测器首次实现人类在月球背面着陆，再到未来2022年前后中国自主研制的空间站将开始运营，航天技术的发展与近百年来世界科学技术的进步交相辉映。一方面，航天器技术是高技术密集的综合性尖端科学技术，集成了机械、通信、电子、控制及材料等多个学科的创新成果，是人类诸多科技和工业高新技术的最佳体现，并成为推动概念与技术重大创新以及探索人类未知领域的前沿阵地。另一方面，航天器技术是一项庞大的系统工程，体现了一个国家稳健的人才储备、发达的科学技术、完善的工业体制、雄厚的科研实力，等等，是衡量一个国家综合实力的重要标志。

近年来，随着航天器技术在应用层面的不断发展和各个学科新兴技术在基础理论上的完善创新，各种打破传统航天器形式的新概念航天器成为探索航天领域转型发展的最新阵地。微小卫星、太阳帆应用、模块化设计、人工智能等概念的突破技术，被众多科研机构和高校纳入研究范围，实现了航天器技术应用模式的创新和应用能力的拓展。

本书围绕航天领域科技最新进展和未来发展趋势，针对航天器相关领域的创新进行论述。本书共分13章，第1章绪论，概述航天工程作为系统工程的主要概念与内容，包括航天发射场、测控网、运载器、航天器、应用系统在内的航天工程组成，航天器研制过程，以及在进行航天器设计时必须考虑的飞行空间环境三部分，为新概念航天器设计提供了理论基础。之后的章节分为基础篇和新概念篇，分别从航天器设计典型案例和新概念航天器方案两方面对航天器设计进行介绍。

基础篇(第2～5章)：第2章以技术"小而精"的CubeSat立方星作为切入点，系统介绍卫星的总体设计及其各分系统设计，并给出CubeSat立方星任务实例。第3章介绍一种基于Agent的卫星系统建模与分布式仿真，自顶向下分析，自底向上综合构建有效的建模仿真方法。第4章以价值为中心，给出一种基于价值导向的卫星架构设计。第5章以超低轨道卫星作为卫星设计案例，具体分析设计约束、预算算法、优化方案及质量评估等内容。

新概念篇(第6～13章)：着眼于国家航天重大战略，结合目前我国航天创新技术和相关理论验证，给出8种原创航天器案例：平动点和金星探测器新构型设计(第6章)、可控元件的帆式航天器设计(第7章)、风筝卫星(第8章)、可重构组合式立方体卫星(第9章)、变速绳系卫星(第10章)、电动泵火箭与上面级(第11章)、分布式月球软着陆系统(第12章)、潜在小行星探测概念设计(第13章)。

本书可作为高等院校航空航天专业本科及研究生的教材或学习读物，也可供从事相关专业的技术人员参考。本书配有课件，仅供订购教材的教师使用，索取邮箱 goodtextbook@126.com，联系电话 010－82317738。

本书由北京航空航天大学宇航学院徐明、白雪、郑亚茹承担了主要撰写与校对工作。课题组（按姓氏笔画排序）马越辰、左小玉、冯展、李庆龙、陈天冀、陈琳、郜义蒙、葛瑞谦等同学对本书提出了有益的建议。

由于编者水平有限，编写时间仓促，书中难免出现疏漏和不足之处，敬请广大读者批评指正。

作　者

2020 年 7 月

于北京航空航天大学

目　　录

基础篇

新概念篇

第1章　绪　论

人类科学技术的每一次飞跃式的提高，都伴随着人类活动疆域的不断扩展。从陆地到海洋，从海洋到天空，地球慢慢变成了地球村。而在1957年10月4日，世界上第一颗人造地球卫星发射成功，它标志着我们能够脱离大气层，将探索的脚步迈入了无穷无尽的太空。从此，在浩瀚的宇宙中，人类的足迹开始向四周扩散。

近半个多世纪以来，航天技术在不断地取得一个又一个进展，航天技术在国民经济、科学研究、军事活动、社会生活的众多部门都有着广泛的应用，并深刻而长远地改变了这个世界[1]。1957—2007年整整50年间，世界各国共计发射了6 614个航天器，60多个国家和地区参与了研制和发射，170多个国家和地区在开发应用航天技术成果。航天技术产业早已深入全世界人民生活中的方方面面，无法分割。

而在世界各国发射的航天器中，人造地球卫星占总数的90%以上，是目前人类探索、开发和利用太空的最主要工具。航天技术主要通过人造地球卫星转化为直接的生产力和国防实力，并可以带来可观的经济效益。人造卫星成为世界各国航天事业的主要工作内容，卫星工程也成为航天技术的重要组成部分。

1.1　航天工程组成

航天工程所包括的范围很广，对于应用卫星来说，一般分为五大系统，即航天器（包括卫星、飞船、空间站、深空探测器、航天飞机等）、运载器（包括运载火箭、航天飞机）、航天发射场、航天测控网（包括地面测控站、测控船等）和航天应用系统（包括地面接收站、数据处理分发机构）。这五大系统分别实现不同的功能：航天应用系统重点在于如何使用所发射的航天器，其余四个系统则是为如何使用航天器创造条件。具体来说，航天器系统负责设计和制造航天器，运载器和发射场系统负责将航天器送入太空，测控网负责对航天器进行管理。

在美国，航天器对应着美国的波音、洛马或者其他卫星制造商，航天应用系统对应着气象局、海洋局、天文台、总参谋部等这样的用户。后者对前者提出产品需求，前者需要为后者提供后期维护。而运载器、发射场、测控网这些系统为它们提供着第三方支持。运载器和发射场提供了卫星入轨前的短期支持，测控网提供了卫星入轨后的长期支持。

1.1.1　航天发射场

航天发射场是提供火箭发射卫星的场所，图1-1为卫星的典型发射程序。火箭起飞后，在控制系统的控制下，分别完成程序转弯、助推器脱落、上面级火箭的点火与关机、级间分离和整流罩分离等；当火箭到达入轨点时，有效载荷与火箭分离，进入预定轨道运行，这时运载火箭的发射工作圆满结束。

发射场的地理纬度与卫星轨道倾角存在以下关系：

$$\sin\phi = \sin i \cdot \sin(\omega + \theta)$$

式中：ϕ 为发射场的地理纬度，i 为轨道倾角，ω 为近地点幅角，θ 为真近点角，如图 1-2 所示。

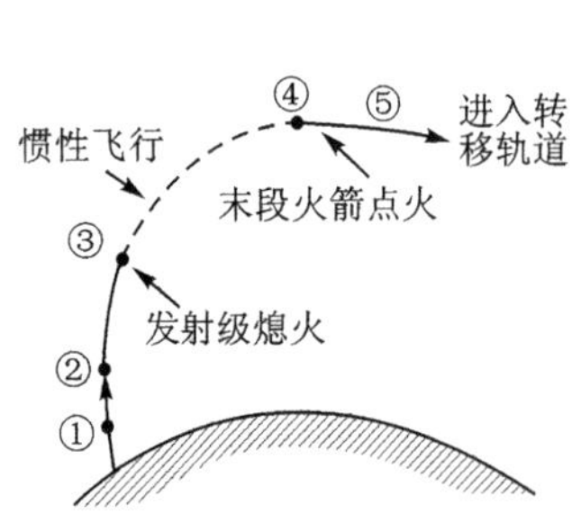

图 1-1　卫星的发射程序

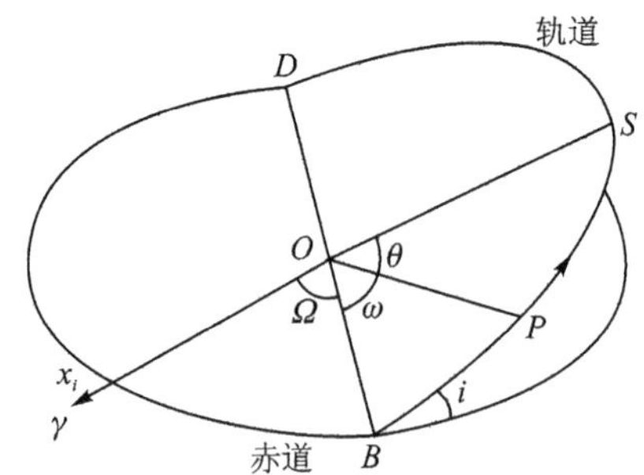

图 1-2　发射场的地理纬度与卫星轨道倾角的关系

此处可以理解为发射场只能发射倾角比自身纬度更高的轨道。所以发射场的纬度越低，所能发射的轨道类型就越多。全球纬度最低的发射场是在赤道附近的法属圭亚那发射场。

目前我们国家有四个发射场：酒泉航天发射中心、太原航天发射中心、西昌航天发射中心以及海南文昌发射基地[2]。发射场除了提供发射塔这样的装置外，还要完成运载火箭和航天器的装配、测试。

发射场的职能具体包括：

① 航天器和运载器的测试和组装，提供燃料加注、供电等；

② 发射装置；

③ 发射场的遥测：Ⅰ、Ⅱ、Ⅲ级火箭飞行段跟踪测量，光学和雷达等设备进行外弹道测量，火箭遥测参数接收(非热障区)；

④ 与测控网等通信，以及校时；

⑤ 宣布发射是否成功。

1.1.2　航天测控网

航天测控网是完成运载火箭、航天器跟踪测轨、遥测信号接收与处理、遥控信号发送任务的综合电子系统[3]。由于地球曲率的影响，以无线电微波传播为基础的测控系统，用一个地点的地面站不可能实现对运载火箭、航天器进行全航程观测，需要用分布在不同地点的多个地面站“接力”连接才能完成测控任务。航天测控网由多个测控站、测控中心和通信系统构成。

中国航天测控网从 1967 年开始建设，已建成西安卫星测控中心、北京指控中心，其下属的喀什、厦门等测控站，以及卫星海上测控部在内的、功能完善的测控系统，先后完成了我国多种卫星和 10 次“神舟”无人飞船的测控任务，还为多颗商用卫星提供了测控支持[4]。

通常由酒泉或太原基地发射倾角在 90°附近的极地轨道航天器[5]。由于整个过程都在我国境内，因此仅需要依靠三亚、厦门等测站就可以完成测控。对于由西昌或文昌基地发射的低倾角轨道航天器，火箭起飞后不久就进入东南沿海，这个时候，就需要卫星海上测控部派遣远望号测量船出海进行临时测控。

值得一提的是，远望号测量船是中国航天远洋测控船队的总名称，中国目前拥有 7 艘远洋测控船，分别命名为远望一号至远望七号[6]。远望号测量船由中国在 20 世纪 70 年代研制成功，曾参加过“神六”飞船载人航天试验等多次大型活动。

总的来说，测控网有着如下的职能：西安测控中心和北京指挥中心负责组网、汇集数据，制定测控计划并下达各站点的测控任务，轨道改进，长期运管；测控站负责上注指令，遥测健康数据；远望船负责非太阳同步轨道发射期间的测控保障。

1.1.3 运载器

运载器则是用来把战斗部送向目标的一种可控制的飞行器，由结构系统、动力装置系统和控制系统等组成[3]。运载器可以是有控的火箭，也可以是其他类型的飞行器。弹道式导弹都用有控火箭作运载器，而在大气层内飞行的巡航导弹，其运载器则是一种用空气喷气发动机(涡轮喷气发动机或冲压喷气发动机)作动力装置、类似无人驾驶飞机一类的飞行器。用有控火箭作运载器，这种运载器亦称为运载火箭。运载火箭一般为2～4级，用于把人造地球卫星、载人飞船、航天站或行星际探测器等送入预定轨道。末级有仪器舱，内装制导与控制系统、遥测系统和发射场安全系统。我国共研制了12种不同类型的长征系列火箭。之后，随着航天器类型与数量的增多，航天发射范围的扩大，发射航天器的运载火箭开始独立发展并自成系列，如图1-3所示，长征三号系列、长征四号系列运载火箭就是专为发射不同轨道的航天器而研制的专用运载火箭[4]。

图1-3 长征系列运载火箭部分成员

双曲线一号运载火箭是一种采用垂直热发射方式的四级小型固体商业运载火箭。

火箭技术是一项十分复杂的综合性技术，主要包括火箭推进技术、总体设计技术、火箭结构技术、控制和制导技术、计划管理技术、可靠性和质量控制技术、试验技术；对导弹来说，还有弹头制导和控制、突防、再入防热、核加固和小型化等弹头技术。

1.1.4 航天器

航天器，又称空间飞行器、太空飞行器，是按照天体力学的规律在太空运行，执行探索、开发、利用太空和天体等特定任务的各类飞行器的总称。航天器主要分为卫星、飞船、空间站、深空探测器、航天飞机这五个大类[5]。

首先，作为航天器中最多的一类——人造地球卫星，是指环绕地球飞行并在空间轨道运行一圈以上的无人航天器，它是发射数量最多、用途最广、发展最快的航天器。主要用于科学探测和研究、天气预报、土地资源调查、土地利用、区域规划、通信、跟踪及导航等各个领域，并且按用途可分为科学卫星、技术试验卫星和应用卫星三大类。其中，科学卫星是指用于科学探测和研究的卫星；技术试验卫星是指进行新技术试验或为应用卫星进行试验的卫星；应用卫星是指以遥感、侦察、通信等为使用目的的卫星。因此，遥感、侦察、通信等功能都是通过相机、雷达、转发器等有效载荷设备实现的。支持这些有效载荷的平台，分为实体的结构平台和服务支持系统，后者又分为电源、姿轨控、热控、遥控遥测及数管等分系统。目前我国在轨活跃的卫星总数已达到 200 颗，位列世界第二，已初步形成了返回式遥感卫星系列、"东方红"通信广播卫星系列、"风云"气象卫星系列、"实践"科学探测与技术试验卫星系列、"资源"地球资源卫星系列和"北斗"导航定位卫星系列等六大卫星系列。

就卫星的发展趋势，可将其分为大型整体式和小型分布式。前者卫星越做越大，以美国侦察卫星 KH－12 和哈勃望远镜，以及欧空局的 GOCE 卫星为例，具有个性化定制的特点，研制周期普遍在 10 年以上，造价昂贵。另一个趋势是由英国萨里大学掀起的，卫星采用公共平台方式批量化建造，研制周期甚至可以缩短到 1 年左右，公共平台平摊了研制成本，可以大规模制造卫星，进而组成星座或编队，具有分布式特点。当前卫星已经小型化到了 1 立方分米的程度，又称为立方星。

宇宙飞船，是一种运送航天员、货物到达太空并安全返回的航天器。宇宙飞船可分为一次性使用和可重复使用两种类型。用运载火箭把飞船送入地球卫星轨道运行，然后再入大气层。至今，人类已先后研制出三种构型的宇宙飞船，即单舱型、双舱型和三舱型。其中单舱式最为简单，只有宇航员的座舱，美国第一个宇航员格伦就是乘坐单舱型的"水星号"飞船上天的；双舱型飞船是由座舱和提供动力、电源、氧气、水的服务舱组成，它改善了宇航员的工作和生活环境，世界第一个男女宇航员乘坐的苏联"东方号"飞船、世界第一个出舱宇航员乘坐的苏联"上升号"飞船以及美国的"双子星座号"飞船均属于双舱型；最复杂的就是三舱型飞船，它是在双舱型飞船基础上又增加一个轨道舱(卫星或飞船)，用于增加活动空间、进行科学实验等，或者增加一个登月舱(登月式飞船)，用于在月面着陆或离开月面，苏联/俄罗斯的联盟系列和美国"阿波罗号"飞船属于典型的三舱型。上述这些飞船是载人航天器的先驱，拉开了载人航天的帷幕，在载人航天史上有着不可磨灭的作用。有的目前仍活跃在载人航天的第一线，如联盟系列飞船至今还在使用。而在 1999 年 11 月 20 日清晨，中国第一艘宇宙飞船"神舟 1 号"的试验飞行发射回收成功，从此，中国的神舟系列飞船也向着太空迈出了步伐。

空间站是一种在近地轨道长时间运行、可供多名航天员巡访、长期工作和生活的载人航天器。随着人类航天技术的进步和运载能力的提升，空间站在不断地大型化和复杂化，可以完成更多的任务需要。中国在 2016 年成功发射的天宫二号空间实验室，就是在为之后建成一个多模块的第三代空间站做实验、测试工作。

深空探测器是人类研制的用于对远方天体和空间进行探测的无人航天器。在现阶段，它是人类空间探测的主要工具。按探测的对象，它可以划分为月球探测器、行星和行星际探测器、小天体探测器等。相比于卫星，深空探测器需要更大的速度来脱离地球的引力场，因此发射难度也极大。自 1957 年 10 月 4 日第一颗人造卫星发射上天到 2000 年，全世界仅发射了 100 多个空间探测器；但是它们在地球环境、空间环境、天体物理、材料科学和生命科学等方面取得了丰硕成果。同时,深空探测器也是人类目前唯一飞出太阳系的航天器。

航天飞机是一种载人往返于近地轨道和地面间的有人驾驶、可重复使用的运载工具。它既能像运载火箭那样垂直起飞,又能像飞机那样在返回大气层后在机场着陆。航天飞机由轨道器、外贮箱和固体助推器组成。航天飞机为人类自由进出太空提供了很好的工具,是航天史上的一个重要里程碑。著名的航天飞机有美国的哥伦比亚号、挑战者号、发现号、亚特兰蒂斯号和奋进号,以及苏联的暴风雪号。但由于发射成本高、安全系数低、老化速度快等原因,最终航天飞机暂时退出了人类的航天任务。但是航天飞机作为一种降低了人类进入太空的限制要求的航天器,对于后世的航天器的影响并不会消失,在 SpaceX 的龙系列飞船上,就能够看到一丝航天飞机的影子。相信在突破了技术限制后,航天飞机将会载着越来越多的地球人进入太空。

1.1.5　航天应用系统

航天应用系统,是将卫星等航天器采集的数据接收并进行处理的系统,它主要由地面接收站、数据处理分发机构组成。地面接收站主要分布在地面数传站、中国资源卫星应用中心和机动站。

航天应用系统的主要职能:

① 数据接收:高密度磁带过顶时记录遥感数据;

② 数据预处理:由 0 级数据生成用户所需的 1、2、3、4 级数据;

③ 应用示范及分析模型:综合相关信息,为地方或中央提供环境、农、林、水、地等服务和决策支持;

④ 数据模拟和应用评价:提供绝对辐射校正数据和真实性检验数据,为后续星设计提供技术和选型依据。

以遥感卫星为例,20 多年来我国已建立了 5 个国家级遥感卫星数据接收和服务系统:气象卫星地面接收、处理与分发系统;海洋卫星地面接收、处理与分发系统;资源卫星地面接收、处理与分发系统;北京一号地面接收、处理与分发系统;国外卫星地面接收、处理与分发系统。

我国建立了多种对地观测卫星数据档案库,保存着地面站运行 20 多年来接收的不同种类卫星、不同时间分辨率、不同空间分辨率的遥感数据。目前地面站存档各类卫星数据 60 余万景,成为我国地理空间信息领域中宝贵的数据资源;建立了大型遥感卫星图像检索数据库,可以通过互联网为国内外遥感用户提供一年 365 天每天 24 小时的在线查询服务。我国自主开发的运行性综合数据存档、分发设施与遥感卫星图像检索数据库是我国现存唯一的多种国际民用资源遥感卫星数据库,存储着地面站迄今为止接收的所有景遥感影像、描述数据,以及相应的快速浏览图像。

1.2　航天器研制过程

卫星系统研制是规模庞大、系统复杂、技术密集的现代系统工程。主要过程可以概括为:概念研究、可行性论证、总体方案设计、航天器研制以及航天器的总装、测试和实验,如图 1-4 所示。

航天器的概念研究主要包括航天器的理论研究、任务分析等。任务分析是航天器总体设计的顶层设计,卫星总体设计部门要根据用户要求,对任务进行分析,选择实现该任务的轨道或星座,提出卫星方案设想,协调卫星总体设计的约束条件,进行关键技术分析,并初步指定卫星研制技术流程。

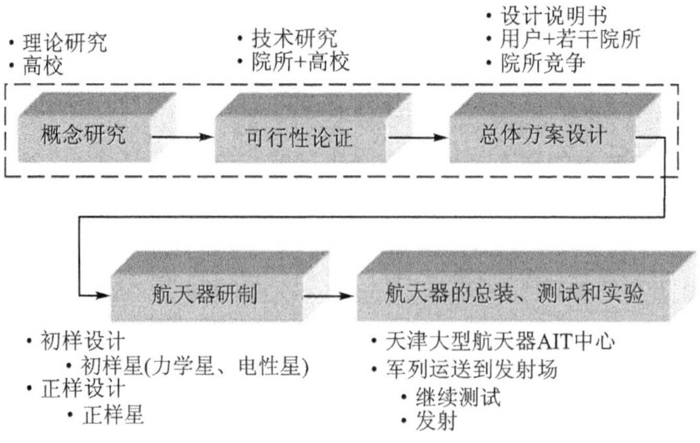

图 1-4 航天器研制流程示意图

可行性方案论证是航天器研制过程中定方案、定大局的关键性技术，主要工作为技术研究，包括：论证卫星的分系统组成及方案选择；分析实现卫星使用技术要求的途径；确定卫星的基本构型。

总体方案设计是对任务分析和可行性方案论证的细化和优化，使各分系统及其仪器设备能完成设计，研制出满足总体要求，并最终研制出实现用户任务要求的在轨应用卫星。主要内容包括：卫星总体方案的确定，卫星分系统组成及其技术要求的确定，卫星总体性能指标的正式确定，几个典型的总体性能指标预算，轨道或星座设计，卫星构型设计，质量特性计算，卫星动力学分析，方案评价和对分系统的要求，卫星初样和正样研制技术流程的制定，完成关键技术项目攻关以及其他设计。

完成总体方案设计之后，开始航天器研制。主要内容为根据总体方案进行卫星初样和正样研制。

进行航天器总装、测试和实验之前，需要完成卫星总体、分系统及其组成部分的全部技术图纸、技术文件和应用软件。详细设计的图纸和文件需要满足制造和总装合格卫星的要求，通过电性能测试检查和环境模拟实验，各仪器设备的机械接口和电接口、分系统及整星电性能和整星结构强度需要与刚度需要完全满足设计任务书的全部要求。

1.3 航天器飞行空间环境

空间环境是影响航天器正常工作的主要原因。对于航天活动，近地空间一般可以定义为航天器绕地球作轨道运动的空间范围，其中对航天活动存在较大影响的近地空间环境要素有：中性大气、磁场、等离子体和低能带电粒子、高能带电粒子、电磁辐射、流星体和空间碎片[6]。

随着航天活动的发展，人类对宇宙空间环境给航天器造成影响的认知不断增进。在人造卫星尚未进入太空之前，人们主要关注高层大气对航天器轨道的影响、微流星体撞击可能对航天器带来的威胁、宇宙线对航天器的辐射效应以及地球磁场对航天器姿态的影响，而在美国第一颗人造卫星“探险者一号”之后，人们意外地发现了强度极大的辐射带。20 世纪 50 年代末到 60 年代末人们有许多新的发现，譬如查清了近地空间的大致结构，编制了部分参数的静态模式以及空间环境与航天器相互作用的设计规范。20 世纪 70 年代初，发现空间环境中的高温等离子体能对卫星充电造成故障。航天飞机和空间站计划开始执行以后，美国的科技人员把环境工作重点转移到低地球轨道（LEO）大型航天器与环境的相互作用上，研究课题主要集中在飞行体充电、单粒子翻转事件、原子氧对飞行体表面的剥蚀作用和空间碎片方面。20 世纪 90 年代开始，已经能监测太阳发出的直接影响高层大气的紫外线辐射和 X 射线，能监测太阳表面发生的日冕物质抛射，这为预报空间环境的变化准备了较好的技术基础。

1.3.1　航天器主要轨道上的环境特征

1. 中性大气

中性大气是低轨道航天器遇到的特有的环境，100～1 000 km 高度范围正处于大气的热层和外层大气之间，大气密度大致以指数规律向上递减，而太阳是决定高层大气变化最主要的因素。大气密度随高度变化的曲线图如图 1－5 所示。大气成分随高度变化而变化：80 km 以下大气成分基本和海平面的成分相同，从 120 km 开始大气各成分转为扩散分离，高度由低到高依次为氮分子、氧原子、氮原子和氢原子，200～1 000 km 氧原子含量最多，大约占 80%，是由太阳光中紫外光部分与氧分子相互作用并使其分解而形成的。

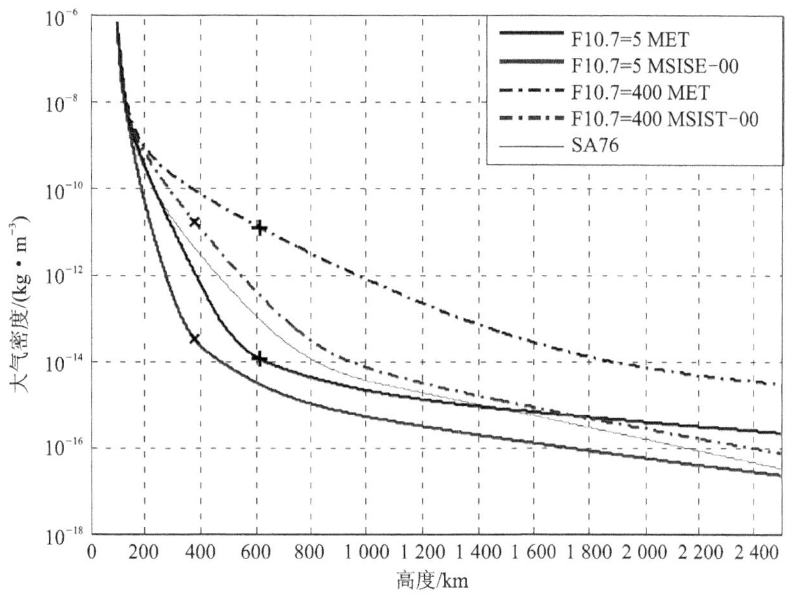

图 1－5　大气密度随高度变化的曲线图

2. 磁　场

近地空间磁场主要是起源于地球内部的地磁场，而高空电流体系的外源磁场只占很小的份额。地磁场的基本形式大致呈两极分布，磁场对航天器的直接影响主要是它作用在航天器上的力矩将改变航天器的姿态。

3. 等离子体

等离子体是宇宙空间物质构成的主要形态，99%以上的物质都以等离子态形式存在。最近的是电离层，即地球高层大气中的电离部分，它是由太阳电磁辐射使高层大气的原子和分子电离而成的。由于白天和晚上电离源(太阳电磁辐射)不同,电离层也有不同的结构,太阳电磁辐射的差异(太阳活动高年和低年)也导致电子密度有很大的差别。

4. 高能带电粒子

高能带电粒子是影响航天器的重要环境参数,主要由来自太阳的宇宙线、来自银河系的宇宙线以及被地磁场捕获的辐射带粒子组成。其中辐射带是由被地磁场捕获的带电粒子组成的,它们长时间地围绕地球运动,对航天器构成严重威胁。辐射带是围绕地球的“面包圈”形结构,强度明显集中在靠近地球的内辐射带和远离地球的外辐射带两个区域。靠近地球的内辐射带主要由高能质子组成,远离地球的外辐射带主要由高能电子组成。由于高层大气的吸收作用,辐射带下部的强度随高度降低而急剧下降。低轨道航天器正是在辐射带下边缘飞行,每一圈轨道上遇到的辐射带强度会有很大的差异。

5. 电磁辐射

空间的电磁辐射环境包括太阳电磁辐射、地球和大气对太阳电磁辐射的反射、地球大气本身的电磁辐射。太阳电磁辐射的能谱很宽,几乎覆盖整个电磁辐射谱,能量主要集中在可见光(40%)和红外区(51%),变化很小,对空间环境的直接影响也比较小。紫外辐射、X 射线和 γ 射线则相反,它们所占能量份额虽然较小,但强度变化很大,对空间环境的直接影响较大。

6. 流星体和空间碎片

流星体是宇宙空间中在太阳引力场的作用下高速飞行的固体颗粒,在太阳引力作用下围绕太阳沿着椭圆轨道运行,主要来源于彗星,相对地球的速度最高可达 72 km/s。

空间碎片,又称空间垃圾,是指废弃的航天器残骸和它们因爆炸或碰撞而产生的碎片。空间碎片和航天器的相对速度从相对静止到 16 km/s,平均相对速度为 11 km/s 左右。空间碎片始终和航天器一同在地球周围运动。空间碎片的空间分布与人类空间活动的区域有关。

1.3.2 空间环境对航天器的影响

1. 对航天器轨道的影响

高层大气对航天器轨道的阻力,是低轨道航天器主要的轨道摄动力。在低轨道上各种环境影响中,高层大气的影响是唯一导致航天器陨落的因素。当航天器沿椭圆轨道运动时,轨道形状通过一系列的收缩椭圆逐渐变成圆形。

电离层高度上的电离气体对航天器的直接阻力一般可以忽略不计。但是,当航天器的结构中有大面积的网状结构且网状结构带电时,它的有效截面将大大增加,就必须考虑电离气体对航天器阻力的影响。

太阳辐射压力始终沿背向太阳的方向。在 800 km 以下,高层大气的阻力一般大于太阳辐射压力;在 800 km 以上,太阳辐射压力大于高层大气阻力。

日月摄动造成轨道参数的周期性变化,引起升交点赤经、近地点幅角和平近点角持续单调变化,对高轨道卫星的影响较大。

地球非球形使得航天器在距地心相同的距离,但处于不同方位时受到的地球引力是不同的,将会造成所有参数发生周期性变化以及升交点赤经和近地点幅角的持续单调变化。

2. 对航天器姿态的影响

地球磁场可以使自旋稳定的航天器自旋轴发生进动,磁场可用来作为测定航天器姿态的参考系,也可作为控制姿态的力矩来源。这是低轨道航天器特有的环境问题。当航天器相对于运动方向的外形不对称时，高层大气的阻力也会产生力矩。

3. 对航天器表面的影响

造成航天器表面机械损伤的是天然的流星体和人为的空间碎片，大量小流星体的撞击会改变其表面的性质，称为"沙蚀"。特别是光学系统的表面(如透镜、反射镜面等)，会因此而无法成像，有特殊要求的温控涂层也会因辐射特性改变而不能实现设计的要求。化学损伤主要来自高层大气中的氧原子，航天器表面常被强烈腐蚀。对于长期在低轨道上运行和工作的航天器(例如空间站)，这种腐蚀效应是十分严重的。

4. 高能带电粒子辐射对航天器的影响

入射粒子的能量使被照射物质的原子电离而被吸收，高能电子几乎完全通过电离作用使航天器受到损伤。原子位移作用使被高能粒子击中的原子的位置移动，从而脱离原来所处的晶格中的位置，造成晶格缺陷。

5. 单粒子事件对航天器的影响

单粒子事件是指单个的高能质子或重离子导致的微电子器件状态改变，从而使航天器发生异常或故障的事件。单粒子翻转事件本身虽然并不造成硬件损伤，是状态可以恢复的"软"错误，但它导致航天器控制系统的逻辑状态紊乱时就可能产生灾难性后果。

6. 充电效应对航天器的影响

空间环境能使航天器被充电到高电位，并导致航天器发生故障。主要因素有等离子体的充电作用、光电子的作用和高能带电粒子的作用。

7. 温度对航天器的影响

航天器在空间运行时处于高真空和微重力的状态下，与周围气体的热交换可以忽略。航天器表面热平衡取决于：太阳电磁辐射对航天器的加热；地球和大气反射太阳电磁辐射对航天器的加热；地球本身的红外辐射对航天器的加热；空间背景对航天器的加热；航天器本身的热辐射。

1.3.3　航天器研制对空间环境的需求

航天器在不同研制阶段，对空间环境的考虑因素也各有侧重。

可行性研究阶段，可行性研究是航天器研制的第一个阶段，空间环境影响的考虑将对航天器总体方案选择和决策有重要作用；方案设计阶段，空间环境参数是航天器设计的重要依据；生产阶段，选用元器件和材料时必须考虑它们承受空间环境的能力；发射阶段，选择空间环境条件较好的时期，即太阳表面活动比较平静的时期，是很重要的；运行阶段，航天器在轨道上运行时，需要对空间环境进行实时监测，以便在空间环境出现危及航天器安全的时候采取应急措施；发生异常和故障阶段，在航天器发生异常和故障时，需要实时的环境数据以判定或排除空间环境诱发的可能性，并提出消除异常、克服故障措施的建议。

监测是空间环境预报最基础的工作。预报工作对预报数据源，即预报监测，提出了三个要求：连续性、稳定性、实时性。预报的方法有两种：以经验和统计关系为基础的统计预报方法和以扰动发生、传播的物理过程为基础的物理预报方法。在制订航天规划和航天器总体方案时，常提前较长时间，例如几年或十几年，预报空间环境的粗略状况，称之为"长期预报"；依据耀斑爆发前太阳活动区磁场结构和其他形态特征的经验和统计关系，或者是某些前兆来进行预报，可以有几天到十几天的提前时间；一旦有能力观测到太阳表面上发生的扰动，而且对于扰动的过程足够清楚，就可以提前预报地球空间环境的扰动。

1.4 本书内容

本书共13章，本章概述了航天工程的组成、研制过程和航天器所面临的空间环境，为航天器设计提供理论基础。接下来的章节分为基础篇和新概念篇，分别从航天器设计典型案例和新概念航天器方案两方面对航天器设计进行介绍。

基础篇以CubeSat立方星（立方体微型卫星）作为切入点，系统介绍了卫星的总体设计及其各分系统设计，并对任务实例进行分析，接着分别从基于Agent的卫星系统建模与分布式仿真、基于价值导向的卫星架构设计和超低轨道卫星三个典型卫星设计案例进行分析，并给出了系统评估与优化和控制策略等内容。

新概念篇着眼于国家航天重大战略，结合目前我国航天创新技术，结合相关理论验证，给出了8种原创航天器案例：平动点和金星探测器新构型设计、可控元件的帆式航天器设计、风筝卫星、可重构组合式立方体卫星、变速绳系卫星、电动泵火箭与上面级、分布式月球软着陆系统及潜在小行星探测概念设计。

思考题

1. 对于应用卫星来说，航天工程主要包括哪些内容？分别实现什么功能？
2. 试推导发射场的地理纬度与卫星轨道倾角之间的关系。
3. 试用自己的语言介绍航天器研究流程。
4. 空间环境如何影响航天器在轨道上的运行？
5. 航天器研制对空间环境的需求包括哪些内容？

参考文献

[1] 徐福祥. 卫星工程概论[M]. 北京：宇航出版社，2003.

[2] 杨敬荣，宋尧. 21世纪的航天发射场[J]. 载人航天信息，2012(4)：26-40.

[3] 祝军生. 航天测控通信系统多业务传送设备(SMSTP)技术[J]. 今日电子，2008(3)：104-105.

[4] 明辉. 嫦娥奔月宫 北京、西安、喀什等测控站实时跟踪[EB/OL]. (2013-12-02) http://www.oushinet.com/news/china/chinanews/20131202/10347.html.

[5] 金墅. 奇迹的孕育 解读中国四大卫星发射场站[EB/OL]. (2016-01-07) https://m.sohu.com/a/52842934_114822.

[6] 杭文. 远望7号首次出征太平洋[J]. 太空探索，2016(9)：5-5.

[7] 郝岩. 航天测控网[M]. 北京：国防工业出版社，2004.

[8] 李福昌. 运载火箭工程[M]. 北京：中国宇航出版社，2002.

[9] 中国运载火箭技术研究院. 天穹神箭：长征火箭开辟通天之路[M]. 北京：中国宇航出版社，2008.

[10] Fortescue P，Swinerd G，Stark J. 航天器系统工程[M]. 北京：科学出版社，2014.

[11] 特里布尔·艾伦 C. 空间环境[M]. 北京：中国宇航出版社，2009.

基础篇

第 2 章　CubeSat 总体方案设计

2.1　概　述

2.1.1　CubeSat 系统简介

CubeSat，即立方体微型卫星，一般指 10 cm 边长的正方体，质量不超过 1 kg 的皮卫星。CubeSat 卫星计划最早由 USSS (University Space Systems Symposium)提出，由美国斯坦福大学推动的面向大中学生的卫星研制计划。斯坦福大学与加州理工学院于 1999 年联合提出《立方星设计标准规范》(CDS)，正式明确了立方星的定义和标准。

该标准规定边长为 10 cm 的立方体构型为 1 个单元(即 1U)，CubeSat 结构可根据任务需求沿横轴或纵轴扩展单元数量，形成结构和功能更复杂的 2U、3U、6U，甚至更多单元结构，如图 2-1[1-2]所示。CubeSat 通信一般采用业余无线电波段(OSCAR)，每个 CubeSat 卫星花费 4 万美元左右，由 CubeSat 组织提供搭载发射。

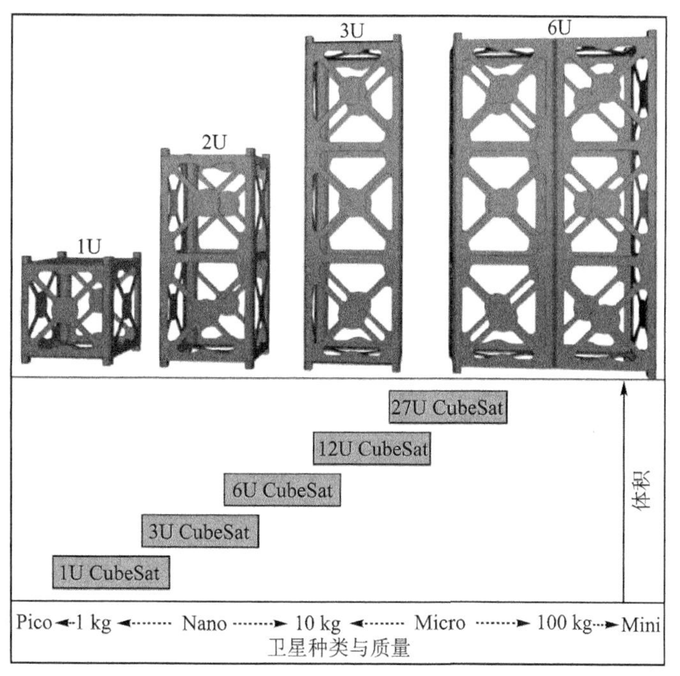

图 2-1　CubeSat 的标准化设计

CubeSat 作为现代小卫星发展的一个新创举，它具有标准化、模块化、易于技术更新、研制周期短、经济成本低等特点，引领了新一轮小卫星研发热潮。目前，CubeSat 项目多用于学术和研究目的，能够搭载实现诸如技术验证、卫星通信、遥感成像、科学探索、高校教学、国防应用及科普等各个领域[3]。图 2-2 给出了已发射立方星应用领域占比及科学应用立方星数量，其中，用于技术验证的占比最多，达到 71%。

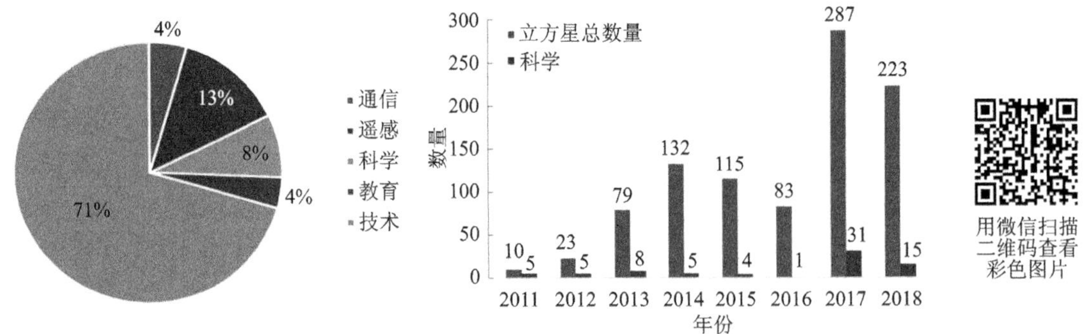

图 2-2　已发射立方星应用领域占比及科学应用立方星数量

由于 CubeSat 项目的低启动成本与短开发周期在高校科研的应用中受到越来越多的关注，已经有超过 80 所大学参与 CubeSat 卫星计划，已有众多 CubeSat 卫星项目在轨运行。对于学生而言，CubeSat 项目是弥合课堂模型与实际应用之间差距的理想载体。由于 CubeSat 项目涉及范围广泛，几乎每个专业的学生都可以参与，如航空航天、电气、农业工程、计算机科学、制造和商业等领域，学生都能够将专业知识运用其上。它可以提供给学生一个提高批判性思维，研究和解决问题能力的机会。此外，将来自不同学科的学生聚集在一起，让大家朝着一个共同的目标努力，能够提高学生对于团队合作的重视程度。

2.1.2　CubeSat 基本结构

CubeSat 具有标准的尺寸规定、必要的机械结构要求和通用的卫星释放运载适配装置，即星箭接口。CDS 中明确定义了 CubeSat 的外部尺寸和设计规范草图，以及力学、电力、操作及试验等标准。CubeSat 模块化架构能够以单元形式在一个轴或者多个轴上进行扩展，以此使结构和功能复杂化。CubeSat 的技术标准包括以下几点：

① 卫星平台总体框架标准：包括结构机构、姿轨控、电源、热控、星载数据管理、遥测遥控、飞行程序等标准。

② 结构标准：为实现卫星的统一设计，CubeSat 结构设计需要满足结构外形切面方向尺寸、纵向尺寸、卫星质心与形心偏差等标准。

③ 电接口标准：发射时，星上设备必须断电，避免对主星产生影响；卫星安装 1～2 个分离开关，用于在入轨前切断电源，入轨后打开电源。

④ 入轨操作标准：所有展开机构，包括天线、太阳电池阵等，需在卫星入轨 30 min 后展开。

国际上有多家研究机构与企业专门研制、生产和供应标准化、模块化的 CubeSat，其中最著名的两大 CubeSat 方案供应商分别为美国的 Pumpkin 公司和太空创新方案公司（ISIS 公司）。Pumpkin 公司为客户提供完整的立方星结构组件，其产品被誉为"立方星世界的实际标准"，产品主承力结构的材料为钣金件和机加工件，材料表面经过阳极氧化处理。ISIS 公司旨在为客户提供 30 kg 以下卫星的解决方案，包括微小卫星系统、释放机构、载荷系统等，其中材料、结构分系统满足模块化设计，具有极好的灵活性，可支持多种规格的 PCB 板。可供选购的立方星标准模块包括但不限于立方星平台、星上电源、蓄电池、太阳电池板、姿态控制、结构、收发机、天线、星上计算机、软件、导线、发射展开机构、附属设备、地面站设备、元器件等。图 2-3 为一个正在装配的 CubeSat。

图 2-3　普通 CubeSat 装配

2.1.3　国内外已经发射的 CubeSat

CubeSat 现已成为航天器平台发展的增长极。截至 2019 年 6 月，全球各个国家及地区共发射微小卫星 1 186 颗，其中 CubeSat 项目 1 088 颗。CubeSat 发射的国家及地区包括美国、中国、日本、俄罗斯、欧洲、韩国等[3]，如图 2-4(a)所示，美国发射立方星数量占比最大，总共发射了 741 颗 CubeSat，占全球的 73%，处于领先地位；中国共发射 34 颗，位居第二，在数量上跟美国相比存在相当大的差距。从图 2-4 (b)中美 2015—2018 年发射立方星数量对比可以看出，中国发射的 CubeSat 数量总体呈上升趋势，在发射总量中占比呈逐年增长的趋势。

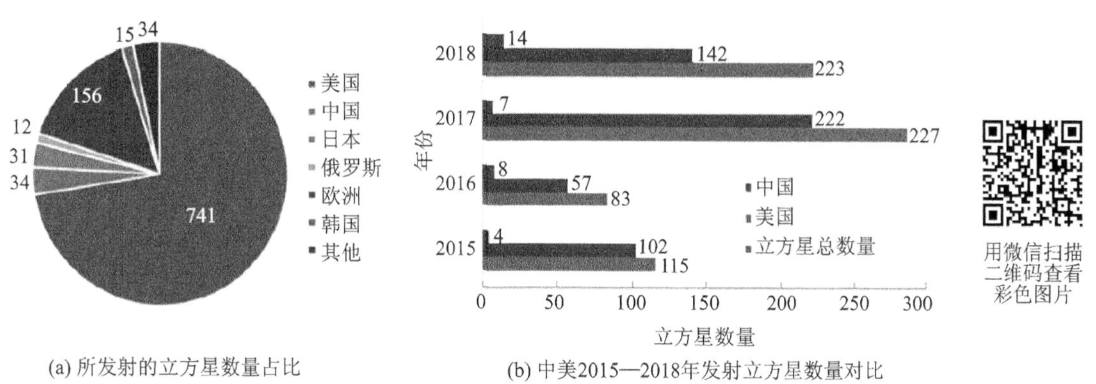

图 2-4　各国发射 CubeSat 数量及中美发射数量对比

1. 地震卫星 QuakeSat

QuakeSat 为 3U 构型、4.5 kg 质量的 CubeSat，于 2003 年 6 月发射，由美国斯坦福大学研制，用于地球科学研究，如图 2-5 所示。主要任务包括观测记录地震预兆信息、技术演示验证等。作为廉价的纳卫星平台，QuakeSat 利用 COTS 器件建造高可靠性、短寿命纳卫星的可行性验证，为之后的其他 CubeSat 项目的发展提供技术参考[4]。

QuakeSat 采用被动姿态稳定磁控制，地面可以根据太阳电池阵电流遥测估计卫星对日姿态。其上安装有 4 块体装太阳电池板，4 块展开的太阳电池板，为多结砷化镓电池片，另采用 2 组锂离子蓄电池电源，支持最大系统功耗 12.6 W，最小 2.8 W。星载数据管理利用 ZFx86(486)处理器，包括遥测、程控、遥控、载荷数据文件下传、健康信标(beacon)发送和容错管理等软件功能。

图 2－5　QuakeSat

2. 多用途系绳实验卫星 MAST

MAST 由美国系绳无限公司和斯坦福大学研制，为 3U 构型 3 kg 质量的卫星，如图 2－6 所示，于 2007 年 4 月发射。其主要任务为验证 TUI 公司研制的高强度多线技术，并获得轨道碎片和微陨石对空间链降解的在轨测量。单线系绳的使用寿命受到陨石和轨道碎片撞击器造成的损坏的限制，约为数周。TUI 公司提供了一种由多条冗余互连的绳系结构，其能够承受许多冲击，延长卫星寿命。不同于其他 3U 结构整体式设计，MAST 的 3U 之间分别由 1 km 系绳连接，各个单元职责不同，其中顶端为系绳部署器，下部为端质量，中部可在系绳上移动，检测系绳表面受微小陨星和空间垃圾冲击损坏，以及受到原子氧紫外线侵蚀的状态，并用图像发回地面站。此外，所有 3 个单元均包含 GPS 接收器，供将来进行编队飞行和为系绳技术性能提供动态测量。

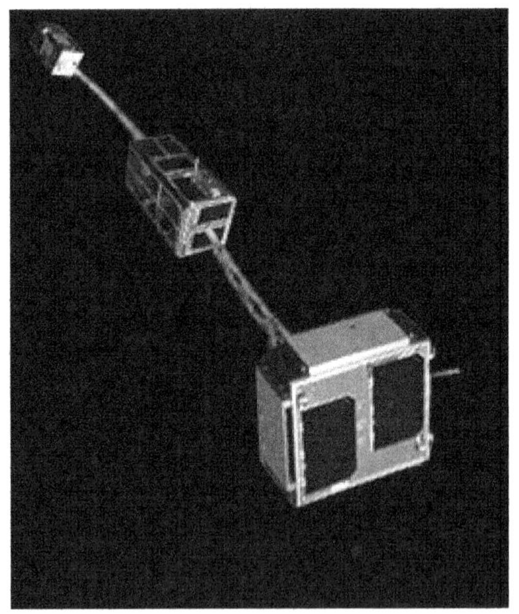

图 2－6　多用途系绳实验卫星 MAST

3. NanoSail－D 任务

NanoSail－D 于 2010 年 11 月 19 日发射升空，当时作为 NASA 的 FASTSAT 小卫星的一个有效载荷，其任务主要是演示验证并测试大型、低质量、大面积的太阳帆的脱轨能力，试验从一颗微型卫星再释放 CubeSat，试验轨道垃圾减缓技术以及卫星提早离轨技术等。该星为美国首次从 1 颗微型卫星第 2 次释放纳型卫星，并且成功发射一个 10 m^2 太阳帆卫星。NanoSail - D 的飞行结果在未来的大型航天器任务中，有助于帮助废弃卫星产生的太空碎片脱离轨道。参加项目的有 NASA、国防部太空试验计划、美国陆军太空与导弹防御指挥部等。NanoSail - D 概念图如图 2 - 7 所示。

图 2 - 7　NanoSail - D 概念图

4. 火星立方星一号 MarCO

火星立方星一号 MarCO 由美国喷气推进实验室研制，为 36.6 cm×9.5 cm×11.8 cm 的两颗 CubeSat，分别命名为 MarCO - A 和 MarCO - B。电源系统由双翼太阳电池翼和锂离子蓄电池组成，在地球附近功率为 35 W，在火星附近功率为 17 W。卫星携带的高增益 X 频段天线为平板反射阵，能够以较低功耗实现地火之间的信息传输。

2018 年 5 月 5 日，NASA 的“洞察”号火星探测器发射升空，MarCO 与“洞察”号同行，为火星任务风险最大的探测器进入、下降和着陆阶段成功提供了中继通信支持，并把远距离遥测结果直接发回了地球。图 2 - 8 为“洞察”号与地球之间深空通信中继示意图。MarCO - A 在飞越火星的过程中利用无线电信号进行了反推火星大气成分的科学探测，MarCO - B 在“洞察”号着陆后不久便传回了拍摄的火星图像。MarCO 任务成功证明了 CubeSat 能够为大型深空探测任务提供支持，这为 CubeSat 的应用开辟了新机遇。

5. QB50 项目

2011 年，欧盟主导发起的国际合作项目 QB50，系统原计划由约 50 颗立方星组成星座，实际规划发射了 2 颗技术试验卫星和 36 颗科学探测卫星，其中两次发射任务介绍如图 2 - 9 所示。项目主要对 200～380 km 高度的地球大气低热层开展多点原位探测，目标是促进进入空间能力的发展、开展大气低热层科学探测、验证新型航天技术、实现广泛航天工程教育。比利时的冯·卡门流体力学研究所(VKI)为项目大总体，负责项目整体协调。德国大气物理研究所(IAP)为项目科学总体。国际 15 家机构合作开展了任务定义与实施保障、科学载荷、地面段、

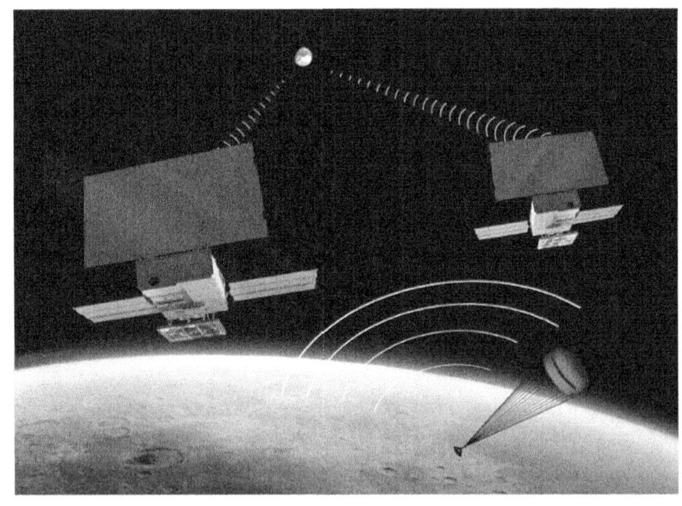

图 2-8 MarCO 深空通信中继示意图

空间段、发射段等活动，来自 23 个国家的 40 余所大学、研究机构和公司参与卫星研制工作。QB50 项目不仅利用低成本卫星牵引了世界 90 多个国家、地区和机构参与，产生巨大国际影响，而且还致力于探测人类尚未深入涉足的低热层大气，带动了国际 CubeSat 项目的发展。

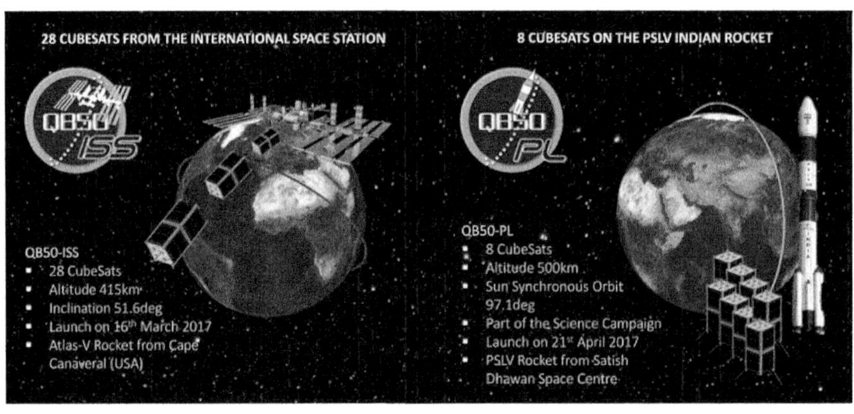

图 2-9 QB50 项目两次发射任务介绍

2.2 CubeSat 总体设计

CubeSat 相较传统卫星，其各模块标准化、研制周期短、制作成本低，但设计依旧遵循卫星设计基本步骤。卫星各阶段的程序具有严格的程序性，如图 2-10 所示，前后顺序不能颠倒，通常情况下，前一过程为后一过程创造条件，后一过程是前一过程的继续。

卫星设计程序各个阶段的主要工作：

① 卫星的外部设计。首先要了解影响和制约卫星设计的外部环境，卫星设计的特殊之处在于外部约束的多样性和复杂性。外部设计的主要目的是明确卫星与外部环境间的主要关系，提出卫星初步设计任务书。提出和接受卫星初步设计任务书是卫星外部设计完成和被认

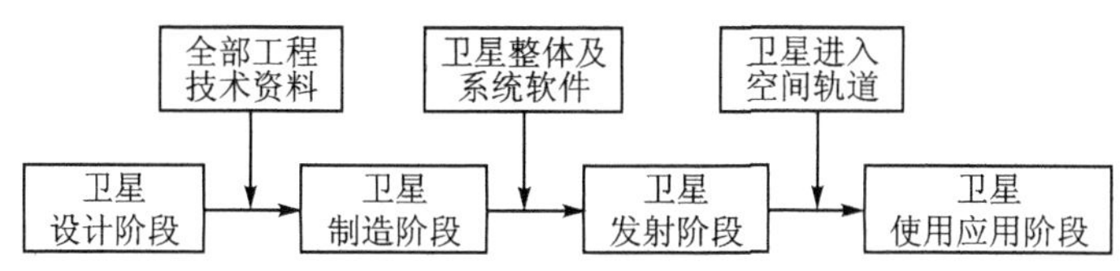

图 2－10　卫星设计基本流程

可的表现。

② 卫星概念性设计。根据初步设计任务书提出可满足该任务书要求的技术途径或设想方案。特别要强调的是概念设计中的接口形式设计，这是系统工程中的重要一环。

③ 卫星可行性方案设计。分析、综合各设想方案的优缺点，从中综合优选，得出卫星可行方案的基础或依据的数据和要点。可行性方案的特点：在现实社会环境和时间限制下，可行、可完成；在现实社会环境和条件限制下，能很好地满足规定的指标；风险相对小并可承受；整体上看，技术相对先进、有竞争力。

④ 卫星总体设计。卫星总体设计就是设计整个卫星。

⑤ 卫星方案设计。卫星方案设计是在可行性方案设计之后的设计程序。

⑥ "先高后低"的设计规律。在方案设计和详细设计阶段，按系统层次划分，又可以分为总体和分系统两个层次。无论是卫星方案设计还是卫星详细设计，总是遵循"先高后低"的设计规律。总体设计结束后需要形成分系统任务书和总体设计方案。分系统设计的主要工作将围绕分系统初步设计任务书展开。

卫星总体设计就是设计整个卫星。卫星总体设计、卫星外部设计及卫星分系统设计都是在系统层次上划分的设计程序。无论在哪一个设计阶段上，都会有总体设计性质的工作内容。卫星总体设计和分系统设计之间的程序性关系如图 2－11 所示。总体设计任务需要明确分系统的组成及其相互关系，明确分系统的目标、任务和各项指标，之后以分系统任务书的形式下达给各分系统。

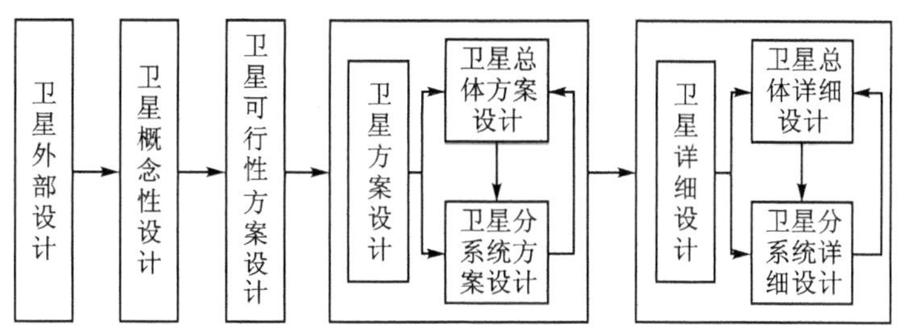

图 2－11　卫星总体设计和分系统设计之间的程序性关系

总体设计内容包括：

- 接收卫星的正式设计任务书；
- 对可行性方案进行消化、复查和吸收；
- 完成卫星的构型设计；
- 完成各分系统指标分配和向各分系统下达设计任务书；
- 完成关键技术的技术攻关；
- 提出总体设计方案。

分系统设计内容包括：

- 接收分系统初步设计任务书；
- 提出分系统的可行性方案；
- 完成分系统与其他系统之间的接口设计；
- 完成各分系统的技术攻关；
- 提出分系统设计方案。

卫星总体方案的数学模型是在确定了卫星内部结构的基础上，用数学表达式来描述卫星总体方案各变量之间的相互作用和因果关系，以定量分析卫星总体方案或某方面特性的模型。建立卫星总体方案选优的数学模型，是进行计算机辅助设计、制造、仿真和验证及卫星集成设计的基础。在明确卫星功能要求的基础上，确定设计变量 X、功能变量 Y 和环境变量 Z，之后建立分析方法 $h_j(X,Y)$ 并形成约束条件 $g(X)$，选择目标函数 F 和评价函数 V，上述工作结束后便可求解最优解。各个变量及条件关系式如下：

- 设计变量：反映方案特点，$X=(x_1,x_2,\cdots,x_m)$；
- 功能变量：描述卫星功能，$Y=(y_1,y_2,\cdots,y_n)$；
- 环境变量：描述外部环境的影响，$Z=(z_1,z_2,\cdots,z_t)$；
- 功能变量可以是设计变量和环境变量的函数：$Y=Y(X,Z)$；
- 设计变量和功能变量的关系：$h_j(X,Y)=0, j=1,2,\cdots,r$；
- 设计变量的约束条件：$g_i(X)\leqslant 0, i=1,2,\cdots,s$；
- 可行设计点：$R=\{X\,|\,g_i(X)\leqslant 0, j=1,2,\cdots,s\}$。

总体设计需要考虑的方面可以概括为：①物质流：包括结构与机构、姿轨控；②能量流：包括能源、温度；③信息流：包括星上信息（星务）、星地回路信息（通信）；④约束：包括质量约束、尺寸约束、功耗约束。

2.3 CubeSat 各分系统设计

CubeSat 体积小、质量轻，有较为完整的卫星系统，其核心平台系统包含结构机构分系统、姿轨控分系统、电源分系统、热控分系统、星载数据管理分系统及遥测遥控分系统等。

2.3.1 结构机构分系统设计

卫星结构是支承卫星中有效载荷及其他各分系统的骨架；卫星机构是卫星上产生动作的部件，它是随着卫星技术的不断发展而逐步形成的。图 2－12 给出 CubeSat 结构爆炸图，构型布局主要包括帆板、天线（测控、数传和 GPS）、对接环等。各组件材料的力学性能主要是通过基于有限元软件分析结构模态、应力平衡和动态响应进行分析的。图 2－13 给出 CubeSat 的有限元软件分析示意图。

卫星的机构主要包括压紧与释放机构和天线展开机构。机构展开过程主要采用 ADAMS 软件进行仿真。

卫星机构与卫星结构均属于机械系统。

卫星结构的主要功能可以归纳为以下几点：

① 承受和传递卫星上所有载荷，包括地面、发射、空间轨道、再入大气层和着陆冲击的各

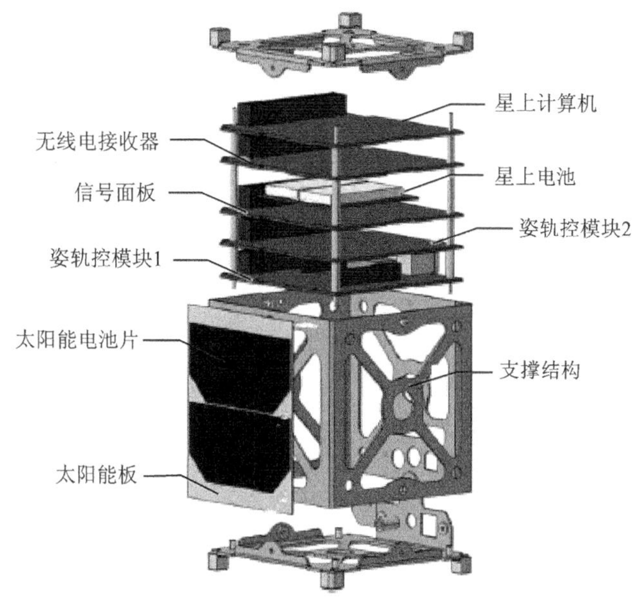

图 2-12　CubeSat 结构爆炸图

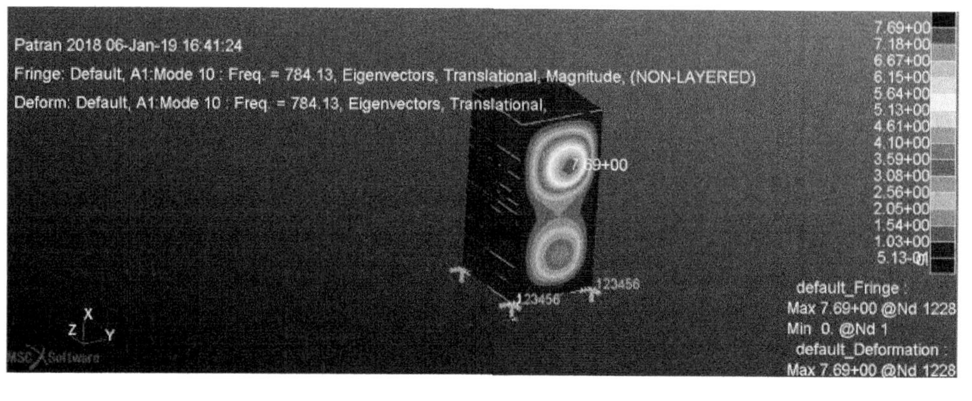

用微信扫描二维码查看彩色图片

图 2-13　CubeSat 的有限元软件分析示意图

种载荷。卫星结构不仅要保证结构本身在载荷作用下不发生不容许的损坏现象，而且还要尽量减轻星上有效载荷和其他分系统所承受的载荷。

② 为卫星有效载荷和其他分系统提供所需的安装空间、安装位置和安装方式，把卫星所有有效载荷和各分系统连接成一个整体；所提供的安装可满足相应有效载荷和各分系统的工作要求，并且便于整星和相关零部件在地面的装卸、操作和维护。

③ 为卫星有效载荷和其他分系统提供有效的环境保护，包括在地面、发射、空间轨道和再入大气层等工作环境下的环境保护。

④ 为星上某些特殊的有效载荷或其他分系统提供所需的刚性支承条件，例如，保证某些天线组件、光学部件和传感器所需的位置精度或尺寸精度。

⑤ 为星上某些特殊的有效载荷或其他分系统提供所需的物理性能，如导热或绝热性能、导电或绝缘性能等。

卫星机构的功能目前还没有卫星结构那样明确，因为随着卫星技术的发展，卫星机构的功能正在不断变化和扩展。目前卫星机构的主要功能大致可归纳为以下几点：

① 形成和释放星上部件的连接或紧固状态；

② 使卫星与运载火箭之间或星上各部件之间相互分离；

③ 使星上部件展开到所需位置或展开成所需形状；

④ 使星上部件保持指向规定的目标。

2.3.2 姿轨控分系统设计

姿态和轨道控制是卫星平台的重要组成部分，对星载有效载荷任务的完成起着十分重要的作用。对卫星绕其质心施加外力矩，以保持或按要求改变卫星上一条或多条轴线在空间定向的技术，称为姿态控制。首先用姿态精度和姿态稳定度来评价控制效果，包括姿态确定、姿态稳定、姿态机动三部分；其次是保持已有姿态或姿态运动的过程；第三是把卫星从一种姿态转变为另一种姿态的再定向过程。不同卫星对姿态控制有不同的要求，例如：通信广播卫星，其天线方向图要覆盖地面上的给定区域；卫星作机动变轨时，其变轨发动机要对准所需推力方向，等等。不同姿态控制的方法及其能力如表 2-1 所列。

表 2-1 不同姿态控制的方法及其能力

方式	类型	指向选择	机动性		精度	寿命限制
			平动	转动		
被动型	重力梯度	只能指向当地垂线	用推力器作小修正	非常有限	±5°(两轴)	无
	重力梯度加偏置动量轮	只能指向当地垂线	用推力器作小修正	非常有限	±2°(三轴)	轮子轴承的寿命
自旋稳定	单自旋	惯性空间固定的任意方向，通过进动机动再定向	用推力器沿自旋轴方向产生大的ΔV，沿另两个轴作小调整	改变侧偏角动量矢量要耗费很多燃料	±3°～±1°(两轴，与自旋速率成比例)	推力器的推进剂
	双自旋	仅受消旋平台转动关节的限制	用推力器沿自旋轴方向产生大的ΔV，沿另两个轴作小调整	角动量矢量同上；消旋平台受其几何结构的限制	自旋部分同上消旋精度由有效载荷基准和指向决定	推力器的推进剂(如果用推力器)，消旋轴承
三轴稳定	零动量(带三个轮子和推力器)	无限制	视推力器和主发动机的大小，可进行任意方向和大小的机动	无限制	±0.001°～1°取决于选用的敏感器和执行机构	推进剂，敏感器轴承寿命
	偏置动量(一个轮子和滚动推力器)	最适于当地垂线指向	与用全套推力器的零动量系统相同；否则，不适于轨道机动	偏置动量轮的角动量矢量位于轨道面法向，限制偏航机动	与敏感器有关，但总的来讲，精度低于零动量系统。一般为0.1°～1°	推进剂，敏感器轴承寿命

对卫星的质心施以外力，以改变其质心运动轨迹的技术，称为轨道控制。轨道控制的任务主要包括：①变轨控制是使卫星从一个到另一个自由飞行段轨道转移的控制，如冻结轨道建立、编队构型建立；②轨道保持是使航天器克服空间各种摄动的影响，保持卫星轨道的某些参数不变的控制，例如定点位置、降交点地方时、编队构型维持。

一般来说，轨道控制与姿态控制密切相关，为实现轨道控制，卫星姿态必须符合要求。

对姿态系统进行设计，首先要明确任务要求，即具体执行的任务内容和相关指标；然后是选择控制类型，并结合航天器所处的外部环境，选择硬件类型和尺寸；最终是确定控制算法。要注意控制系统设计的一般原则：考虑卫星运行环境、寿命和可靠性；依据控制系统部件和相关技术的发展水平；要符合整星的制约条件；使用最经济和最可靠的手段；满足飞行任务对卫星控制系统的功能/性能要求。

CubeSat 姿轨控分系统设计包括工作模式设计、控制器设计、控制系统配置、控制系统方案设计四部分。

① 工作模式主要包括消除初始偏差、姿态捕获、正常工作模式、安全模式四种基本模式。

② 控制器设计为控制器的设计与选择：单轴稳定采用磁阻尼线圈电流控制，三轴稳定采用动量轮马达转速控制。

③ 控制系统配置，主要选用标准配件/型谱的控制系统的运作方式。姿态轨道控制系统(Attitude and Orbit Control System，AOCS)配置均选用标准配件/型谱，如图 2-14 所示。

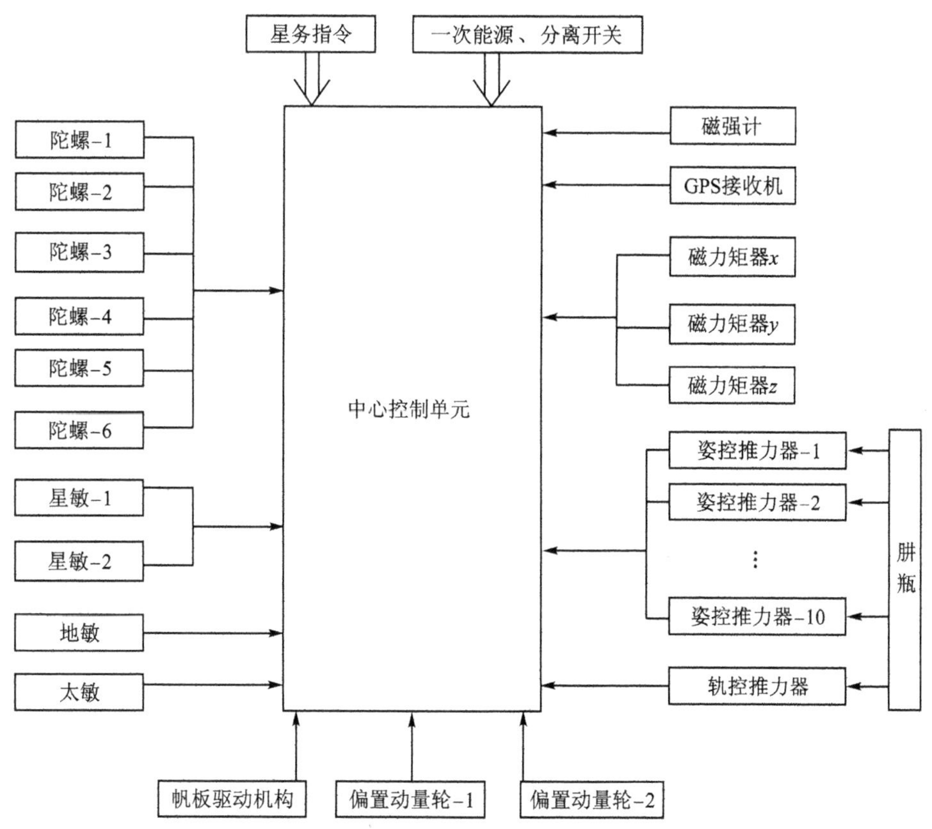

图 2-14　AOCS 配置均选用标准配件/型谱

④ 控制系统方案设计包括：基于部件配置的姿态确定算法和姿态控制算法；确定工作模式的定义以及切换；根据仿真计算验证所配置部件的合理性以及各个部件的参数。

2.3.3 电源分系统设计

电源分系统是卫星重要的服务系统之一，负责在各个飞行阶段为卫星的用电负载提供能源，直至卫星寿命终止。电源分系统是通过物理或化学变化将光、核、化学能转换成电能，为星上电气部件供电；根据需要进行储存、调节和变换，向各系统供电。电源分系统包含发电装置、能量储存装置、电源功率调节、电源电压变换、供配电系统等全部硬件。典型的电源分系统的功能结构如图 2-15 所示。

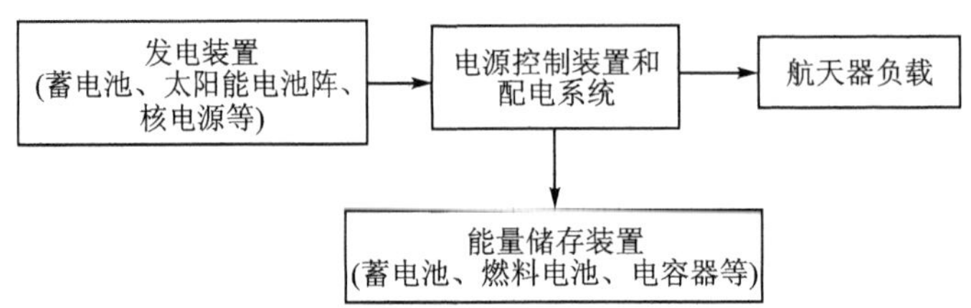

图 2-15 电源分系统的功能结构

电源分系统要在飞行任务期间为航天器负载提供连续电源，并控制与分配航天器产生的电能，支持电气负载的平均与峰值功率需求；必要时，提供交流变换器和稳压直流电源总线；为电源系统的工况和运行状态提供遥控与遥测能力，并通过地面站自主系统进行控制；保护有效载荷不受电源系统内部故障的影响；抑制总线瞬态电压，防止总线失效，必要时，提供火工品点火引爆能力。

电源分系统设计内容包括：

① 确定要求。根据最高层要求、飞行任务种类(低地球轨道、地球同步轨道等飞行)、航天器结构、飞行寿命及有效载荷定义，得到设计要求、航天器电功率特性(平均功率与峰值功率)。

② 选择能源。根据飞行任务类型、航天器结构、负载的平均功率需求，得到寿命末期功率需求、太阳电池类型、太阳电池阵的质量与面积、太阳电池阵的结构(两轴跟踪太阳帆板、本体安装结构等)。

③ 选择能量储存方式。根据飞行任务的轨道参数、负载的平均功率与峰值功率需求，得到地影和负载平衡状态对能量储存的要求(蓄电池容量要求)、蓄电池的质量与体积、蓄电池的种类。

④ 确定功率调节和控制方式。根据能源的选择、飞行任务时长、飞行任务负载的调节要求以及热控要求，得到峰值功率。根据能量转换系统、热控要求、总线电压品质确定功率控制算法。

电源分系统的发电装置种类很多，如化学电池、核电源、太阳电池阵等。目前已使用的化学电池作为发电装置有锌银蓄电池组、锂电池组和氢氧燃料电池组；核电源主要有放射性同位素温差发电器、核反应堆热离子发电器。在轨道上运行的卫星大部分时间都处于光照期，尤其是地球同步轨道卫星，每年 99%的时间都有光照。太阳光是取之不竭、用之不尽的能源，太阳电池阵就是用太阳电池作为光电转换器件，利用物理变化将光能转化为电能，是目前卫星的首选发电装置。卫星轨道、姿态和热控将决定电池阵贴片的面积。太阳能电池阵面积估算公式为

$$P=S\times\eta\times F_{a}\times F_{c}\times F_{s}\times\cos\alpha\times[1-r\times(T-T_{0})]$$

式中：P——1 m^2 太阳能电池阵面积的输出功率；

S——太阳辐射强度，$S=1\ 353\ W/m^2$；

η——光电转换效率，$\eta=26\%$；

F_a——太阳能电池阵组合损失因子，$F_a=0.98$；

F_c——布片率，$F_c=0.85\sim0.95$；

α——太阳对帆板的入射角；

r——功率温度系数，$r=0.28\%$；

T——工作温度；

T_0——标准条件下的测试温度，$T_0=523.15\ K$。

92%的电源系统使用太阳电池阵＋化学蓄电池的形式，用于执行功率在 10 kW 以内的飞行任务；在阳照区，太阳电池阵充电，阴影区蓄电池供电。5%的发电装置是化学蓄电池，适用于短寿命的卫星（小于 2 周），比如胶片式返回式卫星、技术试验卫星。3%的卫星使用核能发电装置，用于星际飞行任务，对于长寿命卫星或者木星及木星之外的深空探测非常合适，但是对于环绕地球的卫星，核污染风险大。

电源分系统与其他各分系统的接口包括机、电、热三个方面，需要考虑与火工装置的接口、遥测遥控系统数据管理系统的接口等。卫星电源分系统各组件多是发热量大的部件，在卫星上的安装位置直接牵涉到发电能力和热控设计，因此必须考虑散热效果且有利于热设计。在结构和机构上，要求供配电系统设计应考虑到电缆走向最短，供电线路电压降最小；对供电主母线，应采用多点多线，减少供电线路热损耗；要求每个负载供电线上串联保险丝，设置电流限制器、开关等措施，避免用电负载短路故障引起主电源短路失效。对于太阳帆板的展开设计，需要考虑太阳帆板的安装位置、构型、展开方式等设计内容。

设计电源分系统时，需要选择能源重量、能量存储的方式，并考虑功率分配及调节控制。最主要的是能量存储单元。实际上，为使蓄电池的性能最佳，电源分系统基本上是以能量存储系统为中心的。任何以光电能源为动力的航天器都要有一个能量存储系统，以满足峰值功率需求和阴影时的功率需求。尽管有不少航天器考虑用飞轮和燃料电池来实现能量存储，但通常能量存储仍采用蓄电池。

卫星的长期功耗包括姿控、热控、电源、星务、测控、长期开机载荷；短期功耗包括姿态机动、短时加热、数传、短期开机载荷。表 2-2 给出了卫星各个组件的功耗情况。长期与短期功耗的总和应当与太阳能电池阵和蓄电池组合电源所能提供的能量相同，即能量平衡。依据这个理论，给出了一个例子。首先分别计算出阴影区和阳照区蓄电池所能提供的能量，进而得到一个周期内蓄电池的供能，然后依据能量平衡进一步计算。

表 2-2 卫星各个组件的功耗情况

卫星系统	组 件	功耗/W
卫星平台	结构	—
	热控	—
	星上能源	2.5
	星上电子	1.8
	星上射频	4.3/10.5
	平台合计	8.6/14.8

续表 2-2

卫星系统	组　件	功耗/W
有效载荷	无线电信标	1.0
	通信转发器	2.5/5.4
	载荷天线	2.0
	低功耗通信机	2.0
	CMOS 相机	0/2.7
	搭载载荷	0/6.0
	载荷合计	5.5/14.1
	总装直属件	—
整星合计		14.1/28.9

2.3.4 热控分系统设计

卫星热控制就是通过对卫星内外的热交换过程的控制，保证星体各个部位及星上仪器设备在整个任务期间都处于正常工作的温度范围。卫星热控技术一般可分为被动热控制技术和主动热控制技术两大类。

被动热控制技术主要依靠合理的卫星总体布局，选取不同热物理性能的材料，正确地组织卫星内外的热交换过程，使卫星的结构、仪器设备在不同热流状况下都能够保持在允许的温度范围内的热控技术。因此，正确选用热控涂层、导热和隔热材料等热控措施就非常重要。被动热控制技术的优点是技术较简单、运行可靠（没有运动部件）、使用寿命长，但本身没有自动调节温度的能力，不能克服卫星内、外热流变化带来的对仪器设备温度的影响。

半被动热控系统增加了由温度驱动的简单控制装置来打开或关闭导热通路，把热量从热管冷端导走，或使百叶窗、十字轮机构动作。与被动热控系统相比，它增加了活动部件，消耗了一定的电能，但比主动热控系统简单许多。典型的半被动热控系统是百叶窗，百叶窗位于辐射器表面和深空之间，关上或打开百叶窗就可调节热量流向空间的速率。

主动热控制技术是指当航天器内、外热流状况发生变化时，通过某种自动调节系统使航天器内的仪器设备的温度保持在指定范围内的热控技术。与被动热控制技术相比，主动热控制技术的主要优点是具有可调节的热交换特性，可大大减小由于热源的变化而引起的仪器设备温度的波动，主要用于温度变化范围比较小（几摄氏度）的情况和耗散数千瓦功率的部件。显然，主动热控制技术将使卫星热控系统具有较大的适应卫星内、外热状况变化的能力。

航天器上的元部件必须在所有任务阶段都保持在要求的温度范围内。一旦确定了热边界条件，确定了各部件的工作温度范围，弄清了其他要求，我们就可以进行实际热设计。

首先是热控系统的方案设计。首先要考虑卫星的任务，轨道参数及姿态状况，构型和仪器设备的布局，各仪器设备和部件的材料、尺寸、质量、功耗、必要的热物理性质、工作周期及工作寿命等，卫星各仪器设备和部件的工作温度范围和温度变化速率要求，卫星的总装测试、环境模拟试验和发射场地的环境条件及其对热控的要求；各种被动、主动热控方法的性能特性、工艺水平和使用条件。这些基本条件主要来自卫星的总体设计方案。在卫星的总体方案设想阶段，必须进行热平衡的初步估算，初步确定卫星热控的基本方针，即从热控方案整体上看是侧重保温还是侧重排热。如果是排热，则需要合理选择卫星外蒙皮散热面，并估计散热面积在给定的温度下是否足以散掉星内仪器设备产生的全部热量。

从安全可靠的角度出发，热设计通常选择极端工况，即最高温度工况和最低温度工况作为设计工况。这两种情形在实际轨道运行的卫星上只是在一段短时间内出现。如果把它们看成稳定工况并以此作为设计工况来进行热设计，则其他所有的工况都将包括在这两种工况之间。需要注意的是，卫星内的仪器设备或舱段并不一定会同时出现局部的高温工况或低温工况。通常当卫星内某一部分处于高温工况时，另一部分也可能处于低温工况。因此，在对选定的整星的极端工况进行了热设计之后，对某些个别仪器设备还需要进行设计校核。

热设计是通过各种热控措施来实现的，因此热控措施的选择关系到设计水平的高低、安全可靠与否以及经济性的好坏；同时，它还影响着整个卫星的工艺过程、试验过程等。选取热控措施的一般原则是，先考虑被动热控方法，再考虑主动热控方法。被动热控方法性能可靠、施工简单、质量小、成本低、通用性好、适于大面积使用。因此被动热控方法实际上就是卫星热控制所用的基本手段。

然后是热分析计算环节。第一，热计算要为热设计提供基本依据，如外热流的大小、星体各部位受阳光照射的角度和照射时间等；第二，热设计过程中需要通过热计算来确定各种热控措施的效果，进行多方案比较；第三，为热环境模拟试验提供环境模拟依据；第四，预示卫星在轨寿命期内的各种温度变化，包括预示偏离设计运行工况可能产生的温度偏差。卫星基本热分析过程是：首先根据轨道条件、卫星结构、仪器布局及材料的热物理性质参数，得到热网络数学模型；然后用原型热平衡试验数据修正热网络，得到修正后的热网络数学模型；再根据修正后的热网络数学模型及其误差分析计算，预估某些参数变化的影响，预估卫星仪器、部件在空间飞行中的温度值；最后，将计算、试验和飞行遥测数据进行比较，作出对热分析的评价。

下面介绍两个计算机辅助分析的程序。第一个是热辐射计算程序，它确定了航天器外表面所吸收的能量，及所有辐射交换因子和视因子，这些因子决定了航天器各表面之间的相互辐射作用。第二个是热分析计算程序，它可用于建立航天器的热交换模型，而且既可进行并行稳态分析又可进行瞬态分析。除此之外，它还考虑了传导、辐射、对流、内热的生成和流体的流动。图 2-16 为有限元分析软件下 CubeSat 温度分布示意图。

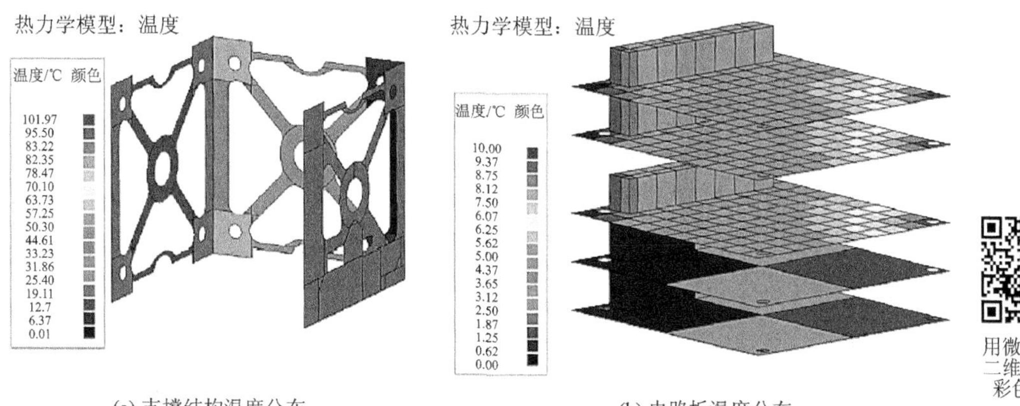

(a) 支撑结构温度分布　　(b) 电路板温度分布

图 2-16　有限元分析软件下 CubeSat 温度分布示意图

在现代实践中，热分析程序用电感、电容和有源元件来求解具有可变输入的组合辐射和传导问题。

2.3.5 星载数据管理分系统设计

星载数据管理分系统是CubeSat整星综合控制和管理的必要系统，具有并行处理不同任务的多个计算机，并由这些计算机组成。目前，在轨CubeSat使用的处理器以ARM、FPGA为主，也有用单片机和DSP等[5]。CubeSat星载数据管理主要通过冗余设计手段提高系统可靠性，较少使用抗辐射组件。其主要功能包括：

- 遥测数据采集、存储、格式化；
- 遥控指令接收、处理、分发；
- 程控指令存储、处理、判断、启动；
- 星上时间管理、校时和授时。

星载数据管理分系统在遥测方面统一遥测格式，具有实时和延时遥测功能，直接指令（30条）、程控（1 000条，最小时间间隔1 s）进行遥控，授时精度20 ms。与其他分系统总线连接主要采用功耗低、标准化高的CAN总线，目前在轨CubeSat系统中主要使用CAN总线。图2-17所示为星上电子拓扑图。

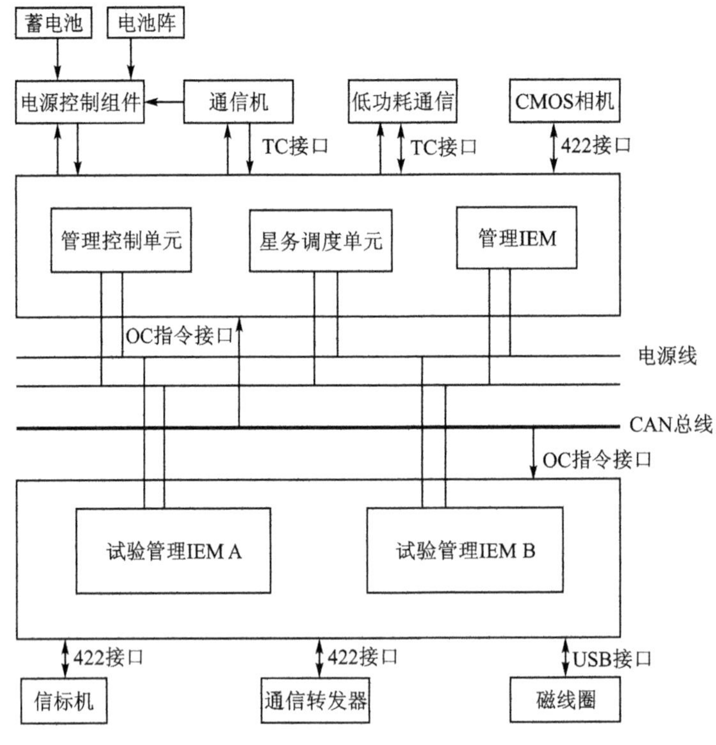

图2-17 星上电子拓扑图

2.3.6 遥测遥控分系统设计

任何一项航天计划，在完成研制任务的最终阶段都是飞行试验，以验证该航天工程的目标能否达到。航天工程的飞行试验需要运载火箭和航天器来完成，并分为 4 段来实施：

① 发射段：从运载火箭和航天器运进发射场开始，至运载火箭"点火"发射，离开发射塔"起飞点"接通为止。

② 运载火箭上升入轨段（简称上升段）：从火箭点火"起飞"开始，至火箭将航天器送入轨道"分离"为止。

③ 航天器轨道运行段（简称运行段）：从航天器与火箭"入轨分离"开始，至"返回制动"工作为止。

④ 航天器返回段（简称返回段）：从航天器制动点火开始，至航天器返回舱安全着陆为止。

测控通信系统是运载火箭和航天器控制系统的地面延伸，是航天器控制系统的地面部分（即陆海测控站和测控中心），是航天系统工程师们实施对飞行器进行监测（飞行器实时传送的遥测参数）和控制（根据飞行器遥测数据实施安全控制和各类飞行程序的遥控）的工具。该系统集运载火箭和航天器飞行状态的跟踪测轨（Tracking）、遥测（Telng）和遥控（Command）功能于一身，也称跟踪遥测遥控（TT&C）系统。

跟踪技术利用航天器发出到达地球的载波，跟踪站检测出电磁波来波取向和地面站天线主波束指向角的偏差，伺服系统利用此偏差随时校正，消除偏差，而达到天线主波束实时对准不断运动着的航天器的目的。测轨分为测速和测距两部分。测速利用航天器相对于地面站天线的相对运动、信标机的载频中产生出多普勒频移，测出频移可换算出径向速度。测距由地面站发射出一个高频率稳定度和高频谱纯度的正弦副载波（称为测距侧音）到航天器，然后再转发回来和原来地面发出的侧音比较相位差，可计算出航天器和地面站之间的距离。对于惯性目标，跟踪足够长弧度后，可预测外推未来轨道。

遥测技术用传感器测量航天器内部各个工程分系统、航天器的姿态、外部空间环境和有效载荷的工作状况，用无线电技术将这些参数传回到地面站，供地面的科研人员进行分析、研究，然后判断航天器的工作状态。遥测是一种用来监督、检查航天器上天后工作状况的唯一手段，也是判断故障部位、原因的唯一措施。遥测数据可通过多个信道下传地面，包括不同频段和测控体制。遥测可以分为实时遥测和延时遥测，主要参数为速变参数和缓变参数。遥测内容包括：姿态状态、内部温度（太阳能电池阵表面温度、蓄电池温度）和工作状态（母线电压和电流、太阳能电池阵的电压和电流、蓄电池的电压和电流，各转发器的输出功率）等。

遥控技术通过对遥测参数、姿态和轨道参数的研究和分析，发现航天器的轨道、姿态、某个工程分系统或有效载荷工作状况异常或出现的故障，判断出故障部位并做出决策；然后向卫星发出有关命令，修正轨道和姿态，调整分系统和有效载荷的运行参数，甚至切换备份或部件，遥控指令动作的结果；再通过遥测信道传到地面站进行汇报证实。遥测和遥控两种技术综合起来构成一种保证航天器正常运行、增加可靠性、延长寿命的重要闭环手段。

2.4　CubeSat 任务设计实例

设计基于 CubeSat 形式的微小卫星，重点在于验证盘绕式伸展臂空间展开特性，以及 UV 波段对地通信。CubeSat 具有盘绕式伸展臂空间展开特性，压紧机构能够保证伸展臂在火箭发射阶段及在轨运行阶段的强度和刚度，释放机构能够保证伸展臂空间顺利解锁，伸展臂在空间环境下顺利展开（不考虑展开方式）。UV 波段对地通信能够满足接收卫星遥测信号、发送伸展臂展开等遥控指令的要求。

规定 CubeSat 整星质量 2 kg,质量分配如表 2-3 所列。

表 2-3 CubeSat 质量分配

分系统名称	质量/kg
结构机构分系统	0.5
电源分系统	0.6
星载数据管理分系统	0.2
遥测遥控分系统	0.4
热控分系统	0.1
姿轨控分系统	0.1
有效载荷分系统	0
设计余量	0.1
合计	2

1. 结构机构分系统

CubeSat 的力学环境将影响结构机构设计。发射力学系统如表 2-4 所列。

表 2-4 发射力学系统

火箭类型	长四乙	长二丙	设计使用
纵向过载/g	0.6～5.8	0.5～7.2	8
横向过载/g	0.4～1.2	0.4～1	2

CubeSat 结构爆炸图如图 2-18 所示,表 2-5～表 2-7 给出了 CubeSat 卫星各尺寸。

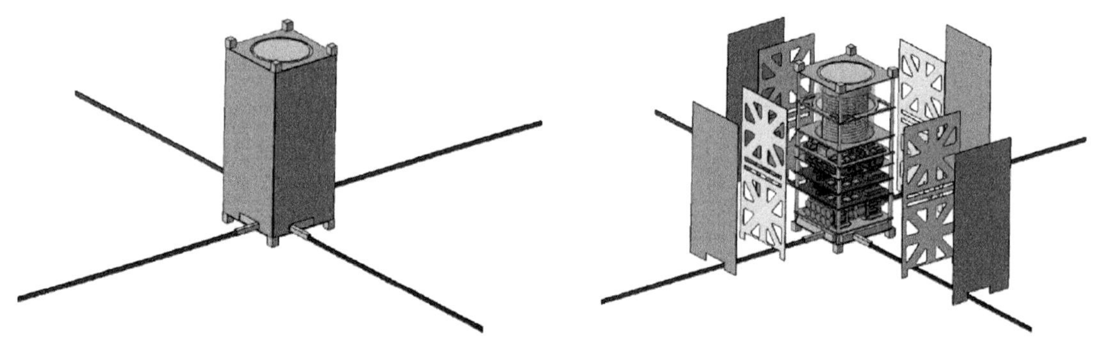

图 2-18 CubeSat 结构爆炸图

表 2-5 CubeSat 卫星尺寸

长/mm	宽/mm	高/mm
100	100	200

模态频率要求如表 2-8 所列。

表 2-6 CubeSat 卫星各舱段高度

层板名称	高度/mm
有效载荷舱段	15
电池舱段	30
星载计算机舱段	40
测控通信舱段	15
分离机构舱段	25
从星舱段	75

表 2-7 CubeSat 卫星各板尺寸

名 称	长/mm	宽/mm	高/mm
舱段底板	96	96	1.5
从星	$\phi 70$		1
侧板 1	97	198	1
侧板 2	98	198	1

表 2-8 模态频率要求

方 向	频率/Hz
横向	≥12
纵向	≥30
扭转	≥30

2. 姿轨控分系统

轨道选择方面，由于轨道资源的稀缺性，CubeSat 作为业余卫星进入大椭圆轨道的搭载困难较大、机会较少。此外，要求有足够长的在轨运行时间，轨道高度不宜过低，因此采用 600 km 太阳同步轨道(Sun-Synchronous Orbit，SSO)。

整星采用“重力梯度＋被动阻尼”稳定方式。其中，主星部分设计专门的舱段用来储存从星及重力梯度杆，并设计压紧释放机构对杆进行控制，从而控制从星的运动。从星内加装阻尼器，通过速率阻尼消耗卫星在分离阶段初期的动能。重力梯度杆采用盘绕式伸展臂进行设计，并辅之以压紧释放机构控制其安装及展开。

3. 电源分系统

整星功耗预算如下：

- 星上能源系统：耗电 2.5 W，负载性质为长期负载；
- 星上电子系统：耗电 1.8 W，负载性质为长期负载；
- 星上射频系统：耗电 4.5 W，负载性质为长期负载；
- 无线电信标：耗电 1 W，负载性质为长期负载；
- 通信转发器：耗电 2.5 W，负载性质为短期负载；
- 载荷天线：耗电 2 W，负载性质为长期负载；
- 通信机：耗电 2 W，负载性质为长期负载；
- 搭载载荷：耗电 0 W/8.6 W，负载性质为短期负载；
- 解锁装置：耗电 0 W/56 W，负载性质为短期负载。

整星电源系统采用 Cd-Ni 蓄电池。Cd-Ni 蓄电池单体电池标称电压为 1.2 V，需要 10 个单体电池串联，共需单体电池 20 个。为了防止单体电池开路失效，每个单体要并接开路防护二极管网络。卫星功率需求为 1.25 W，蓄电池组平均放电电压为 12 V。电源变换装置主要是 DC/DC 变换器，它把卫星一次电源母线 12 V 电压变为不同电压供各部分电路使用。本卫星有＋12 V、＋5 V 和＋3.3 V 三组输出。根据电子元器件情况，卫星电源系统母线电压标称值选定 12 V。

4. 热控分系统

拟采用被动热控方式。本星功率较小，结构简单，重点是保持卫星和外部隔热。星内仪器温度范围设计余量定为±10 ℃。热控系统的质量应小于 0.3 kg，其空间需要与结构具体协调，在设计过程中完成。在功耗上，由于采用被动方式，且没有主动加热要求，功耗为 0。为适应近地轨道热环境，需要注意地影区和光照区的轨道约束设计，考虑太阳辐射、地球反照和地球红外辐射的外热流约束。

5. 星载计算机

星务计算机模块采用具有高性能、低功耗和高容错性能的 32 位 ARM 处理器。监控计算机模块及软件搭载于功能结构简单、低功耗、高可靠和能长时工作的 8 位单片机上。星载计算机系统设有容错机制，两个星务计算机模块互为冷备份。此外，CubeSat 整星具备星上电子系统的冗余 CAN 总线和串口通信协议以及遥测和监控机制，并搭载基于 FPGA 的具有抗单粒子翻转的星务计算机 SRAM 存储器。

6. 遥测遥控分系统

CubeSat 通信系统要求见表 2－9。

表 2－9　CubeSat 通信系统要求

要　求	选　择	说　明
数据传输速率	1 000 bit/s	实施机构释放和数据传输
数据存储量	固态记录器 75×10^9 bit	需要直接传送数据
数据量	记录数据在长窗口发送	
频率	采用已分配的频率和通道； 采用与现有的系统兼容的系统	遵守 FCC、ITU、NTIA 约定
带宽	按 Shannon 定理计算通道容量	数据传输＋调节机制
航天器功率	采用大口径天线/高效放大器	
航天器重量	采用 TWTA 增加射频功率输出	减小天线的尺寸
波束宽度		根据天线种类
等效各项同性辐射功率	EIRP 为定值时，增大天线的尺寸	
G/T 值	根据接收站的灵敏度	

7. 卫星飞行程序

卫星层面上的卫星程序主要指卫星入轨、卫星正常运行及卫星返回(仅指返回式卫星)过程中，按规定要求设计的工作时序。表 2－10 列出了卫星飞行程序示例。

表 2－10　卫星飞行程序示例

圈　次	开始时间/s	工作说明	备　注
1	0	分离开关释放，星时置零，启动程控	星上零点遥测
1	3	数据门开	程控、遥测
1	4	解锁母线通	程控、遥测

续表 2-10

圈　次	开始时间/s	工作说明	备　注
1	5	解锁母线通	遥控、遥测
1	20	VHF 天线解锁装置通	程控、遥测
1	21	VHF 天线解锁装置通	遥控、遥测
1	30	VHF 天线展开到位	遥测
1	35	VHF 天线解锁装置断	程控、遥测
1	36	VHF 天线解锁装置断	遥控、遥测
1	40	UHF 天线解锁装置通	程控、遥测
1	41	UHF 天线解锁装置通	遥控、遥测
1	50	VHF 天线展开到位	遥测
1	55	UHF 天线解锁装置断、解锁母线断	程控、遥测
1	56	UHF 天线解锁装置断、解锁母线断	遥控、遥测
1	70	注入轨道参数	地面注入
1	80	信标机开机	程控、遥测

思考题

1. 什么是 CubeSat? CubeSat 的技术标准包括哪些?
2. 简述卫星设计基本步骤。
3. 卫星结构和机构的主要功能包括哪些?
4. 什么是 CubeSat 的姿轨控分系统?
5. 如何对卫星上各个分系统进行合理的电源分配?
6. 简述如何进行热控系统的方案设计。

参考文献

[1] 廖文和. 立方体卫星技术发展及其应用[J]. 南京航空航天大学学报，2015,225(6)：12-17.

[2] Poghosyan A, Golkar A . CubeSat evolution：analyzing CubeSat capabilities for conducting science missions[J]. Progress in Aerospace ences，2017，88:59-83.

[3] 时蓬，苏晓华，王琴，等. 国际基于立方星平台的空间科学发展态势及启示[J]. 科技导报，2019，37(21)：63-72.

[4] 李军予,伍保峰,张晓敏. 立方体纳卫星的发展及其启示[J]. 航天器工程,2012,21(3)：80-87.

[5] 陈曦,沈佐峰. 一种可靠的 FPGA 动态配置方法及实现[J]. 通信技术,2012,45(3)：105-107.

第 3 章　基于 Agent 的卫星系统建模与分布式仿真

3.1　国内外研究现状

3.1.1　复杂系统基于 Agent 建模与仿真的研究现状

基于 Agent 的建模与仿真方法(Agent - Based Modeling and Simulation, ABMS)是一种自顶向下分析、自底向上综合的有效建模与仿真方法[1]。ABMS 克服了复杂系统难以自上而下建立传统数学模型的困难。该方法将复杂系统中的个体用 Agent 来建模,并对个体之间以及个体与环境之间进行建模,可以将复杂系统中个体的微观行为与系统的整体属性结合起来,有利于研究复杂系统的涌现性以及内部之间的关联性,更适合对航天器等复杂系统进行建模与仿真。

目前,ABMS 在很多学科领域得到了应用,主要体现在以下几个方面:

① 在社会领域,针对停车管理问题,Epstein 等人基于 Agent 模型,设计开发了 Resort - Scape 仿真软件;

② 在经济领域,为便于分析经济进程,美国研究人员基于 Agent 的建模思想,搭建了名为 Aspen 的美国经济仿真模型;

③ 在军事作战对抗领域,美国海军作战开发司令部基于 Agent 模型,开发了 ISAAC 软件,可模拟军事对抗等战场行为。

此外,ABMS 的应用领域还包括人工生命、自然现象的仿真等。

3.1.2　航天器分系统建模研究现状

航天器系统是一个相当复杂的系统,主要由有效载荷分系统、电源分系统、热控分系统、姿轨控分系统、结构机构分系统等组成。合理构建航天器分系统的数学模型有利于进行航天器的系统仿真。

1. 电源系统建模的研究现状

电源系统是航天器的关键分系统之一,它是航天器的能量来源。目前,绝大多数航天器的电源系统采用的是太阳电池阵-蓄电池组结构,这种类型的电源系统主要包括太阳电池阵、蓄电池组、分流调节器、充放电控制器等部分[2]。对电源系统进行建模,往往先构建电源系统各个组成部分的数学模型,然后根据航天器所处的环境状态,确定电源系统的工作状态,合理控制太阳电池阵与蓄电池组的充放电,进而保证航天器母线电压等相关电参数的稳定。

国内诸多学者针对航天器电源系统模型设计及其数学仿真进行了相关研究。崔文聪借助 STK 软件,分析了在轨航天器姿态和负载对电源系统的影响,在此基础上,建立了 MXMT 卫星能量平衡的 Simulink 仿真模型。邹湘文等利用 Simulink 软件建立了蓄电池充电模块模型,利用 VTB 软件建立了电源系统其他部分的模型,并将两者进行结合,实现了电源系统的整体仿真。简斌将数学模型与航天器电源系统实物相结合，搭建了电源系统的半物理仿真系统。徐鸿影等对深空探测航天器的电源系统进行了相关研究，并开发了电源系统的MATLAB/GUI仿真软件。该软件由输入/输出模块、时间模块和计算模块构成，但是仿真系统缺少动态性。赵亚雄等从设计的角度出发，基于Simulink仿真软件，建立了航天器电源系统的模型，该模型包括帆板面积等相关的计算模块，但是没有将系统的控制考虑其中。丁立聪等[3]以能量平衡作为出发点，搭建了皮星一号(ZDPS-1A)电源系统的Simulink模型，并将仿真结果与相应的遥测数据进行比较，对模型设计进行了合理改进。国外针对航天器电源系统，开发了相应的仿真软件，可以对航天器电源系统进行全方位的仿真实验。其中，比较典型的仿真软件有法国图卢兹Astrium SAS开发的PowerSystems电源系统仿真软件，美国洛克西德·马丁公司的PTS(Power Tools Suite)软件，美国Avant公司开发的saber软件，以及德国Astrium Aerospace公司的ROSE平台等。

2. 热控系统建模的研究现状

热控系统，是航天器正常工作的有力保障。热控系统的主要任务就是运用阻止热量或增强传热等方法，保证航天器自身的温度在合理的范围内变化。航天器的热控制主要有两种方式：主动热控制技术和被动热控制技术。其中，主动热控制以闭环控制为指导思想，综合协调利用控制器、执行器以及敏感器等星上设备，合理安排航天器与内外部环境之间的热过程，以此来控制航天器的温度变化；被动热控制则以开环控制技术为基础，使用某些具有特殊热物理性质的材料，减小航天器在运行周期内的温度变化波动，使得整星温度在合理的范围内。工程实际中，经常采用被动热控为主、主动热控为辅的方案，来减少热控成本。

目前，航天器热控系统设计与仿真通常采用热网络法。这种方法基于SINDA/FLUINT和NEVADA软件的节点划分结果，将研究对象的单元体与节点相对应，利用各个节点之间的热量传递关系，建立具有较高维度的刚性热网络方程。这种方法依赖专业软件的分析结果，合理地进行节点划分，并要求恰当地选取参数。此外，该方法的计算量很大，且软件不能离线使用，不能满足航天器系统仿真的实时性要求。

为适应航天器总体仿真的需要，李清毅[4]给出了一种基于设备等效动态特性的双层集总参数模型的应用方法。该方法将航天器解耦成内层环节和外层环节共计5个参数环节以模拟整星温度场，并可与总体仿真平台集成进行温度预测，取得了很好的结果。在此基础上，张镜洋[5]将双层集总参数模型进行合理简化，将5个参数环节简化为航天器内外两个参数环节，并建立相应的温度特性方程，来模拟小卫星的温度变化，具有一定的参考意义。

3. 姿轨控系统建模的研究现状

航天器姿态控制系统包括主动控制和被动控制两类。主动姿态控制系统由姿态敏感器、控制器和执行机构组成，可以根据姿态误差形成控制指令，进而产生控制力矩来实现姿态控制；被动姿态控制系统则利用环境力矩及航天器本身的动力学特性来实现航天器姿态的稳定。轨道控制系统按应用方式可分为：变轨控制、轨道机动、轨道保持等。实际上，轨道控制的核心就是航天器依靠自身的推进装置或者外界环境的力来主动改变轨道或者修正轨道误差，以此来更好地完成航天任务。通常情况下，将姿态控制与轨道控制相结合，调整航天器的姿态和轨道，能更好地实现航天器的功能。

目前，航天器姿态控制系统的建模与仿真技术已经比较成熟，相应的理论体系也比较完善。通常姿态控制系统由姿态确定模块和姿态控制模块两部分组成，其中姿态控制系统又可以分为主动姿态控制和被动姿态控制。

同样，航天器轨道控制的相关理论与技术也较为成熟。通常情况下，需预先设计航天器的轨道控制策略，如回归轨道保持策略、航天器交会对接等。首先，利用航天器轨道理论，实时解算航天器在空间中的位置；然后根据控制策略，确定航天器轨道根数的目标值。最后，借助电推进发动机，实现轨道的调整。

3.1.3 分布式仿真研究现状

分布式仿真是一种基于计算机网络的先进仿真技术，近年来取得了飞速发展，逐渐成为系统仿真领域的一个研究热点。1978 年，美国人 Thorpe 首次比较系统地阐述了联网仿真技术的功能要求。从 1983 年起，美国制定并实施了名为 SIMNET(Simulation Networking)的计划。SIMNET 是一个共享的仿真环境，在这个环境中，可以进行多种军事综合训练。SIMNET 计划是分布式仿真的初型和开始，它的出现意味着系统仿真技术进入新的发展阶段。

以 SIMNET 为基础，美国进一步发展了分布式交互仿真技术(Distributed Interactive Simulation，DIS)。通过建立通用的数据交互环境，以及使用协议数据单元，DIS 可以支持分布在异地的平台级仿真之间的互操作。同时，美国 Mitre 公司参照 SIMNET 的一些技术原理，提出了可使多个聚合级作战仿真应用由广域网或局域网实现交互的聚合级仿真协议(Aggregate Level Simulation Protocol，ALSP)。

为了满足越来越复杂的作战仿真需求，美国国防部建立了以高层体系结构(High Level Architectrue，HLA)为核心的通用仿真技术框架。HLA 可以更好地支持仿真系统的可扩展性，正因为如此，这种技术已经发展成为当前仿真技术的一个重要方向。目前，国外以 HLA 为基础的分布式仿真系统已经成功应用于生产制造业的工作流程、军事综合训练与演习，以及商业物流和公共管理等方面。国内基于 HLA 的仿真系统也应用于经济管理以及军事等相关领域。在航天领域，诸多学者对基于 HLA 的卫星及其姿态控制系统、通信系统、轨道机动、深空探测等方面的仿真进行了相关研究。

此外，MATLAB 具有并行计算工具箱和分布计算服务器，可实现多种并行计算与分布式交互仿真任务。2007 年，英国工程师 Paul T. Norton 针对舰船的电力系统仿真问题，引入分布式仿真技术，完成了 MATLAB 环境下船舶电力系统建模和分布式仿真。我国的颜南明等基于 MATLAB 软件环境，对分布式硬件在环仿真技术进行了相关研究，并以履带装甲车辆电传动系统硬件在环仿真平台为基础，验证了 MATLAB 环境分布式仿真技术的可行性，取得了很好的成果。

3.2 电源分系统与热控分系统模型设计

航天器电源系统担负着为航天器的其他分系统和有效载荷供电的重要任务，其供电质量的优劣直接影响到整个航天器的工作状态，甚至关乎整个飞行任务的成败。因此，合理搭建电源分系统的模型并进行系统仿真，对航天器整体设计具有重要意义。此外，热控系统通过阻止热量或增强传热等方法使航天器自身的温度在合理的范围内变化，以确保航天器正常工作。因此，对航天器热控系统进行建模分析同样具有重要意义。本章将给出电源分系统与热控分系统的模型设计。

3.2.1　电源分系统模型

航天器电源是一个复杂系统，包括太阳电池阵、分流调节器、蓄电池等相关组件[3]。航天器电源系统的工作过程如下：当航天器处于光照区时，供电阵输出电流经过分流调节器调节以满足航天器的功率要求，同时确保母线电压的基本稳定；充电阵的输出电流经过分流调节器将多余的功率对地进行分流，然后再经充电控制器进行调节，得到充电电流，用以给蓄电池组充电。当航天器处于阴影区时，蓄电池组进行放电，经过放电控制器的升压后，可以满足母线电压的要求，实现对航天器负载的供电。航天器电源分系统整体结构如图 3-1 所示。本小节首先建立各主要元件的数学模型，并在此基础上搭建电源分系统的整体数学模型。

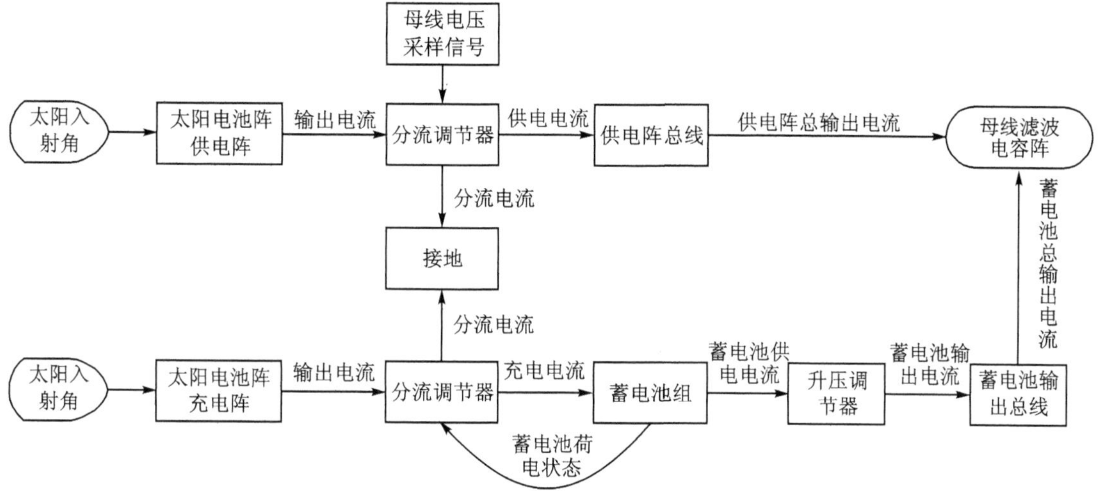

图 3-1　电源分系统整体结构图

1. 太阳电池阵数学模型

航天器电源通常采用硅太阳电池、砷化镓太阳电池和薄膜太阳电池，本小节选取硅太阳电池作为仿真算例，探究其数学模型。航天器的太阳电池阵由若干电池片串并联而成，以单片硅太阳电池为基础建立的模型为[6-7]：

$$I = I_{sc}\left[1 - C_1\left(e^{\frac{U}{C_2 V_{oc}}} - 1\right)\right] \tag{3.2.1}$$

式中：I 为太阳电池片端电流；U 为太阳电池片端电压；e 为自然常数，取值为 2.708 28；C_1、C_2 为由已知参数表示的中间变量，取值如下：

$$\left.\begin{aligned} C_1 &= \left(1 - \frac{I_{mp}}{I_{sc}}\right) e^{\frac{-V_{mp}}{C_2 V_{oc}}} \\ C_2 &= \left(\frac{V_{mp}}{V_{oc}} - 1\right) \frac{1}{\ln\left(1 - \frac{I_{mp}}{I_{sc}}\right)} \end{aligned}\right\} \tag{3.2.2}$$

式中：I_{mp} 为最大功率点电流；I_{sc} 为开路电流；V_{mp} 为最大功率点电压；V_{oc} 为开路电压。这四个参数是硅电池片的特征参数，由生产厂家提供，为已知量。

但是，厂家提供的 I_{mp}、I_{sc}、V_{mp} 和 V_{oc} 参数是在参考温度 25 ℃和参考光照强度 1 000 W/m²

下测得的参考值。在实际应用中，这四个参数将随着温度和光强的变化而变化，需要引入一定的补偿，如下所示[2]：

$$D_I=\frac{S}{S_{\text{ref}}}\left[1+a(T-T_{\text{ref}})\right] \tag{3.2.3}$$

$$D_V=\left[1-c(T-T_{\text{ref}})\right]\ln\left[\text{e}+b(S-S_{\text{ref}})\right] \tag{3.2.4}$$

式中：D_I 为电流修正系数；D_V 为电压修正系数；S、S_{ref} 分别为实际光照强度和参考光照强度；T、T_{ref} 分别为实际温度和参考温度；a、b 和 c 为补偿系数，根据参考文献[8]，三者的取值为 $a=0.002\,5$ ℃$^{-1}$，$b=0.000\,5(\text{W/m}^2)^{-1}$，$c=0.002\,88$ ℃$^{-1}$。

则经过修正后的电池片特性参数分别为

$$I_{\text{mp}}=D_I I_{\text{mpr}},\quad I_{\text{sc}}=D_I I_{\text{scr}} \tag{3.2.5}$$

$$V_{\text{mp}}=D_V V_{\text{mpr}},\quad V_{\text{oc}}=D_V V_{\text{ocr}} \tag{3.2.6}$$

式中：I_{mpr}、I_{scr}、V_{mpr} 和 V_{ocr} 为在参考温度 25 ℃和参考光照强度 1 000 W/m^2 下测得的参考值，根据参考文献[9]，分别取值为：$I_{\text{mpr}}=0.288\,6$ A，$I_{\text{scr}}=0.306$ A，$V_{\text{mpr}}=0.45$ V，$V_{\text{ocr}}=0.55$ V。

将上述参数代入到电池片模型中，可以得到修正后的电池片端电流与端电压之间的关系：太阳电池片的输出特性受到自身温度和光照强度的影响。当太阳电池片所受的光照强度相同时，短路电流随温度的增大而增大，开路电压则会随之减小，进而输出功率变化不大；当太阳电池片的温度相同时，短路电流、开路电压均会随着光强的增大而增大，进而输出功率也会随之增大。此外，太阳电池片的输出功率存在最大值，因而在工程应用中，为充分利用太阳电池片，通常采取最大功率点所对应的电压值和电流值。

在工程实际应用中，通常将太阳电池片进行串并联组成太阳电池阵，来给航天器的其他分系统进行供电，并将太阳光入射角的影响因素考虑其中，得到电池阵数学模型为

$$I=n_{\text{p}}I_{\text{sc}}\left[1-C_1\left(\text{e}^{\frac{U}{n_{\text{s}}C_2V_{\text{oc}}}}-1\right)\right]\cos\theta \tag{3.2.7}$$

式中：n_{p} 为电池片并联数量；n_{s} 为电池片串联数量；θ 为太阳光入射角，可由太阳电池阵在轨运行状态实时提供。

实际应用中，太阳电池阵的串联数 n_{s} 和并联数 n_{p} 可以由下式进行估算[2]：

$$\left.\begin{aligned} n_{\text{s}}&=\frac{V_{\text{B}}+V_{\text{D}}+V_{\text{W}}}{V_{\text{mp}}}\\ n_{\text{p}}&=\frac{I_{\text{L}}}{I_{\text{mpav}}F_{\text{j}}}\end{aligned}\right\} \tag{3.2.8}$$

式中：V_{B} 为母线电压或蓄电池充电电压；V_{D} 为隔离二极管正向压降；V_{W} 为线缆压降；I_{L} 为满足航天器工作要求的电流；I_{mpav} 为最大功率点电流（寿命末期）；F_{j} 为几何因子。

2. 分流调节器数学模型

航天器太阳电池阵的工作环境复杂多变，输出特性等受诸多因素的影响。与此同时，由于散热、轨道机动、对地遥感等诸多空间任务，航天器的负载功率会经常发生变化，某段时间内，其值可能小于太阳电池阵的输出功率，致使太阳电池阵的输出电压可能高于母线电压。由此，需要在每一路太阳电池阵接入分流调节器来保证母线电压的稳定，同时将太阳电池阵的多余功率以热能的形式辐射到太空中，以防对航天器负载造成不利影响。

航天器电源系统分流调节器采用脉宽调制（PWM）方式，利用场效应晶体管进行分流调节。由于方波信号的频率极高，所以通常按照等效功率的原则进行简化，可以得到分流调节器的数学模型：

$$\left.\begin{aligned}I_{out} &= (1-\alpha)I_{in}\\ U_{out} &= U_{in}\end{aligned}\right\} \tag{3.2.9}$$

式中：I_{in}、I_{out} 分别为分流调节器的输入电流、输出电流；U_{in}、U_{out} 分别为分流调节器的输入电压、输出电压；α 为分流比，其值由母线电压决定。

3. 蓄电池数学模型

蓄电池是航天器的储能元件，可以进行电能与化学能或其他形式的能量间的转化，在航天器系统中具有重要作用。其主要完成以下功能：

① 从航天器发射至卫星板展开，蓄电池为航天器系统提供电能。

② 当航天器处于光照区时，太阳电池阵对蓄电池进行充电，储存电能。若航天器负载过大或者太阳电池阵出现故障，蓄电池则与太阳电池阵联合为航天器系统供电。

③ 当航天器处于阴影区时，蓄电池为航天器系统提供电能。

目前，在航天器电源系统中应用较多的蓄电池有镉镍蓄电池、氢镍蓄电池等。本小节选取镉镍蓄电池，建立其数学模型：

$$\left.\begin{aligned}E &= E_0 - K\frac{Q}{Q-i_t} + A\mathrm{e}^{-Bi_t}\\ U_{bat} &= E + R_{in}I_{bat}\end{aligned}\right\} \tag{3.2.10}$$

式中：E 为蓄电池开路电压；E_0 为蓄电池电压常值；K 为极化电压；A 为指数电压；Q 为额定容量；B 为指数容量；R_{in} 为蓄电池内阻；U_{bat} 和 I_{bat} 分别为蓄电池端电压和端电流；i_t 为电流累计数，即 $i_t=\int(-I_{bat})\mathrm{d}t$，充电时电流为正，放电时电流为负，满容时 $i_t=0$。参数 E_0、K、Q、A、B 和 R_{in} 表征蓄电池特性，均为常值。

工程上，定义蓄电池剩余容量与额定容量间的百分比为荷电状态 SOC（State Of Charge），即 SOC 的取值如下式所示：

$$\mathrm{SOC} = \left(1-\frac{i_t}{1.05Q}\right)\times 100\% \tag{3.2.11}$$

蓄电池放电量对蓄电池开路电压和荷电状态的影响：荷电状态与放电量呈线性变化，当放电量不是很大时，蓄电池开路电压可以稳定在一定值，可以为母线进行正常供电。但当放电量较大时，蓄电池开路电压急剧下降，不能满足母线的电压需求。因此，应在一定的荷电状态下使用蓄电池，避免蓄电池过量放电。

4. 升压调节器数学模型

蓄电池为航天器系统进行供电时，需采用升压调节器来对蓄电池的输出电压进行调节，以满足母线电压的需求。升压调节器的稳态运行模型类似于一个受控电压源，其输入/输出特性如下式所示：

$$\left.\begin{aligned}I_{in} &= \frac{I_{out}\left(1+\dfrac{\delta}{n}\right)}{\eta}\\ U_{out} &= U_{in}\left(1+\frac{\delta}{n}\right)\end{aligned}\right\} \tag{3.2.12}$$

式中：I_{in} 和 I_{out} 分别为升压调节器的输入电流和输出电流；U_{in} 和 U_{out} 分别为升压调节器的输入电压和输出电压；n 为升压调节器变压比；δ 为占空比；η 为升压调节器效率。

5. 母线电压数学模型

将航天器的负载简化为滤波电容 C_m 和等效不变电阻 R_m，则母线电压满足如下微分方程：

$$dU_m=\frac{1}{C_m}\left(I_m-\frac{U_m}{R_m}\right) \tag{3.2.13}$$

式中：U_m 为母线电压；I_m 为母线电流。

6．电源系统状态方程

上述几节内容已经给出了电源系统各组件的数学模型，本节从这些模型出发，并结合航天器的在轨运行状态，给出在轨运行航天器电源系统的状态方程。

(1) 供电阵数学模型

当航天器处于光照区时，供电阵对航天器进行供电，并通过分流调节器的调节作用，保证母线电压的相对稳定。结合电源系统各组件的数学模型，得到供电阵的状态方程：

$$\left.\begin{aligned}
&I_g=n_{pg}I_{sc}\left[1-C_1\left(e^{\frac{U_g}{n_{sg}C_2V_{oc}}}-1\right)\right]\cos\theta\\
&U_g=U_m+I_g\cdot R_g\\
&I_{mi}=(1-\alpha_i)I_g\\
&I_m=\sum_{i=1}^{n_g}I_{mi}\\
&dU_m=\frac{1}{C_m}\left(I_m-\frac{U_m}{R_m}\right)
\end{aligned}\right\} \tag{3.2.14}$$

式中：I_g 和 U_g 分别为供电阵的端电流和端电压；n_{pg}、n_{sg} 分别为供电阵串联、并联的电池片数量；R_g 为供电阵内阻；α_i 为第 i 路供电阵的分流比；n_g 为供电阵的电池片路数。

如式(3.2.14)所示，供电阵的状态可由 4 个代数方程和 1 个微分方程表示，若已知母线电压初值 U_{m0}，通过求解微分方程和代数方程，可以解出供电阵瞬时端电压 U_g 和端电流 I_g，以及分流后电流 I_m，由此可以观测供电阵供电时，航天器电源系统的工作状态。

(2) 充电阵数学模型

当航天器运行在光照区，且供电阵可以满足航天器系统用电时，充电阵输出的充电电流经分流调节器的调节作用后，对蓄电池进行充电，直到蓄电池充满或需要蓄电池进行放电。结合电源各个组件的数学模型，得到充电阵的状态方程如下：

$$\left.\begin{aligned}
&I_c=n_{pc}I_{sc}\left[1-C_1\left(e^{\frac{U_c}{n_{sc}C_2V_{oc}}}-1\right)\right]\cos\theta\\
&U_c=U_{bat}+I_c\cdot R_c\\
&I_{bat}=n_cI_c\\
&U_{bat}=E+R_{in}I_{bat}\\
&E=E_0-K\frac{Q}{Q-i_t}+Ae^{-Bi_t}\\
&SOC=\left(1-\frac{i_t}{1.05Q}\right)\times 100\%\\
&dSOC=-\frac{1}{1.05Q}I_{bat}
\end{aligned}\right\} \tag{3.2.15}$$

式中：I_c 和 U_c 分别为充电阵的端电流和端电压；n_{pc}、n_{sc} 分别为充电阵串联、并联的电池片数量；R_c 为充电阵内阻；n_c 为充电阵的电池片路数。

同样，若已知蓄电池的初始荷电状态 SOC_0，则通过求解所列的方程组可得到蓄电池的荷电状态，以及充电电流和电压，由此可以观测充电阵充电时电源系统的工作状态。

(3) 蓄电池供电数学模型

当航天器运行至阴影区时，太阳电池阵无法为母线进行供电，或者航天器运行在光照区，但供电阵无法满足航天器用电要求时，则需要蓄电池通过升压调节器来调节输出电压对母线进行供电。结合电源系统各组件的数学模型，给出蓄电池放电的状态方程：

$$\left.\begin{aligned}
&U_{bat}=E+R_{in}I_{bat}\\
&E=E_0-K\frac{Q}{Q-i_t}+A\mathrm{e}^{-Bi_t}\\
&I_{bat}=\frac{I_m\left(1+\dfrac{\delta}{n}\right)}{\eta}\\
&U_m=U_{bat}\left(1+\frac{\delta}{n}\right)\\
&\mathrm{SOC}=\left(1-\frac{i_t}{1.05Q}\right)\times 100\%\\
&\mathrm{d\,SOC}=-\frac{1}{1.05Q}I_{bat}\\
&\mathrm{d}U_m=\frac{1}{C_m}\left(I_m-\frac{U_m}{R_m}\right)
\end{aligned}\right\}\tag{3.2.16}$$

式(3.2.16)由 5 个代数方程和 2 个微分方程组成，若已知蓄电池的初始荷电状态 SOC_0 和母线的初始电压 U_{m0}，则可以通过求解微分方程即可得到蓄电池的瞬时放电电压 U_{bat}、放电电流 I_{bat} 以及荷电状态 SOC；并且还可以求出母线的瞬时电压 U_m，进而可观测出蓄电池放电时电源系统的工作状态。

3.2.2　热控分系统模型

在航天工程领域，由于热设计缺陷或热控系统故障造成航天器发生事故的事件最多，如美国的“陆地卫星-4”、日本的“大隅号”等。因而，航天器热控技术长久以来一直是亟待完善与提高的关键技术[10]，对热控系统进行建模与仿真分析具有重要意义。

1. 双层集总参数模型

目前，航天器热计算与分析广泛采用热网格法，其精度高，但是仿真算法复杂，且通常适合于稳态计算，无法满足仿真过程中的实时性要求。本小节采用双层集总参数模型，将航天器解耦成内层环节和外层环节共计 5 个参数环节以模拟整星温度场。此方法也便于与航天器整体仿真平台集成进行温度预测。此模型基于如下所示的广义矩阵方程[4]：

$$\boldsymbol{C}\begin{bmatrix}\dot{T}_s\\ \dot{T}_r\\ \dot{T}_i\\ \dot{T}_n\end{bmatrix}=\begin{bmatrix}Q_s\\ Q_r\\ Q_i\\ Q_n\end{bmatrix}-\boldsymbol{K}\begin{bmatrix}T_s\\ T_r\\ T_i\\ T_n\end{bmatrix}-\boldsymbol{F}\begin{bmatrix}T_s^4\\ T_r^4\\ T_i^4\\ T_n^4\end{bmatrix}-\boldsymbol{H}\begin{bmatrix}T_s-T_h\\ T_r-T_h\\ T_i-T_h\\ T_n-T_h\end{bmatrix}\tag{3.2.17}$$

式中：T_s、T_r、T_i、T_n 分别为航天器壳体、辐射器、舱内环境以及目标仪器的温度；$\dot{T}_s$、$\dot{T}_r$、$\dot{T}_i$、$\dot{T}_n$ 分别为所对应航天器壳体、辐射器、舱内环境以及目标仪器温度的变化率；Q_r、Q_s 分别为辐射器的空间热流与壳体所受的空间热流；Q_n、Q_i 分别为目标仪器的热源功率与舱内环境的热源功率；T_h 为相变蓄热装置的平均温度；$\boldsymbol{K}$ 为各环节间的导热情况矩阵；$\boldsymbol{F}$ 为各个环节间的辐射换热效应矩阵；$\boldsymbol{C}$、$\boldsymbol{H}$ 均为对角阵，且 $\boldsymbol{C}$ 的对角线元素为各热控环节的热容量，$\boldsymbol{H}$ 的对角线元素为各热控环节同相变蓄热装置间的热导值。为便于进行系统仿真，可将矩阵方程解耦为外层环节和内层环节进行建模分析。图 3-2 给出了解耦后航天器各个部分间的导热与辐射换热关系，以及航天器在空间中所受的外热流情况。

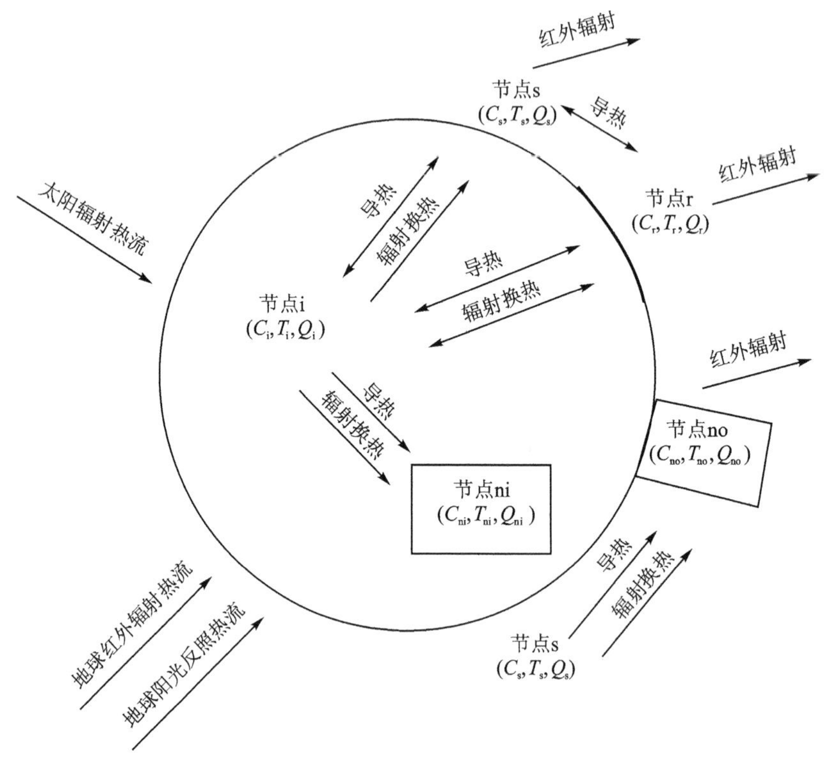

图 3-2 航天器热系统模型

双层集总参数模型具有很好的适用性，可对大多数航天器进行热分析与热设计。但是此模型相对而言比较复杂，计算量较大。实际上，对于小卫星等航天器而言，可将整星内部与内部设备进行等温化处理，并简化为内部节点 N；将航天器壳体与外部设备进行等温化设计，并简化为外部节点 S。此外，小卫星通常不再单独开散热面。因此，简化的双层集总参数模型如图 3-3 所示。

内外部两个节点的数学模型如下所示：

$$\dot{T}_N = \frac{1}{C_N}[-h_{NS}F_S(T_N - T_S) - \varepsilon_{NS}\sigma F_S(T_N^4 - T_S^4) + Q_N] \tag{3.2.18}$$

$$\dot{T}_S = \frac{1}{C_S}[h_{NS}F_S(T_N - T_S) + \varepsilon_{NS}\sigma F_S(T_N^4 - T_S^4) - \varepsilon_S\sigma F_S(T_S^4 - T_0^4) + Q_1 + Q_2 + Q_3] \tag{3.2.19}$$

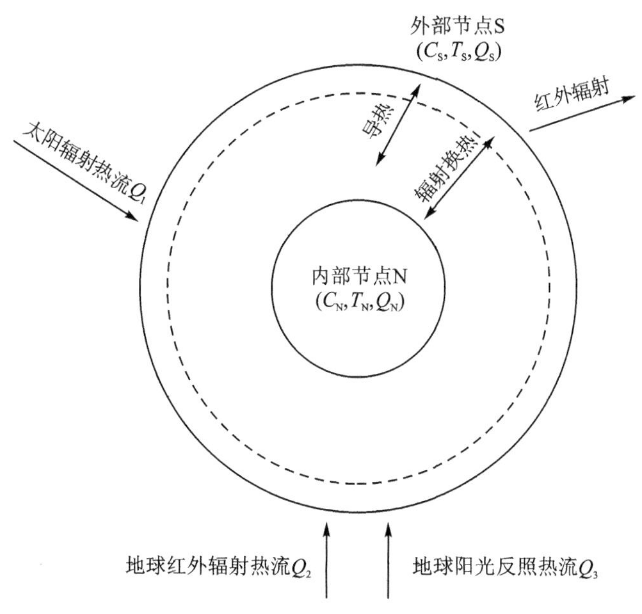

图 3-3　双层集总参数简化模型

式中：C_N、C_S 分别为内部节点的外部节点的集总热容；T_N、T_S 为内部和外部节点的温度；h_{NS} 为两节点间的导热系数；ϵ_{NS} 为两节点间的辐射系数；F_S 为外部节点面积；Q_N 为内部节点功耗；Q_1、Q_2 和 Q_2 为空间热流，分别代表太阳辐射、地球红外辐射以及地球阳光反射热流，其表达形式将由下节给出。

2. 空间热流计算模型

空间热流的表示形式比较复杂，随着航天器的轨道变化，地日相对位置关系变动等因素而发生动态变化，不便于仿真计算。本小节结合参考文献[5]相关内容，给出了航天器运行周期内空间热流的简化形式。

(1) 太阳辐射热流

航天器在一个轨道周期内吸收太阳辐射外热流功率可由下式表示：

$$Q_1 = s\bar{\alpha}_s A_{s-p} f_s(t) \tag{3.2.20}$$

其中

$$f_s(t) = \begin{cases} 1 & 0 < t < t_s \\ 0 & t_s < t < t_0 \end{cases} \tag{3.2.21}$$

式中：s 为太阳常数，随地球在行星轨道的运行位置而变化，其平均值为 1 367 W/m²；$\bar{\alpha}_s$ 为航天器表面平均太阳吸收比；A_{s-p} 为航天器投影在光矢量下的面积；t_s 为航天器运行一个轨道周期的光照时间；t_0 为航天器的轨道周期。

(2) 地球红外辐射热流

在一个轨道周期内航天器吸收地球红外辐射热流功率的简化表达式如下：

$$Q_2 = \frac{1-\nu}{4} s\bar{\epsilon}_h A_s F_{h-s} \tag{3.2.22}$$

式中：ν 为地球表面太阳反射率，其平均值为 0.3；$\bar{\epsilon}_h$ 为航天器红外发射率(取均值)；A_s 为表面积；F_{h-s} 为红外辐射角系数因数，其将航天器外形和姿态影响以及辐射强度变化等因素统一考虑在一起。

(3) 地球阳光反射热流

参考文献[10]将地球反射太阳光在航天器表面的能量积分，整理为辐射角系数因数 F_{a-s}，该系数表示地球与航天器间反射太阳光的情况，且近似认为 $F_{a-s}=F_{h-s}$，则一个轨道周期内，航天器表面吸收的地球阳光反射热流可近似由下式给出：

$$Q_3=\nu s\bar{\alpha}_s A_s F_{a-s} f_a(t) \tag{3.2.23}$$

式中：

$$f_a(t)=\begin{cases}\cos\dfrac{2\pi t}{t_0} & -\dfrac{\pi}{2}<\dfrac{2\pi t}{t_0}<\dfrac{\pi}{2}\\ 0 & -<\dfrac{2\pi t}{t_0}<-\dfrac{\pi}{2}\text{或}-\dfrac{\pi}{2}<\dfrac{2\pi t}{t_0}<\pi\end{cases} \tag{3.2.24}$$

3.3 姿态轨道控制策略与模型设计

航天器姿态是保证有效载荷正常工作，以及太阳电池板高效运作的必要前提，而且是实现轨道控制的先决条件。因而，设计合理的姿态控制策略，搭建高效的姿态控制系统模型，并对其进行合理化仿真具有重要意义。回归轨道的星下点轨迹分布均匀，且在特定时间后，地面轨迹可以重复出现。采用回归轨道的卫星可以对地面实现重访，便于利用遥测系统实现对地面的均匀稳定覆盖。因此，回归轨道广泛地被地球测绘卫星或者遥感卫星所采用。本节尝试利用卫星完成对地遥感任务，要求卫星保持对日定向，卫星轨道采用回归轨道，需设计适当的姿态与轨道控制策略，以此来保证任务要求。本节将分别给出航天器姿态控制策略与姿态控制系统模型设计，以及回归轨道保持的轨道控制策略。

3.3.1 姿态控制策略

航天器的姿态通常是指航天器本体坐标系相对于某参考坐标系的变换关系，对于稳定方式不同的航天器而言，姿态的具体定义有所不同。航天器的姿态对于搭载在航天器上有效载荷的正常工作具有重要意义。本小节给出航天器对日定向的姿态控制策略，并以此为基础，模拟仿真卫星的对日定向。

1. 姿态运动学与动力学

(1) 姿态运动学方程

本小节取轨道坐标系 $\boldsymbol{S}_o$ 作为参考坐标系，相继进行三次旋转，使之与本体坐标系 $\boldsymbol{S}_b$ 重合，定义每次所转过的角度为欧拉角。定义旋转顺序为“3—1—2”，且每次转过的角度依次为偏航角 ψ、滚转角 φ、俯仰角 θ，则得到轨道坐标系 $\boldsymbol{S}_o$ 到本体坐标系 $\boldsymbol{S}_b$ 的转换矩阵为

$$\begin{aligned}\boldsymbol{L}_{bo}&=\boldsymbol{L}_y(\theta)\boldsymbol{L}_x(\varphi)\boldsymbol{L}_z(\psi)\\&=\begin{bmatrix}\cos\theta\cos\psi-\sin\varphi\sin\theta\sin\psi & \cos\theta\sin\psi+\sin\varphi\sin\theta\cos\psi & -\sin\theta\cos\varphi\\ -\sin\psi\cos\varphi & \cos\varphi\cos\psi & \sin\varphi\\ \sin\theta\cos\psi+\sin\varphi\sin\psi\cos\theta & \sin\theta\sin\psi-\sin\varphi\cos\theta\cos\psi & \cos\varphi\cos\theta\end{bmatrix}\end{aligned} \tag{3.3.1}$$

式中：$\boldsymbol{L}_x(*)$、$\boldsymbol{L}_y(*)$ 和 $\boldsymbol{L}_z(*)$ 分别为绕 x、y、z 轴的基元旋转矩阵。

同时，由“3—1—2”转动顺序得到本体坐标系相对于轨道系的角速度矢量 $\boldsymbol{\omega}_{bo}$，则在本体

系中的投影 ω_{box}，ω_{boy}，ω_{boz} 为

$$\begin{bmatrix}\omega_{box}\\ \omega_{boy}\\ \omega_{boz}\end{bmatrix}=\boldsymbol{L}_y(\theta)\boldsymbol{L}_x(\varphi)\boldsymbol{L}_z(\psi)\begin{bmatrix}0\\0\\ \dot{\psi}\end{bmatrix}+\boldsymbol{L}_y(\theta)\boldsymbol{L}_x(\varphi)\begin{bmatrix}\dot{\varphi}\\0\\0\end{bmatrix}+\boldsymbol{L}_y(\theta)\begin{bmatrix}0\\ \dot{\theta}\\0\end{bmatrix}$$

$$=\begin{bmatrix}-\dot{\psi}\sin\theta\cos\varphi+\dot{\varphi}\cos\theta\\ \dot{\psi}\sin\varphi+\dot{\theta}\\ \dot{\psi}\cos\varphi\cos\theta+\dot{\varphi}\sin\theta\end{bmatrix}\tag{3.3.2}$$

式中：$\dot{\varphi}$、$\dot{\theta}$ 和 $\dot{\psi}$ 为欧拉角的变化率。

令航天器的轨道角速度为 ω_o，本体坐标系相对于惯性坐标系的绝对角速度矢量为 $\boldsymbol{\omega}_b$，则在本体坐标系中的投影 ω_{bx}、ω_{by}、ω_{bz} 为

$$\begin{bmatrix}\omega_{bx}\\ \omega_{by}\\ \omega_{bz}\end{bmatrix}=\begin{bmatrix}\omega_{box}\\ \omega_{boy}\\ \omega_{boz}\end{bmatrix}+\boldsymbol{L}_y(\theta)\boldsymbol{L}_x(\varphi)\boldsymbol{L}_z(\psi)\begin{bmatrix}0\\ -\omega_o\\ 0\end{bmatrix}$$

$$=\begin{bmatrix}\dot{\varphi}\cos\theta-\dot{\psi}\cos\varphi\sin\theta-\omega_o(\sin\psi\cos\theta+\sin\varphi\sin\theta\cos\psi)\\ \dot{\theta}+\dot{\psi}\sin\varphi-\omega_o\cos\psi\cos\varphi\\ \dot{\varphi}\sin\theta+\dot{\psi}\cos\varphi\cos\theta+\omega_o(\sin\varphi\cos\theta\cos\psi-\sin\theta\sin\psi)\end{bmatrix}\tag{3.3.3}$$

式(3.3.3)即为描述航天器姿态的运动学方程，可以利用此式来解算欧拉角的变化率。

(2) 姿态动力学方程

航天器所受到的外力矩为 $\boldsymbol{T}_e$，则由动量矩定理可得在本体坐标系下描述的航天器姿态动力学方程为

$$\boldsymbol{I}_b\dot{\boldsymbol{\omega}}_b+\boldsymbol{\omega}_b^{\times}\boldsymbol{I}_b\boldsymbol{\omega}_b=\boldsymbol{T}_e\tag{3.3.4}$$

式中：$\boldsymbol{I}_b$ 为本体坐标系下，航天器相对于其质心的惯性矩阵；$\dot{\boldsymbol{\omega}}_b$ 为航天器绝对角速度的变化率在本体坐标系下的分量列阵；$\boldsymbol{\omega}_b^{\times}$ 为矢量 $\boldsymbol{\omega}_b$ 的叉乘矩阵。

取本体坐标系为主轴坐标系，则有

$$\boldsymbol{I}_b=\begin{bmatrix}I_{bx}&0&0\\0&I_{by}&0\\0&0&I_{bz}\end{bmatrix}\tag{3.3.5}$$

将式(3.3.5)代入式(3.3.4)并展开，得到

$$\left.\begin{aligned}I_{bx}\frac{\mathrm{d}\omega_{bx}}{\mathrm{d}t}+\omega_{by}\omega_{bz}(I_{bz}-I_{by})=T_{bx}\\ I_{by}\frac{\mathrm{d}\omega_{by}}{\mathrm{d}t}+\omega_{bx}\omega_{bz}(I_{bx}-I_{bz})=T_{by}\\ I_{bz}\frac{\mathrm{d}\omega_{bz}}{\mathrm{d}t}+\omega_{bx}\omega_{by}(I_{by}-I_{bx})=T_{bz}\end{aligned}\right\}\tag{3.3.6}$$

式中：T_{bx}、T_{by} 和 T_{bz} 分别为 $\boldsymbol{T}_e$ 在本体坐标系下的分量。此式即为航天器姿态动力学方程。

2. 对日定向控制策略

(1) 太阳方位角

给出太阳光矢量在地心惯性坐标系中的单位矢量 $\boldsymbol{S}$，如下式所示：

$$\boldsymbol{S}_{\mathrm{i}}=\begin{bmatrix}\cos\Lambda\\ \sin\Lambda\cos\varepsilon\\ \sin\Lambda\sin\varepsilon\end{bmatrix} \tag{3.3.7}$$

式中：Λ 为太阳黄经，ε 为黄赤交角。将太阳光矢量 $\boldsymbol{S}_{\mathrm{i}}$ 转换至航天器本体坐标系中，如下所示：

$$\boldsymbol{S}_{\mathrm{b}}=\boldsymbol{L}_{\mathrm{bo}}\boldsymbol{L}_{\mathrm{oi}}\boldsymbol{S}_{\mathrm{i}}=\begin{bmatrix}S_{\mathrm{b}x}\\ S_{\mathrm{b}y}\\ S_{\mathrm{b}z}\end{bmatrix} \tag{3.3.8}$$

式中：$\boldsymbol{L}_{\mathrm{oi}}=\boldsymbol{L}_{y}(u+\pi)\boldsymbol{L}_{x}(-i+\pi)\boldsymbol{L}_{y}(\Omega)$，为地心惯性坐标系到轨道坐标系的旋转矩阵，其中 u 为航天器的纬度幅角，i 为轨道倾角，Ω 为升交点赤经。

本体坐标系中，z 轴的矢量为 $\boldsymbol{e}_{\mathrm{b}}=[0\quad 0\quad 1]^{\mathrm{T}}$，则太阳方位角 θ 可由下式计算得出

$$\theta=\arccos\frac{\boldsymbol{S}_{\mathrm{b}}\cdot\boldsymbol{e}_{\mathrm{b}}}{|\boldsymbol{S}_{\mathrm{b}}|}=\arccos\frac{S_{\mathrm{b}z}}{\sqrt{S_{\mathrm{b}x}^{2}+S_{\mathrm{b}y}^{2}+S_{\mathrm{b}z}^{2}}} \tag{3.3.9}$$

欲使得航天器在任务周期内实现对日定向，则要求太阳方位角 θ 为 0。根据工程经验，通常将 θ 限定在 5°左右即可满足要求。此处将 5°设为阈值，当太阳方位角大于此值时，进行相应的姿态调整，使得太阳方位角保持在 5°左右。

(2) 欧拉角给定值

为实现对日定向任务要求，不同时刻下，航天器应具有不同的姿态，即具有不同的欧拉角。这些欧拉角可以作为姿态控制器的给定值，来对航天器的姿态进行相应的控制，使得航天器的实际欧拉角随着欧拉角的给定值变化，进而实现对日定向的姿态要求。本小节给出任意 t 时刻下航天器满足对日定向要求的欧拉角的求解方法。

设定 t 时刻下卫星本体坐标系与轨道坐标系重合，则本体坐标系 z 轴在轨道系中的分量列阵为

$$\boldsymbol{z}_{\mathrm{b}z}=[0\quad 0\quad 1]^{\mathrm{T}} \tag{3.3.10}$$

借助式(3.3.8)，太阳光矢量在轨道坐标系中可由下式表示：

$$\boldsymbol{S}_{\mathrm{o}}=\boldsymbol{L}_{\mathrm{oi}}\boldsymbol{S}_{\mathrm{i}}$$

由欧拉定理可知，借助绕欧拉轴的一次有限转动，可以使得 $z_{\mathrm{b}z}$ 与 $\boldsymbol{S}_{\mathrm{o}}$ 重合，即完成航天器的对日定向。与此有限转动对应的欧拉角即为所需的给定值。

借助四元数来求解此欧拉角，欧拉轴 $\boldsymbol{N}$ 可由如下矢量定义：

$$\boldsymbol{N}=\boldsymbol{z}_{\mathrm{b}z}\times\boldsymbol{S}_{\mathrm{o}} \tag{3.3.11}$$

旋转角度 ϕ 为矢量 $z_{\mathrm{b}z}$ 与 $\boldsymbol{S}_{\mathrm{o}}$ 之间的角度，即：

$$\phi=\arccos\frac{\boldsymbol{S}_{\mathrm{o}}\cdot\boldsymbol{z}_{\mathrm{b}z}}{|\boldsymbol{S}_{\mathrm{o}}|} \tag{3.3.12}$$

旋转轴 $\boldsymbol{N}$ 与轨道坐标系 x、y、z 轴间的角度 β_1、β_2、β_3 可由下式确定：

$$\left.\begin{aligned}\beta_1&=\arccos\frac{\boldsymbol{S}_o\cdot[1\quad 0\quad 0]^{\mathrm{T}}}{|\boldsymbol{S}_o|}\\\beta_2&=\arccos\frac{\boldsymbol{S}_o\cdot[0\quad 1\quad 0]^{\mathrm{T}}}{|\boldsymbol{S}_o|}\\\beta_3&=\arccos\frac{\boldsymbol{S}_o\cdot[0\quad 0\quad 1]^{\mathrm{T}}}{|\boldsymbol{S}_o|}\end{aligned}\right\}\tag{3.3.13}$$

因此，这次有限转动可以由 ϕ、β_1、β_2、β_3 完全确定，即可用如下的四元数来确定：

$$Q=q_0+q_1\boldsymbol{i}_o+q_2\boldsymbol{j}_o+q_3\boldsymbol{k}_o\tag{3.3.14}$$

式中：$\boldsymbol{i}_o$、$\boldsymbol{j}_o$ 和 $\boldsymbol{k}_o$ 分别为轨道系坐标轴的单位矢量，而 $q_i(i=0,1,2,3)$ 的值由下式确定：

$$\left.\begin{aligned}q_0&=\cos(\phi/2)\\q_i&=\sin(\phi/2)\cos\beta_i(i=1,2,3)\end{aligned}\right\}\tag{3.3.15}$$

可知，四元数 Q 可以对此次有限旋转进行描述，现采用欧拉角的表述方式，利用四元数与欧拉角之间的转换关系，得到与四元数 Q 对应的欧拉角，并且其旋转形式为“3—1—2”，表达式如下：

$$\left.\begin{aligned}\psi&=\arctan\frac{2(q_0q_3-q_1q_2)}{1-2(q_1^2+q_3^2)}\\\varphi&=\arcsin[2(q_0q_1+q_2q_3)]\\\theta&=\arctan\frac{2(q_0q_2-q_1q_3)}{1-2(q_1^2+q_2^2)}\end{aligned}\right\}\tag{3.3.16}$$

可知，式(3.3.16)中给出的欧拉角即为 t 时刻航天器满足对日定向的欧拉角给定值。换言之，在 t 时刻，若对卫星进行姿态控制，使得航天器本体坐标系相对于轨道坐标系的欧拉角分别为式(3.3.16)中的值，则可实现航天器的对日定向。

(3) 控制器设计

本小节(1)中给出了在任意时刻求解太阳方位角的方法，可作为判断条件，对航天器是否需要进行姿态调整进行判定，如果太阳方位角超过给定值(在此设为 5°)，则需对卫星进行姿态控制。本小节(2)中给出了满足对日定向的欧拉角给定值的计算方法，下面基于此给定值进行姿态控制器的设计。此处采用 PD 控制器，将航天器实际欧拉角与欧拉角给定值间的差与实际欧拉角速度与欧拉角速度给定值间的差作为输出，给出相应的指令力矩，对航天器的姿态进行调整。在滚转、俯仰和偏航通道采取的控制率如下式所示：

$$\left.\begin{aligned}T_\varphi&=P_\varphi(\varphi_{\mathrm{d}}-\varphi)+D_\varphi(\dot{\varphi}_{\mathrm{d}}-\dot{\varphi})\\T_\theta&=P_\theta(\theta_{\mathrm{d}}-\theta)+D_\theta(\dot{\theta}_{\mathrm{d}}-\dot{\theta})\\T_\psi&=P_\psi(\psi_{\mathrm{d}}-\psi)+D_\psi(\dot{\psi}_{\mathrm{d}}-\dot{\psi})\end{aligned}\right\}\tag{3.3.17}$$

式中：P、D 为对应控制通道的控制参数；φ_{d}、θ_{d}、ψ_{d} 为满足对日定向的欧拉角给定值，由本小节(2)中的计算方法给出；$\dot{\varphi}_{\mathrm{d}}$、$\dot{\theta}_{\mathrm{d}}$、$\dot{\psi}_{\mathrm{d}}$ 为欧拉角速度的给定值，此处均设为 0。航天器实际欧拉角 φ、θ、ψ，以及欧拉角速度 $\dot{\varphi}$、$\dot{\theta}$、$\dot{\psi}$ 可由姿态动力学与姿态运动学计算得到。

3.3.2　轨道控制策略

本小节给出回归轨道的保持策略，该保持策略可以使得回归轨道的地面轨迹在一定的范围内变动。首先，给出回归轨道的参考轨道的计算方法，参考轨道具有良好的回归特性，可作为轨道保持的基准轨道。然后给出两种轨道保持策略，可分别应用化学推进发动机和电推进发动机使得航天器的轨道具有良好的回归特性。

1. 轨道递推模型

前文给出了考虑多种摄动因素的高精度轨道动力学模型，此模型近似刻画了航天器在空间中的真实受力状态，可被用于进行轨道递推，获得航天器比较精确的实时状态。但是这个动力学模型相对比较复杂，计算量较大，不便于被轨道设计算法所采用，不适合进行回归轨道的参考轨道设计。为便于计算，将模型进行简化，仅考虑 7 阶重力场和太阳辐射光压的作用，构建相应的动力学模型——轨道设计动力学模型，用于计算参考轨道。

2. 参考轨道模型

在多种摄动因素的影响下，回归轨道的地面轨迹将会发生偏移，降低轨道的回归特性。为保持回归特性，需对航天器施加一系列的轨道机动来改变选定的当前轨道根数。本小节选取当前时刻的半长轴 a_c 和轨道倾角 i_c 作为轨道保持的变量，基于微分修正，利用一种半解析的方法确定当前时刻的参考半长轴 a_r 和参考倾角 i_r，这两个参考轨道根数可以使得回归轨道的地面轨迹实现精确闭合。

微分修正实际上是一个数值逼近的过程[11]，假设我们希望函数 $y=f(t,x)$（t 表示时间量；x 表示变量，可为标量或者矢量），当 $t=t_1$ 时，为期望值 y_d。但 $f(t_1,x)\neq y_d$，故需对初始状态 x_0 施加微小修正量 δx_0，使得 $f(t_1,x)=y_d$，如图 3-4 所示。

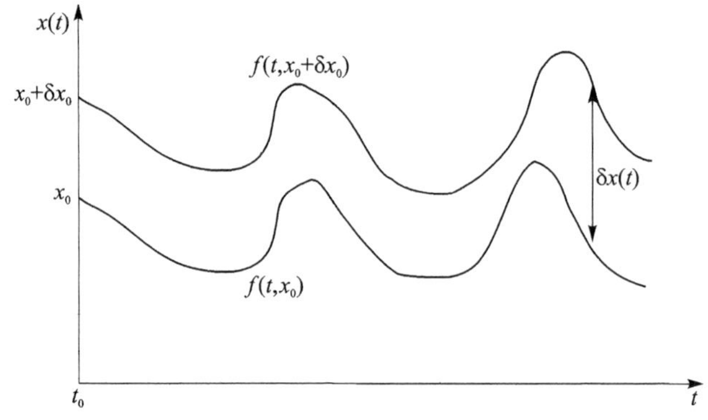

图 3-4 微分修正

由图 3-4 所示，函数在 t_1 时刻的增量为

$$\delta x(t_1)=f(t_1,x_0+\delta x_0)-f(t_1,x_0) \tag{3.3.18}$$

将上式展开成泰勒级数，得到

$$\delta x(t_1)=\frac{\partial f(t_1,x_0)}{\partial x_0}\delta x_0+o(|\delta x_0|^2) \tag{3.3.19}$$

式中：$\delta x(t_1)=y_d-f(t_1,x_0)$，通常为已知量；$\frac{\partial f(t_1,x_0)}{\partial x_0}$为满足一阶线性关系的状态转移矩阵，记为 $F(t_1,t_0)$。式(3.3.19)给出了微小修正量 δx_0 与增量 $\delta x(t_1)$间的线性关系：

$$\delta x(t_1)=F(t_1,\ t_0)\delta x_0$$

因此，微分修正量可由下式计算得出

$$\delta x_0 = F(t_1, t_0)^{-1} \delta x(t_1) = F(t_1, t_0)^{-1} [y_d - f(t_1, x_0)] \tag{3.3.20}$$

本小节采用微分修正的思想来确定回归轨道的参考半长轴 a_r 和参考倾角 i_r。为便于实施微分修正，下面选取目标函数：

$$\begin{aligned} L_1 &= \lambda_f - \lambda_c \\ L_2 &= \varphi_f - \varphi_c \end{aligned} \tag{3.3.21}$$

式中：λ_c、φ_c 分别为航天器在当前时刻 t_c 的星下点经度和纬度；λ_f、φ_f 分别为航天器在时刻 t_f 的星下点经度和纬度，且 $t_f = t_c + T$，其中 T 为轨道的回归周期。

假定目标函数 L_1、L_2 分别为变量 a_c 和 i_c 的函数，即 $L_1 = L_1(a_c, i_c)$，$L_2 = L_2(a_c, i_c)$。设存在新的轨道根数 a_r 和 i_r 使得目标函数 L_1 和 L_2 均为0，即如下式所示：

$$\left.\begin{aligned} L_1(a_r, i_r) = 0 \\ L_2(a_r, i_r) = 0 \end{aligned}\right\} \tag{3.3.22}$$

式中：a_r 和 i_r 即为使得回归轨道具有良好回归特性的参考轨道根数，且可得到

$$\left.\begin{aligned} a_r &= a_c + \Delta a_c \\ i_r &= i_c + \Delta i_c \end{aligned}\right\} \tag{3.3.23}$$

式中：Δa_c 和 Δi_c 分别为当前轨道根数 a_c 和 i_c 的修正量。将式(3.3.22)在(a_c, i_c)展开成泰勒级数，可得到

$$\left.\begin{aligned} L_1(a_c, i_c) + \frac{\partial L_1}{\partial a_c} \Delta a_c + \frac{\partial L_1}{\partial i_c} \Delta i_c = 0 \\ L_2(a_c, i_c) + \frac{\partial L_2}{\partial a_c} \Delta a_c + \frac{\partial L_2}{\partial i_c} \Delta i_c = 0 \end{aligned}\right\} \tag{3.3.24}$$

将式(3.3.24)改写成下式：

$$\begin{bmatrix} L_1 \\ L_2 \end{bmatrix} = -\begin{bmatrix} \dfrac{\partial L_1}{\partial a_c} & \dfrac{\partial L_1}{\partial i_c} \\ \dfrac{\partial L_2}{\partial a_c} & \dfrac{\partial L_2}{\partial i_c} \end{bmatrix} \begin{bmatrix} \Delta a_c \\ \Delta i_c \end{bmatrix} = -\boldsymbol{A} \begin{bmatrix} \Delta a_c \\ \Delta i_c \end{bmatrix} \tag{3.3.25}$$

式中 $\boldsymbol{A}$ 为微分修正的状态转移矩阵，且 $\boldsymbol{A}$ 的元素分别为

$$\frac{\partial L_1}{\partial a_c} = \frac{\partial \lambda_f}{\partial a_c} - \frac{\partial \lambda_c}{\partial a_c}$$

$$\frac{\partial L_1}{\partial i_c} = \frac{\partial \lambda_f}{\partial i_c} - \frac{\partial \lambda_c}{\partial i_c}$$

$$\frac{\partial L_2}{\partial a_c} = \frac{\partial \varphi_f}{\partial a_c} - \frac{\partial \varphi_c}{\partial a_c}$$

$$\frac{\partial L_2}{\partial i_c} = \frac{\partial \varphi_f}{\partial i_c} - \frac{\partial \varphi_c}{\partial i_c}$$

因此，Δa_c 和 Δi_c 的解析表达式可表示为

$$\begin{bmatrix} \Delta a_c \\ \Delta i_c \end{bmatrix} = -\begin{bmatrix} \dfrac{\partial \lambda_f}{\partial a_c} - \dfrac{\partial \lambda_c}{\partial a_c} & \dfrac{\partial \lambda_f}{\partial i_c} - \dfrac{\partial \lambda_c}{\partial i_c} \\ \dfrac{\partial \varphi_f}{\partial a_c} - \dfrac{\partial \varphi_c}{\partial a_c} & \dfrac{\partial \varphi_f}{\partial i_c} - \dfrac{\partial \varphi_c}{\partial i_c} \end{bmatrix}^{-1} \begin{bmatrix} L_1 \\ L_2 \end{bmatrix} \tag{3.3.26}$$

式中目标函数值 L_1 和 L_2 的计算将借助本小节给出的轨道设计动力学模型，通过轨道递推，得到回归周期结束时刻的星下点经纬度，进而得到 L_1 和 L_2 的值。

分析式(3.3.26)矩阵中各值可知：

$$\frac{\partial\lambda_f}{\partial a_c}=\frac{\partial\lambda}{\partial a_c}\bigg|_{t=t_f},\quad \frac{\partial\lambda_c}{\partial a_c}=\frac{\partial\lambda}{\partial a_c}\bigg|_{t=t_c},\quad \frac{\partial\varphi_f}{\partial a_c}=\frac{\partial\varphi}{\partial a_c}\bigg|_{t=t_f},\quad \frac{\partial\varphi_c}{\partial a_c}=\frac{\partial\varphi}{\partial a_c}\bigg|_{t=t_c}$$

同理，

$$\frac{\partial\lambda_f}{\partial i_c}=\frac{\partial\lambda}{\partial i_c}\bigg|_{t=t_f},\quad \frac{\partial\lambda_c}{\partial i_c}=\frac{\partial\lambda}{\partial i_c}\bigg|_{t=t_c},\quad \frac{\partial\varphi_f}{\partial i_c}=\frac{\partial\varphi}{\partial i_c}\bigg|_{t=t_f},\quad \frac{\partial\varphi_c}{\partial i_c}=\frac{\partial\varphi}{\partial i_c}\bigg|_{t=t_c}$$

因此，为便于实施微分修正，得到参考轨道，有必要推导出星下点经纬度关于当前半长轴 a_c 和轨道倾角 i_c 的解析表达式，即 $\frac{\partial\lambda}{\partial a_c}$、$\frac{\partial\lambda}{\partial i_c}$、$\frac{\partial\varphi}{\partial a_c}$、$\frac{\partial\varphi}{\partial i_c}$ 的解析表达式。下面给出这几个偏导数的解析表达式。

在当前时刻 t_c 之后的任意时刻 t 处，有下面的公式成立：

$$\left.\begin{aligned}&\tan(\lambda+\alpha_G-\Omega)=\tan u\cos i\\&\sin\varphi=\sin u\sin i\end{aligned}\right\}\tag{3.3.27}$$

式中：α_G 为格林尼治赤经；Ω 为卫星的升交点赤经；u 为卫星的纬度幅角；i 为轨道倾角。这 4 个量均为 t 时刻的瞬时值。

将式(3.3.27)中等号两边的值取关于 a_c 和 i_c 的偏导数，整理得到

$$\left.\begin{aligned}&\frac{\partial\lambda}{\partial a_c}=\cos^2(\lambda+\alpha_G-\Omega)\left(\frac{\cos i}{\cos^2 u}\frac{\partial u}{\partial a_c}-\tan u\sin i\frac{\partial i}{\partial a_c}\right)+\frac{\partial\Omega}{\partial a_c}\\&\frac{\partial\varphi}{\partial a_c}=\frac{1}{\cos\varphi}\left(\sin u\cos i\frac{\partial i}{\partial a_c}+\sin i\cos u\frac{\partial u}{\partial a_c}\right)\\&\frac{\partial\lambda}{\partial i_c}=\cos^2(\lambda+\alpha_G-\Omega)\left(\frac{\cos i}{\cos^2 u}\frac{\partial u}{\partial i_c}-\tan u\sin i\frac{\partial i}{\partial i_c}\right)+\frac{\partial\Omega}{\partial i_c}\\&\frac{\partial\varphi}{\partial i_c}=\frac{1}{\cos\varphi}\left(\sin u\cos i\frac{\partial i}{\partial i_c}+\sin i\cos u\frac{\partial u}{\partial i_c}\right)\end{aligned}\right\}\tag{3.3.28}$$

考虑 J_2 带谐项的影响，得出

$$\left.\begin{aligned}&u=\beta+K_9\sin 2\beta\\&i=i_c+K_3\cos 2\beta\\&\Omega=\Omega_c+\dot{\Omega}t+K_4\sin 2\beta\end{aligned}\right\}\tag{3.3.29}$$

其中：

$$\beta=u_c+(\dot{\omega}+\dot{M})t$$

$$K_3=\frac{3}{8}J_2\left(\frac{R_e}{a_c}\right)^2\sin 2i_c$$

$$K_4=\frac{3}{4}J_2\left(\frac{R_e}{a_c}\right)^2\cos i_c$$

$$K_9=\frac{3}{8}J_2\left(\frac{R_e}{a_c}\right)^2(3-5\cos^2 i_c)$$

式中：

$$\dot{\omega}=\frac{1.5J_2(R_e/a_c)^2\sqrt{\mu/a_c^{\ 3}}(2-2.5\sin^2 i_c)}{(1-e_c^2)^2}$$

$$\dot{\Omega}=\frac{-1.5J_2(R_e/a_c)^2\sqrt{\mu/a_c^2}\cos i_c}{(1-e_c^2)^2}$$

$$\dot{M}=\frac{1.5J_2(R_e/a_c)^2\sqrt{\mu/a_c^{\ 3}}(1-1.5\sin^2 i_c)}{(1-e_c^2)^{1.5}}+\sqrt{\frac{\mu}{a_c^3}}$$

根据式(3.3.29),可得到如下偏导数:

$$\left.\begin{aligned}\frac{\partial u}{\partial a_c}&=\sin 2\beta\frac{\partial K_9}{\partial a_c}+(2K_9\cos 2\beta+1)\frac{\partial\beta}{\partial a_c}\\\frac{\partial i}{\partial a_c}&=\cos 2\beta\frac{\partial K_3}{\partial a_c}-2K_3\sin 2\beta\frac{\partial\beta}{\partial a_c}\\\frac{\partial\Omega}{\partial a_c}&=\frac{\partial\dot{\Omega}}{\partial a_c}t+\sin 2\beta\frac{\partial K_4}{\partial a_c}+2K_4\cos 2\beta\frac{\partial\beta}{\partial a_c}\end{aligned}\right\}\tag{3.3.30}$$

式中:

$$\frac{\partial K_3}{\partial a_c}=-\frac{2}{a_c}K_3,\quad\frac{\partial K_4}{\partial a_c}=-\frac{2}{a_c}K_4,\quad\frac{\partial K_9}{\partial a_c}=-\frac{2}{a_c}K_9$$

$$\frac{\partial\dot{\Omega}}{\partial a_c}=-\frac{7}{2a_c}\dot{\Omega},\quad\frac{\partial\dot{\omega}}{\partial a_c}=-\frac{7}{2a_c}\dot{\omega},\quad\frac{\partial\dot{M}}{\partial a_c}=-\frac{7}{2a_c}\dot{M}+\frac{2}{a_c}\sqrt{\frac{\mu}{a_c^3}}$$

同理,可以得到关于 i_c 的偏导数:

$$\left.\begin{aligned}\frac{\partial u}{\partial i_c}&=\sin 2\beta\frac{\partial K_9}{\partial i_c}+(2K_9\cos 2\beta+1)\frac{\partial\beta}{\partial i_c}\\\frac{\partial i}{\partial i_c}&=\cos 2\beta\frac{\partial K_3}{\partial i_c}-2K_3\sin 2\beta\frac{\partial\beta}{\partial i_c}\\\frac{\partial\Omega}{\partial i_c}&=\frac{\partial\dot{\Omega}}{\partial i_c}t+\sin 2\beta\frac{\partial K_4}{\partial i_c}+2K_4\cos 2\beta\frac{\partial\beta}{\partial i_c}\end{aligned}\right\}\tag{3.3.31}$$

式中:

$$\frac{\partial K_3}{\partial i_c}=\frac{3}{4}J_2\left(\frac{R_e}{a_c}\right)^2\cos 2i_c,$$

$$\frac{\partial K_4}{\partial i_c}=-\frac{3}{4}J_2\left(\frac{R_e}{a_c}\right)^2\sin i_c,$$

$$\frac{\partial K_9}{\partial i_c}=\frac{15}{8}J_2\left(\frac{R_e}{a_c}\right)^2\sin 2i_c,$$

$$\frac{\partial\dot{\Omega}}{\partial i_c}=\frac{1.5J_2(R_e/a_c)^2\sqrt{\mu/a_c^3}\sin i_c}{(1-e_c^2)^2},$$

$$\frac{\partial\dot{\omega}}{\partial i_c}=\frac{-3.75J_2(R_e/a_c)^2\sqrt{\mu/a_c^3}\sin 2i_c}{(1-e_c^2)^2},$$

$$\frac{\partial\dot{M}}{\partial i_c}=\frac{-2.25J_2(R_e/a_c)^2\sqrt{\mu/a_c^3}\sin 2i_c}{(1-e_c^2)^{1.5}}$$

结合上述各式,可以得到星下点经纬度关于 a_c 的偏导数:

$$\frac{\partial\lambda}{\partial a_c}=\cos^2(\lambda+\alpha_G-\Omega)\left\{\frac{\cos i}{\cos^2 u}\left[-\frac{2\sin 2\beta}{a_c}K_9-(2K_9\cos 2\beta+1)\frac{7}{2a_c}(\dot{\Omega}+\dot{\omega})t\right]+\right.$$
$$\left.\tan u\sin i\left(\frac{2\cos 2\beta}{a_c}K_3-\frac{7K_3\sin 2\beta}{a_c}(\dot{\Omega}+\dot{\omega})t\right)\right\}-$$
$$\frac{7}{2a_c}\dot{\Omega}t-\frac{2K_4\sin 2\beta}{a_c}-\frac{7K_4\cos 2\beta}{a_c}(\dot{\Omega}+\dot{\omega})t \tag{3.3.32}$$

$$\frac{\partial\varphi}{\partial a_c}=\frac{1}{\cos\varphi}\left\{\sin u\cos i\left[-\frac{2K_3\cos 2\beta}{a_c}+\frac{7K_3\sin 2\beta}{a_c}(\dot{\Omega}+\dot{\omega})t\right]+\right.$$
$$\left.\sin i\cos u\left[-\frac{2K_9\sin 2\beta}{a_c}-\frac{7(2K_9\cos 2\beta+1)}{2a_c}(\dot{\Omega}+\dot{\omega})t\right]\right\} \tag{3.3.33}$$

同理,星下点经纬度关于 i_c 的偏导数为

$$\frac{\partial\lambda}{\partial i_c}=\cos^2(\lambda+\alpha_G-\Omega)\left\{\frac{15\cos i}{8\cos^2 u}\sin 2\beta J_2\left(\frac{R_e}{a_c}\right)^2\sin 2i_c-\right.$$
$$\frac{3}{4}\cos 2\beta J_2\left(\frac{R_e}{a_c}\right)^2\cos 2i_c\tan u\sin i+\left[\frac{\cos i(2K_9\cos 2\beta+1)}{\cos^2 u}+2K_3\sin 2\beta\tan u\sin i\right]\cdot$$
$$\left.\left[\frac{-3.75J_2(R_e/\overline{a_0})^2\sqrt{\mu/\overline{a_0}^3}\sin 2i_c}{(1-e_c^2)^2}-\frac{2.25J_2(R_e/\overline{a_0})^2\sqrt{\mu/\overline{a_0}^3}\sin 2i_c}{(1-e_c^2)^{1.5}}\right]t\right\}+$$
$$\frac{1.5J_2(R_e/a_c)^2\sqrt{\mu/a_c^3}\sin i_c}{(1-e_c^2)^2}t-\frac{3}{4}J_2\sin 2\beta\left(\frac{R_e}{a_c}\right)^2\sin i_c+$$
$$2K_4\cos 2\beta\left[\frac{-3.75J_2(R_e/a_c)^2\sqrt{\mu/a_c^3}\sin 2i_c}{(1-e_c^2)^2}-\frac{2.25J_2(R_e/a_c)^2\sqrt{\mu/a_c^3}\sin 2i_c}{(1-e_c^2)^{1.5}}\right]t \tag{3.3.34}$$

$$\frac{\partial\varphi}{\partial i_c}=\frac{1}{\cos\varphi}\left\{\frac{3}{4}J_2\cos 2\beta\sin u\cos i\left(\frac{R_e}{a_c}\right)^2\cos 2i_c+\frac{15}{8}J_2\sin 2\beta\sin i\cos u\left(\frac{R_e}{a_c}\right)^2\sin 2i_c+\right.$$
$$[\sin i\cos u(2K_9\cos 2\beta+1)-2K_3\sin 2\beta\sin u\cos i]\cdot$$
$$\left.\left[\frac{-3.75J_2(R_e/a_c)^2\sqrt{\mu/a_c^3}\sin 2i_c}{(1-e_c^2)^2}-\frac{2.25J_2(R_e/a_c)^2\sqrt{\mu/a_c^3}\sin 2i_c}{(1-e_c^2)^{1.5}}\right]t\right\} \tag{3.3.35}$$

至此,得到了星下点经纬度关于当前轨道半长轴 a_c 和倾角 i_c 的偏导数的解析表达式,代入式(3.3.26)可利用微分修正得到相应的轨道要素的增量,进而由式(3.3.23)得到参考轨道要素 a_r 和 i_r,即确定了当前时刻回归轨道的参考轨道。

通常情况下,一次微分修正不能得到比较理想的结果,即实现回归轨道始末星下点的精确闭合。因而需引入迭代过程,步骤如下:

① 当前轨道半长轴 a_c 和倾角 i_c 作为迭代初值;

② 借助轨道设计动力学模型,通过轨道递推计算目标函数值 L_1 和 L_2;

③ 利用星下点经纬度关于 a_c 和 i_c 的偏导数,计算微分修正的状态转移矩阵;

④ 利用微分修正计算 a_c 和 i_c 的增量,并更新 a_c 和 i_c 的值;

⑤ 重复上述 4 步,直到目标函数值 L_1 和 L_2 相对较小,回归轨道的星下点便实现了精确闭合。

如此计算出的参考轨道可以作为进行轨道机动的基准轨道。

3. 控制策略

本小节“参考轨道模型”中给出的半解析算法可以确定回归轨道的参考轨道，将此参考轨道作为轨道控制的基准，下面给出分别适用于电推进发动机的轨道控制策略。根据“参考轨道模型”中所得参考轨道的计算结果，在实施轨道控制的过程中，要改变半长轴 a 和倾角 i，而不改变偏心率 e、近地点幅角 ω 和升交点赤经 Ω。此外，平近点角 M 表示卫星在轨道平面的位置，可被用来指示施加轨道机动的位置。

首先，每隔一个交点周期，便利用“参考轨道模型”中给出的半解析算法参考半长轴 a_r 和倾角 i_r，相应地，可以得到当前半长轴 a_c 和倾角 i_c 所需的增量，即 Δa_c 和 Δi_c，且

$$\Delta a_c = a_r - a_c, \quad \Delta i_c = i_r - i_c$$

其次，分别在升交点和降交点处施加两次轨道机动来实现当前轨道根数所需的改变。定量地，在升交点和降交点所施加的切向速度增量可由下式给出：

$$\Delta v_{ta} = \Delta v_{ta} = \Delta a_c \sqrt{\mu a_c}/4a_c^2 \tag{3.3.36}$$

在升交点和降交点所施加的法向速度增量（即 Δv_{ha} 或 Δv_{hd}）如下：

$$\Delta v_{ha} = 0.5\sqrt{\mu/a_c}\,(1 + e_c \cos\omega_c)\,\Delta i_c$$
$$\Delta v_{hd} = -0.5\sqrt{\mu/a_c}\,(1 - e_c \cos\omega_c)\,\Delta i_c \tag{3.3.37}$$

最后，为了在轨道控制过程中考虑大气阻力的作用，应施加额外的切向速度增量来补偿气动阻力加速度的累积速度（记为补偿速度增量，AVADA）。如此将会改变实际施加的速度增量，并且此补偿速度增量可通过气动阻力加速度的积分来获取。在实际情况中，由电推进发动机所施加的实际速度增量 $\Delta \boldsymbol{v}$，是切向速度增量 $\Delta \boldsymbol{v}_t$、法向速度增量 $\Delta \boldsymbol{v}_h$ 以及补偿速度增量 AVADA 的矢量和。

对于电推进发动机而言，所需的速度增量 Δv，是通过小推力在一定时间 Δt 内积累得到的。因此，将航天器穿过赤道的时刻取为 Δt 的中点，且电推进发动机在一定时间 Δt 上工作产生所需的速度增量。

3.4　地影预报算法

太阳光遮挡是影响航天器功能及星上设备工作寿命的主要因素之一，精确预报卫星进出地影时刻有助于星上能源系统管理、星体温度热控制以及成像任务规划等。对于地球卫星，存在两种阴影模型：圆柱阴影模型和圆锥阴影模型。两种模型的区别在于是否将太阳视为点光源。为便于分析，本节将太阳光视为平行光，即研究圆柱阴影模型下的预报问题。

3.4.1　数值变步长预报算法

在将太阳光视为平行光的情况下，本小节考察卫星、地球以及太阳之间的相对位置关系。构造降维坐标系，将卫星进出地影的空间几何问题变换为“星-地-日”平面内的几何问题，并以此给出卫星进出地影的阴影模型。

在地心惯性坐标系 $\boldsymbol{S}_i$ 中描述卫星和太阳的位置信息，如图 3-5 所示。图中，$\boldsymbol{R}$ 为卫星位置的单位矢量，可利用高精度轨道动力学模型进行轨道递推得到；$\boldsymbol{S}$ 为太阳位置的单位矢量，

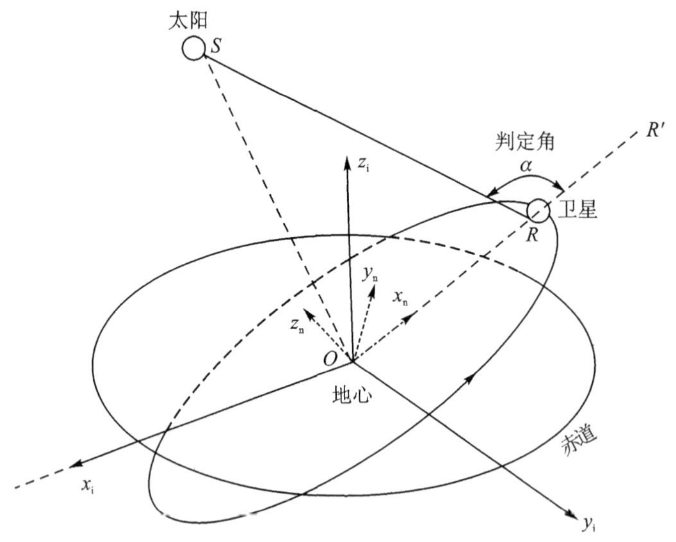

图 3-5 "星-地-日"相对位置关系

可由相关的太阳位置计算模型进行求解[12]。为描述卫星进出地影过程，给出卫星进出地影的条件，建立新坐标系 $\boldsymbol{S}_n$，如图 3-6 所示。

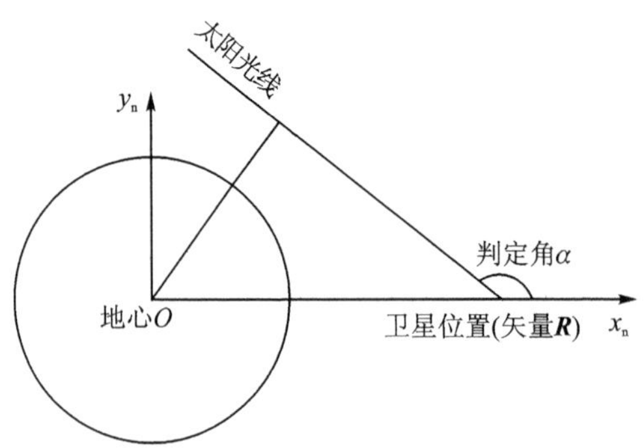

图 3-6 新坐标系 $\boldsymbol{S}_n$

图 3-6 中，地心 O 为新坐标系的坐标原点；x_n 轴沿地心至卫星方向(矢量 $\boldsymbol{R}$)；z_n 轴垂直于"星-地-日"平面，沿 $\boldsymbol{R}\times\boldsymbol{S}$ 方向；y_n 轴由右手法则确定。设 $\boldsymbol{S}_n$ 各轴的单位矢量分别为 $\boldsymbol{i}_n$、$\boldsymbol{j}_n$、$\boldsymbol{k}_n$，并记矢量 $\boldsymbol{i}_n$、$\boldsymbol{j}_n$、$\boldsymbol{k}_n$ 在惯性坐标系下的坐标向量分别为 $\boldsymbol{\zeta}$、$\boldsymbol{\eta}$、$\boldsymbol{\xi}$，其表达式可由矢量运算求得。显然 $\boldsymbol{\zeta}$、$\boldsymbol{\eta}$、$\boldsymbol{\xi}$ 均为 3×1 的矩阵，则地心惯性坐标系到新坐标系的转换矩阵为 $\boldsymbol{L}_{ni}=[\boldsymbol{\zeta},\boldsymbol{\eta},\boldsymbol{\xi}]^T$。

在 $\boldsymbol{S}_n$ 的 Ox_ny_n 平面内，当满足如下条件时卫星恰位于进/出地影位置：

$$\alpha=\pi-\arcsin(R_e/r) \tag{3.4.1}$$

式中：R_e 为地球半径；r 为卫星距地心的距离。角 α 用以判定卫星所处区域，称其为阴影判定角，令 $\alpha_0=\pi-\arcsin(R_e/r)$，称 α_0 为阴影特征角。

现给出求解 α 的方法：首先确定 $\boldsymbol{S}_i$ 中卫星-太阳矢量 $\boldsymbol{P}$，即 $\boldsymbol{P}=\boldsymbol{S}-\boldsymbol{R}$。将太阳光视为平行光的情况下，认为 $\boldsymbol{P}=\boldsymbol{S}$。记矢量 $\boldsymbol{P}$ 在 $\boldsymbol{S}_i$ 和 $\boldsymbol{S}_n$ 中的坐标向量分别为 $\boldsymbol{P}_i$ 和 $\boldsymbol{P}_n$，则 $\boldsymbol{P}_i$ 和 $\boldsymbol{P}_n$ 满足 $\boldsymbol{P}_n=\boldsymbol{L}_{ni}\boldsymbol{P}_i$，可得角 α 的表达式为

$$\alpha=\arctan(y_p/x_p) \tag{3.4.2}$$

式中：x_p、y_p 分别为 $\boldsymbol{P}_n$ 在 $\boldsymbol{S}_n$ 中的坐标轴分量。

因此，比较 α 与 α_0 之间的大小可以确定卫星是否位于地球的阴影内，且公式(3.4.2)给出卫星恰位于影区边界点的条件，可用来预报卫星的进/出地影时刻。实际计算中，为保证计算精度，同时提高计算效率，采用变步长的数值算法。首先，采用较大的计算步长，利用上述给出的求解判定角 α 的方法，解出一系列 α 的值，将计算出的 α 值与 α_0 进行比较，确定哪些可能是卫星进/出地影的时刻。然后，将这些可能的阴影时刻取出，并在这些时刻附近以较小的计算步长再次计算 α 的值，并进行判定，确定新的进/出地影时刻。以此类推，逐步减小计算步长，并重复计算和判定过程，得到满足精度要求的阴影时刻。

3.4.2　星上算法

数值变步长算法以高精度的轨道动力学模型为基础，进行轨道递推得到卫星的空间位置，具有较高的计算精度，但计算量较大，不适合被星载计算机所采用。本小节对 3.4.1 小节给出的阴影条件进行一定的解析处理，并通过构造合理的算法结构，进一步减小计算量，提出一种阴影预报星上算法。采用轨道根数表示卫星位置的单位矢量为 $\boldsymbol{R}$，其在 $\boldsymbol{S}_i$ 中的分量依次为

$$\left.\begin{aligned} R_x &= \cos u\cos\Omega - \sin u\cos i\sin\Omega \\ R_y &= \cos u\sin\Omega + \sin u\cos i\cos\Omega \\ R_z &= \sin u\sin i \end{aligned}\right\} \tag{3.4.3}$$

式中：u 为卫星的纬度幅角；Ω 为升交点赤经；i 为轨道倾角。

同理，太阳位置的单位矢量为 $\boldsymbol{S}$，其在 $\boldsymbol{S}_i$ 中的分量依次为

$$\left.\begin{aligned} S_x &= \cos\Lambda \\ S_y &= \sin\Lambda\cos\varepsilon \\ S_z &= \sin\Lambda\sin\varepsilon \end{aligned}\right\} \tag{3.4.4}$$

式中：Λ 为太阳黄经；ε 为黄赤交角。

利用 3.4.1 小节给出的求解阴影判断角 α 的方法，将式(3.4.3)、式(3.4.4)代入，进行解析计算得到 α 的表达式为

$$\alpha = \arctan\left(\frac{B_1 + B_2\sin 2u + B_3\cos 2u}{A_1\sin u + A_2\cos u}\right) \tag{3.4.5}$$

式中：

$$A_1 = -\cos i\cos\Lambda\sin\Omega + \cos i\sin\Lambda\cos\varepsilon\cos\Omega + \sin i\sin\Lambda\sin\varepsilon$$

$$A_2 = \sin\Lambda\cos\varepsilon\sin\Omega + \cos\Lambda\cos\Omega$$

$$\begin{aligned} B_1 =\ & 0.25(\cos^2 i\sin 2\Lambda\cos\varepsilon - \sin 2\Lambda\cos\varepsilon)\sin 2\Omega + 0.25(\cos^2 i\cos^2\Lambda - \cos^2 i\sin^2\Lambda\cos^2\varepsilon - \\ & \cos^2\Lambda + \sin^2\Lambda\cos^2\varepsilon)\cos 2\Omega + 0.25\cdot\sin 2i\sin 2\Lambda\sin\varepsilon\sin\Omega - 0.25\cdot\sin 2i\sin^2\Lambda\sin 2\varepsilon\cos\Omega + \\ & 0.25(2\sin^2 i\cos^2\Lambda + \cos^2 i\cos^2\Lambda + 2\sin^2\Lambda\sin^2 i\cos^2\varepsilon + \cos^2\Lambda + 2\sin^2\Lambda\cos^2 i\sin^2\varepsilon + \\ & \cos^2 i\sin^2\Lambda\cos^2\varepsilon + 2\sin^2\Lambda\sin^2\varepsilon + \sin^2\Lambda\cos^2\varepsilon) \end{aligned}$$

$$\begin{aligned} B_2 =\ & 0.5(\cos i\cos^2\Lambda - \cos i\sin^2\Lambda\cos^2\varepsilon)\sin 2\Omega - 0.5\cdot\cos i\sin 2\Lambda\cos\varepsilon\cos 2\Omega - \\ & 0.5\cdot\sin i\sin^2\Lambda\sin 2\varepsilon\sin\Omega - 0.5\cdot\sin i\sin 2\Lambda\sin\varepsilon\cos\Omega \end{aligned}$$

$$\begin{aligned} B_3 =\ & -0.25(\cos^2 i\sin 2\Lambda\cos\varepsilon + \sin 2\Lambda\cos\varepsilon)\sin 2\Omega + 0.25(\cos^2 i\cos^2\Lambda + \cos^2 i\sin^2\Lambda\cos^2\varepsilon - \\ & \cos^2\Lambda + \sin^2\Lambda\cos^2\varepsilon)\cos 2\Omega - 0.25\cdot\sin 2i\sin 2\Lambda\sin\varepsilon\sin\Omega + \\ & 0.25\cdot\sin 2i\sin^2\Lambda\sin 2\varepsilon\cos\Omega + 0.25(-2\sin^2 i\cos^2\Lambda - \cos^2 i\cos^2\Lambda - 2\sin^2\Lambda\sin^2 i\cos^2\varepsilon + \end{aligned}$$

$$\cos^2\Lambda - 2\sin^2\Lambda\cos^2 i\sin^2\varepsilon - \cos^2 i\sin^2\Lambda\cos^2\varepsilon + 2\sin^2\Lambda\sin^2\varepsilon + \sin^2\Lambda\cos^2\varepsilon)$$

结合式(3.4.1)和式(3.4.5),可得卫星进/出地影的解析条件为

$$f(u) = B_2\sin 2u + B_3\cos 2u - \lambda A_1\sin u - \lambda A_2\cos u + B_1 = 0 \tag{3.4.6}$$

因而,卫星进/出地影时刻的求解可被转化为求解非线性方程(3.4.6)。求解过程中,采用一种外层为迭代算法、内层为解析算法的双层算法,如图 3-7 所示。具体实现过程可见参考文献[13]。

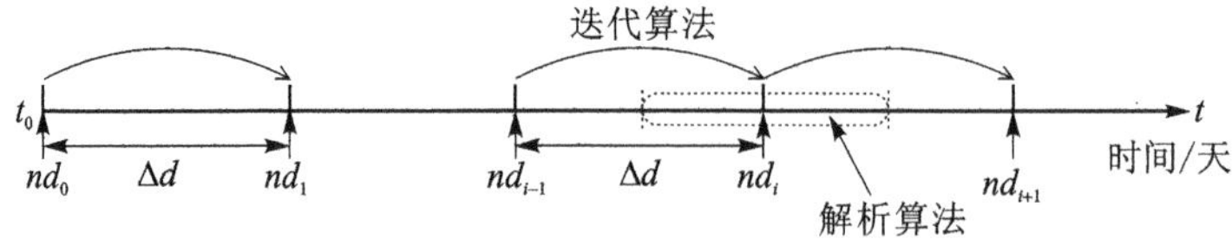

图 3-7 星上算法结构图

3.5 基于 Agent 的卫星系统分布式仿真

结合前面几节有关分布式仿真系统模型与概念设计的相关内容,本节以具有独立可控元件(SSICE)的太阳帆为研究对象,完成在轨太阳帆系统的分布式仿真。首先,给出太阳帆系统的仿真框架,指出仿真系统的分系统组成,并展示各个分系统之间的数据交互关系;然后,采用复杂系统基于 Agent 建模与仿真的方法,利用 MATLAB 作为实现工具,搭建太阳帆的分布式仿真系统;最后,以特定任务作为仿真目标,进行完成太阳帆的系统仿真,并对仿真结果进行评估分析。需要注意的是,相比于传统卫星,仅仅姿态控制方式发生变化(传统卫星通过动量轮或者姿态控制发动机完成姿态调整,而太阳帆基于太阳光压力实现调姿任务),因此本节给出的分布式仿真框架同样适用于传统卫星的系统仿真。

3.5.1 仿真系统框架

为便于实现太阳帆系统的仿真,本小节整合前几小节的相关内容,配置仿真系统的模块单元,完成仿真系统的框架设计,可以得到太阳帆系统的仿真框架,如图 3-8 所示。

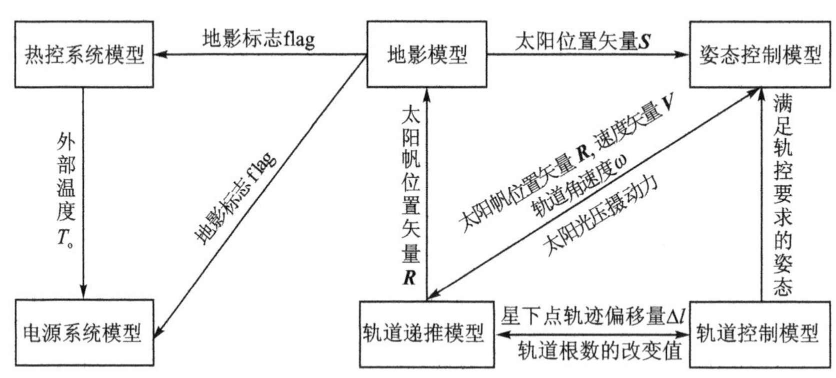

图 3-8 分布式太阳帆系统仿真框架

3.5.2 基于 Agent 的分布式仿真系统

由太阳帆系统仿真框架可以看出,仿真系统的组成比较复杂,直接对整个系统建模与仿真

有一定的困难；同时，仿真系统的各个组成模块又具有一定的自治性与独立性，可对相应的分系统进行模拟，且模块之间又存在一定的数据交互。由这两个方面分析可知，采用复杂系统基于 Agent 的建模与仿真方法更适合太阳帆的系统仿真。首先，将太阳帆的系统组成单元配置为相应的 Agent 模块；然后将各个 Agent 模块配置在不同的计算机上，借助 TCP/IP 协议实现模块间的数据交互，完成太阳帆的分布式仿真。

1. 仿真系统的 Agent 模块

(1) 轨道递推 Agent 模块

轨道递推 Agent 模块借助动力学模型进行轨道递推，可以由 t_1 时刻的太阳帆位置矢量 $\boldsymbol{R}_1$ 与速度矢量 $\boldsymbol{V}_1$，推导出 t_2 时刻的位置矢量 $\boldsymbol{R}_2$ 与速度矢量 $\boldsymbol{V}_2$；借助位置矢量 $\boldsymbol{R}$ 与速度矢量 $\boldsymbol{V}$ 与轨道根数的关系，可以实现 $\boldsymbol{R}$、$\boldsymbol{V}$ 与轨道根数之间的相互转化；借助太阳帆的轨道根数，可以求解太阳帆轨道角速度 ω；借助 $\boldsymbol{R}$、$\boldsymbol{V}$ 与地面轨迹点的一一对应关系，可以得到实际地面轨迹与参考地面轨迹间的差值 Δl。轨道递推 Agent 模块的工作流程如图 3-9 所示。

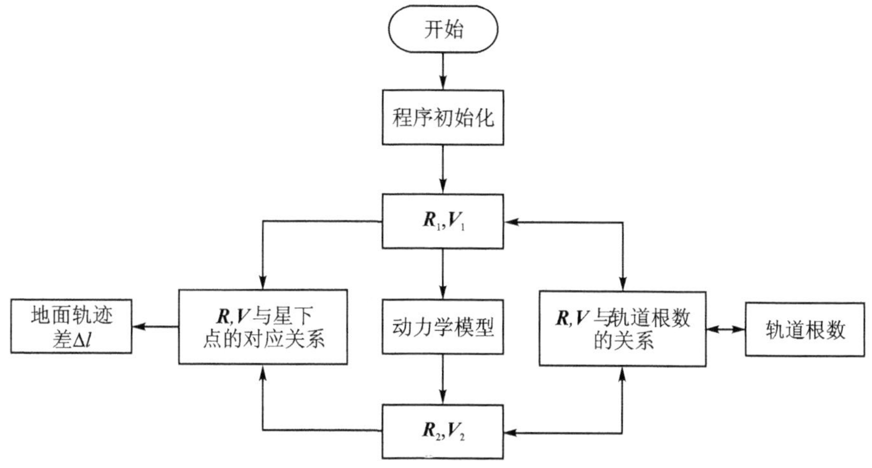

图 3-9　轨道递推 Agent 模块工作流程

(2) 地影 Agent 模块

地影 Agent 模块可以计算太阳在地心惯性坐标系中的位置矢量 $\boldsymbol{S}$，并结合轨道递推 Agent 模块得到的太阳帆的位置矢量 $\boldsymbol{R}$，利用前边给出的算法，得到在轨太阳帆的地影标志 flag。地影 Agent 模块的工作流程如图 3-10 所示。

(3) 热控系统 Agent 模块

热控系统 Agent 模块给出简化模型，得到内部节点温度 T_i 与外部节点温度 T_o 随时间的变化率，即 $\mathrm{d}T_i/\mathrm{d}t$ 与 $\mathrm{d}T_o/\mathrm{d}t$。首先根据地影标志 flag 确定卫星所受的空间热流，如果 flag 为 1，则卫星所受的空间热流为太阳辐射热流、地球阳光反照热流和地球红外辐射热流（记为空间热流状态Ⅰ）；如果 flag 为 0，则卫星所受的空间热流为太阳辐射热流（记为空间热流状态Ⅱ）。接着，通过设定卫星内、外节点的热参数，并借助数值方法求解微分方程，可得到卫星内、外节点的实时温度信息，即 T_i 与 T_o。热控系统 Agent 模块的工作流程图如图 3-11 所示。

(4) 电源系统 Agent 模块

电源系统 Agent 模块利用 3.2.1 小节中的相关内容进行搭建，用以模拟卫星的电源系统。卫星位于光照区，即 flag=1，电源系统供电阵为母线供电，充电阵为蓄电池组充电（记为工作模式Ⅰ);若 flag=0,则供电阵与充电阵停止工作,蓄电池组为母线进行供电(记为工作模式Ⅱ)。工作模式确定后,通过设定电源参数并求解微分方程,可以得到母线电压 U 与蓄电池荷电状态 SOC 的变化。此外,太阳电池阵的输出特性受温度变化的影响,外部节点温度 T_o 将用于确定太阳电池阵的输出状态。电源系统 Agent 模块的工作流程如图 3-12 所示。

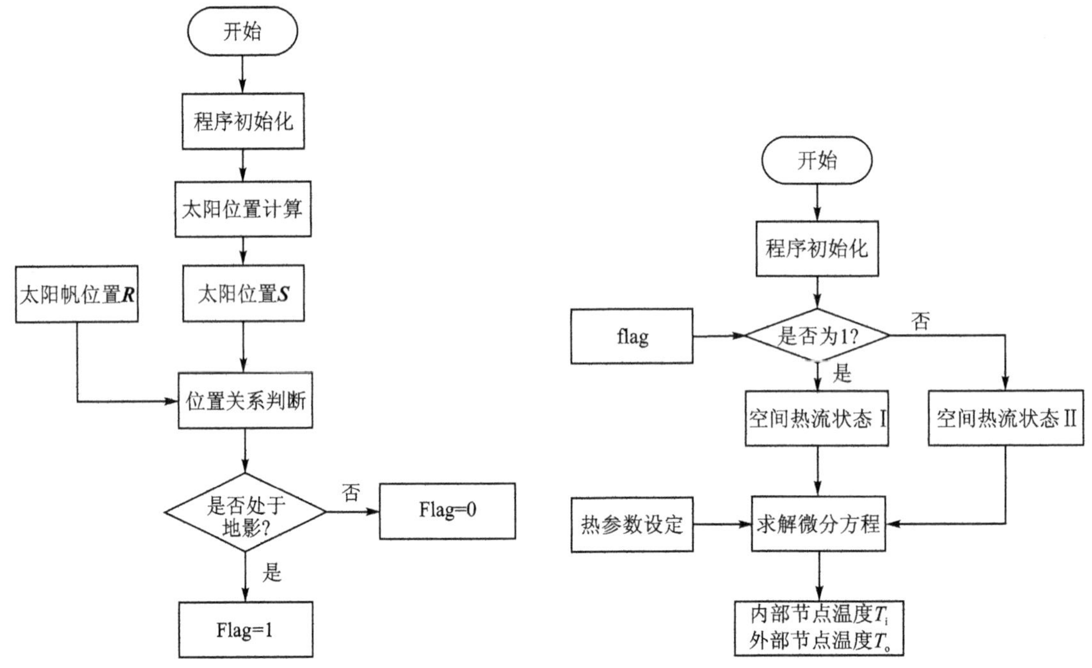

图 3-10 地影 Agent 模块工作流程　　**图 3-11 热控系统 Agent 模块工作流程**

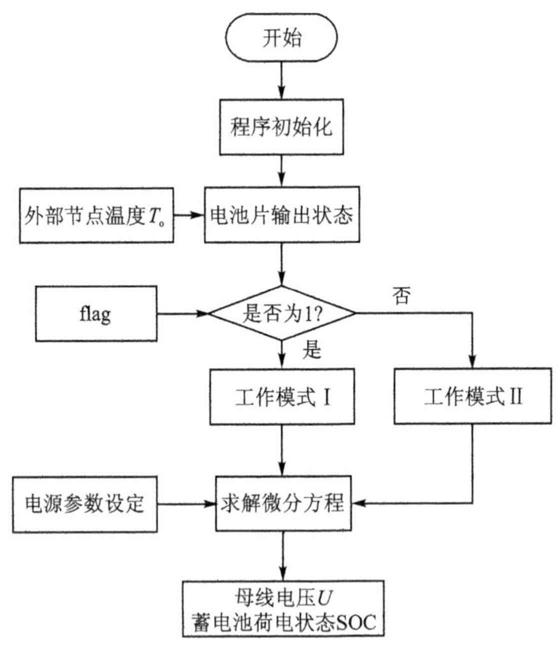

图 3-12 电源系统 Agent 模块工作流程

(5) 姿态控制系统 Agent 模块

姿态控制系统 Agent 模块结合 3.3.1 小节给出的对日定向控制策略，SSICE 太阳帆具体的姿态控制算法可以参考文献[14]。当轨道控制模块预先发出轨控指令后，姿态控制模块根据满足轨控要求的切向、法向速度增量来确定太阳帆的目标姿态，并进行相应的姿态调整；轨控结束后，继续保证太阳帆的对日定向姿态，直至接收到下一轨控指令。此外，帆面形态和面质比的变化改变了作用在太阳帆上的太阳光压摄动力，进而改变在轨太阳帆的动力学模型，通过积分，进而影响速度矢量 **V** 与位置矢量 **R**，即影响太阳帆的轨道递推模型。姿态控制系统 Agent 模块的工作流程如图 3-13 所示。

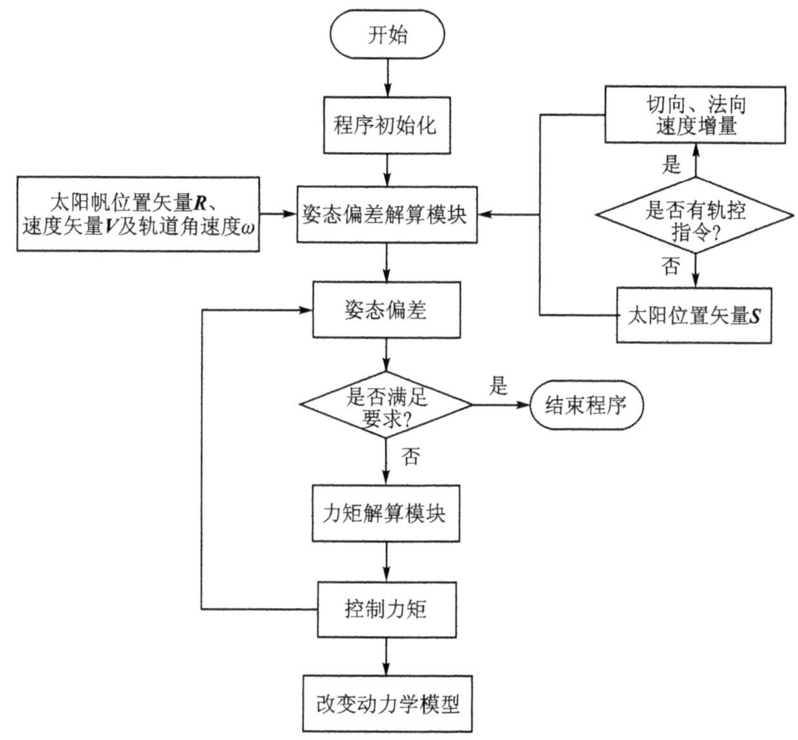

图 3-13　姿态控制系统 Agent 模块工作流程

(6) 轨道控制系统 Agent 模块

轨道控制系统 Agent 模块借助 3.3 节给出的回归轨道保持策略，来对太阳帆的轨道进行相应调整。轨控指令得到的速度增量作为姿态控制的目标姿态。此外，如果对卫星施加了相应的轨道机动，卫星的轨道根数则会发生相应的改变。利用轨道根数与位置矢量 **R**、速度矢量 **V** 之间的转换关系，可以得到轨道机动后的卫星位置矢量 **R** 与速度矢量 **V**，以此开启新的轨道递推。轨道控制系统 Agent 模块的工作流程如图 3-14 所示。

2. 数据交互与分布仿真

为了实现卫星系统的分布式仿真，在 MATLAB 软件环境下，将上述 6 个 Agent 模块配置在不同的计算机上。Agent 模块之间通过 TCP/IP 协议进行数据通信，完成如下的数据交互：

① 轨道递推 Agent 模块将计算得到的太阳帆位置矢量 **R** 输出给地影 Agent 模块，将太阳帆位置矢量 **R**、速度矢量 **V** 与轨道角速度 ω 输出给姿态控制 Agent 模块，并将计算得到太

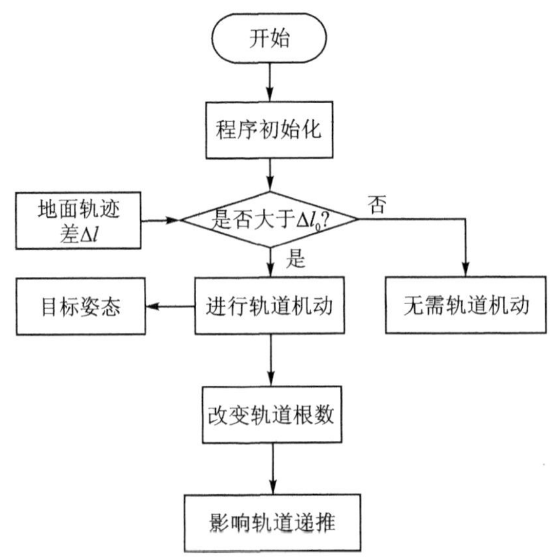

图 3-14 轨道控制系统 Agent 模块工作流程

阳帆星下点轨迹偏移量 Δl 输出给轨道控制 Agent 模块。

② 地影 Agent 模块将计算得到的地影标志 flag 分别输出给热控 Agent 模块与电源 Agent 模块。

③ 热控系统 Agent 模块将求解得到的太阳帆外部节点温度 T_e 输出给电源 Agent 模块。

④ 姿态控制系统 Agent 模块将太阳帆的形态与面质比发生改变后，所受到的太阳光压摄动力输出给轨道递推 Agent 模块。

⑤ 轨道控制系统 Agent 模块将轨道根数的改变值输出给轨道递推 Agent 模块，将施加速度增量的指令整合成目标姿态输出给姿态控制 Agent 模块。

通过分立的计算机搭建卫星分系统的 Agent 模块，并利用 TCP/IP 协议实现各个 Agent 模块间的数据交互，可以配置太阳帆的分布式仿真系统软件。该系统既能描述卫星分系统的微观行为，即卫星各个分系统的在轨状态，也可以将各个 Agent 模块相结合，用以刻画卫星的宏观特性。

3.5.3 分布式仿真结果评估

1. 任务目标描述

太阳帆在轨仿真的任务目标如下：

① 仿真过程中，太阳帆框架需保持对日定向，即太阳帆本体坐标系 z 轴基本与太阳光的夹角很小；同时，当轨控模块预先发出轨控指令后，需及时调整太阳帆框架，使得太阳帆运行至施加轨控位置处时，具有合理的指向，即使得轨控发动机的取向与施加速度增量的矢量和保持一致。

② 太阳帆运行在以 5 天为周期的回归轨道上，保证在 5 天的仿真时间内，太阳帆的星下点轨迹不会偏离参考轨迹。

③ 为满足太阳帆负载的用电需求，太阳帆电源系统至少需要提供 3.3 V 和 12 V 的电压。

④ 为了保证太阳帆负载的正常工作，热控系统需要控制太阳帆内部环境温度在 0 ～ 45 ℃

之间。

2. 仿真参数

太阳帆运行在以 5 天为周期的回归轨道上，选定仿真的初始时刻为 2017 年 1 月 1 日 12 点。初始时刻太阳帆的轨道根数如表 3－1 所列。由本小节“任务目标描述”可知，太阳帆电源系统至少需要提供 3.3 V 和 12 V 两种电压。仿真中设定 12 V 为母线电压，为发热元件、电机、通信系统组件以及电推进发动机供电；3.3 V 电压可由 12 V 电压经过变压器变压后获得。最终，确定的太阳帆电源系统参数如表 3－2 所列，太阳帆热控系统参数如表 3－3 所列，太阳帆姿态控制系统参数如表 3－4 所列。

表 3－1　初始时刻太阳帆轨道根数

半长轴 a/m	偏心率 e	轨道倾角 i/(°)	近地点幅角 ω/(°)	生交点赤经 Ω/(°)	平近点角 M/(°)
6 883 503	0.001 2	97.422 1	0	78.830 7	150

表 3－2　太阳帆电源系统参数

电源系统初值	$U_{m0}=12$ V，$SOC_0=78\%$
太阳电池片参数	$I_{mpr}=0.234\ 8$ A，$I_{scr}=0.248\ 0$ A，$V_{mpr}0.880\ 2$ V，$V_{ocr}=1.018$ V
单路太阳电池阵参数	$n_p=18$，$n_s=12$，$R=1.6\ \Omega$
蓄电池参数	$K=0.313\ 5$，$Q=70$ A·h，$A=1.989\ 62$ V，$B=0.193\ 16$ A/h，$R_i=0.036\ \Omega$
供电阵/充电阵	$n_g=6$，$n_c=16$
母线参数	$C_m=1.099$ C，$R_m=1\ 000\ \Omega$

表 3－3　太阳帆热控系统参数

节点温度初值	$T_{S0}=12$ ℃，$T_{N0}=12$ ℃
面积参数	$F_S=31\ m^2$，$A_{s-p}=7.45\ m^2$
表面特性参数	$\bar{\varepsilon}_h=0.44$，$\bar{\alpha}_s=0.42$
节点热容	$C_S=30\ 000$ J/K，$C_N=20\ 000$ J/K
热参数	$h_{NS}=0.105$，$\varepsilon_{NS}=0.105\times10^{-6}$
其他参数	$F_{h-s}=0.5$，$Q_N=26.5$ W

表 3－4　太阳帆姿态控制系统参数

控制器参数	滚动通道	$K_{p1}=0.1$，$K_{d1}=3.2$
	俯仰通道	$K_{p2}=0.15$，$K_{d2}=5$
	偏航通道	$K_{p3}=0.15$，$K_{d3}=5$
初始姿态角	$\varphi=0.5°$，$\theta=0.3°$，$\psi=0.5°$	
初始角速度	$\boldsymbol{\omega}_b=[0.02\quad 0.02\quad 0.02]$(°)/s	

3. 仿真结果评估

启动仿真程序，得到仿真结果如图 3－15～图 3－20 所示。

图 3－15 给出了欧拉角设定值的变化情况。由图可知，较长时间内，欧拉角设定值由对日定向的姿态来确定；较短时间内，欧拉角设定值由满足轨控要求的姿态确定，整体呈现周期变

化趋势。

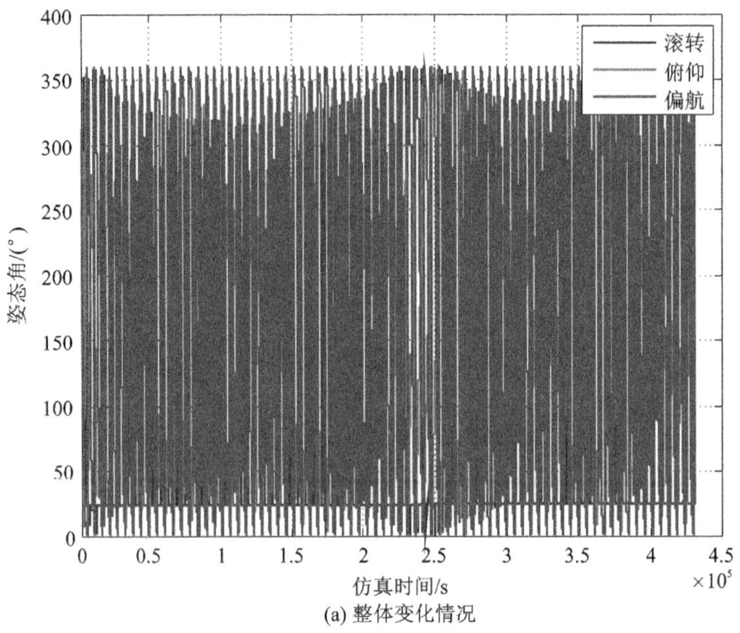

(a) 整体变化情况

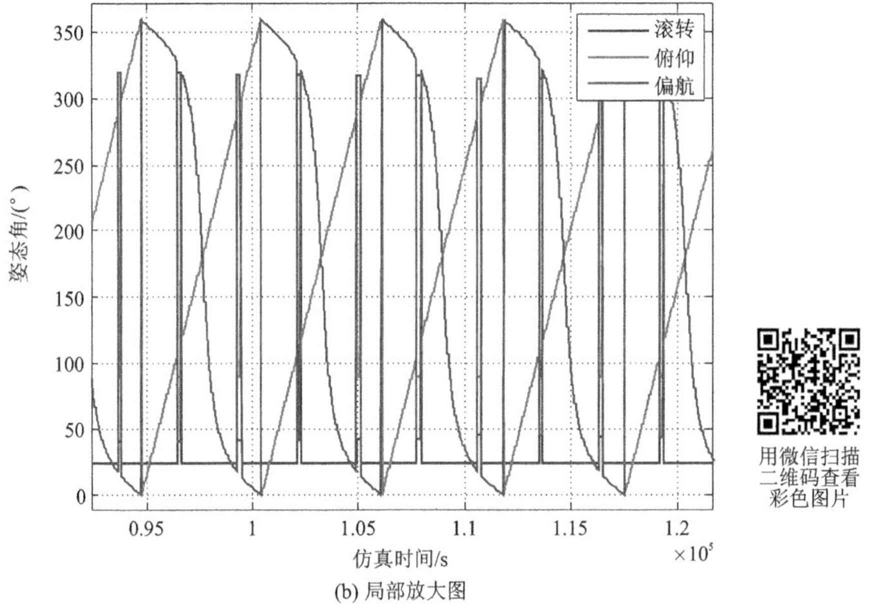

(b) 局部放大图

用微信扫描二维码查看彩色图片

图 3-15　欧拉角的设定值

图 3-16 给出了在姿态控制系统作用下，太阳帆的实际欧拉角变化，可以看出变化趋势与欧拉角设定值基本一致。

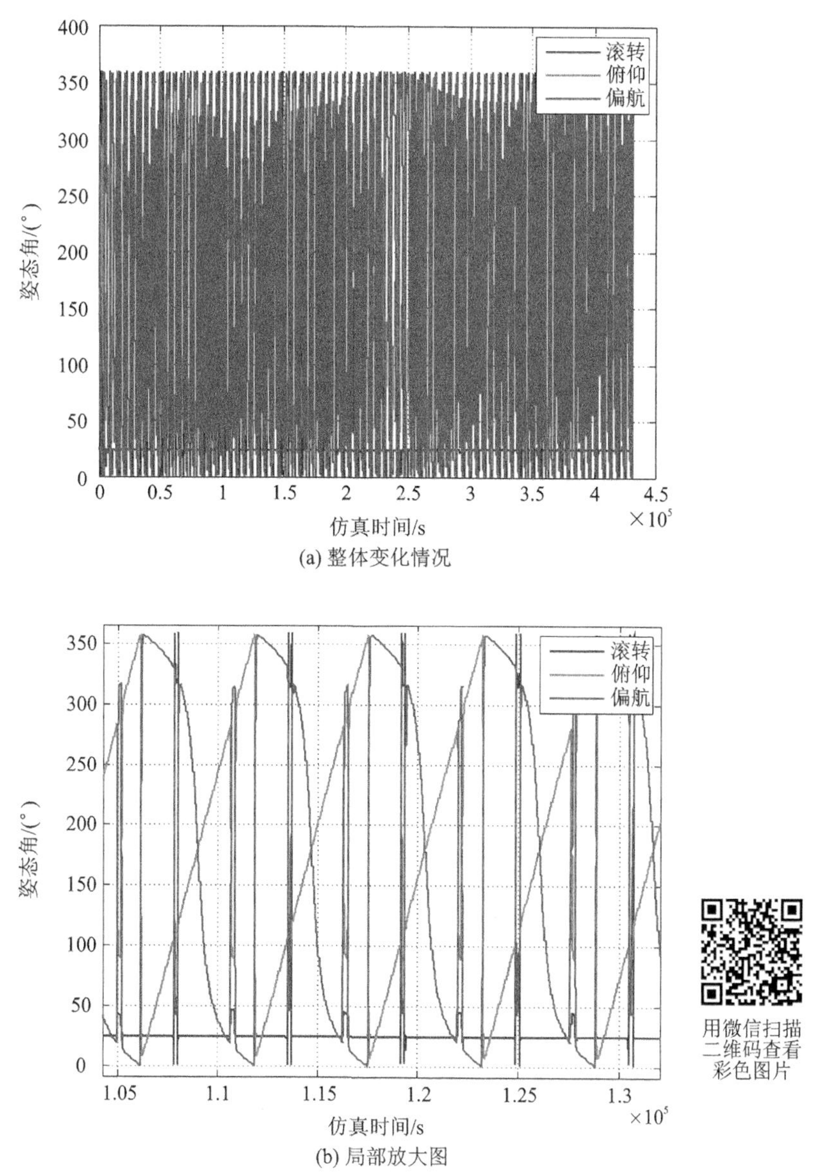

(a) 整体变化情况

(b) 局部放大图

图 3 - 16　实际欧拉角

图 3 - 17 给出了仿真期间太阳帆实际欧拉角速度的变化，欧拉角速度在大多数时间内都能被控制在 0°附近，满足任务要求。

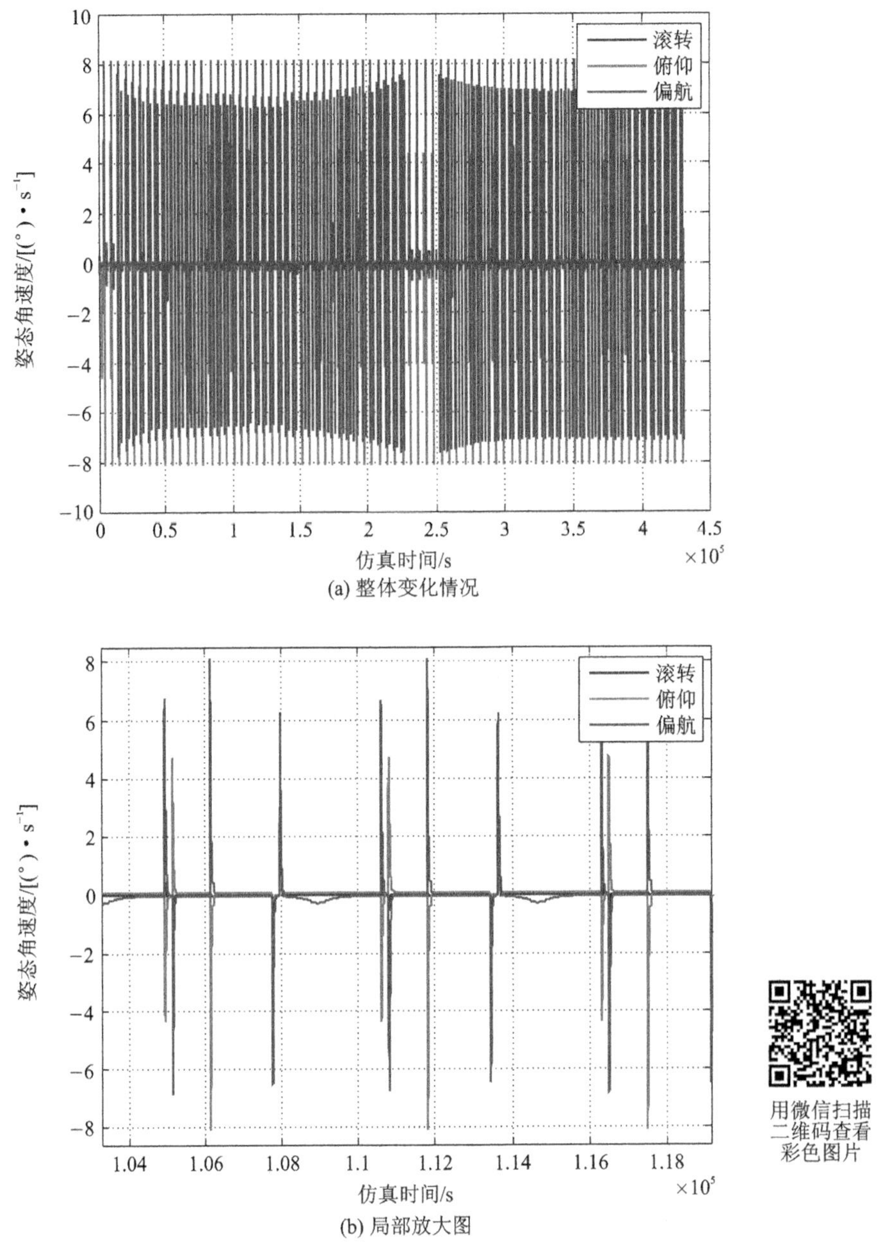

(a) 整体变化情况

(b) 局部放大图

图 3-17 实际欧拉角速度

特别地，图 3-18 给出了施加速度增量处欧拉角设定值与实际值间的偏差，可见偏差均小于 0.05°，可以保证施加的速度增量具有较高的方向精度。

此外，图 3-19 给出了仿真期间控制力矩的变化；图 3-20 给出了满足控制力矩要求的各个帆面两端的可控元件的转角变化规律，控制电机按照此规律变化，即能保证太阳帆框架在仿真过程中保证对日定向和轨道控制的姿态要求。

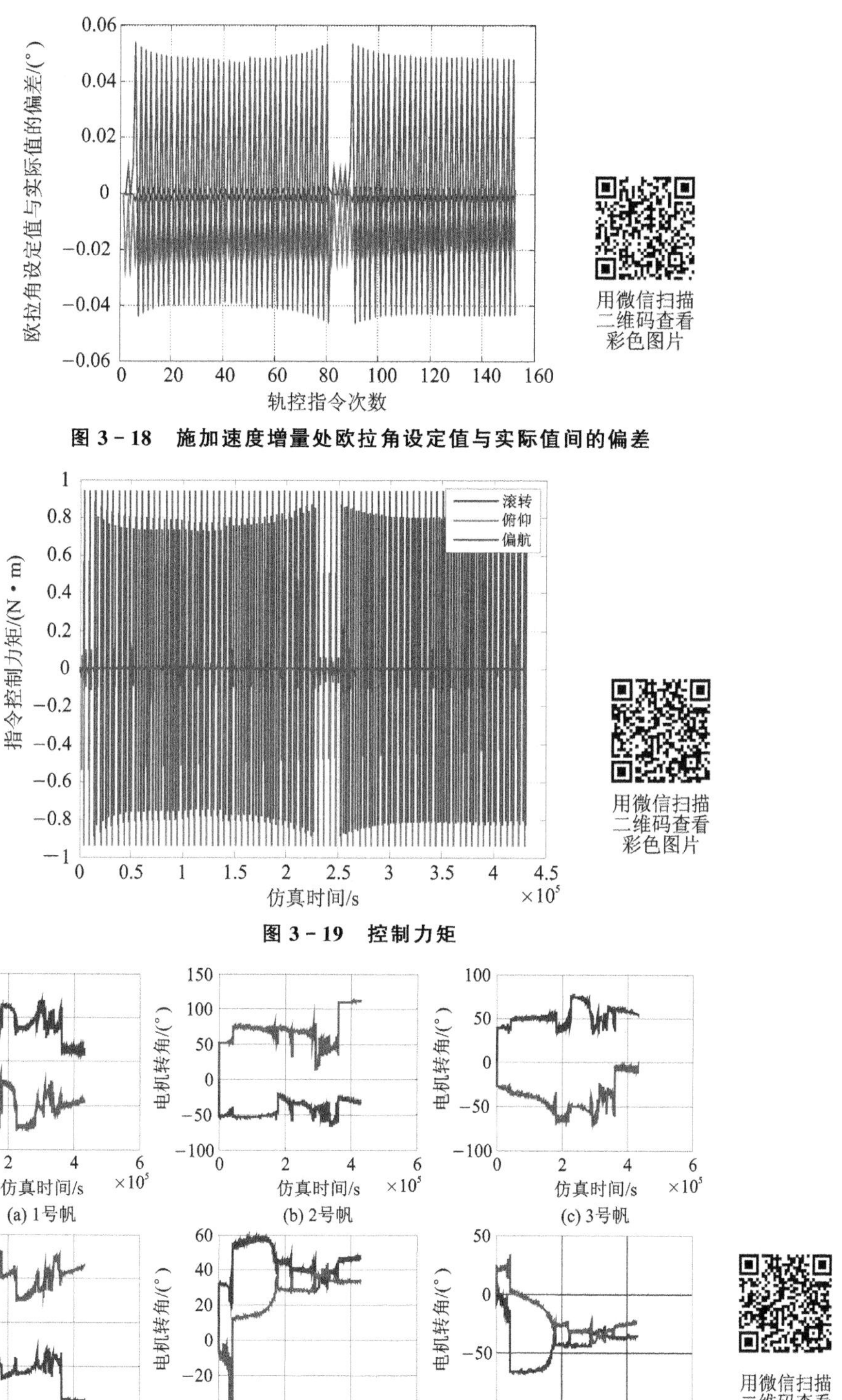

图 3－18　施加速度增量处欧拉角设定值与实际值间的偏差

图 3－19　控制力矩

注：蓝线表示1号电机，红线表示2号电机。

图 3－20　太阳帆面电机转角变化

施加轨道控制后，太阳帆的地面轨迹的偏差如图 3－21(a)所示。可以看出，采用轨道控制策略后，所有轨道点的地面轨迹偏差均小于 1 m，计算得到平均的地面轨迹偏差为 0.53 m，满足仿真任务的目标要求。图 3－21(b)出了所需的切向速度增量 Δv_t、所需的法向速度增量 Δv_h、气动阻力补偿速度增量 AVADA，以及电推进发动机所施加的实际速度增量 Δv 的变化，且这几个速度增量的值均以绝对值的形式表示。且太阳帆搭载的电推进发动机的比冲约为 100 s，计算得到仿真时间内需要消耗的推进剂燃料为 0.006 6 kg，年消耗燃料仅为 0.047 kg，可以被工程实际所接受。

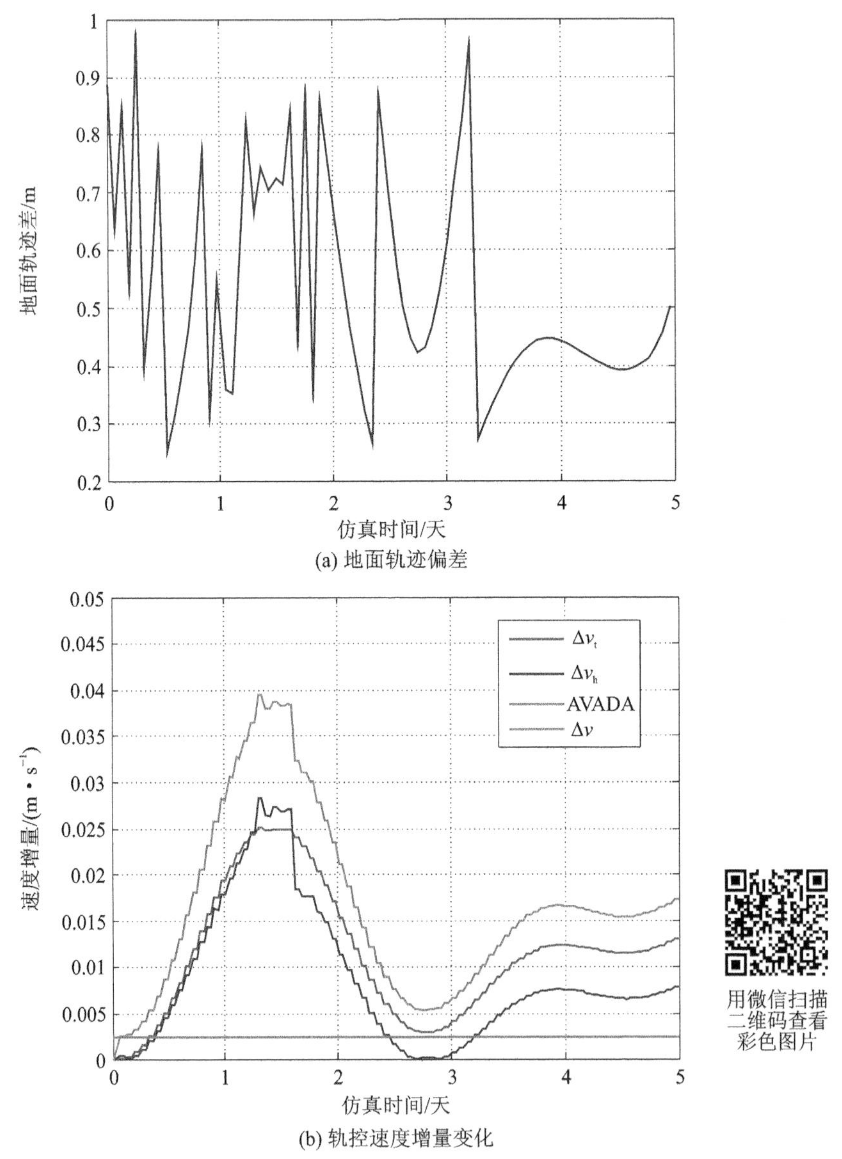

(a) 地面轨迹偏差

(b) 轨控速度增量变化

图 3－21　轨控状态

图 3－22 给出了太阳帆母线电压与蓄电池荷电状态的变化情况，可以看出：①在仿真时间内，母线电压在 12 V 左右变化，且变化幅度小于 0.5 V，可以满足负载的用电需求；②蓄电池

的荷电状态在 75%～95%之间变化，处于蓄电池正常工作区间内。可知在仿真时间内，太阳帆电源系统工作正常，可以满足星上设备的供电需求。

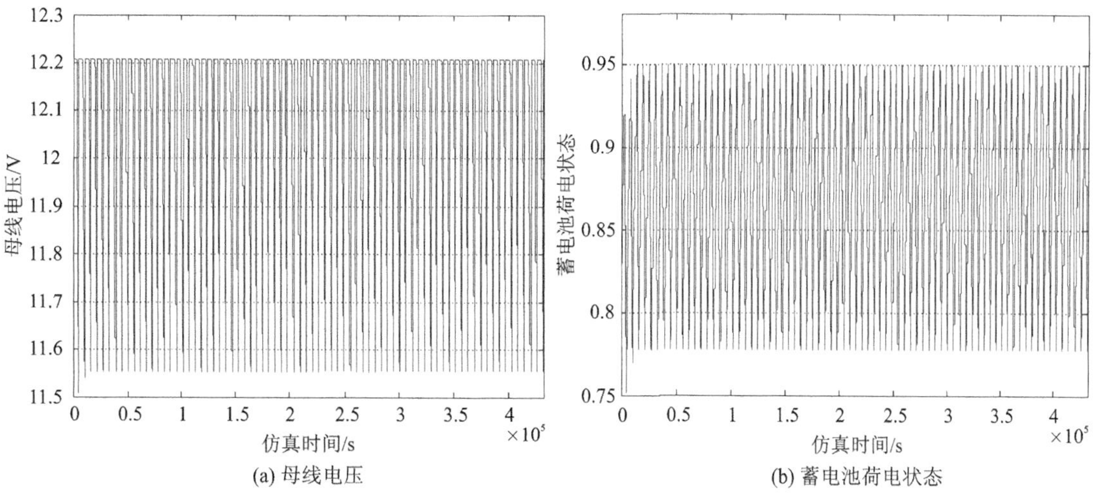

(a) 母线电压　　(b) 蓄电池荷电状态

图 3-22　电源状态

图 3-23 给出了在仿真时间内太阳帆内外节点的温度变化，可知内部节点的温度在 0～41 ℃之间变化，满足太阳帆负载设备正常工作的温度需求。

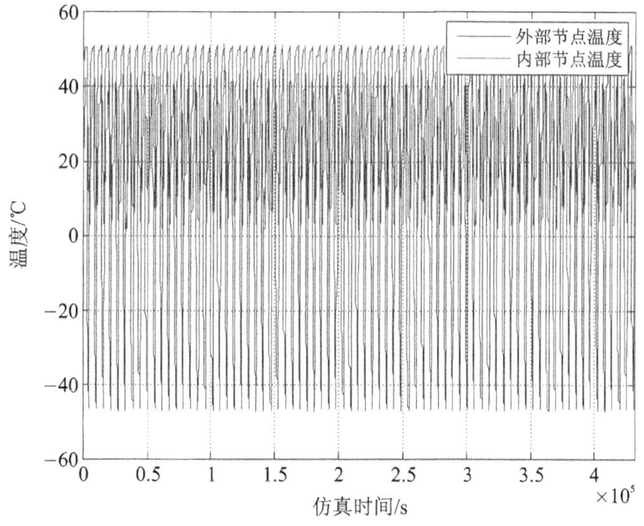

图 3-23　太阳帆温度变化

综合上述仿真结果，可以看出在轨太阳帆系统仿真结果良好，满足既定的任务目标。由此可见分系统模型的正确性，以及姿态控制与轨道控制策略具有一定的合理性。该太阳帆分布式仿真系统可以为太阳帆的设计、建模与仿真提供合理参考，具有一定的应用价值。

思考题

1. 简述基于 Agent 的建模与仿真方法。

2. 什么是双层集总参数模型？试用自己的语言解释图 3-2 所示的航天器热系统模型和图 3-3 所示的双层集总参数简化模型。

3. 基于太阳帆系统仿真框架，如何分配系统的 Agent 模块？

参考文献

[1] 廖守亿，王仕成，张金生. 复杂系统基于 Agent 的建模与仿真[M]. 北京：国防工业出版社，2015.

[2] 刘丽霞. 太阳帆电源系统的故障仿真及诊断[D]. 哈尔滨：哈尔滨工业大学，2015.

[3] 丁立聪，金小军，王春晖，等. ZSPS-1A 太阳帆电源系统设计与在轨验证[J]. 浙江大学学报(工学版)，2012，46(11)：2073-2080.

[4] 李清毅. 基于双层集总参数模型的太阳帆热控系统仿真方法[J]. 南京航空航天大学学报，2008，40:38-40.

[5] 张镜洋. 小太阳帆动态传热特性分析与热控系统设计方法研究[D]. 南京：南京航空航天大学，2012.

[6] Jiang Zhenhua，Liu Shengli，Dougal R A. Design and testing of spacecraft power systems using VTB [J]. IEEE Transactions on Aerospace and Electronic Systems，2003，39(3)：976-989.

[7] Hanaa T E，Faten H F，Ninet M A. Spacecraft power system controller based on neural network [J]. Acta Astronautica，2011，69(3)：7-8.

[8] 傅望，周林，郭珂，等. 光伏电池工程用数学模型研究[J]. 电工技术学报，2011，26(10)：211-216.

[9] 马世俊. 太阳帆电源技术[M]. 北京：宇航出版社，2001.

[10] Gilmore D G. Spacecraft thermal control handbook volume I：fundamental technologies [M]. Segundo，California：The Aerospace Corporation Press，2002.

[11] Koon W S，Lo M W，Marsden J E，et al. Dynamical systems，the three-body problem and space mission design [M]. New York：Springer，2007.

[12] 刘林. 人造地球太阳帆轨道力学[M]. 北京：高等教育出版社，1992.

[13] 贾向华，徐明，陈罗婧. 近地轨道太阳帆的地影预报算法[J]. 宇航学报，2016，37(1)：39-47.

[14] Luo Tong，Yao Chuang，Xu Ming，et al. Attitude dynamics and control for a solar sail with individually controllable elements[J]. Journal of Guidance，Control and Dynamics，2019，42(7).

第4章 基于价值导向的卫星架构设计

4.1 国内外研究现状

4.1.1 国外研究现状

以价值为导向的评估方法(Value-Centric Design Methodologies, VCDM),起源于美国国防高级研究计划局(DARPA)于2006年推进实施F6计划(Future, Fast, Flexible, Fractionated, Free-Flying spacecraft)的第一阶段[1]。该计划拟采用全新的分离模块式(fractionated)建造航天器系统,以取代60年来航天界一直沿用的整体式(monolithic)架构形式。DARPA召集Boeing等4家工业机构运用行为经济学、航天工程设计和可靠性等理论系统评判这两种架构形式,在投入产出比、应对全寿命周期内风险的鲁棒性、快速响应能力等方面给出定量分析结果[2]。

DARPA首席科学家Brown认为,传统航天器设计均采取以成本为中心(cost-centric),强调以最低成本满足任务需求,但是对系统全寿命周期内潜在风险及其动态变化认识不足[3];提倡以价值为中心(value-centric)设计航天器,以"价值"的概念重新定义"产出"内涵,从根本上获取投入产出比的最大收益。因此,随着分离模块式航天器概念研究的不断深入,其研制思路已不仅局限于技术范畴,而是逐渐演变为全新普适的设计方法,即以价值为中心的航天器方案设计方法[4]。自F6计划实施以来,以价值为导向的评估和设计方法逐渐成为学术界新兴的研究热点,包括麻省理工学院系统设计研究所(SEARI)、斯坦福大学、佐治亚理工学院、思克莱德大学新概念空间实验室(ASCL),以及欧洲EADS Astrium公司、ESA、JAXA等众多研究机构和著名学者均开展航天工程设计与行为经济学等多学科交叉研究。Matthew等建立全寿命周期内的非参数化机理模型用以评估航天器抗风险能力,结果表明分离模块架构在净现值、成本价值和累积前景效益等方面均优于传统整体式;Lafleur等针对Boeing等4家评估软件采用Monte-Carlo仿真较为耗时的特点,提出一种快速评估算法非常适合设计方案迭代优选,但评估精度较低。Matthew G. Richards等研究实现分离模块为方式的太空快速响应系统所面临的问题,从技术、组织机构支持、经济和政治四个方面进行分析并研究其内在联系;Owen C. Brown等总结F6项目中取得的成果,对设计方法合理化并讨论以价值为中心的设计标准与传统的系统工业过程标准的联系,并评价以价值为中心的设计在F6项目中的重要性;C. Mathieu等对分离模块航天器和传统航天器进行属性、策略、模型进行比较,评价分离模块航天器的成本和价值优势;Owen Brown等参考DARPA的F6项目重述分离模块航天器的概念,比较分离模块航天器与传统整体航天器的优缺点,并介绍一系列分离模块航天器的设计制造以价值为基础的技术方法。M. Gregory O'Neill等对包括四家公司设计的VCDM工具模型构架、风险和净现值量化等工具特征进行比较分析,对参与F6项目第二阶段OSC公司研发的PIVOT工具进行跨学科优化,通过动态生命周期仿真和参数模型评估生命周期成本影响，利用非参数的计算机物理模型评估航天器的质量影响，研究结果表明，分离模块航天器较传统整体航天器拥有生命周期成本上的优势；Jarret M. lafleur 等研究能够解决 F6 项目结构两个难题的点设计工具 GT - FAST，并用实例具体分析 FT - FAST 设计工具处理输入、模型、属性、假设的方式[5]。

鉴于第一阶段在价值导向的风险评估、分离模块式组织结构等方面取得的丰硕成果，DARPA 授予轨道科学公司(OSC)第二阶段合同以研发基于价值导向的航天器多学科设计软件，并决定以此为基础规范设计流程和建立行业标准体系。

F6 计划所倡导的分布式架构需通过航天器编队飞行技术进行维持，该技术是现代航天控制精细化的重要标志，众多航天机构和学者均在该领域投入大量精力，但由于对编队飞行必要性缺乏信心，从而导致相关计划纷纷下马。因此，价值导向的评估和设计方法在一定程度上肯定了分离模块及编队飞行在风险分散和降低成本等方面的优势，有望激活相关计划。

Collopy 等人意识到以价值为导向评估和设计思想可能引发系统工程学科的革命，遂成立价值驱动研究院，专门从事价值导向评估在其他工业学科的应用，包括民航运输、商业航空发动机、运载火箭、GPS 天地导航系统等。Collopy 团队不仅获得来自 NASA、DARPA 等国防工业部门的赞助，还得到 NSF 等基础科学研究基金的支持；按照 Collopy 的预测，价值为导向的设计方法将被视为系统工程领域的“文艺复兴”。

4.1.2 国内研究现状

价值导向评估与设计方法的迅猛发展，也引起国内学者关注，但研究工作尚局限在价值导向评估方法的概念研究以及该方法在分离模块架构上的应用验证。刘豪等研究分离模块航天器的概念和 F6 计划实施进展，认为 F6 计划所取得的最大成就在于推动价值导向评估方法的发展[6]；胡敏等对价值导向评估方法的概念进行说明介绍，并指出其广阔的应用领域；姚雯等考虑利用价值导向进行多学科优化设计，但研究结果仅限于对航天器分离模块架构优势的验证；不同于飞机总体设计问题，张恒喜等从宏观经济学角度分析某一批次飞机从预研到退役阶段的寿命周期效费[7]。因此，有必要尽早开展价值导向评估与设计方法及其应用研究，以使我国在总体设计领域保持先进水平。

4.2 模块化集群飞行系统评估方法

4.2.1 分离模块航天器相关概念及定义

定义 1 可分离部件(component，即组件)是分离模块航天器系统中的最基本功能元素，也是组成功能模块的基本要素。形式化地，用 c 表示单个可分离部件，用 $C=\{c_1,\cdots,c_u\}$ 表示所有可分离部件的集合。根据航天器模块分离粒度的不同，组件可以代表某个分系统或者某个具体的仪器设备，如有效载荷[8]。

定义 2 功能模块(module，即模块)是由若干个可分离部件以及承载它们的平台载体(包括有效载荷、通信系统、电源系统等)构成的特殊飞行器。形式化地，将一个功能模块记为它所承载的可分离部件的集合，$M=\{c_1,\cdots,c_v\}$。

定义 3 可分离模块航天器(fractionated spacecraft 或 cluster、architecture 等，即星簇或

星簇体系)是由若干个功能模块以无线连接方式构成的虚拟航天器系统。形式化地，将一个分离模块航天器记为构成它的功能模块的集合，$F=\{M_1,\cdots,M_w\}$。

定义 4　设计方案(design scheme)定义了分离模块航天器概念设计中两方面要素：

一是模块划分方案，即如何进行功能划分将可分离部件分配到各功能模块。形式化地表示为函数 f_F，即

$$f_F(M)=\{c_1,\cdots,c_v\},\quad \forall M\in F \tag{4.2.1}$$

式中，$c_i(i=1,2,3,\cdots,v)$为功能模块 M 所分配的可分离部件。

二是分批发射方案，即如何将系统内各功能模块安排至相应的发射 $L=\{l_1,\cdots,l_v\}$进行部署，形式化地表示为函数 f_L，即

$$f_L(M)=l,\quad \forall M\in F \tag{4.2.2}$$

式中，l 为功能模块 M 所被安排的发射。

与之相关地，定义函数 f_C，即

$$f_C(l)=\{M_1,\cdots,M_p\},\quad \forall l\in L \tag{4.2.3}$$

式中，$M_i(i=1,2,3,\cdots,p)$为安排至发射 l 进行部署的全部功能模块。

另外，定义函数 f_V，即

$$f_V(l)=r,\quad \forall l\in L \tag{4.2.4}$$

式中，r 为发射 l 选择的运载火箭，其选择与目标轨道类型及 $f_C(l)$中功能模块对运载能力的要求有关。图 4-1 所示为分离模块航天器基本概念示意图。

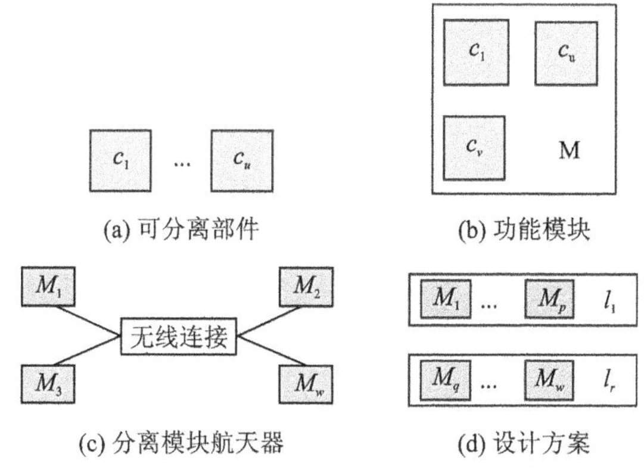

图 4-1　分离模块航天器基本概念示意图

航天器模块划分组合、各个模块的分布、模块的运载发射等因素对整个分离模块航天器的整体质量、成本、灵活性、快速响应性、成本控制、价值收益等均具有很大影响，国内外的很多学者也对此进行过研究。比如，对通信卫星来说，模块越多，对分离模块航天器整体的综合效用越有益。而导航卫星则会随着模块增多，其综合效用降低。因此，分离模块航天器应该根据任务的不同而进行不同的设计，从而获取最大的综合效用。

4.2.2　基于形式化模型的评估方法

1. 系统状态建模

分离模块航天器系统状态是随时间演进动态变化的。对于分离模块航天器系统，工程时

间是一个重要的时间概念，其定义如下：以工程立项时刻为计时起点对自然时间进行累计所形成的时间。形式化地，将工程时间记为全局时间变量 t。

分离模块航天器表示为组成它的功能模块的集合，因此分离模块航天器系统状态可以由所有成员模块状态的集合来刻画。

分离模块式航天器 F 的状态在工程时间 t 的状态定义为

$$S(F,t)=\{S(M,t)\mid M\in F\} \tag{4.2.5}$$

式中，$S(M,t)$ 为功能模块 M 在 t 时的状态。

对于一个功能模块，其生命周期状态转移关系如图 4-2 所示，其中 $S_i(i=1,2,\cdots,7)$ 为功能模块生命周期内可能的 7 种状态，分别为研制状态 S_1、分批发射就绪状态 S_2、分批发射状态 S_3、运行状态 S_4、维修状态 S_5、补发状态 S_6、退役状态 S_7；P_{ij} 为功能模块由状态 S_i 转移到状态 S_j 的概率。引起功能模块状态转移的条件如表 4-1 所列，其中 $S(M,t)$ 和 $S(M,t+\Delta t)$ 分别为当前状态和下一时刻的状态。

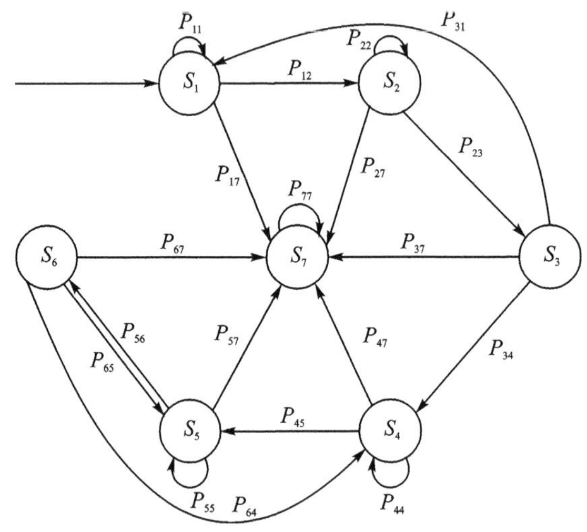

图 4-2 功能模块生命周期状态转移图

表 4-1 状态转移条件

$S(M,t)$	$S(M,t+\Delta t)$	转移条件
$S_1 \sim S_7$	S_7	任务结束
S_1	S_1	模块 M 研制未完成
	S_2	模块 M 研制完成
S_2	S_2	此批次发射中，有模块未完成研制
	S_3	此批次发射中，所有模块未完成研制
S_3	S_1	发射失败
	S_4	发射成功
S_4	S_4	在轨运行
	S_5	在轨故障

续表 4-1

$S(M,t)$	$S(M,t+\Delta t)$	转移条件
S_5	S_5	模块 M 未完成重新研制
	S_6	模块 M 完成重新研制
S_6	S_5	补发失败
	S_4	补发成功

依据图 4-2，功能模块的状态转移概率矩阵为

$$\boldsymbol{P}=\begin{bmatrix} P_{11} & P_{12} & 0 & 0 & 0 & 0 & P_{17} \\ 0 & P_{21} & P_{23} & 0 & 0 & 0 & P_{27} \\ P_{31} & 0 & 0 & P_{34} & 0 & 0 & P_{37} \\ 0 & 0 & 0 & P_{44} & P_{45} & 0 & P_{47} \\ 0 & 0 & 0 & 0 & P_{55} & P_{56} & P_{57} \\ 0 & 0 & 0 & P_{64} & P_{65} & 0 & P_{67} \\ 0 & 0 & 0 & 0 & 0 & 0 & 1 \end{bmatrix}$$

对于功能模块 M，其状态转移概率 P_{ij} 并非常数，而是与工程时间 t 相关的变量，记为

$$P_{ij}(M,t)=P\left\{S(M,t+\Delta t)=\frac{S_j}{S(M,t)}=S_i\right\} \tag{4.2.6}$$

功能模块的状态转移为随机事件，它在 t 时刻的发生概率受模块生命周期内多种不确定风险因素的影响，包括研制进度风险、发射失败风险和在轨失效风险等。

2. 不确定性风险的形式化建模

在进行不确定风险建模前，首先引入几个必要的时间概念。除工程时间这样的全局时间概念外，对于功能模块的每一次研制、在轨运行和维修，还存在相应的局部时间概念，其定义如下。

功能模块研制时间 t_{develop} 是以功能模块每一次进入研制状态为计时零点，以模块离开该状态为计时终点的时间累计值；运行时间 $t_{\text{operation}}$ 是以功能模块每一次进入研制状态为计时零点，以模块离开该状态为计时终点的时间累计值；维修时间 t_{repair} 是以功能模块每一次进入研制状态为计时零点，以模块离开该状态为计时终点的时间累计值。

功能模块的研制时间 t_{develop}、运行时间 $t_{\text{operation}}$ 和维修时间 t_{repair} 随着工程时间推进，根据功能模块的状态改变而变化。t_{develop}、$t_{\text{operation}}$ 和 t_{repair} 可视为与工程时间和功能模块的状态 $S(M,t)$ 有关的函数，其函数关系 $t_{\text{develop}}(M,t)$、$t_{\text{operation}}(M,t)$ 和 $t_{\text{repair}}(M,t)$ 可描述如下：

$$t_{\text{develop}}(M,t+\Delta t)=\begin{cases} t_{\text{develop}}(M,t)+\Delta t & S(M,t)=S_1 \\ 0 & \text{其他} \end{cases} \tag{4.2.7}$$

$$t_{\text{develop}}(M,t+\Delta t)=\begin{cases} t_{\text{operate}}(M,t)+\Delta t & S(M,t)=S_4 \\ 0 & \text{其他} \end{cases} \tag{4.2.8}$$

$$t_{\text{develop}}(M,t+\Delta t)=\begin{cases} t_{\text{repair}}(M,t)+\Delta t & S(M,t)=S_5 \\ 0 & \text{其他} \end{cases} \tag{4.2.9}$$

式中：函数初始条件 $t_{\text{develop}}(M,0)=0$，$t_{\text{operate}}(M,0)=0$，$t_{\text{repair}}(M,0)=0$。

（1）研制进度风险的形式化建模

影响航天器研制进度的因素很多，技术成熟度是其中最为关键的因素之一。参考文献[9]对技术成熟度与航天器研制进度之间的关系进行了研究，其中技术成熟度采用NASA的9级评价标准，参照其中的评价细则，可以确定各可分离组件的技术成熟度等级。对于一个可分离组件，其技术成熟度等级是随着工程时间的推进，根据部件技术状态的改变而改变的，形式化的定义为函数 $f_{\mathrm{TRL}}(c,t)$。根据技术成熟度发展规律，该函数满足：

$$\forall t_1 < t_2,\quad f_{\mathrm{TRL}}(c,t_1) \leqslant f_{\mathrm{TRL}}(c,t_2) \tag{4.2.10}$$

对于可分离组件 c，其交付时间 t_{delivery} 为服从正态分布的随机变量，假设部件成熟度等级为 i，则其概率密度函数为

$$f(t_{\mathrm{delivery}},i)=\begin{cases}\dfrac{\exp\left[-\dfrac{\ln(t_{\mathrm{delivery},c})-\mu_i}{2\sigma_i^2}\right]}{t_{\mathrm{delivery},c}\cdot\sigma_{i\cdot\sqrt{2\pi}}} & t_{\mathrm{delivery},c}>0\\ 0 & t_{\mathrm{delivery},c}<0\end{cases} \tag{4.2.11}$$

式中

$$\mu_i=\ln\left(\frac{m_i^2}{\sqrt{s_i^2+m_i^2}}\right),\quad \sigma_i=\sqrt{\ln\left(\frac{s_i^2}{m_i^2}+1\right)}$$

m_i 和 s_i——部件在技术成熟度等级为 i 的条件下，交付时间的均值和标准差，并且对于技术成熟度等级 $1\leqslant i<j\leqslant 9$，满足 $m_i>m_j$ 且 $s_i>s_j$。

对于功能模块 M，其交付时间 $t_{\mathrm{delivery},M}$ 取决于其内各可分离组件的交付时间和该功能模块的集成测试时间 $t_{\mathrm{ATI}}(M)$，利用参考文献[9]模型：

$$t_{\mathrm{delivery},M}=\max_{c\in M}(t_{\mathrm{delivery},c})+t_{\mathrm{AIT},M}$$

式中，$t_{\mathrm{AIT},M}=0.375n+0.4$，$n$ 是功能模块包含组件的个数。

研制进度风险影响到处于研制状态或维修状态的功能模块由当前状态向其他状态转移的概率。对于前者，设计的概率矩阵参数包括 P_{11}、P_{12}、P_{17}；对于后者，涉及的概率矩阵参数包括 P_{55}、P_{56}、P_{57}。

具体而言，当 $t\geqslant T_{\mathrm{mission}}$ 时，

$$P_{11}(M,t)=P_{12}(M,t)=P_{55}(M,t)=P_{56}(M,t)=0$$

$$P_{17}(M,t)=P_{57}(M,t)=1$$

当 $t<T_{\mathrm{mission}}$ 时，

$$P_{17}(M,t)=P_{57}(M,t)=0$$

$$\begin{aligned}P_{12}(M,t)&=P\{t_{\mathrm{delivery},M}\leqslant t_{\mathrm{develop}}(M,t+\Delta t)\mid t_{\mathrm{delivrey},M}>t_{\mathrm{develop}}(M,t)\}\\&=1-\frac{P\{t_{\mathrm{delivrey},M}>t_{\mathrm{develop}}(M,t+\Delta t)\}}{P\{t_{\mathrm{delivrey},M}>t_{\mathrm{develop}}(M,t)\}}\\&=1-\frac{1-P\{t_{\mathrm{delivrey},M}\leqslant t_{\mathrm{develop}}(M,t+\Delta t)\}}{1-P\{t_{\mathrm{delivrey},M}\leqslant t_{\mathrm{develop}}(M,t)\}}\\&=1-\frac{1-P\{\max\limits_{c\in M}(t_{\mathrm{delivrey},c})\leqslant t_{\mathrm{develop}}(M,t+\Delta t)-t_{\mathrm{AIT},M}\}}{1-P\{\max\limits_{c\in M}(t_{\mathrm{delivrey},c})\leqslant t_{\mathrm{develop}}(M,t)-t_{\mathrm{AIT},M}\}}\end{aligned}$$

$$=1-\frac{1-\prod_{c\in M}P\{t_{\text{delivrey},c}\leqslant t_{\text{develop}}(M,t+\Delta t)-t_{\text{AIT},M}\}}{1-\prod_{c\in M}P\{t_{\text{delivrey},c}\leqslant t_{\text{develop}}(M,t)-t_{\text{AIT},M}\}}$$

$$=1-\frac{1-\prod_{c\in M}\int_{-\infty}^{t_{\text{develop}}(M,t+\Delta t)-t_{\text{AIT},M}}f(t_{\text{delivrey},c},f_{\text{TRL}}(c,t))\,\mathrm{d}t_{\text{delivrey},c}}{1-\prod_{c\in M}\int_{-\infty}^{t_{\text{develop}}(M,t)-t_{\text{AIT},M}}f(t_{\text{delivrey},c},f_{\text{TRL}}(c,t))\,\mathrm{d}t_{\text{delivrey},c}} \tag{4.2.12}$$

$$P_{11}(M,t)=1-P_{12}(M,t)=\frac{1-\prod_{c\in M}\int_{-\infty}^{t_{\text{develop}}(M,t+\Delta t)-t_{\text{AIT},M}}f(t_{\text{delivrey},c},f_{\text{TRL}}(c,t))\,\mathrm{d}t_{\text{delivrey},c}}{1-\prod_{c\in M}\int_{-\infty}^{t_{\text{develop}}(M,t)-t_{\text{AIT},M}}f(t_{\text{delivrey},c},f_{\text{TRL}}(c,t))\,\mathrm{d}t_{\text{delivrey},c}} \tag{4.2.13}$$

$$P_{56}(M,t)=P\{t_{\text{delivrey},M}\leqslant t_{\text{repair}}(M,t+\Delta t)/t_{\text{delivrey},M}>t_{\text{repair}}(M,t)\}$$

$$=1-\frac{1-\prod_{c\in M}\int_{-\infty}^{t_{\text{repair}}(M,t+\Delta t)-t_{\text{AIT},M}}f(t_{\text{delivrey},c},f_{\text{TRL}}(c,t))\,\mathrm{d}t_{\text{delivrey},c}}{1-\prod_{c\in M}\int_{-\infty}^{t_{\text{repair}}(M,t)-t_{\text{AIT},M}}f(t_{\text{delivrey},c},f_{\text{TRL}}(c,t))\,\mathrm{d}t_{\text{delivrey},c}} \tag{4.2.14}$$

$$P_{55}(M,t)=1-P_{56}(M,t)=\frac{1-\prod_{c\in M}\int_{-\infty}^{t_{\text{repair}}(M,t+\Delta t)-t_{\text{AIT},M}}f(t_{\text{delivrey},c},f_{\text{TRL}}(c,t))\,\mathrm{d}t_{\text{delivrey},c}}{1-\prod_{c\in M}\int_{-\infty}^{t_{\text{repair}}(M,t)-t_{\text{AIT},M}}f(t_{\text{delivrey},c},f_{\text{TRL}}(c,t))\,\mathrm{d}t_{\text{delivrey},c}} \tag{4.2.15}$$

处于分批发射就绪状态的功能模块由当前状态向其他状态转移的概率受到与其他同一批次发射的其他功能模块研制进度的影响，涉及的概率参数包括 P_{22}、P_{23}、P_{27}。

具体而言，当 $t\geqslant T_{\text{mission}}$ 时，

$$P_{22}(M,t)=P_{23}(M,t)=0,\quad P_{27}(M,t)=1$$

当 $t<T_{\text{mission}}$ 时，$P_{27}(M,t)=0$，

$$P_{22}(M,t)=\begin{cases}1 & \exists M'\in f_{\text{c}}(f_{\text{L}}(M)),S(M',t)\neq S_2\\0 & \text{其他}\end{cases} \tag{4.2.16}$$

$$P_{23}(M,t)=\begin{cases}1 & \exists M'\in f_{\text{c}}(f_{\text{L}}(M)),S(M',t)\neq S_2\\0 & \text{其他}\end{cases} \tag{4.2.17}$$

(2) 发射失败风险的形式化建模

功能模块发射失败风险主要取决于其发射时所使用运载火箭的可靠性。对于备选运载火箭 r，其可靠性参数 $R(r)$ 可依据历次发射的统计数据获得。

发射失败风险影响到处于分批发射状态或者补发状态的功能模块由当前状态向其他状态转移的概率。对于前者，涉及的概率包括 P_{31}、P_{34}、P_{37}；对于后者，涉及的概率包括 P_{64}、P_{65}、P_{37}。

具体而言，当 $t\geqslant T_{\text{mission}}$ 时，

$$P_{31}(M,t)=P_{34}(M,t)=P_{64}(M,t)=P_{65}(M,t)=0$$

$$P_{37}(M,t)=P_{67}(M,t)=1$$

当 $t<T_{\text{mission}}$ 时，$P_{37}(M,t)=P_{67}(M,t)=0$，

$$\left.\begin{aligned}P_{34}(M,t)&=R(r)\\P_{31}(M,t)&=1-R(r)\\P_{64}(M,t)&=R(r)\\P_{65}(M,t)&=1-R(r)\end{aligned}\right\}\tag{4.2.18}$$

(3) 在轨失效风险的形式化建模

功能模块在轨失效主要受其自身可靠性的影响。与传统卫星一样，功能模块是一种复杂的机电产品。其可靠度服从指数分布：

$$R(t)=e^{-\lambda t}\tag{4.2.19}$$

式中，λ 为失效率。在此程序中，我们给出 FIT(Failures In Time，FIT 指 1 个(单位的)产品在 1×10^9 h 内出现 1 次失效(或故障)的情况)。FIT 和 λ 的关系如下：

$$\lambda=\text{FIT}\cdot10^{-9}\tag{4.2.20}$$

在轨失效风险影响到处于运行状态的功能模块由当前状态向其他状态转移的概率，涉及的概率包括 P_{44}、P_{45}、P_{47}。

具体而言，当 $t\geqslant T_{\text{mission}}$ 时，

$$P_{44}(M,t)=P_{45}(M,t)=0,\quad P_{47}(M,t)=1$$

当 $t<T_{\text{mission}}$ 时，$P_{47}(M,t)=0$，

$$P_{44}=R(t)\tag{4.2.21}$$

$$P_{45}=1-R(t)\tag{4.2.22}$$

3. 生命周期成本的形式化建模

分离模块航天器的生命周期成本等于构成它的各功能模块的生命周期成本之和。各模块的生命周期成本主要考虑研制成本、发射成本、保险成本和运营成本 4 大部分。

$$\text{Cost}=\text{Cost}_{\text{develop}}+\text{Cost}_{\text{launch}}+\text{Cost}_{\text{operation}}+\text{Cost}_{\text{insureance}}\tag{4.2.23}$$

(1) 研制成本的形式化建模

对于一个组件，它的成本可由 USCM－7 模型计算：

$$C_{\text{componet},j}=c+a_1x_1^{b_1}\tag{4.2.24}$$

式中，x_1 是各组件的质量，其他为系数或常数。具体数值如表 4－2 所列。

表 4－2 USCM－7 成本模型公式系数表

可分离组件	c	a_1	质量 x_1/kg	b_1	NRC	REC
IMG	0	464	40	0.867	0.48	0.52
SND	0	270	50	0.761	0.57	0.43
SEM	0	270	50	0.761	0.57	0.43
TT&C	0	270	4	0.761	0.57	0.43
HBW	0	394	10	0.635	0.45	0.55

注：NRC 表示非重复部分，REC 表示重复部分。

对于一个模块，研制成本包括功能模块初次研制的成本，以及出现发射失败或者在轨失效

时替补功能模块的研制成本。对于功能模块 M，其初次研制成本 $C_{M,1}$ 由非重复部分（如论证、设计成本）C_M^{NRC} 和重复部分（如制造、测试成本）C_M^{REC} 构成，即

$$C_{M,1}=C_M^{\mathrm{NRC}}+C_M^{\mathrm{REC}} \tag{4.2.25}$$

式中，$C_M^{\mathrm{NRC}}=\sum_{j=1}^{m}C_{\mathrm{componet},j}^{\mathrm{NRC}}$，$C_M^{\mathrm{REC}}=\sum_{j=1}^{m}C_{\mathrm{componet},j}^{\mathrm{REC}}$，$m$ 为模块包含组件的个数。

对于后续第 i 个替补功能模块的研制，其成本是在重复成本部分 C_M^{REC} 的基础上乘以认识曲线系数，即

$$C_{M,i}=C_M^{\mathrm{REC}}\cdot i^{\frac{\ln S}{\ln 2}} \tag{4.2.26}$$

式中，S 为认识曲线的百分比斜率，它随着同类功能模块研制次数的增加而缓慢下降。根据参考文献[10]，当 $2\leqslant i<10$ 时，$S=95\%$；当 $10\leqslant i\leqslant 15$ 时，$S=90\%$；当 $i>50$ 时，$S=85\%$。若考虑通货膨胀因素，则式(4.2.26)修正为

$$C_{M,i}=C_M^{\mathrm{REC}}\cdot i^{\frac{\ln S}{\ln 2}}(1+R_{\mathrm{inflation}}) \tag{4.2.27}$$

式中，$R_{\mathrm{inflation}}$ 为年通货膨胀率，此软件中取值为 4%。

(2) 发射成本的形式化建模

发射成本包括功能模块初始发射部署以及出现发射失败或在轨失效时补发的成本。

对于一个功能模块 M，其单次发射成本（Single Launch Cost，SLC）主要考虑运载火箭的成本。功能模块按照设计方案与和其安排在同一批次发射部署的功能模块共用运载进行发射，次数运载火箭的成本由各功能模块均摊，于是其单次发射成本为

$$\mathrm{SLC}_M=\frac{C_{\mathrm{vehicle}}}{\mathrm{num}} \tag{4.2.28}$$

式中：C_{vehicle} 为运载火箭的成本；num 为此批次发射的功能模块的个数。

对于功能模块 M，当考虑通货膨胀因素时，其成本修正为

$$\mathrm{SLC}_M=\frac{C_{\mathrm{vehicle}}}{\mathrm{num}}\cdot(1+R_{\mathrm{inflation}})^2 \tag{4.2.29}$$

(3) 运营成本的形式化建模

运营成本包括功能模块在轨运行阶段的运行管理和在轨维护成本。对于功能模块 M，假设其年运营成本（Annual Operation Cost）为 AOC_M，当考虑通货膨胀因素时，在轨运营成本可依据下式计算：

$$C_{\mathrm{operate}}(M,t+\Delta t)=C_{\mathrm{operate}}(M,t)+\mathrm{AOC}_M\cdot(1+R_{\mathrm{inflation}})^t \tag{4.2.30}$$

式中，初始条件 $C_{\mathrm{operate}}(M,0)=0$。

4. 生命周期净收益的形式化建模

生命周期净收益是衡量分离模块式航天器设计价值的主要标准。航天器的收益为对信息的价值化评估，根据航天器的任务不同和轨道不同，分离模块航天器所获取的信息价值量是不同的。

我们以数据传输量乘以单价来衡量价值大小，数据传输量的计算公式如下：

$$\mathrm{Data}_{\mathrm{per\cdot day}}=T_{\mathrm{p}}\times R_{\mathrm{u}}\times P_{\mathrm{E}} \tag{4.2.31}$$

式中：T_{p} 为过顶时间；R_{u} 为平均有效过顶次数；P_{E} 为数传相关传输率。

过顶时间 T_{p} 是通过轨道高度和相关轨道信息计算的，平均有效过顶次数和数传相关传

输率可从参数输入阵取值。T_p 过顶时间的经验公式如下：

$$T_p = -1.333 \times 10^{-5} \times H^2 + 2.533 \times 10^{-2} \times H - 2.283 \tag{4.2.32}$$

式中，H 为轨道高度。

对于分离模块航天器 F，其生命周期净收益(Net Profit)NP(F,t)定义为生命周期总收益(Gross Profit)与生命周期成本的差值，即

$$\mathrm{NP}(F,t)=\mathrm{GP}(F,t)-\mathrm{Cost}(F,t) \tag{4.2.33}$$

式中

$$\mathrm{GP}(F,t)=\mathrm{Data}(t)\cdot \mathrm{Price}$$

Data(t)——t 时刻获得的总数据量；

Price——此数据量的单价。

分离模块航天器的载荷不同，每个载荷所获收益按照上式计算然后相加，即可得到总收益和净收益。

净现值是指投资方案所产生的现金净流量以资金成本为贴现率折现之后与原始投资额现值的差额。净现值法就是按净现值大小来评价方案优劣的一种方法。净现值大于零则方案可行，且净现值越大，方案越优，投资效益越好。引入商业中的净现值 NPV 指标，可以对航天器设计的投入产出比进行衡量。同样，按照经济学中的净现值 NPV 的意义，值越大表示设计的投入产出比越高，表明航天器的成本投入少，收入价值大；相反，就表示成本投入大，但是收入价值却较低。

净现金流是指正现金流和负现金流之间的差。正现金流是指收入的现金量，而负现金流是指支出的现金量。净现金流的大小表现了实际的收益价值与投出成本的关系。如果净现金流大于零，则表示项目是盈利的，可以实施进行；相反，项目即是不盈利的。下面引入分离模块航天器设计中用来表示收入价值和成本的关系。其计算公式如下：

$$N = R + R_{\text{insurance}} - C \tag{4.2.34}$$

式中：N 为净现金流；R 为航天器收益；$R_{\text{insurance}}$ 为保险收益；C 为总成本。

净现值 NPV 的计算公式如下：

$$\mathrm{NPV}=\frac{\mathrm{NP}(F,t)}{(1+D_r)^{T_{\text{yearloop}}-1}} \tag{4.2.35}$$

式中：D_r 为离散率；T_{yearloop} 为工程进行时间(单位：年)。

5. 基于蒙特卡洛模拟的评估流程

下面采用蒙特卡洛方法，通过对分离模块航天器的生命周期过程进行充分多次模拟，计算其生命周期成本和净收益的均值及标准差，并将计算结果作为分离模块航天器设计评估的指标[11]。针对分离模块航天器 F 的概念设计方案，对其进行 N 次生命周期过程模拟，其中每次模拟的主要步骤如下：

步骤 1 令 $t=0$；对 F 的状态变量 $S(F,t)$ 进行初始化，令所有 $M\in F, S(M,t)=S_1$；对 F 的生命周期成本变量进行初始化，令 $C_{\text{lifecycle}}(F,t)=0$；对 F 的生命周期净收益变量进行初始化，令$\mathrm{NP}_{\text{lifecycle}}(F,t)=0$。

步骤 2 若 $t<T_{\text{mission}}$，则令 $t=t+\Delta t$ 并转至步骤 3；否则，转至步骤 5。

步骤 3 确定 F 在时刻 t 的状态 $S(F,t)$。基于蒙特卡洛模拟方法，F 在时刻 t 的状态是根据各功能模块 $M\in F$ 在上一时刻的状态样本和在当前时刻的状态转移概率抽样确定的。

设功能模块 $M\in F$ 在上一时刻的状态样本为 $X=S_i$，则它在当前时刻状态样本 X' 的抽样确定方法是：计算功能模块 M 在时刻 t 的状态转移概率参数，得到状态转移概率矩阵，观察状态转移概率矩阵可知，M 在当前时刻共存在 3 种可能的状态。结合前文知识，若当前时刻 $t=T_{\mathrm{mission}}$，则 $P_{i7}=1$，于是 $X'=S_7$；反之，若当前时刻 $t<T_{\mathrm{mission}}$，则 $P_{i7}=0$，于是 M 在当前时刻仅剩两种可能的状态。设其分别为 S_j、S_k，则 M 将以概率 P_{ij} 转至 S_j，以概率 $P_{ik}=1-P_{ij}$ 转至 S_k，此时利用随机数生成算法产生一个服从均匀分布 $U(0,1)$ 的随机数 u，则 X' 可按照以下原则确定：

$$X'=\begin{cases}S_i & u<P_{ij}\\ S_j & u\geqslant P_{ij}\end{cases}\tag{4.2.36}$$

当所有功能模块 $M_i\in F$ 在时刻 t 的状态样本 X'_i 根据以上方法确定后，F 在时刻 t 的状态样本也随之确定：

$$X'=[X'_1,X'_2,\cdots,X'_w]\tag{4.2.37}$$

步骤 4　根据 F 上一时刻的状态和当前时刻的状态，分别计算其截至时间 t 的生命周期成本 $C_{\mathrm{lifecycle}}(F,t)$ 和生命周期净收益 $\mathrm{NP}_{\mathrm{lifecycle}}(F,t)$，转至步骤 2。

步骤 5　记录本次生命周期过程模拟结果，令 $C_{\mathrm{lifecycle}}(i)=C_{\mathrm{lifecycle}}(F,t)$、$\mathrm{NP}_{\mathrm{lifecycle}}(i)=\mathrm{NP}_{\mathrm{lifecycle}}(F,t)$。

待 N 次生命周期过程模拟完毕，可利用各次记录的结果统计计算 F 在给定概念设计方案下生命周期成本的均值 $E(C_{\mathrm{lifecycle},F})$ 和标准差 $\sigma(C_{\mathrm{lifecycle},F})$，以及生命周期净收益的均值 $E(\mathrm{NP}_{\mathrm{lifecycle},F})$ 和标准差 $\sigma(\mathrm{NP}_{\mathrm{lifecycle},F})$。

将以上结果作为评价指标，用于分离模块航天器 F 的概念设计方案评估。其中，$E(C_{\mathrm{lifecycle},F})$ 越小表明系统预期生命周期成本越低；$E(\mathrm{NP}_{\mathrm{lifecycle},F})$ 越大表明系统预期生命周期净收益越多；$\sigma(C_{\mathrm{lifecycle},F})$ 和 $\sigma(\mathrm{NP}_{\mathrm{lifecycle},F})$ 越小表明系统抵御生命周期不确定风险的能力越强。

4.2.3　基于数据模型的评估方法

1. 程序流程设计

(1) 分离模块航天器模型参数定义

参数定义主要是将全局变量进行定义，比如模块寿命、航天器每日过顶次数等，同时也包括对平台各个模块的属性的设置、分离模块有效载荷组件的属性设置、价值模型和数传模型等。

分离模块航天器的飞行环境决定了过顶次数、过顶时间等，这些与有效载荷相关的因素都会影响到最终航天器的价值计算。因此应对分离模块航天器的飞行环境进行科学设置，同时也可以在该程序仿真的基础上返回来优化分离模块航天器的飞行环境，达到能够在成本一定的基础上达到收入价值最大，获得最大的投入产出比。

(2) 航天器设计的使能模型的选取

VCDM 方法对分离模块航天器进行设计的受益者是用户，而用户自行选取考虑的因素也是程序体现其灵活性的一部分。该程序在影响因素的考虑上具有灵活性，对多种不确定性进行了建模，但是否考虑该种不确定性则由用户自行选择。

本程序中用户可以自行选取考虑的因素包括：程序中蒙特卡洛方法运行次数、分离模块航天器的设计任务寿命、成本的不确定性模型、研发及发射日程表的变化、发射失败模型、在轨失败模型等 11 种因素，可以由用户分级自身科研技术情况及航天器任务的重点研究方向自行选取进行考虑。

(3) 模型计算因子赋值

模型参数可以由用户根据科学研究数据或者经验数据进行赋值，在 VCDM 研发中，轨道科学公司等四家公司分别给出了相应的数据，用户可以默认使用也可以自行设定。

此部分的参数主要是包括成本不确定性因子、成本/价值水平（离散率、学习曲线率、通货膨胀率等）、数传成本（不同的数传方式，单位数据所需要成本也不相同）等。此部分共定义了 16 种不同的参数，这些参数全局使用，在以后的环节中直接调用。

(4) 模块构型和发射运载设计

选择构型包括模块构型设计和发射运载相关设置。首先，模块的个数将被定义，然后依次就每个模块的相对应的属性和组件进行设定。

模块的相关属性包括：湿重、不可循环成本（NRE）、可循环成本（RE）、模块的寿命、设计时间、模块研制时间、技术成熟度（TRL）、发射安排、相关分离模块有效载荷组件。

发射运载相关设置包括：每个发射器上的模块个数、发射运载器上的模块编号、发射运载器的种类（本研究提供了六种形式的发射运载器，分别为 Miotaur Ⅰ、Athena Ⅰ、Taurus 2210、Taurus 3110、Minotaur Ⅳ、Athena Ⅱ）、发射运载器的可靠性（选择不同的发射运载器将会产生不同的可靠性）、发射运载器的成本、发射时间。

(5) 生命周期内的成本价值计算

此部分是该程序的重点，是此分离模块航天器设计的成本与价值收益计算的最终实现以及多学科优化的过程。将用户设定的模块数据和发射运载设置返回到程序中，以数据的形式进行存储；然后利用蒙特卡洛方法进行主程序的运行；最终保存结果，以图形的形式输出。

将上一步计算出来的结果以图形的形式输出，同时输出净现值 NPV 以及相对应的航天器生命周期内的成本均值和标准差、价值均值和标准差。为了使用户能够更为准确地分析结果，在成本与收益的点状图中设定置信区间，使用户能够有目标地选择对应的点进行分析以及对航天器设计的优化。

2. 根据风险调整的生命周期成本模型

分离模块航天器成本主要考虑三大部分：模块研制成本、发射与运营成本、在轨故障维修成本。本研究没有考虑地面设备成本、航天器软件开发成本和航天器保险。

成本分为不可循环部分和可循环部分，相应有子系统中的可循环使用部件设计和不可循环使用部件设计。这一部分的设计主要针对一些可重复使用的软件或者设备，在第一次计算成本之后，第二次的成本核算应是在第一次的基础上乘以学习曲线率系数，即可作为第二次使用的成本，以此类推。此种分开成本计算可以减少计算成本时的误差。在以下几种成本模型中可以具体进行分析得到对应的详细的成本模型。

(1) 模块研制成本

航天器总体设计中含有不同的组件模块，不同组件模块的成本不同。同时，同类的同一组件模块，因技术成熟度不同而出现差异。在成本的核算中，分为可循环成本和不可循环成本。在同一类模块进行研制时，第一个模块肯定包含了技术不成熟而带来的成本损耗，而同一类模块的以后的研制成本则会相对减少了。下面将此种关系进行简化。

考虑批量生产，单元模块的成本估算如下：

$$C_{\mathrm{module\_}i1} = \mathrm{NRE}_{\mathrm{module\_}i1} + \mathrm{REC}_{\mathrm{module\_}i1} \tag{4.2.38}$$

$$C_{\mathrm{module\_}iQ} = \mathrm{REC}_{\mathrm{module\_}i1} \times Q^{(\ln \mathrm{LR}_{\mathrm{module}}/\ln 2)} \tag{4.2.39}$$

式中：$C_{\mathrm{module\_}i1}$ 是第 i 类模块中第一个模块的研制成本，包括非重复成本 $\mathrm{NRE}_{\mathrm{module\_}i1}$ 和重复成本 $\mathrm{REC}_{\mathrm{module\_}i1}$ 两部分；$C_{\mathrm{module\_}iQ}$ 是同类型第 Q 个模块的成本；$\mathrm{LR}_{\mathrm{module}}$ 是该模块研制生产的学习曲线率，本程序中取值为 0.85。模块的重复成本和非重复成本通过模块所携带组件成本进行估算，成本估算公式参考美国航空航天公司的小卫星成本模型 SSCM07。

出现在轨失败等情况进行备份模块发射时，由于之前已经对相关模块进行了研制，所以计算应该采用可循环成本乘以相关系数的形式。

计算中采用的成本数据是以 2008 年美元为单位计算，考虑通货膨胀，则

$$C_{\mathrm{module\_}iQ\mathrm{\_inflated}} = C_{\mathrm{module\_}iQ} \times (1 + R_{\mathrm{inflation}})^{(\mathrm{lateryear}-2008)} \tag{4.2.40}$$

式中：$R_{\mathrm{inflation}}$ 表示年膨胀率，本模型中取为 4%；lateryear 表示模块研制年份。

所有模块的研制成本为

$$C_M = \sum_{i=1}^{N_{\mathrm{module\_type}}} \sum_{j=1}^{N_{\mathrm{module\_type\_}i}} C_{\mathrm{module\_}ij\mathrm{\_inflated}} \tag{4.2.41}$$

式中：$N_{\mathrm{module\_type}}$ 表示分离式航天器所包含的模块类型总数；$N_{\mathrm{module\_type\_}i}$ 为第 i 类模块的数量。

(2) 发射成本与运营成本

模块的发射运载应该按照程序中预先设计好的组合进行。单个模块均为小卫星级别，由其发射质量决定的发射成本部分与单发成本相比很小，因此程序仅考虑单发成本：

$$C_{\mathrm{launch}} = \sum_{i=1}^{N_{\mathrm{launch}}} C_{\mathrm{launch}}^{i} \tag{4.2.42}$$

式中：C_{launch} 为总共预计发射次数；C_{launch}^{i} 为第 i 次发射的发射成本。

由于发射运载器的成本巨大，在技术允许的条件下应尽量减少发射次数，即减少发射运载器的使用以降低成本。

对于近地轨道对地观测任务，近似定义每个模块每年的运营成本为 2 百万美元。

$$C_{\mathrm{ops}} = \sum_{i=1}^{N_{\mathrm{module\_type}}} \sum_{j=1}^{N_{\mathrm{module\_type\_}i}} 2 \times 10^6 \times T_{ij} \tag{4.2.43}$$

式中：T_{ij} 为第 i 类型第 j 模块的在轨运行总时间(单位：年)。

航天器在总体设计过程中会对发射运载器产生潜在的约束和要求，有效载荷的安装等限制约束了发射的自由组合设计。同时，由于模块研制等时间延迟，都可能会对发射产生影响，而一旦发生此种情况，相对应的发射成本和运营成本就会发生改变。

(3) 风险成本

由于航天器研制发射和在轨运行过程中存在各种不确定性因素可能导致任务延期、发射失败、在轨故障等问题，因此考虑将这些不确定性因素带来的风险转化为以资金度量的风险成本 C_{risk}，以此设计方案的稳健性和可靠性进行度量。下面介绍发射失败和在轨故障维修。

发射失败：如果发射失败，则该次发射所携带的模块全部进行重新研制，并需要重新发射。假设重新发射的模块和运载器不变，且不考虑保险，则发射失败风险成本为

$$C_{\mathrm{launch\_failure}} = \sum_{i \in I_{\mathrm{launch\_failure}}}^{N_{\mathrm{launch}}} C_{\mathrm{launch}}^{i} + \sum_{i \in I_{\mathrm{launch\_failure}}} \sum_{j \in I_{\mathrm{M\_type\_iL\_fail}}}^{N_{\mathrm{M\_type\_iL\_fail}}} C_{\mathrm{module\_}jk\mathrm{\_infalted}} \tag{4.2.44}$$

式中：$I_{\text{launch\_failure}}$ 是发射失败运载器对应的发射编号；$I_{\text{M\_type\_iL\_fail}}$ 和 $N_{\text{M\_type\_iL\_fail}}$ 分别为发射失败运载器 i 所携带的模块类型编号及其数量。

在轨故障维修：如果分离式航天器某个模块在轨出现故障，采用发射同型模块将故障模块进行在轨更换的方式实现故障维修，则在轨故障维修成本为该新模块的研制成本与发射成本之和，公式如下：

$$C_{\text{ops\_failure}}=\sum_{i=1}^{N_{\text{ops\_failure}}}C_{\text{launch\_ops\_failure}}^{i}+\sum_{i\in I_{\text{M\_type\_iops\_fail}}}\sum_{j\in I_{\text{M\_type\_iops\_fail}}}^{N_{\text{M\_type\_iops\_fail}}}C_{\text{module\_}jk\text{\_infalted}}\tag{4.2.45}$$

式中：$N_{\text{ops\_failure}}$ 是更换在轨运行故障模块所需发射次数；$I_{\text{M\_type\_iops\_fail}}$ 和 $N_{\text{M\_type\_iops\_fail}}$ 分别为在轨故障模块类型编号及其对应故障模块数量。

$$C_{\text{risk}}=C_{\text{launch\_failure}}+C_{\text{ops\_failure}}\tag{4.2.46}$$

综上，分离模块航天器总成本为

$$C=C_M+C_{\text{launch}}+C_{\text{ops}}+C_{\text{risk}}\tag{4.2.47}$$

3. 收益模型

收益模型是衡量航天器设计价值收益的标准。本研究从航天器设计以价值为中心的方向出发，根据不同的任务设计不同的价值模型。

本研究中航天器的载荷是不同的，可能不仅携带的载荷作用不同、工作方式不同，甚至所属的通信传输方式也不尽相同，所以价值模型要趋于一个可衡量的统一量，最终换算成货币量的形式。

航天器的任务都需要根据通信链路传输到地面，从而产生价值。不同的载荷对数据的敏感程度和获取量是不同的。同样不同的有效载荷对航天器科研任务的比重是不同的，有的载荷完成航天器设计任务中的主要工作，而其他的载荷可能只是处于一种背景支持的作用。因此在通信效率方面，各个载荷不同。在进行比重的加权时应该设置不同的加权因子，比重大的加权因子就大，单位数据传输量获取的价值就大；反之，单位数据传输量获取的价值就少。

同时也应该考虑到通信链路的有效性问题。在航天器的设计中通常存在多种通信链路，每种链路的通信速率和有效率是不同的，相同的载荷通过不同的链路进行传输，最终影响航天器创造的价值也不相同。

对数据传输方面的计算，主要是基于航天器根据轨道的定义计算出的过顶的次数和时间，通过对高速率和低速率空地传播的有效过顶次数的统计，统计出过顶的具体时间值。同时，对各种数传链路的可靠性进行计算从而得到可信数据量，以可信数据量进行价值计算。

以相机有效载荷为例，定义收益模型如下：

$$R_{\text{revenue}}=N_{\text{image\_data}}\times P_{\text{image\_price}}\tag{4.2.48}$$

式中：$N_{\text{image\_data}}$ 为下传照片数据量；$P_{\text{image\_price}}$ 为照片市场价格，由对地分辨率、画幅大小决定。

根据成本模型（含风险成本）和收益模型，可以进一步定义风险调节净收益：

$$\text{Net}=R_{\text{revenue}}-C\tag{4.2.49}$$

4. 基于数据的不确定性模型

所有的不确定性都可以看成随机变量，不确定性的建模和传递可以应用概率思想。

(1) 组件和模块的不确定性

主要考虑各个模块包括的可分离组件和模块平台的可靠性。下面采用指数寿命模型对各组件和模块的失效分布密度函数进行建模，定义如下：

$$f(t)=\lambda e^{-\lambda t} \tag{4.2.50}$$

式中：λ 为失效率，$\theta=1/\lambda$ 是平均故障间隔时间（MTTF）。模块平台所有分系统可靠性采用平台总体平均故障间隔时间表示。为了便于计算，初期故障率和老化故障率都取为 5%。

若组件和卫星平台发生故障，则模块就处于故障状态，这对群组运营状态和模块替换决策产生了影响。下面考虑了以下 4 种方案：

① 如果模块平台发生故障，假设这个模块完全失效。若这个群组中没有其他模块可以代替这个故障模块完成任务，则开发一个新的模块。

② 如果模块只有一个组件发生故障，假设这个模块完全失效。若这个群组中没有其他模块可以代替这个故障模块完成任务，则开发一个新的模块。

③ 如果模块有两个或两个以上同类型组件，这些组件形成一个并行系统。例如，只有所有组件都失效时才认为模块失效。若群组中没有其他模块可以代替这个故障模块完成任务，则开发一个新的模块。

④ 如果模块中有两种或两种以上类型组件，每种组件形成一个并行系统。例如，当该类型所有组件都失效时认为模块失效。假设由不同类型在轨组件实现的不同功能之间是相互独立的。如果一个功能失效并且群组内没有其他模块可以代替，则开发一个新的模块。

组件和模块的不确定性由在轨故障风险引起的额外成本 C_{o_fail} 货币化。考虑地球扁率、低轨大气影响、入轨精度等诸多因素，正常的截断模型用于描述轨道高度波动的影响。轨道高度的不确定性使得有效载荷的分辨率和数据下载通道发生变化，更会影响任务的完成和收益增益。

（2）成本模型的不确定性

模型成本的不确定因素分布在模块成本、发射成本和操控成本中，可以根据经验和技术成熟度设定不确定性的上界和下界。同时，利用与成本和价值水平相关的参数进行不确定性成本的计算，如离散率、学习曲线率、发射运载学习曲线率、保险成本因子、通货膨胀率、年平均操作成本。

估计成本模型 C_E 是基于成本估算关系参数 CERs（Cost Estimating Relationship）的，对之前数据进行统计分析并计算未来的价值，则该模型具有统计不确定性，称为成本风险。成本模型的不确定性包括三部分：

① 可分离组件成本和单元材料发射成本的不确定性。

② CERs 估计的不确定性由 SSCM 模型的标准差量化。

③ 由于不可预见的技术困难引起的成本增长不确定性，这种不确定性由技术成熟度（TRL）的标准差量化，例如，TRL 为 6 代表低风险，初始阶段相关成本增长标准差接近 10%（或更低）。

所有组件或子系统成本的平方和开方就是模块或群组估计成本的标准差，假设不确定是不相关的。

成本的计算主要是和不确定性相关，如果没有不确定因素的影响，最终的成本将是和计划成本相同。考虑到不确定性因素的影响，成本的计算公式可如下：

$$C=F(C_s,\delta_{max},\delta_{min}) \tag{4.2.51}$$

式中：C_s 为计划成本；δ_{max} 为成本不确定性的上界；δ_{min} 为成本不确定性的下界。

在利用此公式计算时，一般是以标准的计划成本为基础，根据在初始阶段定义并给出初值的不确定性的上界和下界，做出一个几何分布，最终计算出考虑成本不确定性的实际成本。

以上公式仅是针对最简单的模型考虑，也就是仅仅将成本由三个受到约束的参数进行确定。而实际情况下，不确定成本风险存在是受到多种因素影响的，包括市场导向、资金支持等，这些都很难在模型中加以体现。这也是今后模型进行精确化的难点之一。

(3) 发射延迟、发射失败、在轨失败和程序延迟等不确定环境因素

在发射过程、空间环境、操控环境中均会发生不确定情况，而导致航天器性能收益的变化。这些不确定性环境因素应该予以考虑，并且加入到航天器的不确定性建模之中。

由于发射运载器或者模块研制时间加长而导致的发射延迟会对航天器的整体收益和成本产生两种作用的影响，分别是未按时交付航天器而导致的价值流失和因发射延迟而导致的成本追加。在本研究内容中，简化了发射延迟等水平的不确定性模型，统一为与技术成熟度相关。技术成熟度有 9 级，等级越高代表设计越成熟，反之则代表设计越不成熟。因此技术成熟度的等级决定了发射成功与否的概率。在设计时，尽量根据已有的水平，选择高的技术成熟度。

在轨失败是指在运行过程中由于单个组件出现问题使系统无法正常工作。导致在轨失败的因素不确定，可能是由于组件的功能性故障，可能是因为空间环境的变化，或者是其他的随机性可能事件。一旦出现在轨失败，必须将新的模块子系统重新发射，这样就导致了备份模块和发射过程的成本。同时，由于在轨失败而引起的备份模块的研制和发射等时间的延迟都会产生相应的影响。备份模块的研制不仅增加了航天器设计成本，而且还产生了相对应的时间延迟，导致了价值的下降。备份模块的发射需要发射器，增加了二次成本，同时运载器的不确定因素的存在又会使得成本风险加大。这两种过程中，由于金融市场货币的不确定性因素存在，通货膨胀率可能会增加，相对应的成本就会进一步增加。

最简单的情况就是对在轨失败使用失败概率描述，利用指数函数对其概率密度进行建模。发射失败指不同的发射工具有不同的可靠性，一旦发射失败将导致同在轨失败类似的附加成本。其失败概率由可靠性决定，而失败概率则是由发射成功率决定的。

(4) 不确定性下的生命周期仿真

为了在生命周期内评价具有多种不确定性的分离模块航天器，一个生命周期仿真用来观测不确定性影响因素下的航天器的各种性能。生命周期内，航天器的仿真按照真实的航天器设计流程进行。仿真的过程大致分为 5 个阶段：

① 模块的研发和生产制造。用户对分离模块航天器工程项目确认之后，第一批预计发射的模块就要立即开始机型研发和制造，同时第一次发射的运载工具也要开始准备发射。在第一批模块的研发和制造期间，日程表上第二批要发射的模块就要开始准备研发，第二批进行发射的运载工具也要开始准备。本程序中暂时不考虑在模块和发射运载工具上的延迟。

② 第一次发射和初始性能操作。当第一批模块已经研发制造完毕并且发射工具已经准备好，第一批模块就应该开始准备发射并预计送入指定的轨道中。在初始的调整和健康检查之后，第一次的数据堆栈按照预先设计的性能开始获取。第一次的发射成功与否取决于发射的不确定性。如果发射失败，则模块需要重新研发并在日程表中设定再次发射的日程。

③ 增量部署。当第二批要发射的模块和运载工具已经准备就绪，就可以按照日程表上的日程开始发射第二批模块。同样，在初始的调整和检查之后，功能组件开始展开活动获取星系。之后的模块通过同样的方式进行发射，直到最后一批模块被送入指定位置轨道。

④ 全性能操作。在全性能操控阶段，每个组件和模块平台的操控状态都是处于管理状态中。如果一个组件或者模块平台失败，那么模块失败状态会被标记，相应的替换措施就会被重新定义。如果一个模块应该被替换，决策者就会评测期望的剩余寿命周期的收益是否大于成本；如果收益大于成本就进行替换，否则不予替换。一旦决定替换，相应的替换模块和需要的发射运载工具就会被生产。此时替换模块的生产研发时间远远小于前面设计的模块的时间，因为此时的技术成熟度要远大于开始时。在完成模块替换之后，整个分离模块航天器就会重新获得全性能状态。整个寿命周期内，航天器的模块和组件的替换管理都是在这样的模式下进行的。

⑤ 当整个星簇达到寿命的期限，星簇就会被销毁，任务结束。在一个生命周期仿真结束后，根据风险调整获取的生命周期成本和净现值 NPV 就可以计算出来。在不确定性因素的影响下，每次进行仿真的仿真结果的生命周期成本和净现值 NPV 均具有随机的不确定性。五种层次的组成部分由框图中的连接线表示出来。一个星簇由至少一个模块组成，模块包括模块平台和至少一个分离模块的有效载荷。而一个星簇则和一个发射运载器或者多个发射运载器相互连接。时间线控制所有的部件能够保证在生命周期内运行。

仿真输入包括分离模块航天器的设计参数和任务轨道。一个分离模块航天器设计参数包括星簇组成和发射运载器的时间日程表。星簇的组成可以用以下的公式进行模拟简化：

$$\left.\begin{aligned} N_m &= \sum_{i=1}^{N_{m-\text{type}}} N_{m-\text{type}-i} \\ x_i &= [n_{i1}, n_{i2}, n_{i3}, n_{i4}, n_{i5}] \end{aligned}\right\} \tag{4.2.52}$$

式中：$i=1,2,\cdots,N_m$，N_m 表示总的模块数量；x_i 表示第 i 个模块上的分离模块的有效载荷组件；n_{ij} 参数暗含了第 i 个模块上含有 j 个有效载荷组件。

发射运载工具表示如下：

① $l=[l_1,l_2,\cdots,l_{N_L}]$表示发射运载器的个数及编号；

② $l_i\in\{1,2,3,4,5,6\}$表示发射运载器可以选择 6 个种类；

③ $s=[s_1,s_2,\cdots,l_{N_m}]$表示了第 i 个模块的发射安排。

各个模块按照航天器设计的安排，对相应的发射运载器进行选择和进行发射日程安排。

5. 基于蒙特卡洛模拟的评估流程

本节将采用蒙特卡洛方法，通过对分离模块航天器的生命周期过程进行随机模拟，计算其生命周期成本和净收益的均值及标准差，并将计算结果作为分离模块航天器设计评估的指标。

所有的不确定性都可以看成随机变量，不确定性的建模和传递可以应用概率思想。针对分离模块航天器的概念设计方案，进行 N 次生命周期过程模拟，其中每次模拟的主要步骤如下：

步骤 1　令 $t=0$，并对全寿命周期仿真的确定性变量赋初值，包括对生命周期成本变量和净收益变量进行初始化。

步骤 2　若 $t<T_{\text{mission}}$，则令 $t=t+\Delta t$（Δt 为蒙特卡洛单次循环内的递推步长）并转至步骤 3；否则，转至步骤 5。

步骤 3　分别应用前节算法计算此时刻生命周期成本变量和净收益变量，对于其中的随机变量按如下策略进行赋值。

① 发射失败：发射失败带来的附加成本由可靠性决定，而失败概率则是由发射成功率决定的，如图 4-3 所示。

② 在轨失败：利用失败概率的指数函数对其概率密度进行建模，即

$$f(t)=\lambda e^{-\lambda t}$$

式中,λ 为失效率,$\theta=1/\lambda$ 是平均故障间隔时间(MTTF)。模块平台所有分系统可靠性采用平台总体平均故障间隔时间表示。为了便于计算,初期故障率和老化故障率都取为 5%。

③ 发射延迟:与技术成熟度(TRL)相关,TRL 越高代表设计越成熟;反之则代表设计越不成熟。发射延迟与各参数的关系如图 4-4 所示。

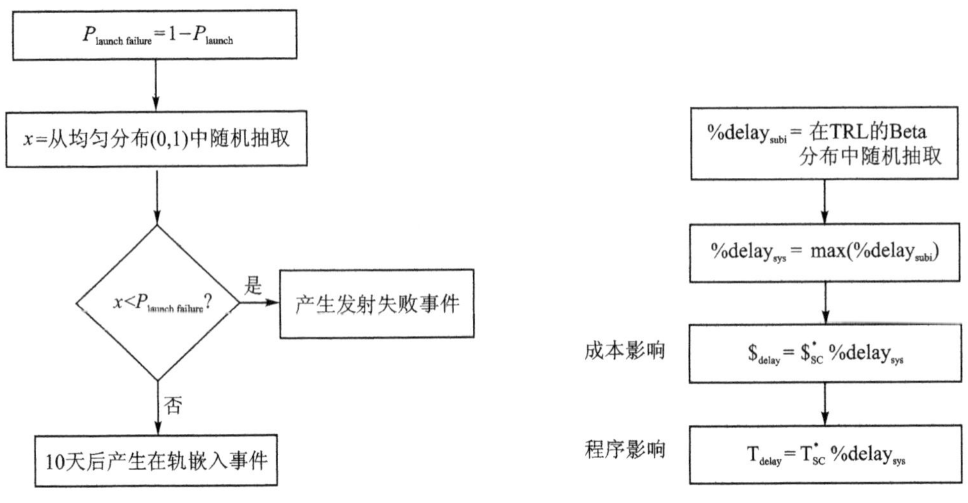

图 4-3　发射失败计算　　　图 4-4　发射延迟与各参数关系

当所有随机变量的数值根据以上方法确定后,该航天器在时刻 t 的生命周期成本变量和净收益变量可计算得到。

步骤 4　根据前一刻的状态和当前时刻的状态,分别计算其截至时间 t 的生命周期成本和生命周期净收益,转至步骤 2。

步骤 5　$t=T_{\text{mission}}$,待记录本次生命周期过程模拟结果。

待 N 次生命周期过程模拟完毕,可利用各次记录的结果统计计算 F 在给定概念设计方案下生命周期成本的均值 $E(C_{\text{lifecycle},F})$ 和标准差 $\sigma(C_{\text{lifecycle},F})$,以及生命周期净收益的均值 $E(\text{NP}_{\text{lifecycle},F})$ 和标准差 $\sigma(\text{NP}_{\text{lifecycle},F})$。

4.2.4　联邦评估方法

1. 评估方法的比较

基于形式化模型的评估方法,提出一种基于形式化数学建模和蒙特卡洛模拟的评估分析方法框架,主要工作在于:①建立了分离模块航天器生命周期状态模型,在状态转移关系建模中,将研制进度风险、发射失败风险和在轨失效等不确定风险因素综合考虑,用概率方法对其进行描述;②基于系统状态模型提出了分离模块航天器生命周期成本和收益计算模型;③给出了基于蒙特卡洛模拟的分离模块航天器概念设计方案综合评估仿真分析方法。一般来说,形式化模型通过公式化成本和收益评判模型的方法获取概率密度函数,所适用的评判模型不能太复杂。

基于数据模型的评估方法,对全寿命周期的分离模块航天器日程表的改变建立一种几何分布(Asymmetric Triangular Distribution)。其没有建立起一个分离模块航天器的生命周期状态的模型，但是在成本与收益的评估中，建立了考虑更全面的评估算法；它考虑了各种数传模块的可靠性和不同数传模块对数据量价值的影响等。一般来说，数据化模型通过建立任意一种航天器方案与随机意义下的成本和收益的映射关系，可应用于更复杂的评判模型，但限于映射的纯数值解算将耗费较多的计算量。

综上所述，形式化模型评估和数据化模型评估均从不同视角建立评估模型和评估框架，评估手段各有优劣；如能类似联邦滤波机制综合两者长处，将有助于增加评估结果的可信度。

为了更准确地对分离模块航天器全寿命周期的成本和价值进行评估和优化，在上述两个分离模块航天器的评估与优化算法基础上，提出了两种联邦评估算法：第一种是基于置信区间的联邦评估流程；第二种是基于评价因子的联邦评估流程。图 4－5 为联邦评估流程图。

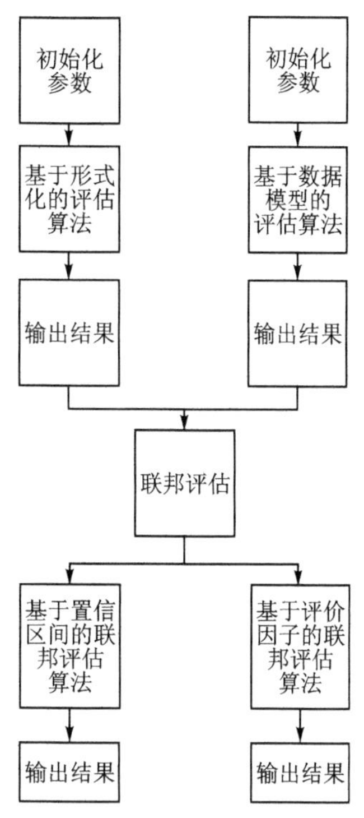

图 4－5　联邦评估流程图

2. 基于置信区间的联邦评估流程

置信区间是指由样本统计量所构造的总体参数的估计区间。在统计学中，一个概率样本的置信区间（confidence interval）是对这个样本的某个总体参数的区间估计。置信区间展现的是这个参数的真实值有一定概率落在测量结果的周围的程度。置信区间给出的是被测量参数的测量值的可信程度，即前面所要求的"一定概率"。这个概率被称为置信水平。

基于上述定义，我们对两种评估程序进行若干次蒙特卡洛仿真后，就产生两组样本，那么分别求出这两组 NPV 样本的置信区间，并求其交集，即可得到真实 NPV 的最可能的存在区间。如果求其并集，即可得到真实 NPV 一定存在的区域。采用这种联邦评估，是为了避免这两种评估模型的相关缺陷，尽可能地逼近真实情况。

一般情况下，求一个样本的置信区间的前提是已知这个样本的分布，但是在这两种评估模型计算出来的 NPV 样本分布是未知的。这就要求我们不能采用常规方法进行简单求解，而切比雪夫不等式为求解未知样本分布的置信区间提供了一个有效的方案。下面简要介绍切比雪夫不等式。

设随机变量 X 具有数学期望 $\mathrm{E}(X)$、方差 $D(X)$，则对于任意正数 ε，则有

$$P\{|X-\mathrm{E}(X)|\geqslant\varepsilon\}\leqslant\frac{D(X)}{\varepsilon^2}$$

由上述公式，我们可以根据两种评估方案评估出两个 NPV 样本的期望 $\mathrm{E}(X)$ 和方差 $D(X)$，分别计算出 NPV 的置信区间，然后求其交集或者并集。

下面给出仿真案例。初始化参数：仿真总时间为 10 年，蒙特卡洛 1 000 次，离散率为 0.01，通货膨胀率为 0.04，轨道高度 500，降交点地方时为 10.5 h，分别运行基于形式化模型的评估方案和基于数据模型的评估方案，然后使用联邦模块对基于置信区间的联邦评估方案进行数据处理和画图，得到的仿真结果如图 4－6 所示。

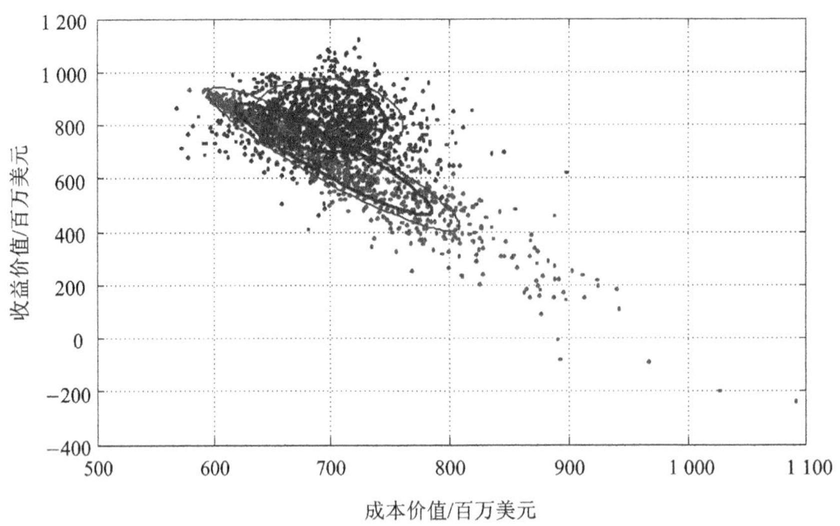

图 4-6 基于置信区间的联邦评估结果

图 4-6 中,处于上方的两个圆为基于数据模型的评估方案在蒙特卡洛仿真下计算出的置信度分别在 0.5 和 0.68 的成本与收益分布,处于下方的两个圆为基于形式化模型的评估方案在蒙特卡洛仿真下计算出的置信度分别在 0.5 和 0.68 的成本与收益分布。圆的交集区域为真实的成本与收益分布最可能存在的区域,圆的并集区域为真实的成本与收益分布一定存在的区域。

基于置信区间的联邦算法分别对两个评估方案进行数据处理后,得到:基于数据模型的在置信度为 0.9 的净现值(NPV)的置信区间为[431.073 5,1 059.9](单位:百万美元);基于形式化模型的在置信度为 0.9 的净现值(NPV)的置信区间为[315.780 7,1 030.038](单位:百万美元),并求其置信区间的交集和并集分别为[431.073 5,1 030.038](单位:百万美元)、[315.780 7,1 059.9](单位:百万美元)。

3. 基于评判因子的联邦评估流程

对于任何一个具体航天周期,形式化模型和数据模型分别得到各自的计算成本和收益($C_{形}$,$R_{形}$)和($C_{数}$,$R_{数}$);而基于评判因子的联邦评估输出的成本和收益分别为

$$C_{因}=\alpha \cdot C_{形}+(1-\alpha)\cdot C_{数}$$

和

$$R_{因}=\alpha \cdot R_{形}+(1-\alpha)\cdot R_{数}$$

式中:α 为由经验确定的评判因子。显然,若 α 接近 1,则联邦评估结果更偏向于形式化模型评估;若 α 接近 0,则联邦评估结果更偏向于数据模型评估。

需要说明的是,基于置信区间的评估方法需要等待所有蒙特卡洛模拟执行完毕后,针对两种不同模型的评估结果求取公共置信区间;而基于评判因子的评估方法在每次蒙特卡洛模拟后均进行结果评判,待所有蒙特卡洛模拟执行完毕后,针对已评判过的结果求取统计特征。

从目前的研究现状分析,尚无法断定形式化模型评估和数据模型评估两种方法的可信度高低。因此,基于评判因子的联邦评估可视为上述两种评估方法的折中选择。相对于提供上述两种评估的任一结果,基于评判因子的联邦评估所呈现的结果一定不是可信度最差的。

针对前面的案例,基于评判因子的联邦评估方法给出成本价值分布,如图 4-7 所示。

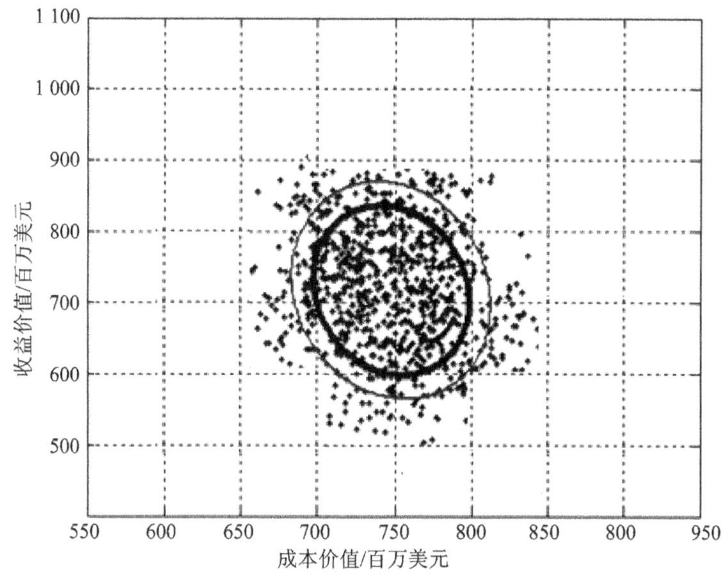

图 4-7　基于评判因子的联邦评估结果($\alpha=0.5$)

4.2.5　系统优化设计方法

价值导向的评估方法可自定义输出多种“价值”,包括平均成本的期望值和方差、平均收益的期望值和方差、净现值等;从而导致优化过程本质上求解 Pareto 意义下多目标最优问题。在具体操作过程中,需要针对不同“价值”的权重系数,比较优化结果连续性(剔除突变的设计结果)。

采用通用优化平台的确定性多学科优化问题,无法甄别对优化过程影响微弱的参数以及将蒙特卡洛仿真转化为优化迭代,导致搜索效率下降。迭代过程本质上是各种工况的并行比较,拟采用基于 CUDA 架构的 GPU 加速遗传算法。

1. 优化平台

价值导向的优化设计将基于先期的方案评估实施:通过量化任意具体设计方案的成本和收益,再通过遗传算法优选出优化目标函数最大的设计方案。该程序设计思路是对现有评估方法研究结果的最大程度继承,无需做较大规模的改动。

2. 优化目标函数

VCDM 工具的最终目的就是在精确建立的航天器平台及各个模块的模型、不确定性模型的基础上,经过优化算法的修正,最终得到好的成本与价值关系。从程序设计的角度看,是建立模型、优化模型、仿真计算的过程。从分离模块航天器的角度看,应是一个时间轴上的设计,从最初的方案设计到组装采购、到准备发射、在轨调试、在轨操控、分离模块替换等。

优化目标可以包括:任务的平均成本、任务的成本标准差、任务成本的最小值、任务成本的最大值、平均净现值、净现值的标准差、最小净现值、最大净现值。通过优化算法最终能够对输出目标进行改良,净现值的标准差和成本的标准差越小越好,而两者的均值则是成本的期望越小越好,净现值是期望越大越好。

3. 优化设计

对于任意设计方案,需要蒙特卡洛法模拟出所有可能的随机事件以统计出成本和收益的均值和方差;在此基础上,套用遗传算法遍历尽可能多的设计方案以得到最好的方案。本质上,该优化过程是以遗传算法为外层循环、以蒙特卡洛模拟为内层循环的联合仿真。此部分可任选上述四种蒙特卡洛嵌套的评估方法一种,即蒙特卡洛嵌套基于形式化模型的评估方法、蒙特卡洛嵌套基于数据模型的评估方法、蒙特卡洛嵌套基于置信区间的联邦评估方法、蒙特卡洛嵌套基于评判因子的联邦评估方法;故优化设计要求蒙特卡洛嵌套的各个评估方法具有相同的输入/输出格式。将优选出来的设计方案经过蒙特卡洛模拟得到成本和收益的均值和标准差分布,作为优化设计函数输出。

4. 软件组成部分

本软件系统考虑研制推迟、发射失败、在轨故障、保险收益等不确定性因素,基于分离模块航天器系统的全生命周期的成本与收益进行评估,同时进行优化。主要包括成本模型、收益模型、状态转移模型、不确定性模型(研制进度模型、发射模型、在轨故障模型)、优化模型等。评估与优化设计软件构成图如图 4-8 所示。

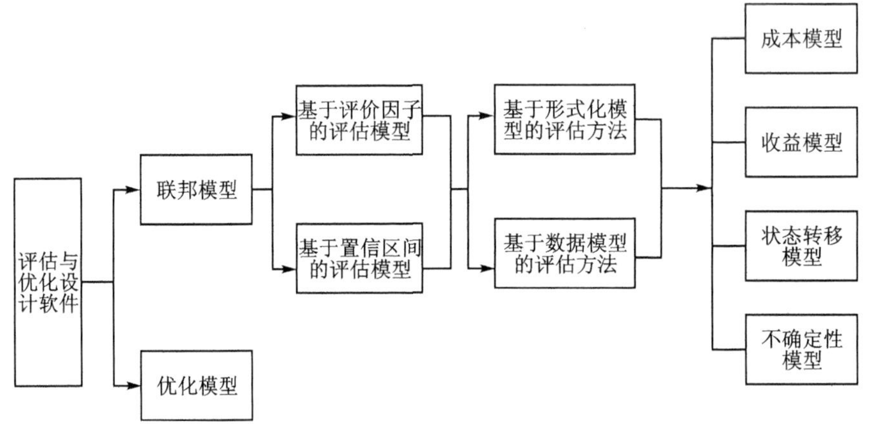

图 4-8 评估与优化设计软件构成图

4.3 模块化集群飞行系统评估与优化

4.3.1 基于评价因子的联邦评估和优化

我们给出如下参数:离散率为 0.01;步长为 0.1 年;任务周期为 10 年;年在轨运营成本为 2 百万美元;蒙特卡洛仿真次数 10 次;通货膨胀率为 0.04;轨道高度为 500 km;升交点地方时为 22.5。设置前 6 个方案为分离模块气象卫星方案,后 3 个方案为通信卫星方案。初始化设置以后,得到如图 4-9~图 4-17 所示计算结果。评判因子 $\alpha=0.9$。

基于实际需求,如果想评估或者优化方案 3 的成本和收益,我们只需填写离散率、轨道高度和升交点地方时的参数。其中,离散率用来计算 NPV,轨道高度和升交点地方时用来计算有效载荷每个递推步长所产生的数据量。在图 4-11 中,我们可以看到分离模块航天器系统中 3 个模块的全生命周期的某次蒙特卡洛仿真的状态转移图、分离模块航天器系统的 NPV 全生命周期的变化曲线和成本与收益的分布图。

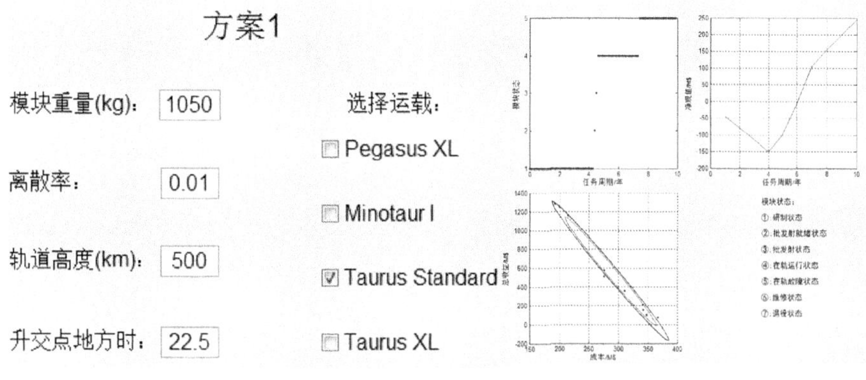

图 4-9　方案 1 的参数设定和评估结果

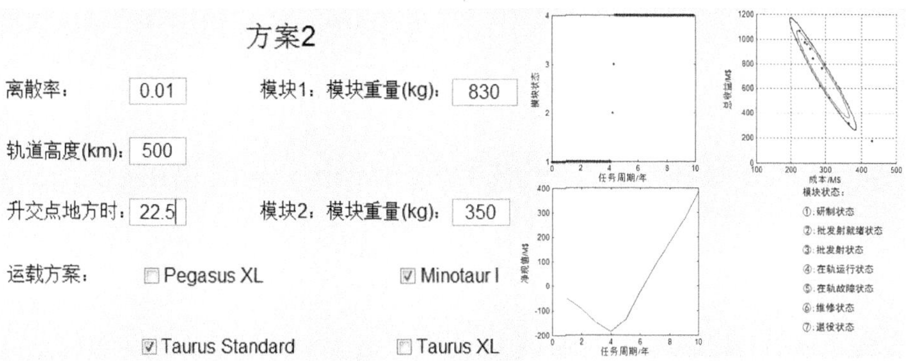

图 4-10　方案 2 相关结果图

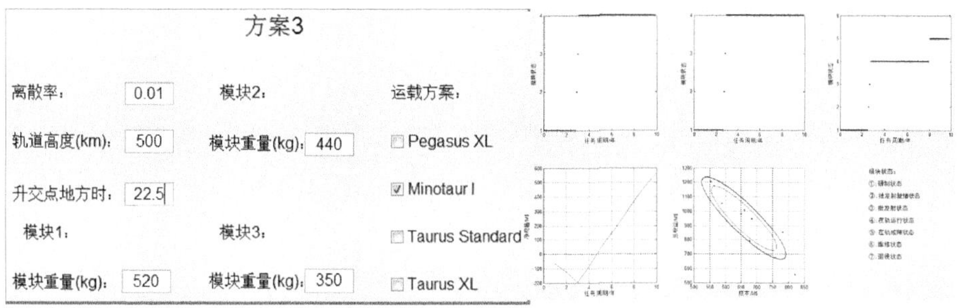

图 4-11　方案 3 相关结果图

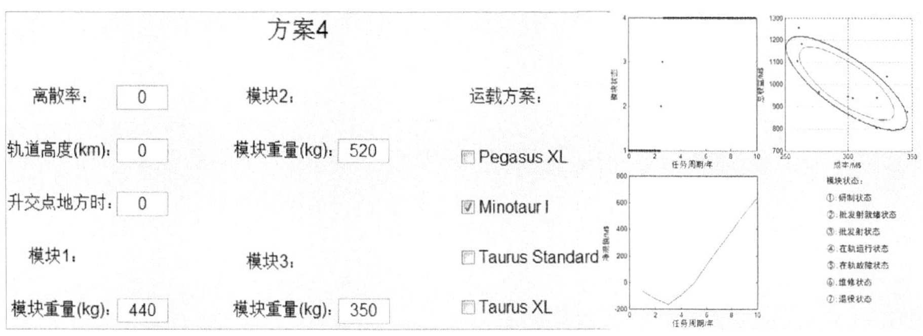

图 4-12　方案 4 相关结果图

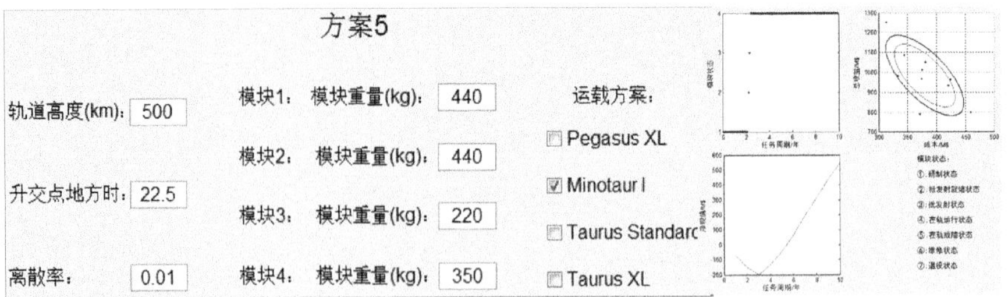

图 4-13　方案 5 相关结果图

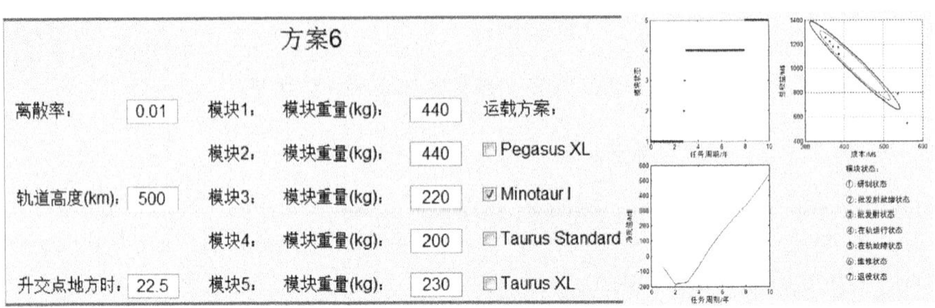

图 4-14　方案 6 相关结果图

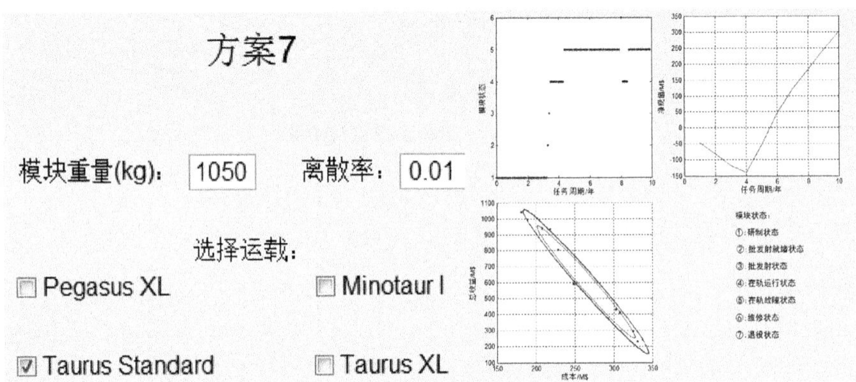

图 4-15　方案 7 相关结果图

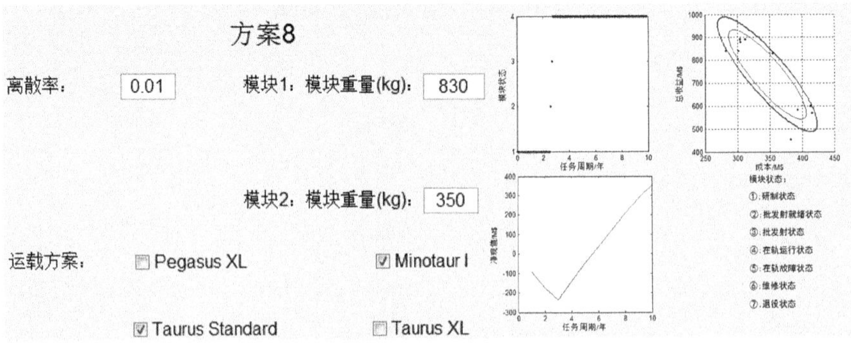

图 4-16　方案 8 相关结果图

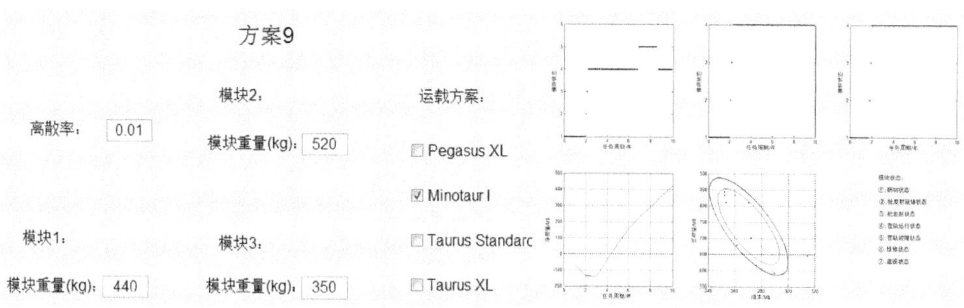

图 4-17　方案 9 相关结果图

4.3.2　基于置信区间的联邦评估和优化

在此软件中，我们采用蒙特卡洛方法完成模拟分离模块航天器的全寿命仿真，计算成本、收益和 NPV 的期望和标准差来评价分离模块航天的组成方案。具体流程图如图 4-18 所示。

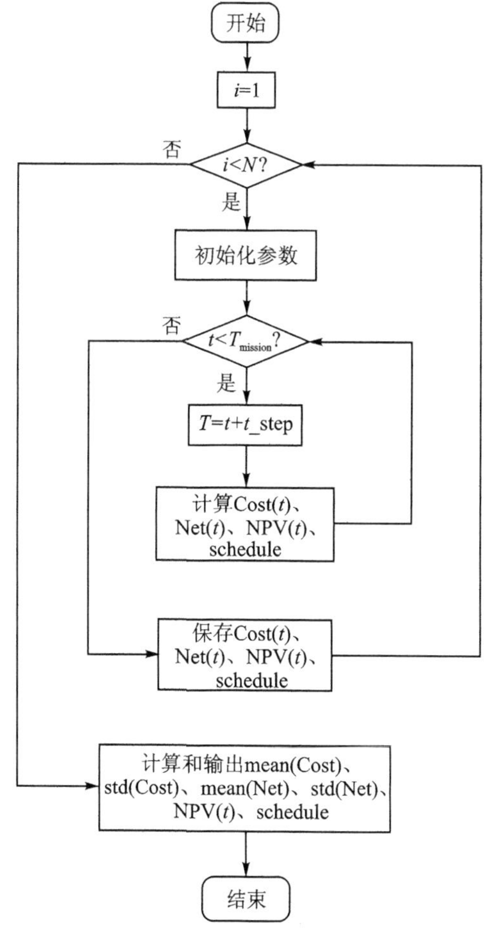

注：N 为蒙特卡洛仿真次数。

图 4-18　分离模块航天器全过程仿真流程图

优化算例Ⅰ

本仿真案例对5年生命周期的分离模块航天器进行优化，设优化目标为净现值的标准差，优化变量分别为ORBIT_ALTITUDE分离模块航天器的轨道高度、TIME_OF_ASC_NODE降交点地方时、MODULE_LIFETIME模块数量，约束边界设置如表4－3所列。

表4－3　优化条件设置

优化变量	下　界	上　界
轨道高度/km	400	700
降交点地方时/h	9	13
模块数量	1	6

采用遗传算法作为优化平台，以价值导向的评估软件作为优化业务函数，经过50代遗传计算，每代种群数为100，结果分布如图4－19所示。

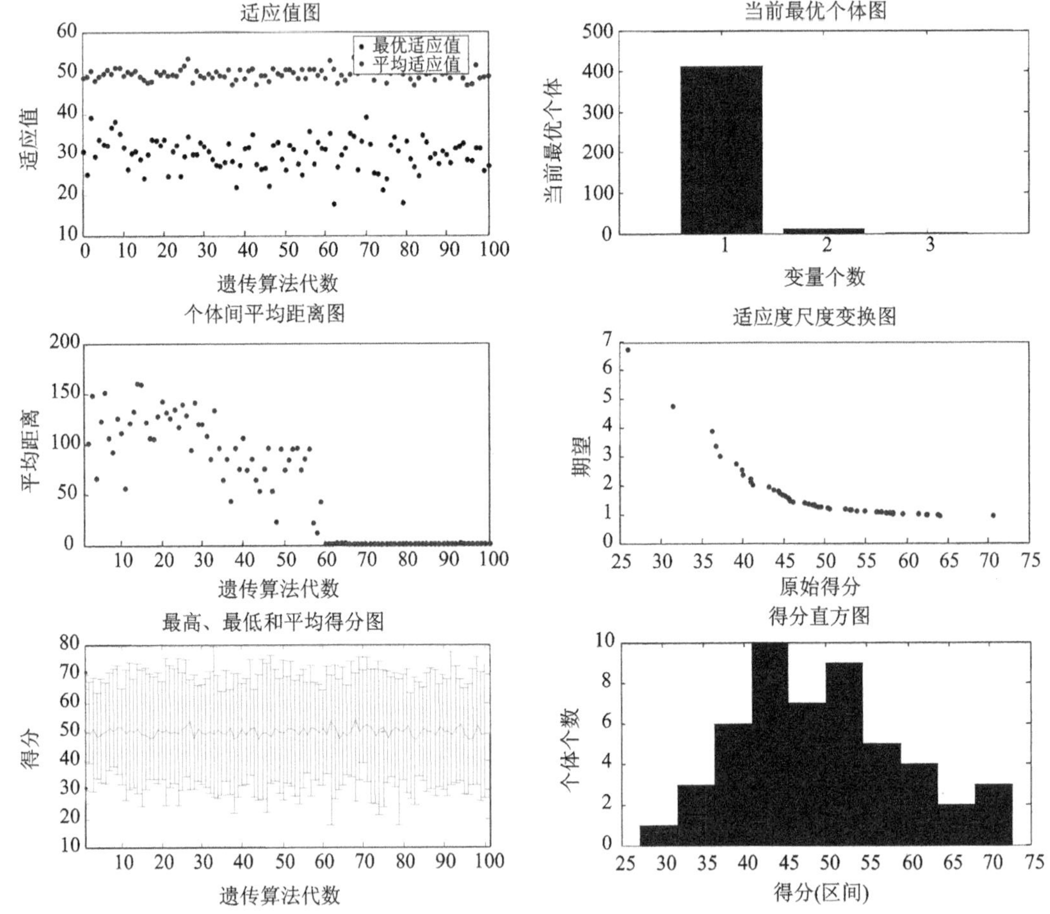

图4－19　算例Ⅰ遗传算法优化结果分布图

仿真结果：轨道高度为412.208 8 km，降交点地方时为10.774 7 h，模块数量为4个。载荷在4个模块中的分配如下：HBW＋SSR、EO Imager、AIS、24/7 Comm＋MDP。

理想情况下，若程序中建立的模型完全准确，那么此设计值能够达到优化目标要求的净现值标准差最小的目标。通过遗传算法的优化计算，可以根据不同的航天器任务设定不同的目标，适当选取分离模块航天器的设计参数，通过对设计参数的迭代和变异的遗传计算，最终得到最佳理想设计值，保证航天器任务的设计目标。

优化算例Ⅱ

本仿真案例对 5 年生命周期的分离模块航天器进行优化，设优化目标为净现值的均值，优化变量分别为 ORBIT_ALTITUDE 分离模块航天器的轨道高度、TIME_OF_ASC_NODE 降交点地方时、MODULE_LIFETIME 模块数量，约束边界设置如表 4-4 所列。

表 4-4　优化条件设置

优化变量	下　界	上　界
轨道高度/km	400	700
降交点地方时/h	9	13
模块数量	1	6

采用遗传算法作为优化平台，以价值导向的评估软件作为优化业务函数，经过 50 代遗传计算，每代种群数为 100，结果分布如图 4-20 所示。

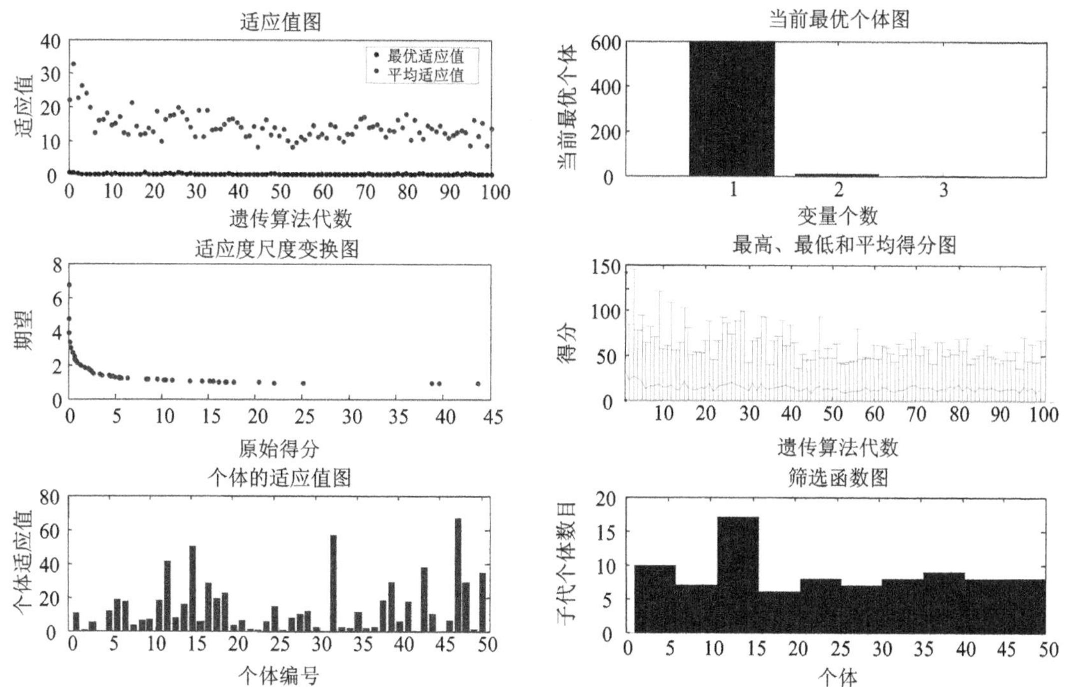

图 4-20　算例Ⅱ遗传算法优化结果分布图

仿真结果：轨道高度为 598.939 6 km，降交点地方时为 11.32 h，模块数量为 1 个。

从优化结果可以看出，以净现值标准差作为标准进行评价，整体航天器的净现值标准差明显低于分离模块航天器的净现值标准差。这说明，在投入产出比的稳定方面，整体航天器具备优势。

优化算例Ⅲ

本仿真案例对5年生命周期的分离模块航天器进行优化。设优化目标为净现值NPV的均值，优化变量分别为ORBIT_ALTITUDE分离模块航天器的轨道高度、TIME_OF_ASC_NODE降交点地方时、MODULE_LIFETIME模块数量，约束边界设置如表4-5所列。

表4-5 优化条件设置

优化条件	下 界	上 界
轨道高度/km	400	700
降交点地方时/h	9	13
模块数量	1	6

采用遗传算法作为优化平台，以价值导向的评估软件作为优化业务函数，经过50代遗传计算，每代种群数为100，结果分布如图4-21所示。

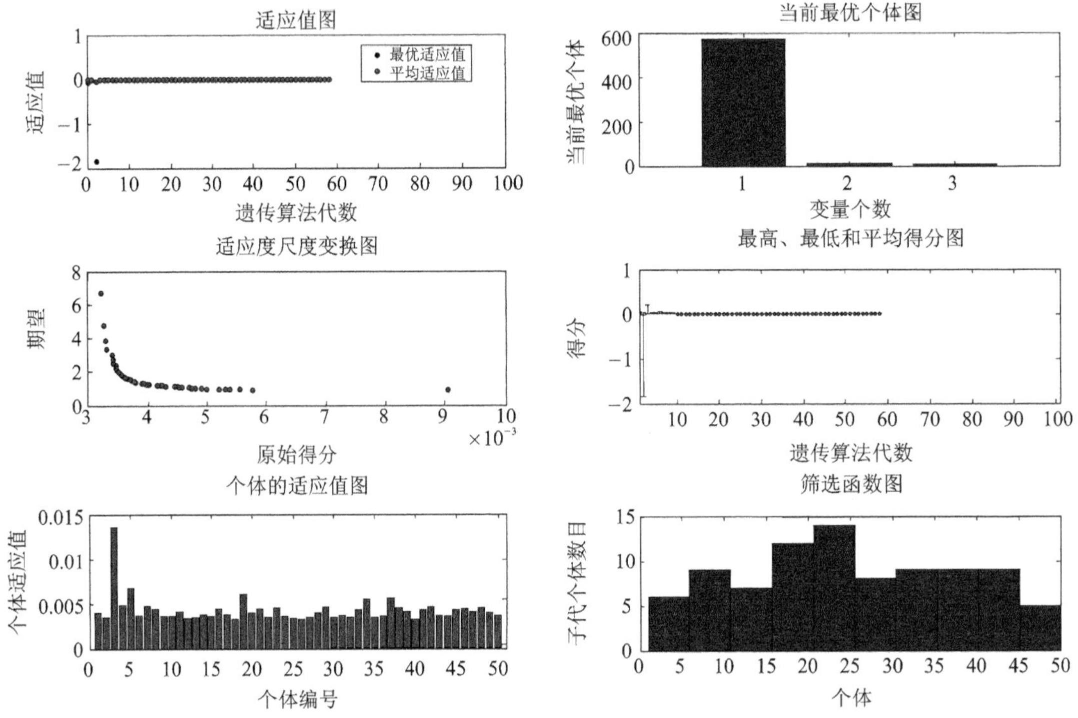

图4-21 算例Ⅲ遗传算法优化结果分布图

仿真结果：轨道高度为573.715 km，降交点地方时为11.237 h，模块数量为6个。

从优化结果可以看出，相比整体航天器，分离模块航天器在成本上有明显增加，不确定性因素也随着模块增加而增加。分离模块航天器与整体航天器相比较，模块增加，模块的平台增多，故成本增加很多。但是也可以从仿真结果看出，投入产出比相对增大了。分离模块航天器的净现值显著高于整体航天器的净现值。模块增加，对技术上有更高要求，不确定性因素会随之增多，所以净现值的标准差会相对整体航天器有增大。

思考题

1. 简述价值为导向的评估方法。
2. 试用自己的语言解释图 4-2 功能模块生命周期状态转移图。
3. 技术成熟度如何影响航天器研制进度?
4. 分离模块航天器如何进行生命周期成本建模?
5. 请以流程图的形式表示出基于蒙特卡洛模拟的评估流程。

参考文献

[1] Brown O, Eremenko P, Collopy P. Value-centric design methodologies for fractionated spacecraft: Progress summary from Phase I of the DARPA System F6 Program[C]. Proceedings of the AIAA Space 2009 Conference & Exposition, F, 2009.

[2] Brown O,Eremenko P, Roberts C. Cost-benefit analysis of a notional fractionated SATCOM architecture[C]. 24th AIAA International Communication Satellite Systems Conference, F, 2006.

[3] 赵伶丰,王海龙,白光明,等. 航天器多学科设计优化技术综述 [J]. 航天器工程,2007,5.

[4] Brown O, Eremenko P. Application of value-centric design to space architectures: the case of fractionated spacecraft[C]. Proceedings of the AIAA SPACE 2008 conference & exposition,F,2008.

[5] Ross A,O'neill M G,Hastings D,et al. Aligning perspectives and methods for value-driven design[C]. Proceedings of the AIAA Space 2010 Conference & Exposition,F,2010.

[6] 刘豪，梁巍. 美国国防高级研究计划局 F6 项目发展研究 [J]. 航天器工程，2010,19(2): 92-98.

[7] 黄训江. 以费用为独立变量的装备寿命周期费用评价与管理 [M]. 北京:科学出版社，2012.

[8] Lafleur J, Saleh J. GT-FAST: a point design tool for rapid fractionated spacecraft sizing and synthesis[C]. Proceedings of the AIAA SPACE 2009 Conference & Exposition, F,2009.

[9] Dubos G F,Saleh J H. Spacecraft technology portfolio: Probabilistic modeling and implications for responsiveness and schedule slippage [J]. Acta Astronautica, 2011, 68(7-8): 1126-1146.

[10] 杨玉凤，吴秀芹，卜华. 学习曲线在成本预测中的应用[J]. 淮海工学院学报，2000(2): 74-76.

[11] 杨志，刘胜利. 分离模块航天器综合评估方法研究[J]. 宇航学报，2013,34(12): 1540-1549.

第5章 超低轨道卫星

5.1 超低空试验卫星调研分析

遥感卫星的高分辨率成像在城市规划、绘图、农林这些应用中有很大市场，但是目前，其相对昂贵的价格抑制了需求的扩大化，高成本主要是由复杂的卫星需求和相关的运载火箭导致的[1]。经典的遥感卫星基本在500～700 km的太阳同步轨道(SSO)飞行以获得1 m分辨率的影像。现在，相机的焦点和电荷耦合元件的像素成为限制卫星成像质量的主要因素[2]。在这种情况下，让卫星在更低的轨道飞行从而提高相机的分辨率既创新又经济。近些年，电推进的快速发展延长了卫星在250 km超低轨道高度下的飞行寿命。卫星受到的明显的空气动力阻力将由合适的电推进力施加在无拖曳控制上来平衡。

卫星系统工程包含工程任务中的总体方案细节设计。这些细节设计可以应用在潜在的小卫星任务中。Ekpo和George针对现在的空间系统工艺规程，为在近地轨道进行气象任务的高度自适应的小卫星建立了相关的系统工程分析工具。Barnhart等人提出了一种新类型的遥感和科学分布式空间任务，需要成百上千的卫星同时进行信息传输，并且给出了两个利用芯片和印刷电路板的廉价系统设计方法。Zhang等人设计了由航天东方红卫星有限公司制造的第一个微卫星系统，提高了针对地球遥感、通信和科学实验等不同任务系统的设计成功率。Buhl等人为柏林理工大学的卫星计划提出了微卫星平台的系统设计，在系统工程设计工艺和子系统的库存上做了显著提升。

近些年，对不同类型卫星的更多需求加速了系统设计进程，所以多任务卫星平台的新颖的标准设计改进了传统的系统设计方法论，这些改变由萨里卫星技术有限公司引领，其他一些著名的卫星设计制造商跟随着。卫星平台概念是经常以多产品卫星为基础的一般模型，平台是卫星的基础设施，一般为不同的有效载荷提供位置信息。现在，欧空局正在建立一个小的地球同步轨道卫星平台作为下一代模块化、灵活的通信平台，该平台有着3 kW的有效载荷功率和300 kg的有效负载质量。Zhou为中国空间技术研究院研制的DFH-4卫星平台进行了系统优化设计，为接下来的卫星测试了关键技术，比如基于此平台的中国的跟踪与数据中继卫星项目。

系统设计需要平衡来自几个子项目的不同的限制，这将牵扯到多学科问题。因此，我们需要用多目标、多学科设计优化方法在数学上模拟并解决卫星系统概念设计问题。Kesselman已经研究使用多学科设计优化方法来决定发动机数目、喷嘴膨胀率、质量流率、推进燃料类型，使传统的单级入轨空间传输系统的有效载荷能力最大化。Matossian使用了混合整数线性规划模型结合分支定界算法，在充分利用每单位成本的科学效用情况下，为美国国家航空航天局的地球观测系统设计构型。Mosher调查了一些多学科设计优化方法，包括用于概念卫星设计的经典优化、分解、田口方法和启发法[3]。Riddle探究了动态规划的作用，即提供洞察个别技术在概念设计阶段对一个卫星的性能和价值指标的影响。在以系统地面分辨率和地面覆盖宽度为限制的条件下，Wu 和 Huang 应用 iSIGHT——一种著名的学科设计优化方法，在遥感卫星系统设计上，使卫星的总质量最小化[4]。对于大型资本投资的商业通信卫星系统的可靠性设计，Hassan 和 Crossley 提出了一种与蒙特卡洛采样有关的遗传算法[5]。Yao 提出了不确定性多学科设计优化理论和目前最先进的用于空天飞行器设计的基于不确定性多学科设计优化方法的全面回顾，已经被广泛认为是解决空天飞行器中互相矛盾的目标，如性能、成本、可靠性和鲁棒性的最先进的方法。

美国国防部高级研究计划局的 F6 项目的最新进展已经提出了传统的经验设计，也就是，使用价值中心设计方法去计算并与整体式航天器比较分级式航天器的净现值。Richards 等人研究快速响应系统问题去支持分级航天器，同时分析技术、政府支持、经济和政治之间的关系。Mathieu 和 Weigel 比较了分级航天器和传统航天器的属性、策略、模型，还评估了分级航天器的成本与价值的优势[6]。Saleh 等人讨论了一些驱动和限制航天器设计寿命的问题，探讨了不同的航天器需求在不同子系统上的影响，并推导出典型的航天器质量和成本资料[7]。

5.2　卫星总体方案概念研究

5.2.1　系统工程设计的一些约束

1. 大气阻力的影响

使用一般方法设计一个航天器在超低轨道实现长时间的飞行是非常困难的，如果这个过程想要获得成功，必须考虑很多附加的约束。大气阻力是这些约束中最主要的，这也是少量卫星部署在 600 km 以下的原因。除非操作周期很短，否则大气阻力是小型遥感卫星在低轨未开发的主要原因。

卫星在指定高度 h 飞行，提供的推力应该大于或等于阻力，这也被认为是方案设计里的第一项约束：

$$F_{\text{thrust}} \geqslant F_{\text{drag}} = 0.5 C_D \rho V^2 S$$

式中：C_D 是一般介于 2.2～2.6 的阻力系数；ρ 为在一定飞行高度的大气密度；V 为轨道速度；S 为横截面积。C_D 和 S 的值取决于飞行器的几何构型，根据空气动力学的设计，此处可以简化分别取 2.2 和 1 m^2。

剩余大气密度随着太阳黑子周期的不断变化，可以用三个太阳活动高年指数来表示，分别为 150 SFU、200 SFU、250 SFU。如图 5－1 所示：①大气密度在轨道高度 160 km 以下增加非常迅速；②在轨道高度 160 km 以上时，每降低 1 km，大气密度大约是成倍数增加；③在轨道高度低于 160 km 时，每降低 1 km，大气密度大约是增加 1.06 倍；④如果轨道高度低于 160 km，大气的热效应将非常明显。由于 350 km 以下有很强的大气阻力，如果没有连续控制，卫星的寿命不会超过 30 天。

2. 继承卫星基准平台功率

卫星是一个很大规模的系统，包含了近 50 万个零部件，可以分为两个子系统：使卫星完成其任务的系统，和包括电源、遥测跟踪命令、推进剂和推进器、姿态控制、热控制和结构的平台系统。为了降低设计和研制风险，平台系统必须装备提供保证更大功率、更准确的卫星方向以及尽可能减轻质量的组件。

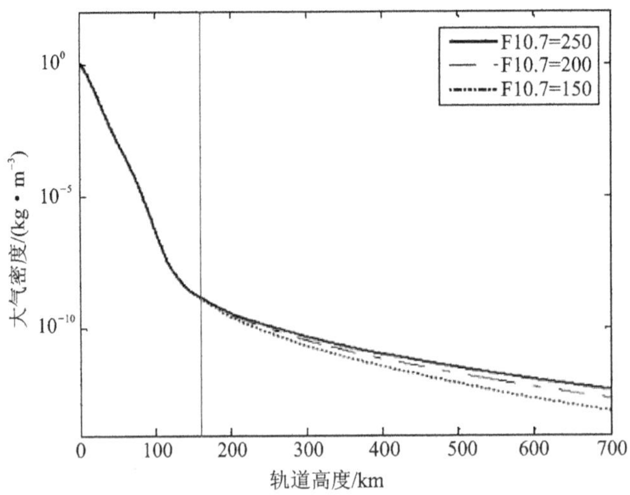

图 5-1　一定太阳光年下，大气密度随高度的变化曲线

为了提供连续的阻力补偿，离子推进器需要超过 1 000 W 的功率，这超过了在近地轨道飞行的太阳同步轨道卫星平台的能力。由于离地球较远，所有地球同步轨道卫星的平台子系统，像太阳能阵列，整体电路、电池和热控制，应该为通信负载提供大功率。所以，研制地球同步轨道卫星的一些方法可用于系统工程设计，尤其是质量和功率预算。由中国空间技术研究院研制的成熟的 DFH-3 卫星平台，鉴于它的小质量、大功率，在建造通信卫星、导航卫星、月球飞船上有很大潜在应用。DFH-3 平台装备的大部分部件可以用在超低轨道卫星上以提供所需功率，同时质量和功率运算也可以在“计算任务分析和设计”中实施。

概念设计的另一个约束是保证卫星所有的功率和小于基准平台的负载能力，也就是

$$P_{S/C} \leqslant P_{bus}$$

根据中国空间技术研究院的指导方针，DFH-3 平台的最大功率设置为 $P_{bus}=1\ 769$ W，这将满足后面要讲的质量和功率预算全局解的上限。

3. 计算任务分析和设计

系统工程方法包含识别和量化系统目标、创造可替代系统设计概念、评价设计的性能和选择最好设计。一般来说，用多学科设计优化的过程来寻找数字上的最优解是很有效的。

考虑到两种主要的航天器资源：功率 $P_{S/C}$ 和质量 $M_{S/C}$。对于系统工程设计和任务模型，分析其航天器质量和功率特性的细节，在理解系统可靠性中起着重要作用。系统概念设计阶段的主要参数是超低轨道卫星的飞行高度。轨道高度越低，承受的阻力越大，消耗的燃料和花费的功率预算更多。然而，轨道高度高，会降低成像质量，因此，前面提及的在约束下的最低飞行高度是成像任务中所期望的。

离子推进作为电推进的一种形式，当用于卫星推进时，尽管与传统的化学火箭相比只产生很小的推力，但可以实现非常高的比冲或燃料质量效率，通过电磁场加速推进剂可以产生很高的速度。在所有电推进当中，离子推进被优先考虑用于星际任务和轨道提高机动的商业和学术问题上，例如 Deep Space 1（深空 1 号）、Smart-1（智能 1 号）、Hayabusa（隼鸟号）、GOCE（重力场和海洋环流探测卫星）。离子推进被认为是这些任务的最佳选择，因为它们在一段很长时间内，总体上需要很大的速度改变量。

对于离子推进，推力 F_{thrust} 和比冲 I_{sp} 有如下关系：

$$P_{\text{thrust}}=\frac{1}{2}F_{\text{thrust}}\cdot I_{\text{SP}}\cdot \eta_R$$

式中：P_{thrust} 是推进器需要的功率；η_R 为发动机的效率，参照 Smart－1 所用的霍尔式推进器，设为 0.46。

发动机包含一个圆柱体正极和它的分配器，一个带负电的等离子体、磁线圈、氮化硼壁和推进器排气装置。这些有一个固定的质量分配，例如 $M_{\text{engine}}=96$ kg。而且，推进燃料的质量取决于卫星寿命 $t_{\text{life}}=3$ 年内的总冲量 Δv，表达式如下：

$$M_{\text{thrust}}=M_{\text{engine}}+M_{\text{S/C}}\left(1-\mathrm{e}^{-\Delta v/I_{\text{sp}}}\right)$$

总冲量可以由阻力估算得到，表达式如下：

$$\Delta v=\frac{F_{\text{drag}}}{M_{\text{S/C}}}\cdot t_{\text{life}}$$

由于卫星需要大功率，所以电源系统对超低轨道卫星很重要，电源系统(EPS)包括数组电池、电线、电源控制单元(PCU)和电压调节模块(VRM)。根据美国航空航天学会的指导方针，质量设计可以由以下的经验公式估算得到

$$\overline{M}_{\text{EPS}}=\eta_{\text{wiring}}\cdot M_{\text{S/C}}+\eta_{\text{PCU}}\cdot P_{\text{S/C}}+\eta_{\text{VRM}}\cdot P_{\text{S/C}}+\frac{P_{\text{S/C}}}{\kappa_{\text{cell}}}+\frac{C_{\text{r}}}{\kappa_{\text{battery}}}$$

式中：C_{r} 是电池的特性，表现其 W・h 的性能；κ_{battery} 是电池的比能；κ_{cell} 是电池的比冲性能；η_{wiring}、η_{VRM}、η_{PCU} 分别是配线、电压调节模块(VRM)和电源控制单元(PCU)关于质量和功率的经验系数。

电池特性 C_{r} 取决于电池间传输效率 C_{battEff}、电池个数 N_{batt}、放电深度 C_{DOD}、掩食时间 T_{e}、功率 P_{req}，表达式如下：

$$C_{\text{r}}=\frac{P_{\text{req}}\cdot T_{\text{e}}}{C_{\text{DOD}}\cdot N_{\text{batt}}\cdot C_{\text{battEff}}}$$

式中：P_{req} 是电源系统外需要的功率，$P_{\text{req}}=P_{\text{S/C}}-P_{\text{EPS}}$；$T_{\text{e}}$ 也取决于高度。

放电深度 C_{DOD} 是表示电池充电状态的一种候补方法。对于锂电池，放电深度可以由卫星的寿命得到，表达式如下：

$$C_{\text{COD}}=1.7-0.29\cdot\lg\frac{t_{\text{life}}}{T_{\Omega}}$$

式中：轨道周期 T_{Ω} 取决于轨道高度。

期望设计寿命 M_{EPS} 应包括一些冗余度，根据 AIAA 指南，表达式如下：

$$M_{\text{EPS}}=f_{\text{EPS}}(M_{\text{S/C}},P_{\text{S/C}})=\frac{1}{1+C_f}\cdot\overline{M}_{\text{EPS}}$$

式中：M_{EPS} 是包括富裕的最终质量；C_f 是质量意外因数。

根据本小节采用的卫星平台，C_{battEff}、η_{wiring}、η_{VRM}、η_{PCU} 分别为 0.9、0.04、0.025、0.02。DFH－3 平台安装了两块电池，也就是 $N_{\text{batt}}=2$。另外，不同类型的电池有不同的比冲性能。对于锂电池，κ_{battery} 取 100，而对于三结砷化镓类型电池，κ_{cell} 取 40。根据设计阶段和类别，意外因数 C_f 取 0.25。

电源系统的低效能会导致多消耗 25％的功率，具体如下：

$$P_{\text{EPS}}=g_{\text{EPS}}(P_{\text{S/C}})=\eta_{\text{EPS}}\cdot P_{\text{S/C}}$$

式中：η_{EPS} 为电源系统关于其他系统所需功率的低效能系数。

其他子系统，包括星载相机系统、通信系统和天线（TT&C）、命令和数据处理系统（C&DH）、结构系统、热控制系统和姿态确定控制系统（ADCS），均分配指定的质量和功率。对于遥感卫星，ADCS 系统的功率 $P_{ADCS}=58$ W，质量如下：

$$M_{ADCS}=f_{ADCS}(M_{S/C})=M_{fixed.ADCS}+\eta_{ADCS}\cdot M_{S/C}$$

式中：$M_{fixed.ADCS}$ 为在控制精度小于 0.1°时的 20 kg 的固定质量；η_{ADCS} 为关于总质量的质量因数。

IKONOS 装备的时间延迟和集成 CCD 相机有 171 kg 的质量和 350 W 的功率，它可以用来提高分辨率从 0.8 m 到 0.2 m。与离子推进消耗连续功率相比，相机消耗的功率不会算在预算内，因为相机只在某个瞬间需要消耗功率。一般地，成像需要通信系统和天线（TT&C）、命令和数据处理（C&DH）系统提供 s 波段下行式，数据速率应该大于 1 Mbit/s，这需要 200 W 的功率和 81 kg 的质量。

与肼发动机相比，离子发动机还需考虑热部件。热控制需要的质量和功率如下：

$$\begin{bmatrix} M_{thermal} \\ P_{thermal} \end{bmatrix}=\begin{bmatrix} f_{thermal} \\ g_{thermal} \end{bmatrix}(M_{S/C},P_{S/C})=\begin{bmatrix} \eta_{M.thermal}\cdot M_{S/C} \\ \eta_{P.thermal}\cdot P_{S/C} \end{bmatrix}$$

式中：$\eta_{M.thermal}$ 和 $\eta_{P.thermal}$ 分别为关于总额的质量和功率因数（DFH－3 平台都为 0.1）。

结构和桁架不消耗功率，但是根据材料类型的不同，会消耗一定的质量：

$$M_{structure}=f_{strcture}(M_{S/C})=\eta_{structure}\cdot M_{S/C}$$

式中：$\eta_{structure}$ 为总质量的质量因数（DFH－3 平台的铝架构为 0.25）。

因此，超低轨道卫星的质量和功率预算可以表示如下：

$$M_{S/C}=M_{camera}+M_{TT\&C}+M_{C\&DH}+M_{ADCS}+M_{structure}+M_{thermal}+M_{EPS}+M_{thrust}$$

$$P_{S/C}=P_{thrust}+P_{thermal}+P_{TT\&C}+P_{C\&DH}+P_{ADCS}+P_{EPS}$$

从数学的角度来看，预算可以分解为固定项、线性项和非线性项：

$$\begin{bmatrix} M_{S/C} \\ P_{S/C} \end{bmatrix}=\begin{bmatrix} f_{fixed} \\ g_{fixed} \end{bmatrix}+\begin{bmatrix} f_{linear}\cdot M_{S/C} \\ g_{linear}\cdot P_{S/C} \end{bmatrix}+\begin{bmatrix} f_{nonlinear} \\ g_{nonlinear} \end{bmatrix}(M_{S/C},P_{S/C})$$

固定项由 TT&C、C&DH 和部分 ADCS 得来，线性项由结构、热控和部分 ADCS 得来，非线性项由 EPS 和离子发动机得来。

因此，子系统质量和功率的组合为

$$M=M_{camera}+M_{TT\&C}+M_{C\&DH}+M_{ADCS}+M_{structure}+M_{thermal}+M_{EPS}+M_{thrust}$$

$$P=P_{thrust}+P_{thermal}+P_{TT\&C}+P_{C\&DH}+P_{ADCS}+P_{EPS}$$

被期望是在等式和不等式约束条件下，在所有可行解中挑选出来满足飞行高度最小的一组。因此，最优高度的选择可以总结为一个优化问题：

$$\min_{X} h=h(X)$$

$$\text{s.t.}\begin{cases} I_i(X)\leqslant 0,\ i=1,2 \\ E_i(X)=0,\ i=1,2,\cdots,14 \end{cases}$$

式中：X 为由质量和功率组成的优化变量，例如，$X=[M,P]$。然而，根据多学科优化设计领域的一些基本步骤，从上式得到最优解是比较困难的，因为线性项没有显性表达式，而且涉及很多计算。本小节的显著贡献就是提出了一种有效的迭代算法来解优化方程，在接下来的章节里会详细阐述。

5.2.2　质量和功率预算的算法

本小节基于应用在编队飞行里寻找 J_2 相对静止轨道的微分修正算法，提出了一种寻找质量和功率预算最优解的迭代算法。迭代算法的有效性取决于收敛性，例如，是否寻找到一个更好的估计值。实际初值可以由固定项和线性项得到

$$\begin{bmatrix} M \\ P \end{bmatrix}_{\text{initial}} = \begin{bmatrix} M \\ P \end{bmatrix}_{\text{fixed}} + \begin{bmatrix} f_{\text{linear}} & \\ & g_{\text{linear}} \end{bmatrix} \cdot \begin{bmatrix} M \\ P \end{bmatrix}_{\text{initial}}$$

迭代的初始质量 $M_0=\dfrac{M_{\text{fixed}}}{1-f_{\text{linear}}}$，初始功率 $P_0=\dfrac{P_{\text{fixed}}}{1-P_{\text{linear}}}$。显然，这对初值被认为是阻力被忽略的高轨道高度的质量和功率预算的一组解。因此，迭代算法被用来解由 EPS 和离子发动机得来的非线性项。

通过迭代算法，研究了飞行高度从 160 km 到 400 km 的便利表示。此外，对于每一个飞行高度，在迭代步骤加速收敛到期望质量的期间，功率 P_{inter} 是不变的，其大小是 $P_0 \sim P_{\text{bus}}$。

对于第 K 次迭代，质量和功率预算的当前值为 M_K 和 P_K，为整个优化过程产生下一代 M_{K+1} 和 P_{K+1}。除非下一代的增加量关于总质量小于 1%，否则当总功率收敛到一个特定值时，迭代就会停止：

$$\frac{|M_{K+1}-M_K|}{M_K} < 1\%$$

$$\frac{|P_{\Sigma}-P_{\text{inter}}|}{P_{\text{inter}}} < 1\%$$

因此，在飞行高度上获得有效质量和功率预算的便利表示的步骤如下：

```
For h=160-400km
    For P_inter=P_0-P_bus
        Step 1   执行图 5-2 的迭代步骤直到终止条件
        Step 2   记录迭代结果的上下限去建立 h,P,M 之间的关系
    End
End
```

迭代结果表示质量或功率的约束存在每一个高度，上限可以从 $P_{\text{inter}}=P_{\text{bus}}$ 获得，然而，在功率达到 P_0 以前，最小推力 $F_{\text{thrust}}=F_{\text{drag}}$ 维持着下限。因此，任何在上下限约束之间的预算保持 $P_{\text{inter}}<P_{\text{bus}}$，$F_{\text{thrust}}>F_{\text{drag}}$。图 5-2 给出了上下限条件的可行质量和功率预算。

只有在一个非常高的轨道高度下，初始质量为 827 kg，功率为 $P_0=419\ \text{W} \sim P_{\text{bus}}$ 的一个中间固定值的情况下，才开始执行迭代步骤，所以整个迭代算法非常有效。取最低轨道高度 192.1 km 作为例子，质量从 827 kg 收敛到 937.6 kg，意味着除 EPS 和离子发动机外，子系统的固定质量和功率可以作为一个很好的估计值使迭代算法收敛；然而 P_0 到 P_{bus} 之间的差别升到 322%，意味着从初始功率 P_0 开始迭代会导致算法失败。因此，本小节采用的初值策略对于迭代是实际的也是鲁棒性的。

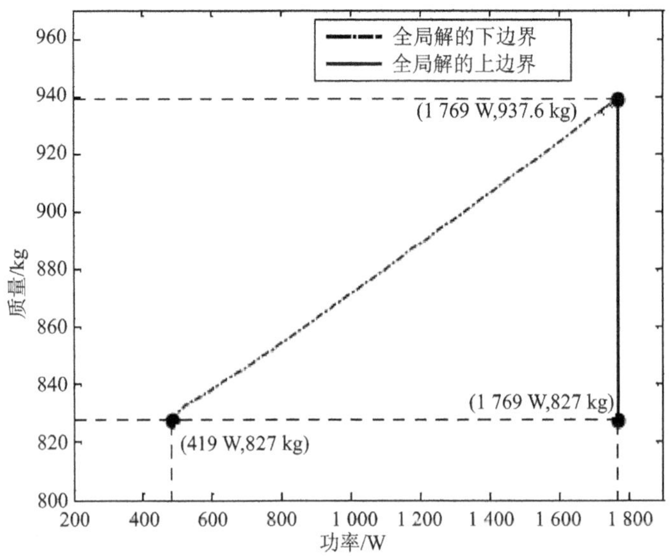

图 5-2 上下限条件的可行质量和功率预算

5.2.3 飞行高度的全局最优方案

根据上面提到的迭代算法，一些优化方法比如遗传算法，可以用来在功率、阻力、基准卫星平台的约束下优化飞行高度。然而，遗传算法善于寻找等优化方程描述的问题的极小解，但是在进一步研究飞行高度和两个约束之间的关系上效果很弱。

通过搜寻图 5-3 中所示的飞行高度变化区间，迭代算法已经足够用来得到全局解，实线表示全局解的上限，虚线表示全局解的下限。可行解受上下限的约束，在两个约束间横截相交会得到最小飞行高度解。上限是由功率约束决定的，下限是由阻力约束决定的。对于更高的高度，阻力下降得非常快，导致可行质量收敛于由相机、TT&C、C&DH、ADCS、结构、热控得来的固定项和线性项。这些部分迭代步骤所取的初值可以是 $m_0=827$ kg。下限意味着推力等于阻力，需要推力一直工作，而上限意味着实际功率和卫星基准平台相等。

192.1 km 的最小飞行高度仅对成像分辨率有帮助。然而，名义高度应该从所有可行高度中根据成像质量和重复地面轨迹来挑选。

传统的遥感卫星(RS)为太阳同步轨道(SSO)，轨道高度为 500～700 km，视场角(FOV)通过 ADCS 将增加到 50°，因此，卫星可以在 4 天内重访地面上任一目标。然而，超低轨道卫星的超低轨道使重访时间由 4 天增加到 14 天。此外，高度的很小改变将很大程度地影响地面覆盖率，传统的遥感卫星从未有对高度这样的敏感性。因此，飞行高度和覆盖率的遍历关系需要在满足质量和功率预算的飞行高度全局解的帮助下去挑选最佳高度。

本小节提出了一种分析算法，可以在数值上研究覆盖率和飞行高度的关系。对于给定高度 h，在一个给定持续时间 T_{RV} 内，一点纬度 δ 的升交点和降交点可以几何化为

$$\begin{cases} x_n=\left\langle \dfrac{24^{\mathrm{h}}}{T_{\Omega}}\cdot n \right\rangle \\ y_n=\left\langle \dfrac{24^{\mathrm{h}}}{T_{\Omega}}\cdot n+\dfrac{\varepsilon_1}{\Delta\theta} \right\rangle \end{cases} \quad n=1,2,\cdots,T_{\mathrm{RV}}$$

式中：$\langle \cdot \rangle$是取余函数；$\Delta\theta$ 是降交点间之差。从而，所有的升交点和降交点可以归一化在[0,1]内，由下面的序列表示：

$$z=\{0,\mathrm{SORT}(x_1,x_2,\cdots,x_{T_{\mathrm{RV}}},y_1,y_2,\cdots,y_{T_{\mathrm{RV}}}),1\}$$

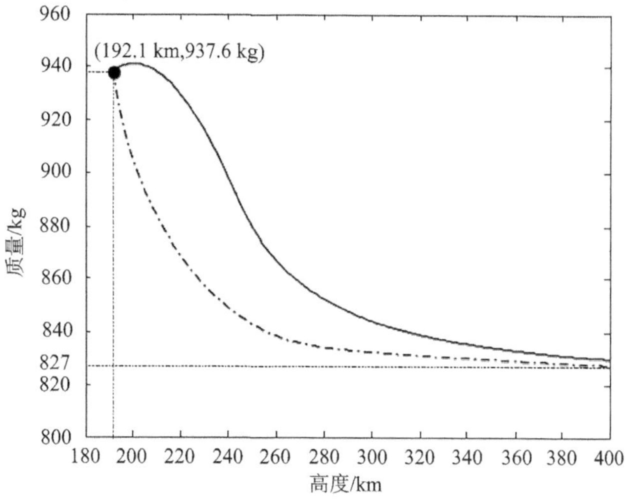

(a) 轨道高度和所有可能质量的关系

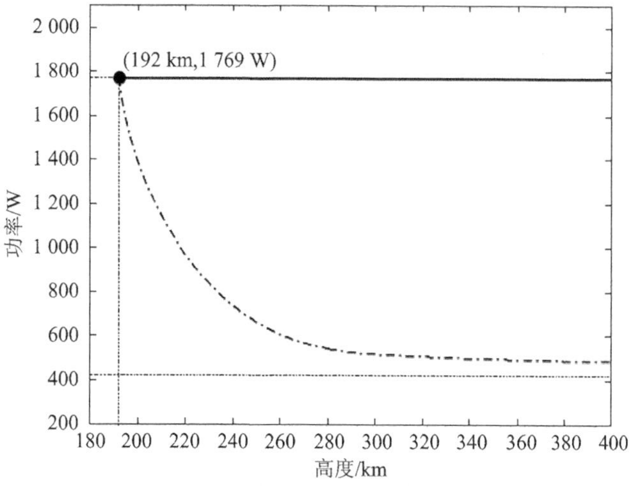

(b) 轨道高度和所有可能功率的关系图

图 5-3　轨道高度和质量/功率预算的关系图

SORT 是从低阶到高阶的分类函数，Δz_n 是 z_{n-1} 和 z_n 的差，考虑到视野宽度 W，如果在节点间无迭代发生，在一定纬度上的视野范围 $\Delta L_n^\delta=0$；如果有一些迭代存在，$\Delta L_n^\delta=\Delta z_n-w$。因此，在一定高度上，地面覆盖率可以由下式得到

$$\tau=\frac{\sum\limits_{\delta=-90^\circ}^{90^\circ}\cos\delta\cdot\Delta\delta\cdot\left(1-\sum\limits_{n=1}^{2T_{\mathrm{RV}}+1}\Delta L_n^\delta\right)}{\sin 90^\circ-\sin(-90^\circ)}$$

式中：$\Delta\delta$ 为纬度从 -90°到 90°的计算步长。

在视场角 50°的情况下，地面覆盖率和轨道高度(190～250 km)的关系如图 5-4 所示，就是在这里使用算法得到的。有 7 个峰值高度有更好的覆盖率：202.15 km、212 km、216 km、224.5 km、233 km、238 km 和 250 km。212 km 附近有最低的重访周期(12 天)，但是对它很窄的变化范围 211.9～212.1 km 来说很不稳定。202.15 km 和 216 km 附近分别有 0.7 km 和0.5 km 的变化范围。

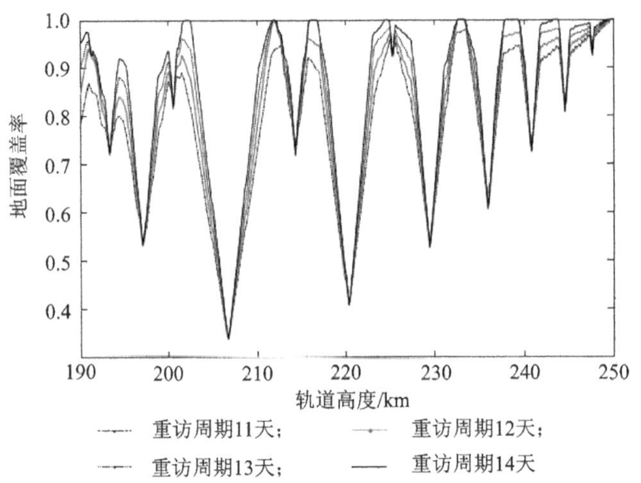

图 5-4 轨道高度和地面覆盖率的关系图

第一个峰值 202.15 km 没有其他峰值那么敏感，而且和最小可行高度 192.1 km 很接近，所以可以作为超低轨道卫星(SLAS)的名义高度。这个名义高度使成像分辨率降低 5%，在航空航天工程上是可以接受的。

在名义高度上，可行质量从 899.438 kg 到 940.991 kg，可行功率从 1 321 W 到 1 769 W。预算下限(899.438 kg，1 321 W)需要不断施加推力以补偿阻力，预算上限(940.991 kg，1 769 W)可以产生比阻力大的推力，这样就可以在任务操作阶段使用更简单的开关开环模式。因此，名义预算选为(940.991 kg，1 769 W)。

5.2.4 成像条件和质量的评估

1. 成像条件

一般情况下，相机需要在目标点的太阳升降角为 20°～70°，平均值为 45°。升降角太小会导致光线太弱，与 CCD 曝光相违背；然而，升降角太大，会产生直射光，容易有损相机装置。在降交点地方时(LTDN)和太阳升降角间的关系可以定量地由一个关于时间和全球表面范围的平均估计函数来描述：

$$\Theta_{\mathrm{LTDN}}=\int_{0}^{\pi}\int_{0}^{T_{\mathrm{d}}}\frac{\sin\delta}{2a}\theta_{\mathrm{LTDN}}(t,\delta)\,\mathrm{d}t\,\mathrm{d}\delta$$

式中：$\theta_{\mathrm{LTDN}}(t,\delta)$为在纬度 δ 的太阳升降角；T_{d} 为降交点的地方时。因此，成像条件的关系如图 5-5 所示。

很明显，有着 10.5 h 和 13.5 h 降交点地方时的太阳同步轨道卫星有最佳成像条件。图 5-6 描述了 10.5 h 降交点地方时的太阳同步轨道卫星在不同纬度上的太阳升降角。对于多数纬度，在目标点的太阳升降角为 20°～70°，平均值为 45°。因此，名义轨道的降交点地方时可以为 10.5 h。

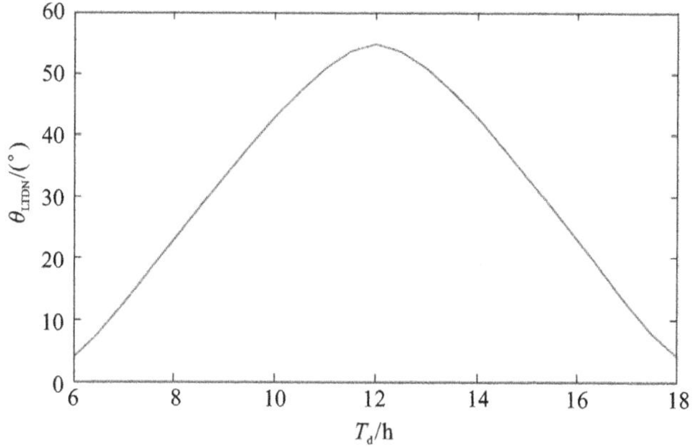

图 5-5　降交点地方时和平均太阳升降角的关系图

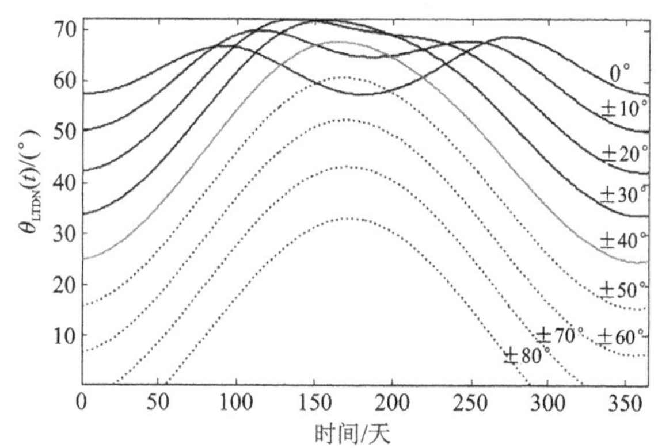

图 5-6　太阳同步轨道(T_d=10.5 h)在不同纬度上的太阳升降角

2. 成像质量

尽管可能为卫星提出了很多不同的传感器，但研究的目的在于，使用一个装置在可行性上的概念表示有助于推动需求影像的市场发展。这里假设使用 IKONOS 装备的 TDI-CCD 相机，总质量为 171 kg，瞬时功率为 350 W，镜头口径为 20 cm，焦距为 70 cm，像素为 6.5 μm，所以在名义轨道高度为 202.15 km 的情况下，空间分辨率接近 0.2 m，瞬时有效扫描宽度为 3 km。然而，25°的倾侧角会增加宽度到 432 km，分辨率只降低 0.3 m。

缺少地面控制点的成像定位精度是由轨道确定精度、姿态估计、读取星历、姿态数据和几何校正时的同步时间决定的。基于遥感卫星装配的装置，GPS 确定的轨道误差为 1.6 m，姿态确定误差为 3.5″，相对于星敏感器的相机定位误差为 1.2″，数值仿真证明超低轨道卫星缺少地面控制点的成像定位精度是 22.6 m，比经典遥感卫星在飞行高度 645 km 情况下的 26.8 m 略好些。不仅如此，姿态估计与轨道确定误差、时间同步精度几个校正相比，仍然是成像定位精度的主要限制。

地面成像的另一个重要指标就是地面重访时间，也称为时间分辨率。在同一纬度的所有目标有着相同的重访时间，重访时间和纬度的关系如图 5-7 所示。

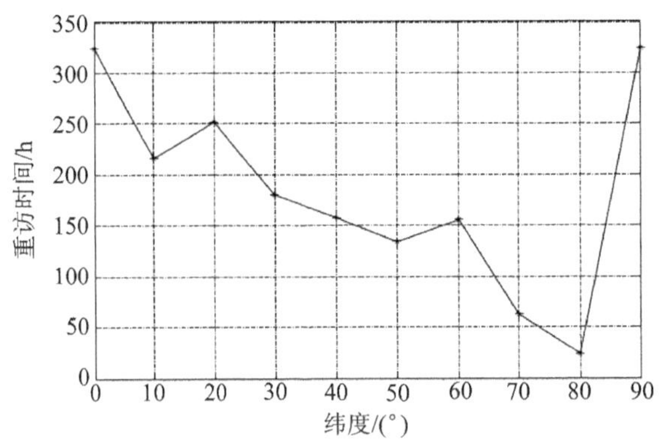

图 5-7 名义轨道对不同纬度的重访时间

5.2.5 气动力的构型设计

超低轨道卫星主要装备有相机、氙气储箱、离子推进器、太阳能电池阵等构件。为了使横向力最小化,卫星应围绕轴向尽可能地对称,沿着 x 轴方向减小气动阻力,具体构型如图 5-8 所示。

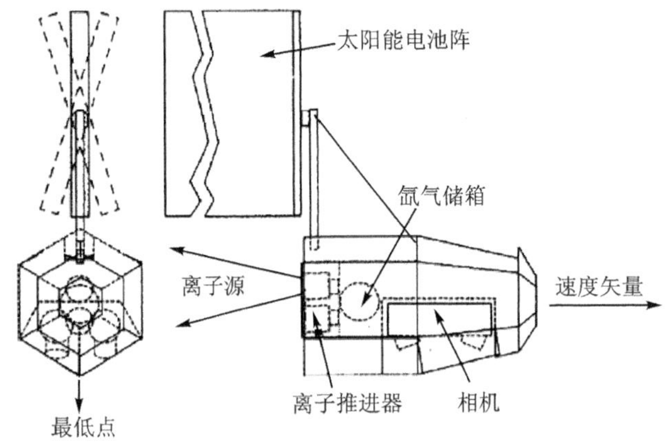

图 5-8 超低轨道卫星结构示意图

当卫星维持在超低轨道上时,可以通过巨大的太阳能帆板提供所需的太阳能。跟基准平台的经典构型相比,为了增强卫星的气动稳定性,气动力中心放置在卫星质心后面横纵比大于 4 处。尾部可动,安定翼安置在卫星后面,这样可以提高功率和效率。当前,超低轨道卫星的著名构型设计可以归类为:滑翔类型(SLATS 和 Skimsat)、弹头类型(Fearn 和 GOCE)。与飞行高度 100 km 以下的航天飞机(X37B)非常不同,超低轨道卫星的动力学原理仍然是天体动力学,机翼产生的升力不足以维持持续的飞行。

SMART-1 的霍尔式推进器装备在卫星尾部。疝气作为推进燃料,可以选择最差的大气阻力,它的值部分由卫星本体和工具的尺寸决定。太阳能电池板用来提供充足的电源,考虑到穿越赤道时间,与速度向量对准。

5.2.6 姿态确定和控制系统的无拖曳控制

姿态确定和控制系统实现轨道控制和姿态控制还有姿态估计,包括执行器、敏感器、计算元件，如图 5－9 所示，而且也是 DFH－3 基准平台上使用的。

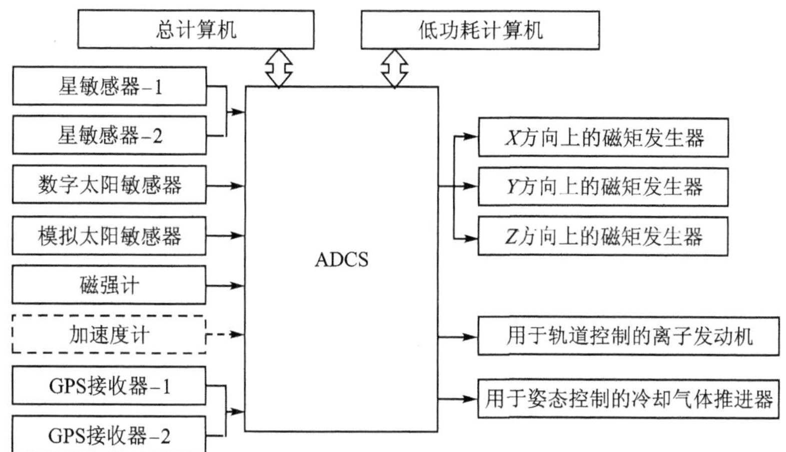

图 5－9　ADCS 的拓扑结构图

超低轨道采用无拖曳姿态控制系统（DFACS），以磁矩作为它的执行器，能提供一个三轴稳定姿态控制。冷却气推力在磁矩的帮助下会作为姿态控制的执行器。

为了补偿阻力，疝气推进的霍尔氏离子发动机采用名义功率 1 350 W 和 83 mN 的力。由于存在加速剂，所以有两种不同的模式。对于无拖曳闭环控制模式，由于加速剂的反馈，高度维持在名义值上；对于开关开环控制模式，发动机有一个从地面加载的开关时间表，在开模式时推力大于阻力的最大值。

应该指出，主要由于日夜循环的影响，阻力在轨道附近也有一定的变化，如果想时刻都能精确地消除这个阻力变化，需要执行器一直保持完全平滑响应，从而去提供一个快速响应。气动阻力在经典坐标系中沿三个轴的预测分量如图 5－10 所示，明显，阻力沿着 y、z 轴有横向分量，这也被 GOCE 卫星证实了。

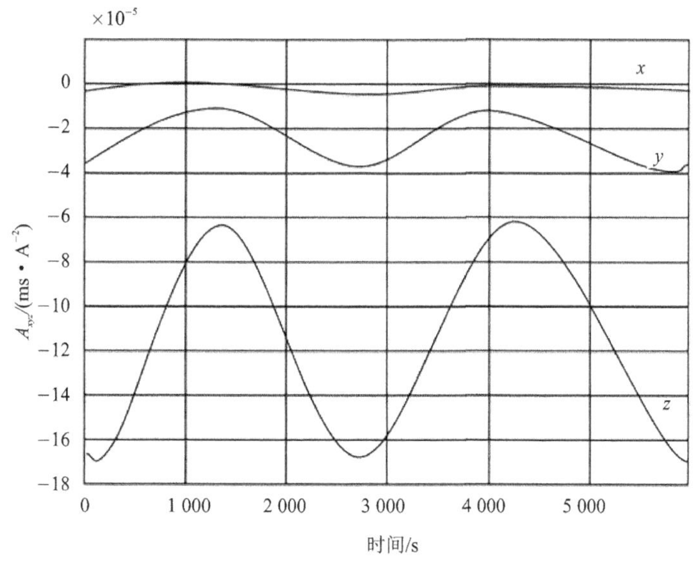

图 5－10　气动阻力在经典坐标系中的预测分量

横向分量的产生是因为大气随着地球有一样的旋转速度，横向分量需要不止一个离子发动机去补偿，这也增加了卫星的成本。一个新颖的解决方案就是定义一个阻力沿着 x 轴方向的坐标系，这种情况下，一个发动机足以补偿。如果姿态角由改进的轨道坐标系定义的话，阻力只沿着 x 轴方向，在 y、z 轴没有分量。改进的坐标系和经典坐标系之间的夹角由沿着 x 轴方向的分离角可以衡量出来，如图 5－11 所示。

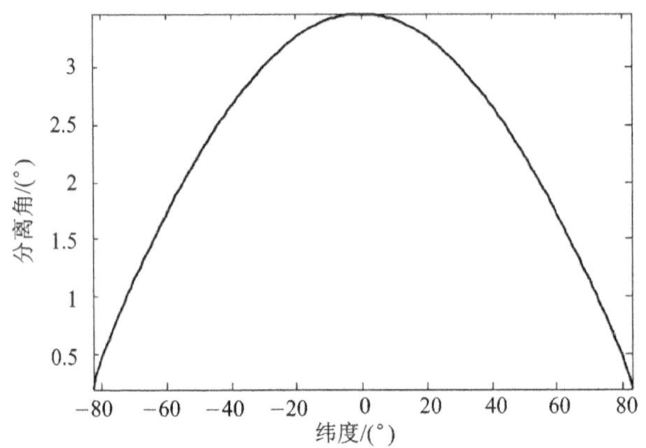

图 5－11　经典坐标系和改进坐标系的夹角

此外，改进的坐标系还有其他优点，如可以修正没有偏航机动的超低轨道卫星的影像，传统的遥感卫星需要偏航机动去保持飞行方向垂直于 CCD 的推扫方向。

5.2.7　任务操作和计划表

事实上，以固定方向指向太阳的太阳同步轨道(SSO)会受到太阳引力的长期摄动，这可能改变它的降交点地方时。当发射卫星时，一种经济的无拖曳闭环控制模式就可以用来抵消倾角。图 5－12 显示了一些抵消倾角的不同影响。三年寿命的情况下，0.04°的倾角抵消更好些。

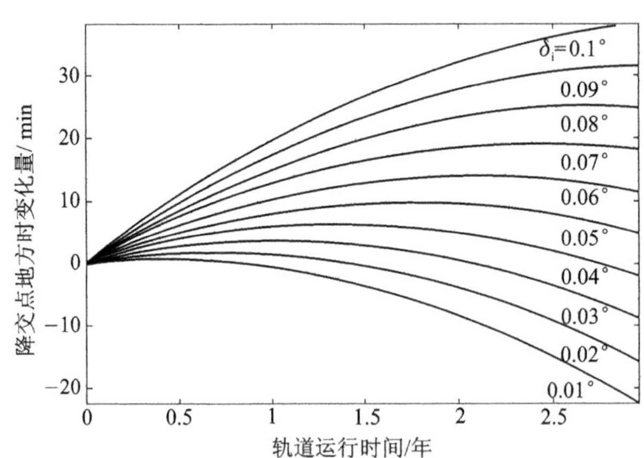

图 5－12　倾角偏置对降交点地方时的影响

对于没有加速计的无拖曳反馈所用的开关开环模式，离子发动机的点火计划取决于 GPS 或地面站的轨道确定。这种模式下，推力取代无拖曳的反馈变化，维持在最大值，所以，在“开”状态下，推力必须大于阻力。从功率供给的观点看，推力必须在有太阳能期间，在下降弧处施加。例如：离子发动机最大为 100 mN，阻力为 10 mN，从地面或 GPS 加载的计划表来看，高度可以维持在一个范围。偏心率在这种模式下与在无拖曳模式下有不同的规律，如图 5－13、图 5－14 所示。

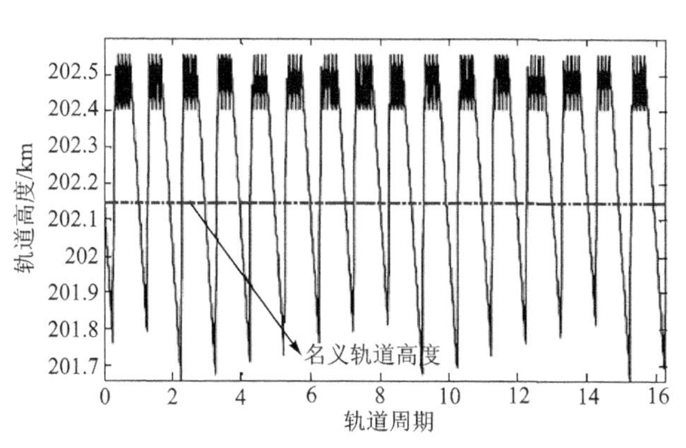

图 5－13　半长轴的时间历程

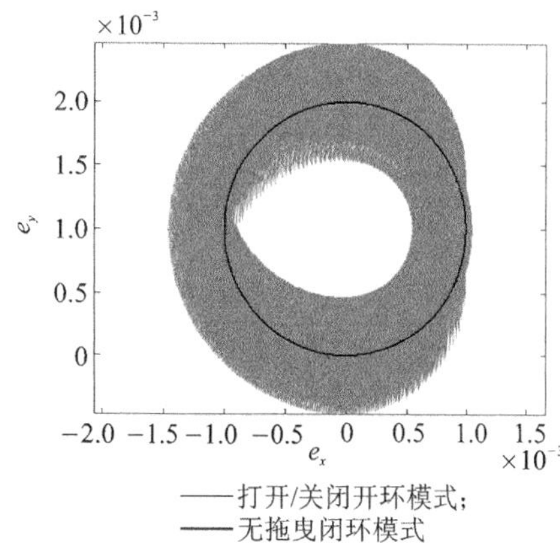

图 5－14　偏心率矢量演化

超低轨道卫星的飞行计划如图 5－15 所示。因为任务开始阶段子系统的试验应用，发射高度应略大于 202.15 km，在高度下降期间，离子发动机 4 次点火，每次持续一周。之后发动机切换到了维持名义高度的正常模式。在任务结束阶段，离子发动机结束工作，卫星坠亡。

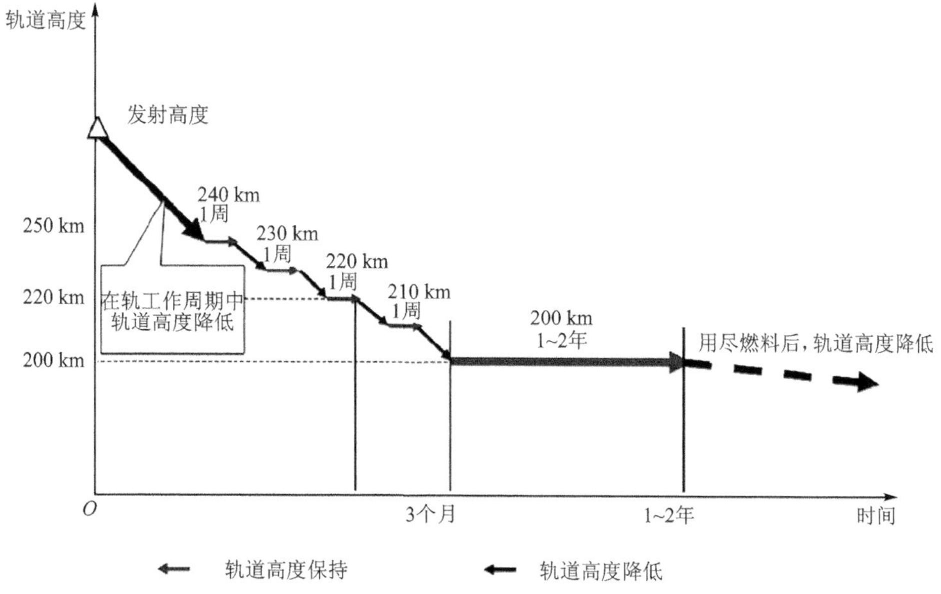

图 5－15　超低轨道卫星的飞行计划表

5.3　全寿命期飞行任务剖面

超低轨道卫星所处的飞行高度位于临界空间范畴，既可像传统的成像卫星获得分辨率更高的影像分辨率，也可以借助气动力实现传统卫星难可企及的跳跃式飞行，更可以在任务需要时返回,再入到地面任何目标点。

基于减少全球覆盖率和立体成像等需要,可考虑发射多组卫星组成星座(此处取 2 组),每组为 2 颗卫星,采用一箭双星模式发射。

超低轨道卫星星座的任务计划表如图 5-16 所示。因为任务开始阶段子系统的试验应用,所以发射高度应略大于 202.15 km,例如在 250 km 高度附近入轨;并且 A/B 组和 C/D 组应选择合适的发射时机以建立 105°升交点赤经差。入轨初期进行各分系统功能测试,并转入编队构型建立模式:从星 A 和 C 达到 230 km 后开机维持高度,而主星 B 和 D 继续降低轨道至 200 km 目标高度;待 15 天左右后,从星关机降至目标轨道,则编队构型建立完毕。若任务需要变换构型,则从星 A 和 C 需通过开机再次将轨道高度提升至 230 km;待 15 天左右后构型重构完毕,再通过关机降至目标高度。

在任务末期或根据地面指令要求,A、B、C 和 D 等星转入过渡段跳跃飞行模式;4 星独立降低轨道高度至 110 km 附近,通过启动偏置无拖曳飞行模式以及攻角的合理控制,实现地面测站难以预测的跳跃轨迹。待任务结束进行再入试验:若要求增加再入航程,则选择助推滑翔式再入;若要求尽快再入,则选择飞船式配平攻角再入。

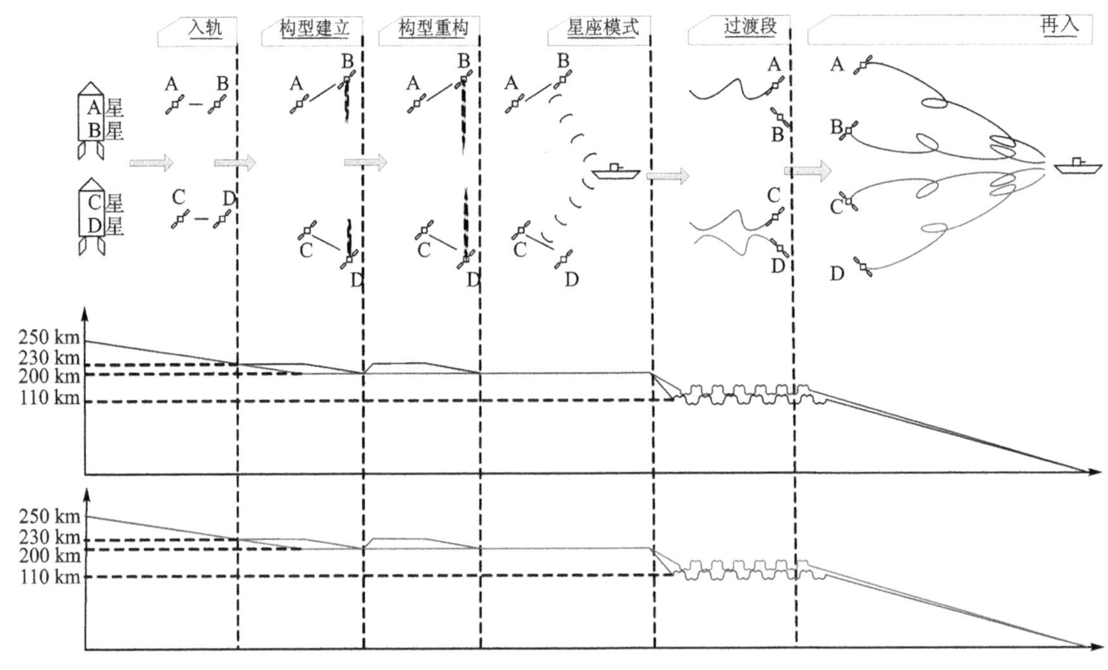

图 5-16 超低轨道卫星星座的任务计划表

5.4 平时段飞行任务设计

5.4.1 全球覆盖的轨道高度设计

与飞行在 500 km 以上的遥感卫星不同,超低轨道卫星对地成像幅宽较小,无法满足遥感卫星普遍采用的对全球任一目标 4 天重访。因此,需要摒弃传统设计方法常采用的"回归轨道"原理，如图 5-17 所示。下面将推导任一轨道高度对地面瞬时覆盖的解析公式，进而得到全球覆盖率随轨道高度变化的遍历关系。

此外，与传统的回归轨道设计方法不同，此处所得到的结果既适用于降轨成像卫星，也适用于全天候覆盖卫星(例如 SAR 卫星)，大致流程如图 5-18 所示。

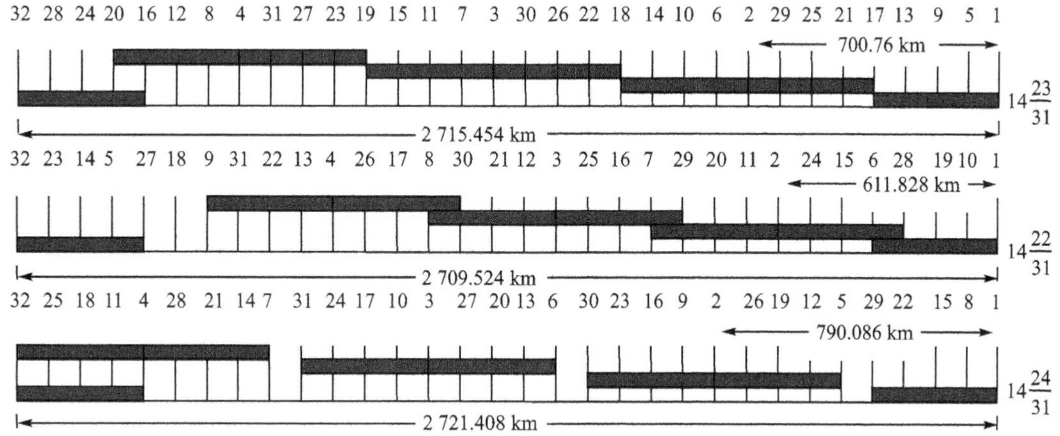

图 5-17　传统卫星重访轨道确定几何关系图

全天候覆盖卫星的重访轨道确定方法，步骤如下：

1) 输入待确定重访轨道的高度范围$[h_1, h_2]$、重访周期 T_{RV}(T_{RV} 为大于或等于 2 的自然数，单位：天)。

2) 在重访周期 T_{RV} 内，计算升轨点、降轨点在当前纬度圈相邻降轨 A、B 上的分布，将所述分布按照由小到大的顺序排列，得到 $2T_{RV}+2$ 维向量 $\boldsymbol{z}$(为方便起见，$\boldsymbol{z}$ 中第 n 个和第 $n+1$ 个分量记为 z_n 和 z_{n+1})；降轨点在相邻降轨 A 和 B 间的分布为

$$x_n = \left\langle \frac{24^{\mathrm{h}}}{T_\Omega} \cdot n \right\rangle \quad (n \text{ 为 } 1,2,\cdots,T_{RV} \text{ 之间的整数})$$

升轨点在相邻降轨 A 和 B 间的分布为

$$y_n = \left\langle \frac{24^{\mathrm{h}}}{T_\Omega} \cdot n + \frac{\varepsilon_1}{\Delta\theta} \right\rangle \quad (n \text{ 为 } 1,2,\cdots,T_{RV} \text{ 之间的整数})$$

式中：T_Ω 为卫星的交点周期，即连续两次经过降轨点(或升交点)的时间(注：赤道上的升轨点、降轨点一般也可称为升交点、降交点)；$\langle\ \rangle$ 为取余函数，即取变量的小数部分；24^{h} 意为 24 小时；ε_1 为相邻降轨之间第一个升轨点的角度坐标，即 $\varepsilon_1 = \left(\left[\frac{\Delta\varphi}{\Delta\theta} \right] + 1 \right) \cdot \Delta\theta - \Delta\varphi$；$\Delta\theta$ 为相邻降轨的角度间隔，即 $\Delta\theta = (\omega_E - \dot{\Omega}) \cdot T_\Omega$，如图 5-19 所示。两次降轨之间存在一次升轨，$\Delta\varphi$ 为该升轨在该纬度圈上的交点(即升轨点)距离第一个降轨点的角度坐标，即

$$\Delta\varphi = 2\pi - \left[\pi + (\pi + 2u) \frac{T_\Omega}{2\pi} \cdot (\omega_E - \dot{\Omega}) \right] = \pi - \left(1 + \frac{2u}{\pi} \right) \frac{T_\Omega}{2} \cdot (\omega_E - \dot{\Omega})$$

式中：u 为卫星的纬度辐角；ω_E 为地球自转角速度；Ω 为升交点赤经；$\dot{\Omega}$ 为升交点赤经漂移率，数值上等于地球公转角速度。

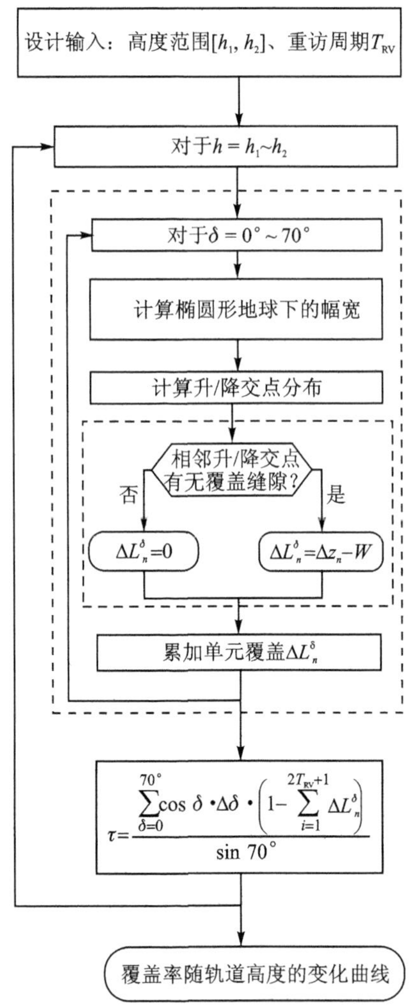

图 5-18　超低轨道飞行的覆盖计算方法流程图

显然，升/降轨点的分布可以表示为 $z=\{0,\ \mathrm{SORT}(x_1, x_2, \cdots, x_{RV}, y_1, y_2, \cdots, y_{RV}),\ 1\}$，其中，SORT 为由小到大方向的排序函数。

A 和 B 的弧段可以充分反映整个纬度圈的覆盖，这样可以有效地减少计算量(14～15 倍)。

3) 判断相邻的升轨点和降轨点之间有没有缝隙。若没有缝隙，则单元覆盖 ΔL_n^δ 记为 0；若存在缝隙，则单元覆盖 ΔL_n^δ 记为 $\Delta z_n - W$。其中，W 为不同时刻载荷有效视场形成的圆锥在当前纬度圈上投影的累积幅宽(单位：(°))，数值上大于瞬时幅宽值；$\Delta z_n = z_{n+1} - z_n$，$n=1, 2, 3, \cdots, 2T_{RV}+1$。当前纬度圈上的幅宽 W 可以采用基于球形地球得到

$$W = 2\arctan\left\{\tan\left[\arcsin\left(\frac{R_e + h}{R_e}\sin\beta\right) - \beta\right] \Big/ \cos\delta\right\}$$

式中：R_e 为地球的赤道半径；h 为轨道高度；δ 为地理纬度。上述计算方法没有考虑地球扁率的影响，也没有考虑载荷有效视场形成的圆锥在不同时刻的累积效果，计算精度较低。

为了提高卫星在不同纬度上覆盖率的计算精度，需要精确知道载荷的有效视场形成的圆锥(显然，该锥角等于载荷的半视角 β)在任一纬度上的覆盖宽度(需要说明的是，该宽度是不

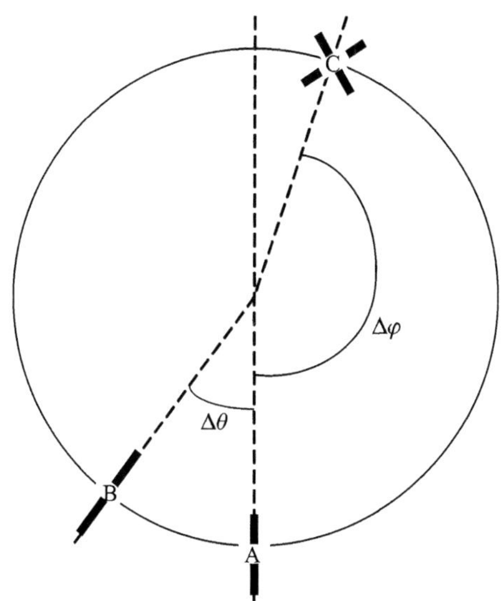

图 5-19　降/升轨点在任一纬度圈上的分布示意图

同时刻载荷视锥在纬度上投影的累积效果，数值上大于瞬时幅宽值）。

下面给出一种幅宽 W 的计算方法。

视锥在垂直飞行方向的边缘点可以认为是卫星侧摆角（其数值等于上述载荷的半视角 β）形成的摄影点，如图 5-20 所示。在球形地球模型下，该摄影点与星下点对地心的张角为 γ，表达式为

$$\gamma = \arcsin\left(\frac{R_e + h}{R_e}\sin\beta\right) - \beta$$

则摄影点的经纬度可按照如下坐标转换实现：

$$I \xrightarrow{R_z(\Omega)} \bigcirc \xrightarrow{R_x(i)} \bigcirc \xrightarrow{R_z(u)} \bigcirc \xrightarrow{R_y(-\gamma)} L$$

式中：I 为惯性坐标系，x 轴指向春分点；L 为以摄影点为原点的“东—北—天”坐标系。

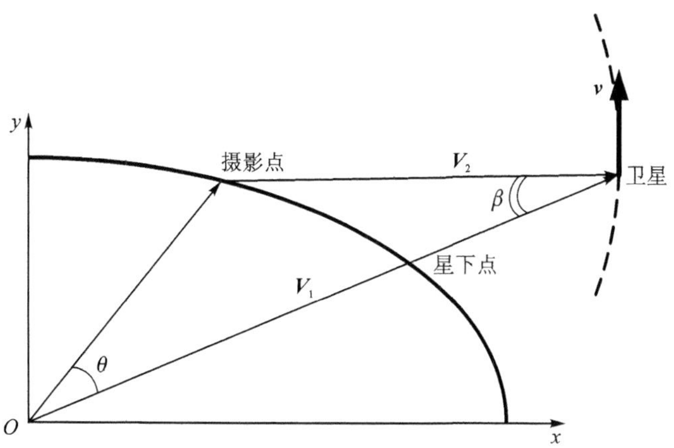

图 5-20　卫星侧摆形成的摄影点位置几何关系图

展开上述坐标转换，可得摄影点的经纬度（δ，λ）为

$$\begin{cases}\cos(\lambda-\Omega+\alpha_G)=\dfrac{1}{\cos\delta}\cos u\cdot\cos\gamma\\ \sin(\lambda-\Omega+\alpha_G)=\dfrac{1}{\cos\delta}(\cos i\cdot\sin u\cdot\cos\gamma-\sin i\cdot\sin\gamma)\\ \sin\delta=\sin u\cdot\cos\gamma\cdot\sin i+\sin\gamma\cdot\cos i\end{cases}$$

式中：i 为轨道倾角；α_G 为格林尼治赤经；R_e 为地球的赤道半径；h 为轨道高度。

需要说明的是，上述摄影点的计算仅针对球形地球，需要扩展到更为复杂的地球模型。显然，在任何地球模型下，都有如下关系存在：

① 单位矢量 $\boldsymbol{V}_1$ 和 $\boldsymbol{V}_2$ 的夹角恒为 β。

② $\boldsymbol{V}_2$ 和卫星速度的单位矢量 $\boldsymbol{v}$ 垂直。

令 $f(\delta,\lambda)=\arccos(\boldsymbol{V}_1\cdot\boldsymbol{V}_2)-\beta$ 和 $g(\delta,\lambda)=\arccos(\boldsymbol{v}\cdot\boldsymbol{V}_2)-90°$，则应对 (δ,λ) 加以修正，使得函数 f 和 g 的数值为零。其中，$\boldsymbol{V}_1$ 为由地心到卫星的单位矢量，$\boldsymbol{V}_2$ 为由摄影点到卫星的单位矢量，$\boldsymbol{v}$ 为卫星在地心惯性坐标系下速度的单位矢量。

基于球形地球得到 (δ_0,λ_0) 具有良好的近似，可以作为迭代修正的初值。当然，初值的确定可以根据经验等确定，采用上述方式确定后可以减少迭代时间。

设修正量分别为 $\Delta\delta$ 和 $\Delta\lambda$，则修正结果应满足：

$$\begin{cases}f(\delta_0+\Delta\delta,\lambda_0+\Delta\lambda)=f(\delta_0,\lambda_0)+\dfrac{\partial f}{\partial\delta}\Delta\delta+\dfrac{\partial f}{\partial\lambda}\Delta\lambda=0\\ g(\delta_0+\Delta\delta,\lambda_0+\Delta\lambda)=g(\delta_0,\lambda_0)+\dfrac{\partial g}{\partial\delta}\Delta\delta+\dfrac{\partial g}{\partial\lambda}\Delta\lambda=0\end{cases}$$

从而可得

$$\begin{bmatrix}\Delta\delta\\ \Delta\lambda\end{bmatrix}=-\begin{bmatrix}\dfrac{\partial f}{\partial\delta} & \dfrac{\partial f}{\partial\lambda}\\ \dfrac{\partial g}{\partial\delta} & \dfrac{\partial g}{\partial\lambda}\end{bmatrix}^{-1}\cdot\begin{bmatrix}f(\delta_0,\lambda_0)\\ g(\delta_0,\lambda_0)\end{bmatrix}$$

从而 (δ_0,λ_0) 可以更新为 $(\delta_0+\Delta\delta,\lambda_0+\Delta\lambda)$。

由 (δ,λ) 的更新值，可以计算函数 $f(\delta,\lambda)$、$g(\delta,\lambda)$ 以及 $\Delta=\sqrt{f(\delta,\lambda)^2+g(\delta,\lambda)^2}$；若 Δ 仍大于误差允许值（一般地，该值可取 10^{-10}），则应以上次更新数值 $(\delta_0+\Delta\delta,\lambda_0+\Delta\lambda)$ 作为下一次修正初值，进行反复迭代修正直至 Δ 满足误差要求。

根据上述迭代策略得到有效视场锥体边缘点在任意时刻的经纬度，通过一个轨道周期内的计算，可以得到视锥两个边缘点在不同纬度变化的数值，根据这两个摄影点在同一纬度上的差值即可计算视场圆锥在该纬度上的覆盖宽度，即幅宽 W(°)。

4）累加纬度在[0°, 70°]间变化的单元覆盖是 ΔL_n^δ，并得到全球覆盖率 τ，即

$$\tau=\frac{\sum\limits_{\delta=0}^{70°}\cos\delta\cdot\Delta\delta\cdot\left(1-\sum\limits_{n=1}^{2T_{RV}+1}\Delta L_n^\delta\right)}{\sin 70°}$$

式中：δ 为地理纬度(°)；$\Delta\delta$ 为地理纬度的计算间隔（一般地，该值可取 0.5°，并在计算 τ 时换算为弧度）。对于一般的应用卫星，所关心的区域在 −70°～70° 之间，故累加计算取至 70°。

5）重复步骤 2）～4），遍历计算 $[h_1,h_2]$ 范围轨道的全球覆盖率，得到覆盖率随轨道高度的变化曲线。

在视场角 20°的情况下，地面覆盖率和变化范围为 190～250 km 的高度上的关系有以下结论：

① 有 7 个峰值高度有更好的覆盖范围：202.15 km、212 km、216 km、224.5 km、233 km、238 km 和 250 km。

② 212 km 附近有最低的重访周期 12 天，但是对它的 211.9～212.1 km 很窄的变化范围来说很不稳定。

③ 202.15 km 和 216 km 附近分别有 0.7 km 和 0.5 km 的变化范围。

④ 第一个峰值 202.15 km 没有其他峰值那么敏感，而且和最小可行高度 192.1 km（详见《卫星总体方案概念论证报告》）很接近，所以可以作为超低轨道卫星的名义高度。

本小节方法与现有技术相比有益效果为：

① 本小节通过考察升/降交点的分布顺序随地理纬度变化的规律，可针对双轨覆盖卫星进行重访轨道设计，弥补现有方法只可以对单轨覆盖进行设计的不足。

② 本小节通过遍历整个轨道高度来分析全球覆盖率，并得到“覆盖率随轨道高度的变化曲线”，从而更有利于总体设计师进行高度的权衡选择；基于该曲线可进行启发式设计，避免现有设计方法容易遗漏部分轨道的问题。

③ 本小节精确计算了载荷视锥的覆盖宽度（即幅宽），既适用于短重访周期的轨道，也适用于长重访周期的轨道；不会出现现有方法随重访周期增加、列举难度上升的问题。

④ 通过考察“覆盖率随轨道高度的变化曲线”的斜率，可以方便地分析出重访特性对高度变化的敏感度，从而为轨控策略的设计提供依据。

5.4.2　高精度倾角预偏置设计

事实上，以固定方向指向太阳的太阳同步轨道（SSO）会受到太阳引力的长期摄动，这可能改变它的降交点地方时。当发射卫星时，一种经济的无拖曳闭环控制模式用来抵消倾角。与太阳同步轨道倾角偏置的现有方法采用解析求解不同，本小节将建立倾角和升交点赤经长期项和长周期项的常微分方程进行离线数值求解；相对于传统设计，本小节所提出的方法对太阳引力具有更好的抑制作用。

首先通过太阳同步轨道倾角初值的修正值 Δi 对太阳同步轨道倾角初值 i_0 进行修正；根据太阳同步轨道的定义，得到太阳同步轨道倾角初值的修正值 Δi，即

$$\Delta i=\frac{n_s-\dot{\Omega}(i_0)}{\ddot{\Omega}(i_0)}$$

式中：i_0 为太阳同步轨道倾角初值；n_s 为地球在惯性空间中绕太阳公转的平均角速度；由于 J_2 和 J_4 的影响，因此太阳同步轨道升交点赤经的摄动为

$$\dot{\Omega}=-\frac{3}{2}J_2\left(\frac{R_e}{a}\right)^2 n\cos i_0\left\{1-\frac{1}{4}J_2\left(\frac{R_e}{a}\right)^2\times(4-19\cos^2 i_0)+\frac{5J_4}{8J_2}\left(\frac{R_e}{a}\right)^2(3-7\cos^2 i_0)\right\}$$

对其求一次导数，得到

$$\ddot{\Omega}=\frac{3}{2}J_2\left(\frac{R_e}{a}\right)^2 n\sin i_0$$

式中：n 为卫星运转角速度；R_e 为地球赤道半径；a 为卫星轨道半长轴；J_2 与 J_4 均为地球引力势的低阶谐系数。

令带有倾角偏置量的太阳同步轨道升交点赤经的摄动 $\dot{\Omega}$ 等于地球在惯性空间中绕太阳公转的平均角速度 n_s，可得到太阳同步轨道倾角初值 i_0。表达式如下：

$$i_0 = \arccos \frac{n_s}{-\frac{3}{2}J_2\left(\frac{R_e}{a}\right)^2 n}$$

式中：n_s 为地球在惯性空间中绕太阳公转的平均角速度；n 为卫星运转角速度；R_e 为地球赤道半径；a 为卫星轨道半长轴。太阳同步轨道倾角初值的修正通过公式 $i_{0(k+1)} = i_{0(k)} + \Delta i_{(k)}$ 来实现，则

$$i_{0(k+1)} = i_{0(k)} + \frac{n_s - \dot{\Omega}(i_{0(k)})}{\ddot{\Omega}(i_{0(k)})}$$

式中：$i_{0(k+1)}$ 为第 $k+1$ 次迭代得到的轨道倾角初值，$i_{0(0)} = \arccos \frac{n_s}{-\frac{3}{2}J_2\left(\frac{R_e}{a}\right)^2 n}$ 为第 0 次迭代值，精度为 10^{-10}。无倾角偏置情况下，轨道倾角初值未经过修正和经过修正的轨道降交点地方时变化量对比曲线。

接下来，通过建立常微分方程得到卫星寿命期内 t 时刻的轨道倾角和轨道升交点赤经，并得到 t 时刻对应的降交点地方时的变化量。

① 建立常微分方程：

$$\begin{aligned}\dot{i} = &\frac{3n_s^2}{8n}\cos i \sin i^*(1+\cos i^*)\sin(2u^* - \Omega) + 2\sin i^* \cos i^* \sin\Omega + \\ &\sin i^*(1-\cos i^*)\sin(2u^* + \Omega) - \frac{3n_s^2}{16n}\sin i[(1+\cos i^*)^2\sin(2u^* - 2\Omega) - \\ &2\sin^2 i^* \sin 2\Omega - (1-\cos i^*)^2\sin(2u^* + 2\Omega)]\end{aligned}$$

$$\begin{aligned}\dot{\Omega} = &-\frac{3}{2}J_2\left(\frac{R_e}{a}\right)^2 n\cos i\left[1 - \frac{1}{4}J_2\left(\frac{R_e}{a}\right)^2 \times (4 - 19\cos^2 i) + \frac{5J_4}{8J_2}\left(\frac{R_e}{a}\right)^2(3 - 7\cos^2 i)\right] - \\ &\frac{J_3}{2J_2}\left(\frac{R_e}{a}\right)\frac{\cos i}{\sin i}\dot{e}_y + \frac{3n_s^2}{2n}\cos i\left[\frac{3}{2}\sin^2 i - 1 + \frac{1}{8}(1+\cos i^*)^2\cos(2u^* - 2\Omega)\right]\end{aligned}$$

$$\dot{e}_y = 0.001\ 1\dot{\omega}\cos\left(-\frac{2}{2} + \dot{\omega}t\right)$$

式中：Ω 为太阳同步轨道升交点赤经；n_s 为地球在惯性空间中绕太阳公转的平均角速度；i^* 为黄道倾角；u^* 为太阳的平黄经；$\dot{\omega}$ 为轨道近地点幅角的摄动，$\dot{\omega} = \frac{3}{2}J_2\left(\frac{R_e}{a}\right)^2 n\left(2 - \frac{5}{2}\sin^2 i\right)$，轨道升交点赤经初值为 Ω_0（$\Omega_0 = \alpha_{h0} + 15\ T_{d0}$，$\alpha_h$ 为太阳赤经，T_{d0} 为降交点地方时）；$\dot{e}_y$ 为轨道在 y 轴上的偏心率的变化率，轨道在 y 轴上偏心率的初值取为 0；$\dot{i}$ 为轨道倾角变化率；i 为轨道倾角；J_3 和 J_4 为地球引力势的低阶谐系数；R_e 为地球赤道半径；a 为卫星轨道半长轴。

② 求解①中建立的常微分方程，得到卫星寿命期内的 t 时刻太阳同步轨道倾角 $i(t)$ 和 t 时刻太阳同步轨道升交点赤经 $\Omega(t)$；采用 4 阶 Runge - Kutta 方程求解①中的常微分方程，具体如下：

令

$$y=\begin{bmatrix} i \\ \Omega \\ e \end{bmatrix}$$

则

$$\dot{y}=f(t,y) \quad (0<t<3\times 86\ 400)$$

以及积分初值为

$$y(0)=\begin{bmatrix} i_0+\Delta i \\ \alpha_{h0}+15T_{d0} \\ 0 \end{bmatrix}$$

取步长 $h=0.1$，根据 4 阶 Runge－Kutta 方程得到卫星寿命期内的 t 时刻太阳同步轨道倾角 $i(t)$ 和 t 时刻太阳同步轨道升交点赤经 $\Omega(t)$。

由于采用②中 4 阶 Runge－Kutta 方程求解时，绝对误差和相对误差一般取为 10^{-5}，为了提高精度，这里取绝对误差和相对误差均为 10^{-10}，太阳同步轨道降交点地方时的变化量为

$$\Delta T_d=4\left[\Omega(t)-(\alpha_h(t)+15T_{d0})\right] \quad (\text{单位为 min})$$

确定卫星寿命期终止时轨迹漂移方向，判断无倾角偏置量情况下卫星寿命期结束时轨道降交点地方时变化量的正负。若为正，太阳同步轨道向东漂移，则太阳同步轨道倾角的偏置量为负；若为负，太阳同步轨道向西漂移，则太阳同步轨道倾角的偏置量为正。

遍历[0.0°，0.1°]范围内，步长为 0.000 1°的倾角偏置量，分别与步骤①中得到的修正后太阳同步轨道倾角初值相加作为具有倾角偏执量的轨道初值，随后通过步骤②得到卫星寿命期内 t 时刻降交点地方时的变化量，并找出变化量绝对值的最大值；按顺序排列成向量，找出向量中的最小值，即为太阳同步轨道最接近实际(高精度)的倾角偏置量。

由此，通过得到的高精度的倾角偏置量代入卫星(太阳同步)轨道方程，修正由(太阳同步)轨道倾角变化引起的(太阳同步轨道)轨迹漂移，便有效地提高了轨道控制能力。

下面以名义轨道高度 202.15 km、降交点地方时初值为 10.5 h 的太阳同步轨道为例，对本方法做进一步说明。卫星的寿命期为 3 年，时间基准为 2011 年 1 月 1 日中午 12 时。

基于现有的太阳同步轨道的倾角偏置设计方法计算得到轨道倾角为 98.158 7°，而基于本小节方法计算得到轨道倾角为 98.183 1°。仅考虑地球非球形摄动，现有方法得到的太阳同步轨道不能保持其降交点地方时，3 年末期漂移达到 13.1 min；而本小节方法得到的太阳同步轨道，可将降交点地方时在 3 年内漂移维持在 0.4 min 以内。

基于修正后的轨道倾角初值 $i_0=98.183\ 1°$，分别应用到现有方法与本小节方法中，考虑地球非球形摄动以及太阳引力摄动，根据 HPOP@STK 模型计算得到降交点地方时在 3 年末期漂移为－36 min；改进前降交点地方时计算模型预测漂移为－30.25 min，预测误差约为 5 min；而采用本小节方法预测漂移为－35.332 min，预测误差为 0.668 min。

图 5－21 给出了本小节方法整体流程图。图 5－22 给出无倾角偏置情况下现有方法和本小节方法的轨道降交点地方时变化量曲线。

图 5－23 和图 5－24 分别给出了本小节方法及现有方法得到的轨道降交点地方时变化量曲线，其中粗线为最佳倾角偏置量。由基于 MATLAB 的 STK 仿真结果可以看出：基于本小节方法(迭代法)的对轨道倾角初值的修正与现有算法相比，可以更好地维持降交点地方时(维持降交点地方时是太阳同步轨道的要求)；基于本小节方法的预测漂移(预测漂移就相当于求倾角偏置量，因为倾角变化会引起轨迹漂移)，精度远远高于现有方法的预测漂移精度。

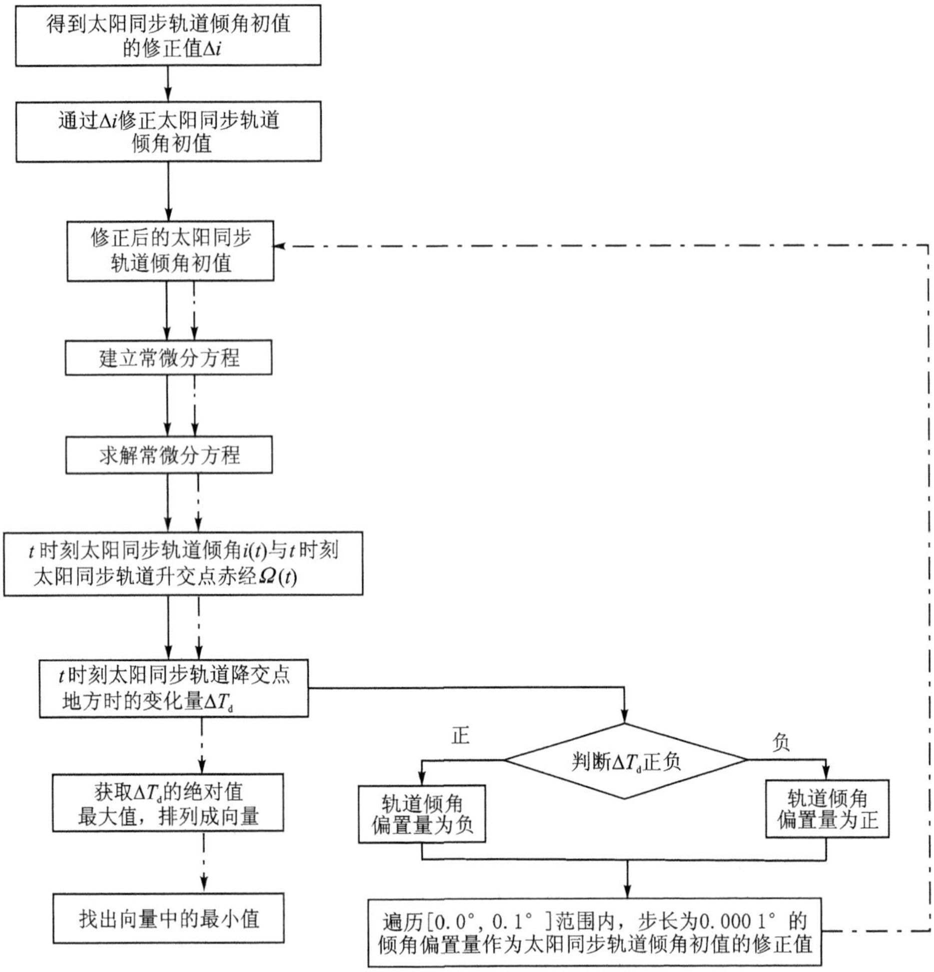

得到太阳同步轨道倾角初值的修正值Δi

通过Δi修正太阳同步轨道倾角初值

修正后的太阳同步轨道倾角初值

建立常微分方程

求解常微分方程

t时刻太阳同步轨道倾角$i(t)$与t时刻太阳同步轨道升交点赤经$\Omega(t)$

t时刻太阳同步轨道降交点地方时的变化量ΔT_d

获取ΔT_d的绝对值最大值，排列成向量

找出向量中的最小值

判断ΔT_d正负

正

负

轨道倾角偏置量为负

轨道倾角偏置量为正

遍历[0.0°, 0.1°]范围内，步长为0.000 1°的倾角偏置量作为太阳同步轨道倾角初值的修正值

图 5－21　本小节方法整体流程图

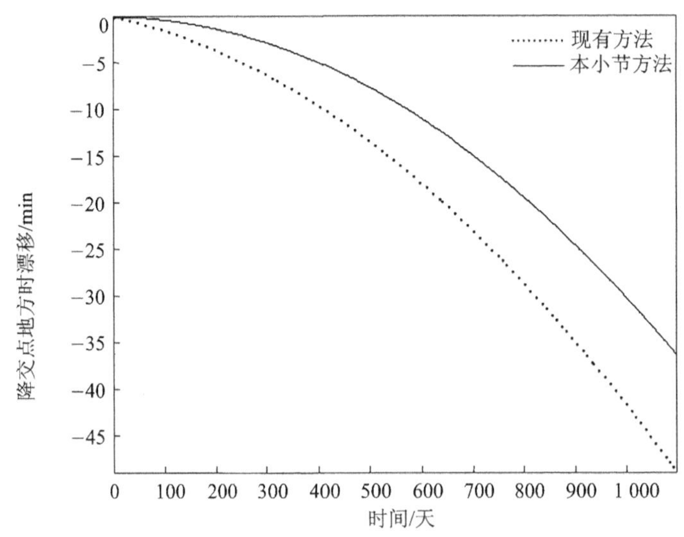

图 5－22　无倾角偏置情况下轨道降交点地方时变化量曲线

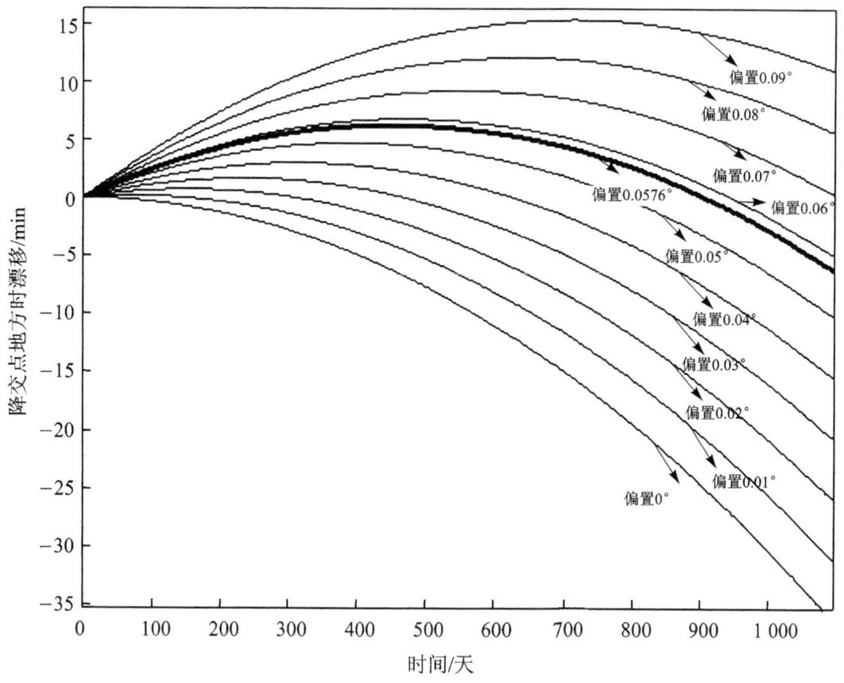

注：粗线为最佳倾角偏置量。

图 5-23　本小节方法得出的轨道降交点地方时变化量曲线

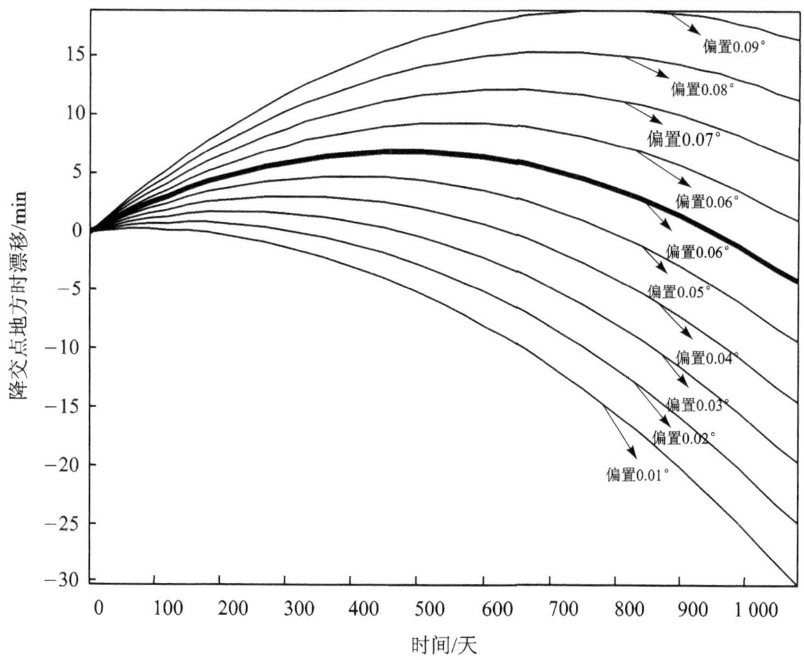

注：粗线为最佳倾角偏置量。

图 5-24　现有方法得出的轨道降交点地方时变化量曲线

5.5 过渡段飞行任务设计——水漂式飞行机理及控制策略

大气阻力作用下超低飞行的轨道高度会逐渐衰减，依靠离子推进的全无拖曳补偿可将高度维持在一定范围内；然而从应用角度考虑，卫星在全无拖曳控制作用下的运动轨迹等同于地球非球形摄动作用下的保守运动，可完全被地面测控站探知。从地面雷达探知飞行器的原理，卫星在有限时间（或空间）内高频次地改变轨道高度（即"跳跃式"飞行），则卫星被检测到的概率就越小。本节将探讨如何通过部分补偿气动阻力使飞行器在超低轨道呈跳跃式飞行。

5.5.1 超低轨道分类

在无推力条件下，为了更好地研究升力系数与阻力系数对跳跃特性的影响，本次仿真阻力系数 C_D 取 0～0.5，升力系数取 0～1，仿真时间为 17 个周期，当高度降到 10 km 时终止仿真。在此过程中记录飞行高度的跳跃特性，引入曲率来计算高度进行跳跃的个数。也就是在光滑的轨迹仿真过程中，不断记录每时每刻仿真点的曲率值，当有个别点的前一刻和后一刻曲率值符号相反时，记录为一个跳跃点。最后得到仿真结果如图 5-25 所示。

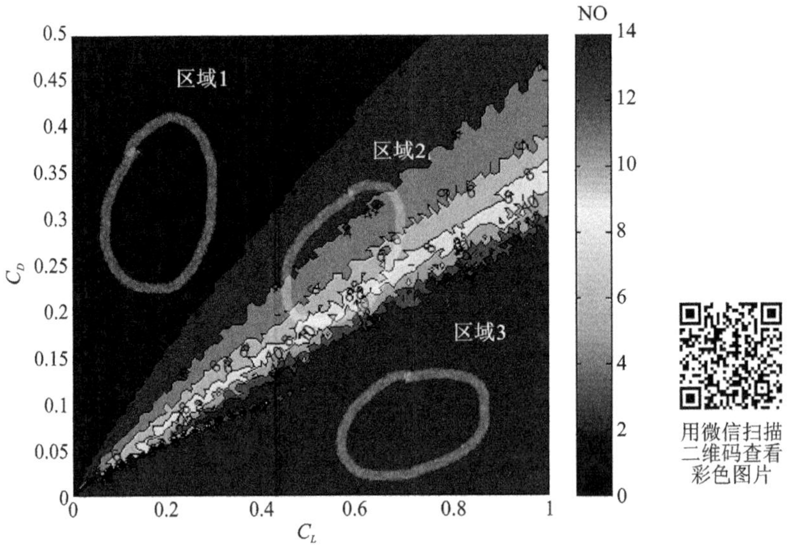

图 5-25 跳跃特性

图 5-25 中横坐标为升力系数，纵坐标为阻力系数，彩色区域代表跳跃的个数。在仿真中，为了画图方便，当跳跃个数超过 14 时都记为 14，也就是说，图中大面积深红色区域的跳跃个数为 14 个以上。

由图 5-25 可知，当阻力系数不变，逐渐增大升力系数时，飞行器的跳跃特性会逐渐增强；当升力系数不变，逐步增大阻力系数时，飞行器的跳跃特性会逐渐减弱，这与飞行器受力分析得到的结论也是一致的。在图中深蓝色及蓝色区域 1，飞行器只有 0～2 个跳跃，这样的跳跃规律类似飞船的再入轨迹；而在中间区域 2，跳跃个数达到 4～10 个，类似助推-滑翔式弹道；在下面的红色及深红色区域 3，飞行器进行了大量的跳跃，可以视为偏无拖曳控制下的飞行轨迹。在最深红色区域 3 中，取升阻力系数非常小(0 或接近 0 的区域)，对这部分区域的参数重新仿真。

在图 5 - 26 中可以看到，当阻力系数非常小时，随着升力系数增大，高度轨迹发生了大量的跳跃。实际上，此时如果升力系数也比较小，高度仍然是衰减的；但如果阻力已经很大，飞行器尽管有跳跃现象，高度仍是不断增加的。是否有合适的升力系数，当阻力系数为零时，飞行器可以不断地跳跃，同时又保持在一个固定的高度范围内，即形成不断“跳跃”状飞行轨迹？下一小节将引入偏无拖曳控制进行研究。

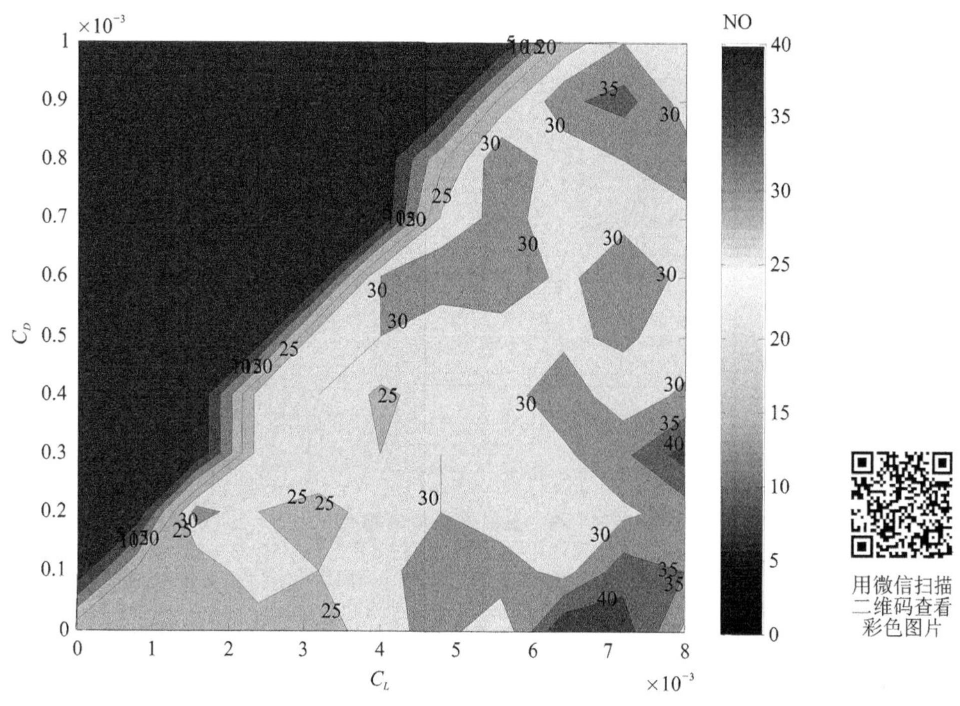

图 5 - 26　小阻力系数跳跃特性

5.5.2　基于偏无拖曳控制的超低轨道

1. 偏无拖曳控制实现

本小节介绍一种对无拖曳卫星进行干扰补偿的方法，更特别地说，这是一种补偿部分超低轨道卫星所受到的非保守力的方法，是一种区别于现有无拖曳控制的方法，即偏无拖曳控制方法。

传统的无拖曳控制一般有两种控制模式，分别是位移控制模式和加速度计控制模式。图 5 - 27 和图 5 - 28 分别为这两种控制模式的原理。在加速度计模式下，质量块悬浮控制器利用位置敏感器得到质量块相对于卫星本体中心的位置偏差，控制质量块跟踪卫星本体，实现质量块质心与卫星本体中心的重合，所需的力便称为卫星本体所受干扰加速度的度量。

为了使无拖曳卫星控制系统在超低轨道下受到的干扰最小，本小节在原无拖曳控制技术的基础上提出了一种新的控制技术，即偏无拖曳卫星控制。为了实现偏无拖曳控制，本小节设计了在超低轨道补偿非保守力时，只补偿气动力在轨道坐标系下 x 轴的分量，保留 z 轴和 y 轴的气动力，并将 z 轴和 y 轴的气动力作为升侧力，即 z 轴和 y 轴的气动力成为一种类似引

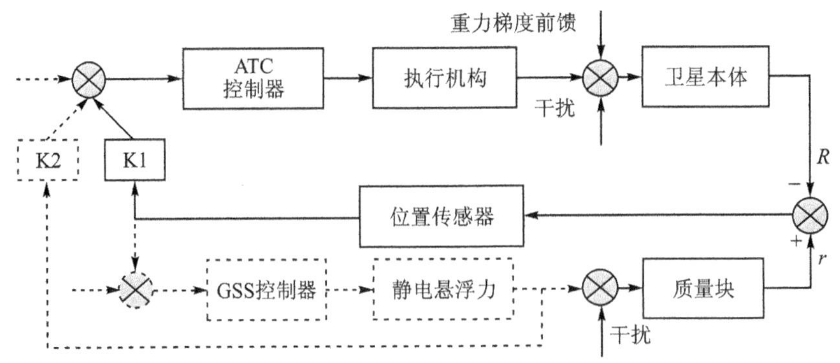

图 5－27　位移控制模式

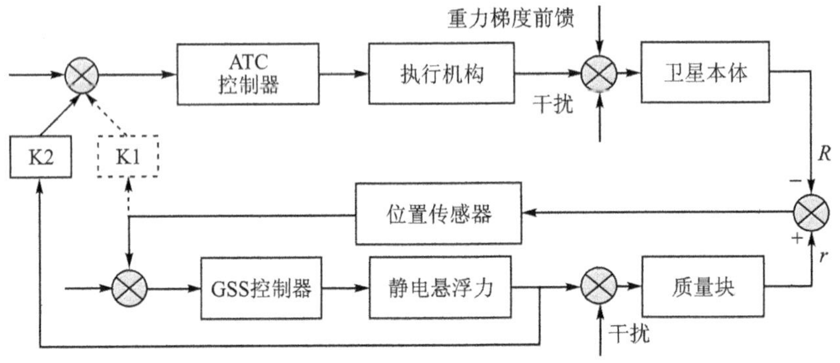

图 5－28　加速度计控制模式

力的摄动，此时可以保证超低轨道稳定的高度范围。下面将介绍偏无拖曳控制的具体实现方法。

首先，获取飞行器在气流坐标系 $O_1x_ay_az_a$ 下受到的气动力 $[f_x^a, f_y^a, f_z^a]$，其中 f_x^a 为气流坐标系 x 轴受到的力，f_y^a 为气流坐标系 y 轴受到的力，f_z^a 为气流坐标系 z 轴受到的力。在考虑攻角 α 不考虑侧滑角 β 的情况下，利用气流坐标系到本体坐标系的转换矩阵 $\boldsymbol{L}_{ba}$ 将所述的 $[f_x^a, f_y^a, f_z^a]$ 转换到本体坐标系 $O_1x_1y_1z_1$ 下表达，记为 $[f_x^b, f_y^b, f_z^b]$，且 $[f_x^b, f_y^b, f_z^b] = \boldsymbol{L}_{ba}[f_x^a, f_y^a, f_z^a]$，$f_y^b=0$。这里的 $\boldsymbol{L}_{ba}$ 用 α 与 β 的 3×3 矩阵表示：

$$\boldsymbol{L}_{ba} = \begin{bmatrix} \cos\alpha\cos\beta & -\cos\alpha\sin\beta & -\sin\alpha \\ \sin\beta & \cos\beta & 0 \\ \sin\beta\cos\beta & -\sin\alpha\sin\beta & \cos\alpha \end{bmatrix}$$

其次，利用本体坐标系到轨道坐标系的转换矩阵 $\boldsymbol{L}_{ob}$，把在本体坐标系 $O_1x_1y_1z_1$ 下受到的力 $[f_x^b, f_y^b, f_z^b]$ 转换到第一轨道坐标系 $Ox_oy_oz_o$ 下表达，记为 $[f_x^o, f_y^o, f_z^o]$，即 $[f_x^o, f_y^o, f_z^o] = \boldsymbol{L}_{ob}[f_x^b, f_y^b, f_z^b]$。其中 $\boldsymbol{L}_{ob} = \boldsymbol{L}_{oo'}\boldsymbol{L}_{o'b}$，$\boldsymbol{L}_{oo'}$ 为第二轨道坐标系到第一轨道坐标系的转换矩阵，$\boldsymbol{L}_{o'b}$ 为本体坐标系到第二轨道坐标系的转换矩阵。由坐标系转换可知：

$$\boldsymbol{R}_{o'o} = \boldsymbol{L}_x(-\pi/2)\boldsymbol{L}_z(\pi/2)$$

$$\boldsymbol{R}_{bo'} = \boldsymbol{L}_y(\theta)\boldsymbol{L}_x(\varphi)\boldsymbol{L}_z(\psi)$$

$$= \begin{bmatrix} \cos\theta\cos\varphi - \sin\theta\sin\varphi\sin\psi & \cos\theta\sin\psi + \sin\theta\sin\varphi\cos\psi & -\sin\theta\cos\varphi \\ -\cos\varphi\sin\psi & \cos\varphi\cos\psi & \sin\varphi \\ \sin\theta\cos\psi + \cos\theta\sin\varphi\sin\psi & \sin\theta\sin\psi - \cos\theta\sin\varphi\cos\psi & \cos\theta\cos\psi \end{bmatrix}$$

这样可以求出 $\boldsymbol{L}_{ob}$，简化记为

$$\boldsymbol{L}_{ob} = \begin{bmatrix} L_{11}^{ob} & L_{12}^{ob} & L_{13}^{ob} \\ L_{21}^{ob} & L_{22}^{ob} & L_{23}^{ob} \\ L_{31}^{ob} & L_{32}^{ob} & L_{33}^{ob} \end{bmatrix}$$

最后，偏无拖曳实现的目标为飞行器受到气动力在第一轨道坐标系 x 轴上的分量 $f_x^o = 0$，即

$$L_{11}^{ob}(f_x^b + f_{补}) + L_{12}^{ob} f_y^b + L_{13}^{ob} f_z^b = L_{11}^{ob}(f_x^b + f_{补}) + L_{13}^{ob} f_z^b = 0$$

式中：$f_{补}$ 为执行机构上推进器补偿的补偿力。当 f_x^b 和 f_z^b 由安装在本体坐标系 x 轴和 z 轴方向的加速度计测量得出，且满足 $L_{11}^{ob}(f_x^b + f_{补}) + L_{13}^{ob} f_z^b = 0$ 时，补偿在执行机构上的推进器的补偿力 $f_{补} = -\dfrac{L_{13}^{ob} f_z^b}{L_{11}^{ob}} - f_x^b$，就实现了偏无拖曳控制。

2. 仿真结果及分析

考虑地球 J_2 项非球形引力场下，根据以上仿真条件及偏无拖曳控制原理，选取合适的升力系数，得到飞行器飞行特性，如图 5－29 所示。

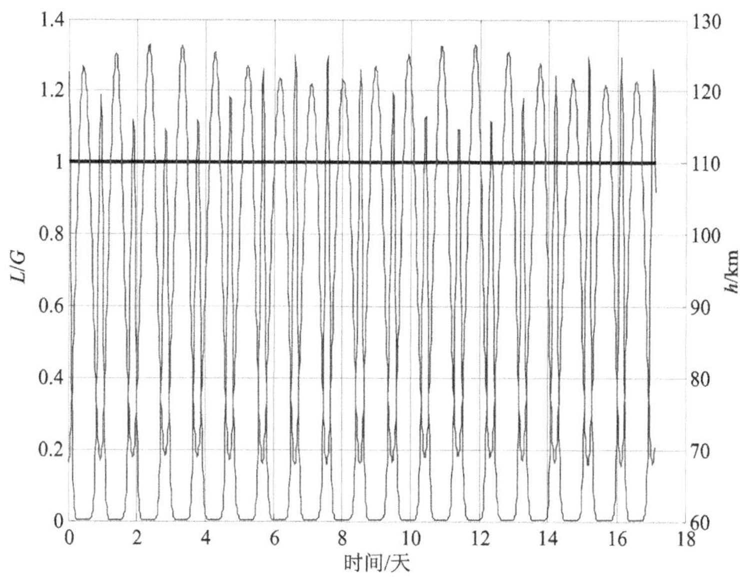

L—升力，G—引力。注：蓝线为 L/G 的时间历程，绿线为轨道高度的时间历程。

图 5－29　轨道高度和 L/G 的时间历程

由受力分析可知，在补偿掉阻力情况下，飞行器只受到升力和引力的作用。也就是说，只要设计合适的升力系数，使升力可以在较低高度大于引力，在较高高度又小于引力，那么此时飞行器理论上存在长期跳跃状态。飞行仿真也证明：当 L/G 在 0～1.3 之间变化时，飞行高度维持在 70～120 km 之间。从图 5－29 可知，偏无拖曳效应为 $L/G>1$ 导致 $\ddot{r} > 0$，即强迫零真近点角 $\theta=0$ 提前到来，则意味着近地点出现的次数增加。

思考题

1. 简述卫星系统工程设计的约束。
2. 什么是微分修正算法?
3. 超低轨道卫星的成像与什么因素有关?
4. 超低轨道卫星的结构与其他轨道卫星有什么区别?
5. 用自己的语言描述图 5-16 超低轨道卫星星座的任务计划表。
6. 如何利用图 5-25 跳跃特性分析飞行器的运动规律?

参考文献

[1] 张永生，巩丹超，刘军. 高分辨率遥感卫星应用[M]. 北京:科学出版社,2004.

[2] 汪凌，卜毅博. 高分辨率遥感卫星及其应用现状与发展[J]. 测绘技术装备,2006,8(4):3-5.

[3] 陈小前，姚雯，魏月兴,等. 飞行器多学科设计优化理论的工程应用[J]. 国防科技大学学报，2011，33(5):1-8.

[4] Koch P N,Evans J P,Powell D. Interdigitation for effective design space exploration using iSIGHT [J]. Structural and Multidisciplinary Optimization, 2002, 23(2): 111-126.

[5] 叶龙,王京玲,张勤. 遗传重采样粒子滤波器[J]. 自动化学报,2007.

[6] Mathieu C,Weigel A. Assessing the fractionated spacecraft concept [M]. Cambridge: Massachusetts Institute of Technology,2006:7212.

[7] 唐宇,陈小前,姚雯. 一种针对分离模块航天器系统的分层优化方法[J]. 宇航学报,2013,34(9): 1207-1214.

新概念篇

第6章　平动点和金星探测器新构型设计

6.1　日地系统 Halo 轨道探测器

6.1.1　平动点探测器研究现状

平动点是太阳和地球的引力平衡点，运行于该点的探测器可以保持其位置而几乎不用消耗燃料。同时，日地系 L1 点位于日地之间，具有观测太阳活动的天然优势，用来监测太阳风约一个小时的预警时间；若将探测器直接放置在该点附近的 Halo 轨道，即可满足观测任务，还可防止通讯信号被太阳风湮没。

到目前为止，NASA 和 ESA 已成功发射了 6 颗平动点任务探测器：

① International Sun - Earth Explorer 3 (ISEE - 3) [1]：该计划由 NASA 和 ESA 合作实施，并于 1978 年 8 月 12 日经由 Delta 144 火箭发射到日地系 L1 点附近的 Halo 轨道，用来探测太阳风和宇宙射线，并于 1982 年 6 月结束该项任务并离开 Halo 轨道。随后，该探测器又进行了地球磁尾探测。之后，该探测器被重新命名为 International Cometary Explorer (ICE) 以进行 Giacobini - Zinner 和 Halley 彗星探测，2014 年，ICE 在返回地球的过程中丢失。

② Interplanetary Physics Laboratory (又被称为 Wind)[2]：于 1994 年 11 月 1 日由 Delta - II 发射至 L1 点附近，用来研究太阳风对地磁的影响。Wind 任务是迄今为止飞行轨迹最为复杂的任务，创造了多项纪录。例如，至 1997 年共进行了 38 次月球重力辅助飞掠；首次完成月球 Back - flip 轨迹；首次到达大幅值顺行轨道等。

③ Solar Heliospheric Observatory (SOHO)[3]：该计划由 ESA 和 NASA 联合开发进行太阳观测的任务，于 1995 年 12 月 2 日由 Atlas - II - AS 发射至 L1 点的 Halo 轨道。SOHO 曾因姿态控制系统故障，一度与地球失去联系。后经过营救，SOHO 不仅完成预定任务，随后还进行了扩展任务。

④ Advanced Composition Explorer (ACE)[4]：该探测器于 1997 年 8 月 25 日由 Delta - II - 7920 火箭发射升空，用来研究太阳风和太阳粒子，是第一个运行在真正意义的 Lissajou 轨道的探测器。由于跟踪系统故障，ACE 的运行状态一度受到干扰，后成功排除。

⑤ Microwave Anisotropy Probe (MAP)[5]：于 2001 年 6 月 30 日由 Delta II 7920 火箭发射至 L2 点的 Halo 轨道，进行宇宙背景辐射研究。L2 点远离太阳风及宇宙射线的干扰，是进行深空观测的理想场所，MAP 是第一颗运行于 L2 点的探测器。

⑥ Genesis[6]：于 2001 年 8 月 28 日由 Delta - 7326 火箭发射至 L1 点的 Halo 轨道，其主要任务是进行太阳风取样返回；于 2001 年 11 月 16 日达到 Halo 轨道，在轨道运行五圈后，于 2004 年 4 月离开 Halo 轨道返回地球。

可以说，和地球同步轨道一样，日地系平动点轨道是宝贵的空间资源，是人类共同的财富。如何更好地开发和利用这些资源，将是 21 世纪航天领域的重点课题。

探测器在工作轨道上的姿态设计除了满足载荷工作外，还需要考虑数传和热控等。对于科学探测为目标的探测器，在不同阶段对测控精度的要求不同：①航天器离开转移轨道实施捕获机动时，要求地面增加测站以提高轨道的测定精度；②在航天器成功捕获到工作轨道后，往往进行轨道机动或连续机动的时间间隔很长，此时探测任务对航天器轨道星历的精度要求较低，所占用测控资源较少，可减轻上下行通道的压力和地面操作人员的压力。因此，以科学探测为任务的探测器对其姿态有如下要求：①该姿态对轨道星历的精度要求很低；②由于深空距离尺度较大，数传码速率较低，故要求最大限度保证"器-地"数传通道的通畅；③探测器散热面固定；④探测器转动部件及其转动范围尽可能小。

由于平动点附近轨道距离地球较远，所以姿态定向成为一个关键问题，如何解决远距离通信的时间延迟及探测器能源供应成为突出问题。现有平动点探测器大多采用被动热控、可定向太阳翼及可定向数传天线(通常是两个，一个用于空间大尺度低码率数传，一个用于高码率数传)来完成其姿态指向任务。如此一来，探测器的转动部件较多，柔性大，不易控制。

平动点轨道与地球轨道有很大区别，为了计算得到平动点轨道，需要大量时间和跟踪数据。大多数平动点任务基于深空网络(DSN)的支持，或者世界空间网络(USN)等。先进技术采用 Celestial Navigator(CelNav)，CelNav 是一个星载 Kalman 滤波器，可以处理单通道前馈 Doppler 测量量和星载姿态敏感器数据[7]。此外还有 Very Long Baseline Interferometry (VLBI)测量，称为 Delta Differenced One - way Range (DDOR)，它实际是一个从类星体附近到探测器的角度度量，目前已经应用到一些深空探测任务中，如适用于 LPOs[8]。由于 Halo 轨道目前不具有解析解，因而不能通过轨道方程设计递推轨道。

由于缺乏这些深空探测网络及先进星载设备的支持，目前国内要完成对于平动点轨道任务的自主导航尚存在很多亟需解决的技术难题，例如，如何解决姿态定向问题，如何解决远距离通信的时间延迟及探测器能源供应问题等。对于轨道，可通过地面站指令进行修正调整，然而姿态变化的频率相对轨道要高得多，要实现高精度指向，必须及时调整姿态，因而不可能通过地面站测控实时注入姿态参考基准(即轨道坐标系信息)，必须要求探测器具有一定的自主定姿与控制能力。国内现有星载计算机无法独立根据地面注入的轨道测控信息对微分方程组进行积分，也无法通过解析的递推公式进行星上轨道递推，因而无法为姿态确定于控制系统提供姿态基准。

为了解决上述问题，本节提出一种日地系统 Halo 轨道探测器的构型及其姿态指向，通过在探测器本体上的固定散热面、固定太阳翼及固定数传天线来完成姿态指向任务；而且由于探测器活动部件的减少，探测器可控性与可靠性提高，所以降低了探测器的控制难度。此外，还提出了一种简单易行的姿态自主确定方法：通过地面站对测控数据处理、定期批量上注至探测器，再由星载计算机完成插值计算轨道参数与姿态基准，最后通过姿态敏感器数据与星上插值得到的姿态基准数据共同得到姿态信息，这样可大量减轻星载计算机的计算负荷，数传的负荷也相应减轻。

6.1.2 探测器的构型及其姿态指向

一种日地系统 Halo 轨道探测器的构型及其姿态指向，如图 6 - 1、图 6 - 2 所示。定义日心旋转坐标系 $\boldsymbol{F}_R(x_R, y_R, z_R)$，原点取太阳 S；$x_R$ 指向地球 E；z_R 沿阶地球旋转方向，y_R 满足笛卡儿右手法则。定义探测器 1 轨道坐标系 $\boldsymbol{F}_o(x_o, y_o, z_o)$，其中，取探测器 S/C 的质心为原

点 O_o，x_o 轴指向地球，y_o 垂直于太阳、探测器 S/C 与地球构成的平面，与探测器速度矢量方向呈锐角，z_o 满足笛卡儿右手法则。定义探测器 S/C 本体坐标系 $\boldsymbol{F}_b(x_b,y_b,z_b)$，其相对于探测器 S/C 的轨道坐标系采用"3-1-2"的旋转顺序得到，$+x_b$，$+y_b$，$+z_b$ 分别表示 x_b，y_b，z_b 轴的正方向，$-x_b$，$-y_b$，$-z_b$ 分别表示 x_b，y_b，z_b 轴的负方向，且 $+x_b$，$+y_b$，$+z_b$ 面分别表示法线指向 $+x_b$，$+y_b$，$+z_b$ 方向的面，$-x_b$，$-y_b$，$-z_b$ 面分别表示法线指向 $-x_b$，$-y_b$，$-z_b$ 方向的面。

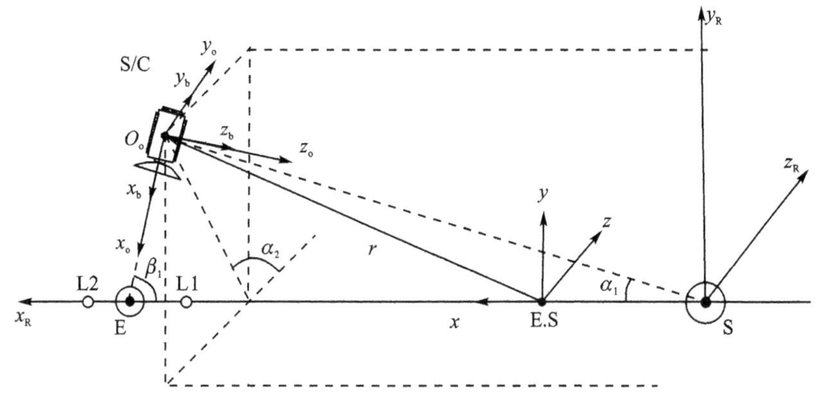

图 6-1 探测器构型整体示意图

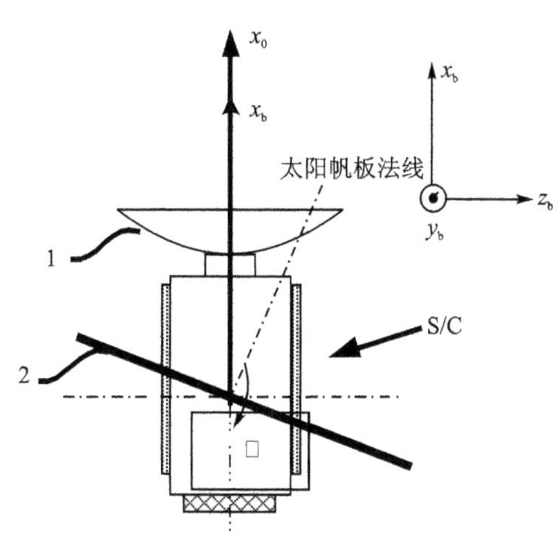

1—数传天线；2—太阳帆板

图 6-2 探测器构型局部示意图

根据上述定义的探测器 S/C 的轨道坐标系 $\boldsymbol{F}_o$ 与探测器 S/C 本体坐标系 $\boldsymbol{F}_b$，本节中将探测器 S/C 的数传天线 1 固定安装在探测器 S/C 本体的 $+x_b$ 面，即数传天线 1 的轴线垂直于探测器 S/C 本体的 $+x_b$ 面，且方向指向探测器 S/C 本体的 $+x_b$ 方向。探测器 S/C 的太阳帆板 3 固定安装于探测器 S/C 本体的 $\pm y_b$ 面；太阳帆板 2 的轴线垂直于探测器 S/C 本体的 $\pm y_b$ 轴，法线与 $-x_b$ 轴夹角为 θ，θ 为太阳帆板 2 的安装角。由于探测器 S/C 在平动点 Halo 轨道上运行时，沿地球与太阳的连线方向的轨道浮动相对于垂直地球与太阳的连线方向平面内运动的尺度很小，因此通过上述探测器 S/C 的构型设计，令探测器 S/C 本体的 $+x_b$ 和 $+y_b$ 面作为探测器 S/C 的固定的散热面，使探测器 S/C 本体的 $+x_b$ 和 $+y_b$ 面不会受到太阳光照。

探测器 S/C 本体的 $+x_b$ 和 $+y_b$ 面可固定为探测器 S/C 的散热面。由于散热面的固定，因而大大降低了探测器 S/C 的热控设计难度。由此既减轻了重量，缓解了电路、信息交互以及电磁兼容等分系统的设计压力，又简化了探测器的设计难度，降低了研制成本。

根据微分修正算法，可得到日地系统共线平动点 L1 点和 L2 点 Halo 轨道，分别如图 6-3、图 6-4 所示。

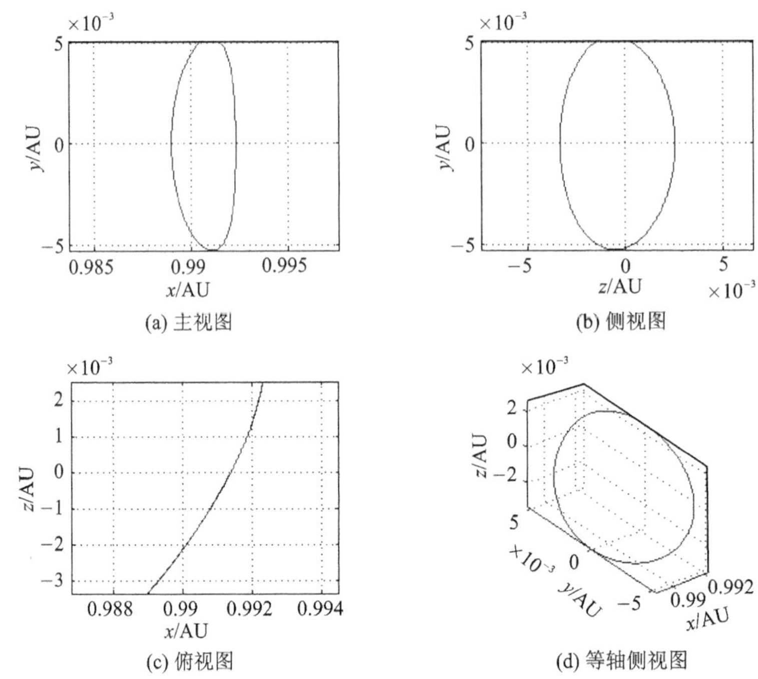

注：AU 为天文单位，1 AU=1.496×10¹¹ m。

图 6-3　日地系统共线平动点 L1 点 Halo 轨道

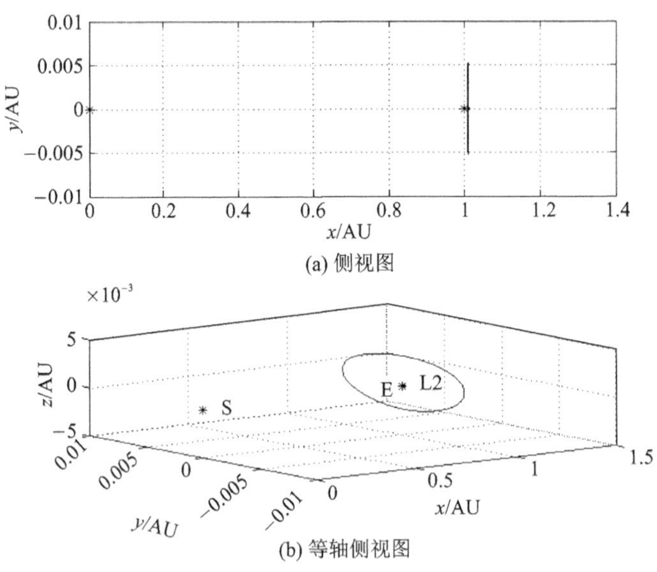

图 6-4　L2 点 Halo 轨道及太阳、地球的相对位置

图 6-3 分别为 L1 点 Halo 轨道的主视图、侧视图、俯视图以及等轴侧视图。可以看出，L1 点 Halo 轨道与地球轨道不同，不是普通的圆锥曲线，而是不规则的空间曲线。图 6-4 为 L2 点 Halo 轨道及太阳、地球的相对位置的侧视图和等轴侧视图。可以看出，Halo 轨道的轨道平面不通过地球，而是与地球、太阳连线形成一定的夹角。因此，本节中在探测器 S/C 运行期间，探测器 S/C 在 L1 点与 L2 点 Halo 轨道上的探测器 S/C 姿态指向相同，均为：探测器 S/C 本体的 $+x_b$ 轴保持对地定向，同时探测器 S/C 中太阳帆板 3 的法线指向太阳。其中，探测器 S/C 在 L1 点的 Halo 轨道姿态指向如图 6-5 所示，探测器 S/C 在 L2 点 Halo 轨道上的姿态指向如图 6-6 所示。令 $\theta=(\alpha+\beta)$，其中，α 和 β 分别为 Halo 轨道周期内轨道角变量 α_1 和 β_1 的平均值；α_1 为探测器和太阳的连线与太阳和地球连线的夹角；β_1 为探测器与地球连线和地球与太阳连线的夹角。

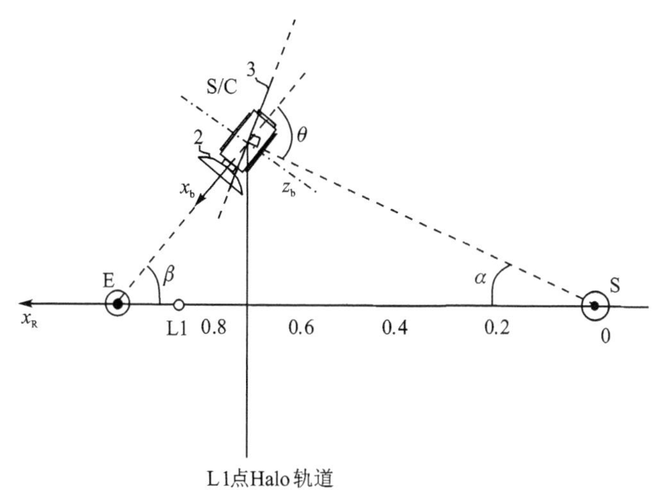

图 6-5　探测器在 L1 点 Halo 轨道的姿态指向

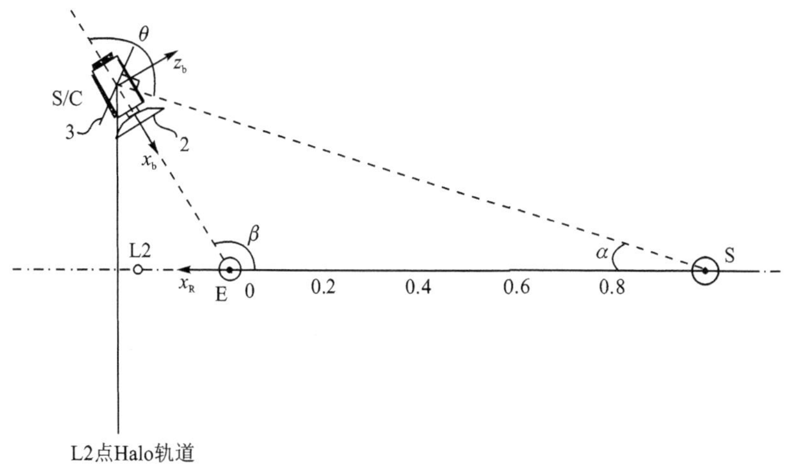

图 6-6　探测器在 L2 点 Halo 轨道的姿态指向

因此获得探测器 S/C 所在的 Halo 轨道及相应的 α 和 β，就可以确定太阳帆板 2 的安装角度 θ。所述太阳帆板 2 的安装角 θ 的确定方法流程图如图 6-7 所示。

将 Halo 轨道坐标系与探测器轨道坐标系进行坐标系转换。为了便于说明，如图 6－1 所示，S 为日心，E 为地心，E. S 为地日质心，S/C 为探测器。

在 Halo 轨道坐标系 $\boldsymbol{F}(x,y,z)$ 中，原点 O 取在 E. S，x 指向 E；z 为沿地球绕太阳旋转方向，由此，地心 E 在 $\boldsymbol{F}$ 中的坐标为 $(1-\mu,0,0)$，日心 S 在 $\boldsymbol{F}$ 中的坐标为 $(-\mu,0,0)$，其中，μ 为地球与太阳的质量比，$\mu=\dfrac{m_{\mathrm{E}}}{m_{\mathrm{S}}+m_{\mathrm{E}}}$，$m_{\mathrm{E}}$ 为地球质量，m_{S} 为太阳质量。

在日心旋转坐标系 $\boldsymbol{F}_{\mathrm{R}}(x_{\mathrm{R}},y_{\mathrm{R}},z_{\mathrm{R}})$ 中，以日心 S 作为原点，x_{R} 轴指向地球，黄道面的法线为 z_{R} 轴，y_{R} 轴则由笛卡儿右手法则确定。

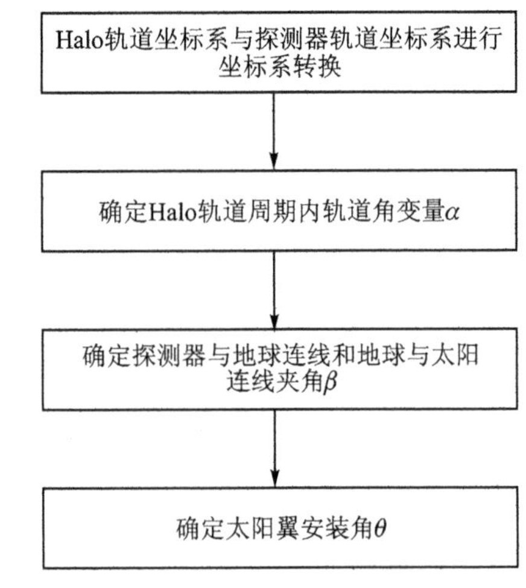

图 6－7　太阳帆板 2 的安装角 $\boldsymbol{\theta}$ 的确定方法流程图

在探测器轨道坐标系 $\boldsymbol{F}_{\mathrm{o}}(x_{\mathrm{o}},y_{\mathrm{o}},z_{\mathrm{o}})$ 中，原点 O_{o} 取在探测器质心；x_{o} 轴指向地球，y_{o} 垂直于太阳、探测器与地球构成的平面，与探测器速度矢量的方向呈锐角。另设 $\boldsymbol{R}_k(\gamma)$ 为绕 k 轴转角为 γ 的旋转矩阵。由此，可得到由 Halo 轨道坐标系 $\boldsymbol{F}$ 到探测器轨道坐标系 $\boldsymbol{F}_{\mathrm{o}}$ 转换关系如下：

$$\boldsymbol{F}\xrightarrow{x+\mu}\boldsymbol{F}_{\mathrm{R}}\xrightarrow{\boldsymbol{R}_y(\alpha_1)\boldsymbol{R}_z(\alpha_2-\pi)\boldsymbol{R}_y(\pi/2)}\boldsymbol{F}_{\mathrm{o}}$$

式中：x 为探测器的位置矢量 $\boldsymbol{r}$ 在 Halo 轨道坐标系 $\boldsymbol{F}$ 中 x 轴的分量；α_2 为探测器、地球、太阳所在平面与日心旋转坐标系 $\boldsymbol{F}_{\mathrm{R}}$ 中 x_{R} 与 z_{R} 所在平面的夹角。所述 α_1 与 α_2 可由定轨信息换算后得到

$$\alpha_1=\arccos\frac{x_{\mathrm{R}}}{r_{\mathrm{S-S/C}}}=\arccos\frac{x+\mu}{r_{\mathrm{S-S/C}}} \tag{6.1.1a}$$

$$\alpha_2=\arctan\frac{y_{\mathrm{R}}}{z_{\mathrm{R}}} \tag{6.1.1b}$$

式中：$r_{\mathrm{S-S/C}}$ 为太阳到探测器的距离，$r_{\mathrm{S-S/C}}=\sqrt{(x+\mu)^2+y^2+z^2}$；$(x_{\mathrm{R}},y_{\mathrm{R}},z_{\mathrm{R}})$ 为探测器的位置矢量 $\boldsymbol{r}$ 在日心旋转坐标系 $\boldsymbol{F}_{\mathrm{R}}$ 中的坐标分量；(x,y,z) 为 $\boldsymbol{r}$ 在 Halo 轨道坐标系 $\boldsymbol{F}$ 中的坐标分量。

接着，确定 Halo 轨道周期内轨道角变量 α_1 的平均值 α，$\alpha=\dfrac{1}{T}\displaystyle\int_T\alpha_1\mathrm{d}t$。其中，$T$ 为 Halo 轨道周期，探测器和太阳的连线与太阳和地球连线的夹角为 α_1。

最后，确定 Halo 轨道周期内轨道角变量 β_1 的平均值 β。Halo 轨道周期内轨道角变量 $\beta_1=\arccos\dfrac{1-\mu-x}{r_{\mathrm{E-S/C}}}$（其中，$r_{\mathrm{E-S/C}}$ 为地球到探测器的距离，$r_{\mathrm{E-S/C}}=\sqrt{(x+\mu-1)^2+y^2+z^2}$），则 $\beta=\dfrac{1}{T}\displaystyle\int_T\beta_1\mathrm{d}t$。太阳帆板 2 安装角 θ 由下式确定：

$$\theta=\alpha+\beta \tag{6.1.2}$$

由图 6－8、图 6－9 可以看出，通过上述探测器构型以及姿态指向，使得太阳入射角在一个

轨道周期内平均值为 90°。根据 Halo 轨道的定义可知，对于任意时刻 t，太阳照向太阳帆板 2 的光照入射角能够保持在太阳帆板 2 可以正常工作的幅值范围之内。

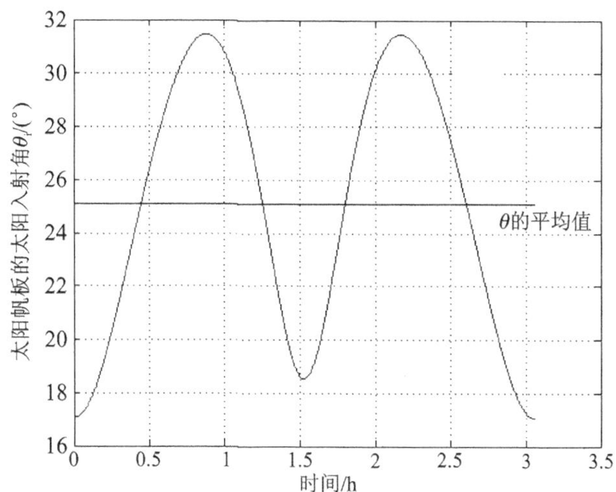

图 6－8　日地系统 L1 点 Halo 轨道上的探测器太阳帆板入射角在一个轨道周期中的变化规律及其平均值

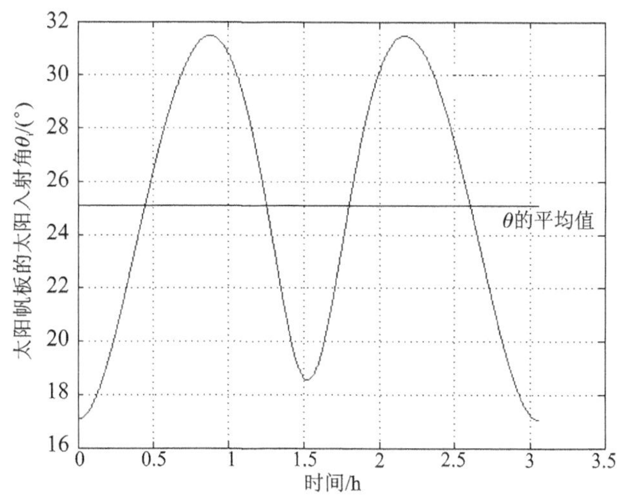

图 6－9　日地系统 L2 点 Halo 轨道上的探测器太阳帆板入射角在一个轨道周期中的变化规律及其平均值

通过本节 Halo 轨道探测器的构型及其姿态指向，克服现有 Halo 轨道探测器需要较多活动部件的问题，仅依靠一个固定的数传天线和一对固定的太阳帆板 2，实现了数传天线 1 对地长期定向，数传码速率较低，最大限度地保证了对地传输通道的通畅；且太阳帆板 2 对日长期定向，活动部件的减少使得探测器 S/C 可控性与可靠性大大提高，降低了探测器 S/C 的控制难度。

6.1.3　构型与姿态指向的姿态递推方法

基于日地系统 Halo 轨道探测器构型与姿态指向的姿态递推方法流程图如图 6－10 所示。

在地心惯性坐标系 $\boldsymbol{F}_i$ 中，原点取在 E 处；z_i 轴垂直于地球赤道平面指向北极；x_i 轴沿着

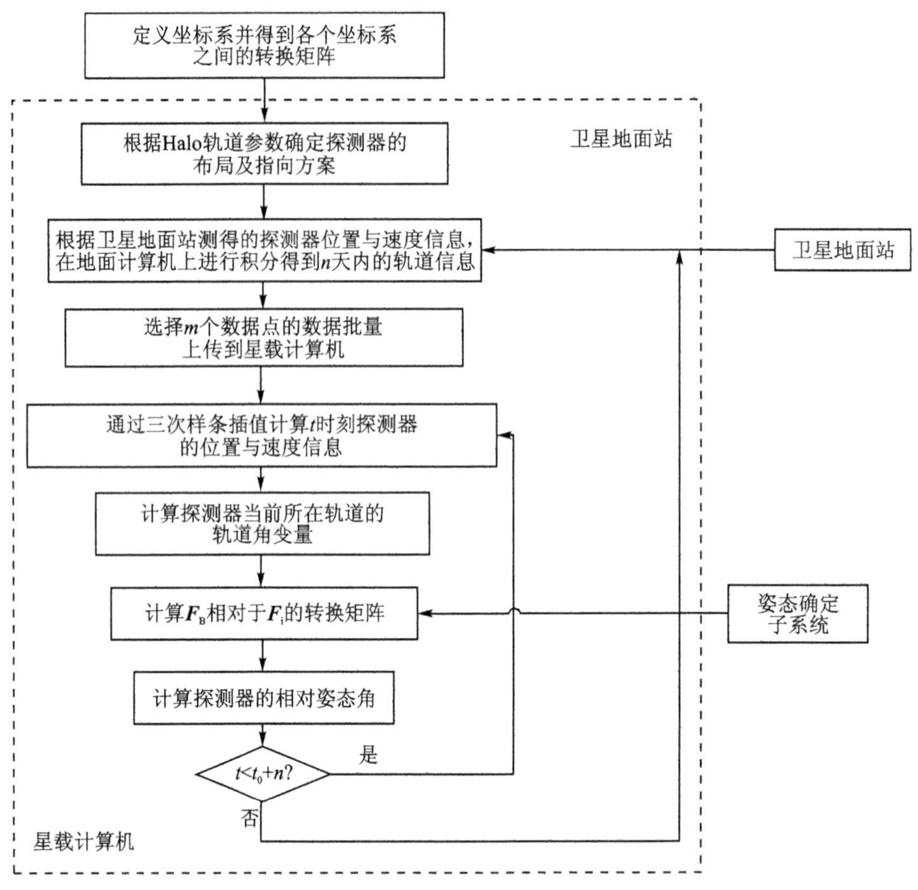

图 6-10　基于日地系统 Halo 轨道探测器构型与姿态指向的姿态递推方法流程图

黄道面与赤道面的交线指向春分点，y_i 轴由笛卡儿法则确定。由地心惯性坐标系 $\boldsymbol{F}_i$ 到探测器本体坐标系 $\boldsymbol{F}_b$ 坐标转换关系以及从 Halo 轨道坐标系 $\boldsymbol{F}$ 到日心旋转坐标系 $\boldsymbol{F}_R$ 的坐标转换关系如下：

$$\boldsymbol{F}_i \xrightarrow{\boldsymbol{R}_z(\alpha_G+\pi)} \boldsymbol{F}_R \xrightarrow{\boldsymbol{R}_y(\pi/2-\beta_1)\boldsymbol{R}_z(\alpha_2-\pi)\boldsymbol{R}_y(-\pi/2)} \boldsymbol{F}_o \xrightarrow{\varphi_r,\theta_r,\psi_r} \boldsymbol{F}_b$$

$\boldsymbol{F}_R$ 与 $\boldsymbol{F}_i$ 在 t_{orbit} 时刻的夹角为

$$\alpha_G = \alpha_{G0} + \omega_{E-S} t_{orbit}$$

式中：α_{G0} 为 $\boldsymbol{F}_R$ 与 $\boldsymbol{F}_i$ 的初始夹角，可由 J2000 星历查得；ω_{E-S} 为地球绕太阳旋转的角速度；φ_r，θ_r，ψ_r 分别为探测器的滚转、俯仰和偏航角（相对姿态角），根据探测器位置矢量 $\boldsymbol{r}$ 在 $\boldsymbol{F}_R$ 坐标系下的坐标分量，可得到

$$\alpha_1 = \arccos \frac{x_R}{r_{S-S/C}} \tag{6.1.3}$$

$$\alpha_2 = \arctan \frac{y_R}{z_R} \tag{6.1.4}$$

$$\beta_1 = \arccos \frac{1-x_R}{r_{S-S/C}} \tag{6.1.5}$$

式中：$r_{S-S/C}$ 为日心到探测器的距离，$r_{S-S/C}=\sqrt{(x+\mu)^2+y^2+z^2}$。

根据上述坐标转换关系，可知各坐标系之间的转换矩阵。

$\boldsymbol{F}_{\mathrm{i}}$ 到 $\boldsymbol{F}_{\mathrm{R}}$ 的转换矩阵：

$$\boldsymbol{R}_{\mathrm{Ri}}=\boldsymbol{R}_{z}(\alpha_{\mathrm{G}}+\pi)$$

$\boldsymbol{F}_{\mathrm{R}}$ 到 $\boldsymbol{F}_{\mathrm{o}}$ 的转换矩阵：

$$\boldsymbol{R}_{\mathrm{oR}}=\boldsymbol{R}_{y}(\pi/2-\beta_1)\boldsymbol{R}_{z}(\alpha_2-\pi)\boldsymbol{R}_{y}(-\pi/2)$$

$\boldsymbol{F}_{\mathrm{o}}$ 到 $\boldsymbol{F}_{\mathrm{b}}$ 的转换矩阵：

$$\boldsymbol{R}_{\mathrm{bo}}=\boldsymbol{R}_{y}(\psi)\boldsymbol{R}_{x}(\theta)\boldsymbol{R}_{z}(\varphi)$$

由卫星地面站测得探测器 t_0 时刻的位置矢量$\boldsymbol{r}_{t_0}$ 与速度矢量 $\dot{\boldsymbol{r}}_{t_0}$ 在地心惯性坐标系 $\boldsymbol{F}_{\mathrm{i}}$ 中的坐标分量$(x_{\mathrm{i}},y_{\mathrm{i}},z_{\mathrm{i}})$和$(\dot{x}_{\mathrm{i}},\dot{y}_{\mathrm{i}},\dot{z}_{\mathrm{i}})$，分别用 $\boldsymbol{r}^{\mathrm{i}}_{t_0}$、$\dot{\boldsymbol{r}}^{\mathrm{i}}_{t_0}$ 表示。令时刻 $t=t_0+\Delta t$，Δt 为时间增量，$\Delta t\in[0,n]$，n 为已设定的常数，表示卫星地面站遥测探测器位置与速度的时间周期，n 的值影响探测器星上递推轨道的精度。通过在卫星地面站计算机上积分可得到

$$\boldsymbol{r}^{\mathrm{i}}_{t}=\int_{r^{\mathrm{i}}_{t_0}}^{r^{\mathrm{i}}_{t_0+\Delta t}}\dot{\boldsymbol{r}}^{\mathrm{i}}(\dot{x}_{\mathrm{i}},\dot{y}_{\mathrm{i}},\dot{z}_{\mathrm{i}})\,\mathrm{d}t$$

$$\dot{\boldsymbol{r}}^{\mathrm{i}}_{t}=\int_{\dot{r}^{\mathrm{i}}_{t_0}}^{\dot{r}^{\mathrm{i}}_{t_0+\Delta t}}\ddot{\boldsymbol{r}}^{\mathrm{i}}(\ddot{x}_{\mathrm{i}},\ddot{y}_{\mathrm{i}},\ddot{z}_{\mathrm{i}})\,\mathrm{d}t$$

式中：$\boldsymbol{r}^{\mathrm{i}}_{t}$ 与 $\dot{\boldsymbol{r}}^{\mathrm{i}}_{t}$ 分别为在 $t\in[t_0,t_0+n]$ 时刻由卫星地面站计算机积分得到的探测器的位置与速度矢量在地心惯性坐标系 $\boldsymbol{F}_{\mathrm{i}}$ 中的坐标分量，即探测器的轨道信息；$\dot{\boldsymbol{r}}^{\mathrm{i}}$ 为探测器位置矢量相对间的一次导数；$\ddot{\boldsymbol{r}}^{\mathrm{i}}$ 为探测器位置矢量对时间的二次导数。

在 n 天内的探测器轨道信息 $\boldsymbol{r}^{\mathrm{i}}_{t}$、$\dot{\boldsymbol{r}}^{\mathrm{i}}_{t}$ 中，等时间间隔 δt 选取 m 个点的轨道信息 $\boldsymbol{r}^{\mathrm{i}}_{t_0+\delta t}$、$\dot{\boldsymbol{r}}^{\mathrm{i}}_{t+\delta t}$，$\delta t=\dfrac{n}{m-1}$，$i=1,2,3,\cdots,m$，通过转换矩阵 $\boldsymbol{R}_{\mathrm{Ri}}$，由 $\boldsymbol{F}_{\mathrm{i}}$ 中的坐标分量转换为探测器的位置矢量 $\boldsymbol{r}_{t_0}$ 与速度矢量 $\dot{\boldsymbol{r}}_{t_0}$ 在日心旋转坐标系 $\boldsymbol{F}_{\mathrm{R}}$ 中的坐标分量为 $\boldsymbol{r}^{\mathrm{R}}_{t_0+\delta t}$、$\dot{\boldsymbol{r}}^{\mathrm{R}}_{t+\delta t}$：

$$\boldsymbol{r}^{\mathrm{R}}_{t_0+\delta t}=\boldsymbol{R}_{\mathrm{Ri}}\boldsymbol{r}^{i}_{t_0+\delta t}\tag{6.1.6}$$

$$\dot{\boldsymbol{r}}^{\mathrm{R}}_{t+\delta t}=\boldsymbol{R}_{\mathrm{Ri}}\dot{\boldsymbol{r}}^{i}_{t+\delta t}\tag{6.1.7}$$

将 $\boldsymbol{r}^{\mathrm{R}}_{t_0+\delta t}$、$\dot{\boldsymbol{r}}^{\mathrm{R}}_{t+\delta t}$ 以及 $\delta t=\dfrac{n}{m-1}$数据打包，批量上传至探测器上的星载计算机。其中，m 值同样会影响探测器星上递推轨道的精度，在保证插值精度的前提下，m 应该尽量小，从而减小数据传输量。本小节中取 $m=10$，可满足工程需要。

探测器上的星载计算机根据得到的探测器的位置矢量 $\boldsymbol{r}_{t_0}$ 与速度矢量 $\dot{\boldsymbol{r}}_{t_0}$ 在日心旋转坐标系中的坐标分量 $\boldsymbol{r}^{\mathrm{R}}_{t_0+\delta t}$、$\dot{\boldsymbol{r}}^{\mathrm{R}}_{t+\delta t}$ 以及 $\delta t=\dfrac{n}{m-1}$，通过三次样条插值，得到 t 时刻的探测器的位置与速度矢量在日心旋转坐标系 $\boldsymbol{F}_{\mathrm{R}}$ 中的坐标分量的递推值 $\bar{\boldsymbol{r}}^{\mathrm{R}}_{t}$、$\bar{\dot{\boldsymbol{r}}}^{\mathrm{R}}_{t}$。本小节采用三次样条插值，是由于通过三次样条插值计算后的插值结果具有光滑性，在工程中应用较为合适；且由于得到的 $\boldsymbol{r}^{\mathrm{R}}_{t_0+\delta t}$ 为函数值，$\dot{\boldsymbol{r}}^{\mathrm{R}}_{t+\delta t}$ 为 $\boldsymbol{r}^{\mathrm{R}}_{t_0+\delta t}$ 的一阶导数值，由此可以满足三次样条插值的连续性条件和边界条件，保证三次样条插值函数唯一存在；且由于 Halo 轨道目前没有准确的解析形式，然而通过计算机仿真得到的插值误差表明，采用三次样条插值得到的递推轨道的精度满足

工程需要的精度要求。

根据探测器上的星载计算机计算，得到的当前时刻 t 的探测器轨道信息 $\bar{\boldsymbol{r}}_t^{\mathrm{R}}$、$\dot{\bar{\boldsymbol{r}}}_t^{\mathrm{R}}$，$t \in [t_0, t_0+n]$，由 $\bar{\boldsymbol{r}}_t^{\mathrm{R}} = [\bar{x}_{\mathrm{R}} \quad \bar{y}_{\mathrm{R}} \quad \bar{z}_{\mathrm{R}}]^{\mathrm{T}}$，$\dot{\bar{\boldsymbol{r}}}_t^{\mathrm{R}} = [\dot{\bar{x}}_{\mathrm{R}} \quad \dot{\bar{y}}_{\mathrm{R}} \quad \dot{\bar{z}}_{\mathrm{R}}]^{\mathrm{T}}$，可得到

$$\bar{\alpha}_2 = \arctan \frac{\bar{y}_{\mathrm{R}}}{\bar{z}_{\mathrm{R}}} \tag{6.1.8}$$

$$\bar{\beta}_1 = \arccos \frac{1-\bar{x}_{\mathrm{R}}}{\bar{r}_{\mathrm{S-S/C}}} \tag{6.1.9}$$

式中：$\bar{r}_{\mathrm{S-S/C}} = \sqrt{\bar{x}_{\mathrm{R}}^2+\bar{y}_{\mathrm{R}}^2+\bar{z}_{\mathrm{R}}^2}$，$\bar{r}_{\mathrm{S-S/C}}$ 为星载计算机得到的日心到探测器的距离；$[\bar{x}_{\mathrm{R}}, \bar{y}_{\mathrm{R}}, \bar{z}_{\mathrm{R}}]^{\mathrm{T}}$ 为星载计算机插值得到的探测器位置 $\bar{\boldsymbol{r}}_t^{\mathrm{R}}$ 在坐标系 $\boldsymbol{F}_{\mathrm{R}}$ 中的坐标分量；$[\dot{\bar{x}}_{\mathrm{R}}, \dot{\bar{y}}_{\mathrm{R}}, \dot{\bar{z}}_{\mathrm{R}}]^{\mathrm{T}}$ 为星载计算机插值得到的探测器速度 $\dot{\bar{\boldsymbol{r}}}_t^{\mathrm{R}}$ 在坐标系 $\boldsymbol{F}_{\mathrm{R}}$ 中的坐标分量。此处上角标 T 表示向量的转置。

由于姿态确定系统由两个或两个以上恒星敏感器及绝对姿态确定算法组成，因此通过姿态确定系统可以得到探测器本体坐标系 $\boldsymbol{F}_{\mathrm{b}}$ 相对于地心惯性坐标系 $\boldsymbol{F}_{\mathrm{i}}$ 的转换矩阵 $\boldsymbol{R}_{\mathrm{bi}} = \boldsymbol{R}_{\mathrm{bi}}[\boldsymbol{\varphi}_{\mathrm{i}}, \boldsymbol{\theta}_{\mathrm{i}}, \boldsymbol{\psi}_{\mathrm{i}}]$，其中 $\boldsymbol{\varphi}_{\mathrm{i}}, \boldsymbol{\theta}_{\mathrm{i}}, \boldsymbol{\psi}_{\mathrm{i}}$ 为探测器的绝对姿态角，即探测器本体坐标系 $\boldsymbol{F}_{\mathrm{b}}$ 相对于地心惯性坐标系 $\boldsymbol{F}_{\mathrm{i}}$ 的姿态角。

将计算得到的 $\bar{\alpha}_2$，$\bar{\beta}_1$ 代入 $\boldsymbol{F}_{\mathrm{R}}$ 到 $\boldsymbol{F}_{\mathrm{o}}$ 的转换矩阵 $\boldsymbol{R}_{\mathrm{oR}}$ 中，可得到从 $\boldsymbol{F}_{\mathrm{R}}$ 到 $\boldsymbol{F}_{\mathrm{o}}$ 的坐标转换矩阵为

$$\bar{\boldsymbol{R}}_{\mathrm{oR}} = \boldsymbol{R}_y(\pi/2-\bar{\beta}_1)\boldsymbol{R}_z(\bar{\alpha}_2-\pi)\boldsymbol{R}_y(-\pi/2) = \begin{bmatrix} \cos\bar{\beta}_1 & -\sin\bar{\alpha}_2\sin\bar{\beta}_1 & -\cos\bar{\alpha}_2\sin\bar{\beta}_1 \\ 0 & -\cos\bar{\alpha}_2 & \sin\bar{\alpha}_2 \\ -\sin\bar{\beta}_1 & -\sin\bar{\alpha}_2\cos\bar{\beta}_1 & -\cos\bar{\alpha}_2\cos\bar{\beta}_1 \end{bmatrix} \tag{6.1.10}$$

根据 $\boldsymbol{R}_{\mathrm{bi}}$，坐标转换关系 $\boldsymbol{R}_{\mathrm{bi}} = \boldsymbol{R}_{\mathrm{Bo}}\boldsymbol{R}_{\mathrm{oR}}\boldsymbol{R}_{\mathrm{Ri}}$，$\boldsymbol{R}_{\mathrm{oi}} = \boldsymbol{R}_{\mathrm{oR}}\boldsymbol{R}_{\mathrm{Ri}}$，以及公式 $\boldsymbol{R}_{\mathrm{Bo}} = \boldsymbol{R}_{\mathrm{bi}} \cdot \boldsymbol{R}_{\mathrm{oi}}{}^{\mathrm{T}}$，得到探测器轨道坐标系 $\boldsymbol{F}_{\mathrm{o}}$ 相对于探测器本体坐标系 $\boldsymbol{F}_{\mathrm{b}}$ 的姿态矩阵 $\boldsymbol{R}_{\mathrm{bo}}$，由此通过解算姿态矩阵 $\boldsymbol{R}_{\mathrm{bo}}$ 得到探测器的相对姿态角 $\boldsymbol{\varphi}_{\mathrm{r}}, \boldsymbol{\theta}_{\mathrm{r}}, \boldsymbol{\psi}_{\mathrm{r}}$（即 $\boldsymbol{F}_{\mathrm{b}}$ 相对于 $\boldsymbol{F}_{\mathrm{o}}$ 的姿态角）为

$$\left.\begin{aligned} \boldsymbol{\theta}_{\mathrm{r}} &= -\arcsin(r_{13}^{\mathrm{bo}}) \\ \boldsymbol{\psi}_{\mathrm{r}} &= \arctan\left(\frac{r_{12}^{\mathrm{bo}}}{r_{11}^{\mathrm{bo}}}\right) \\ \boldsymbol{\varphi}_{\mathrm{r}} &= \arctan\left(\frac{\sin\psi}{\sin\theta\cos\psi}\right) \end{aligned}\right\} \tag{6.1.11}$$

式中：r_{ij}^{bo}，$(i=1,2,3; j=1,2,3)$ 表示 $\boldsymbol{R}_{\mathrm{bo}}$ 的第 i 行第 j 个元素。

最后，判断时间 t 是否小于 t_0+n。如果是，那么从由探测器上的星载计算机测得 t 时刻探测器的位置与速度信息进行三次样条插值计算重复；否则，从由卫星地面站测得探测器位置与速度信息，在卫星地面站计算机上进行积分得到 n 天内的探测器轨道信息处重复，直至探测器寿命终结。

探测器上的星载计算机通过三次样条插值所得到的探测器位置矢量的递推值与真实位置矢量的相对误差随数据上注间隔天数变化而变化。表 6－1 中给出了星上轨道确定误差，即星上插值所得轨道信息对姿态指向的影响，可以看出，姿态指向精度的相对误差与间隔天数的选

择有关。通过仿真分析，选择 20 天进行一次数据上注，误差较小且周期较大，且插值得到的轨道位置和速度与名义轨道位置和速度相比，相对误差为 0.002%，对姿态指向精度的影响不大于 0.234%。

表 6-1　星上插值所得轨道信息对姿态指向的影响

间隔天数	1	2	3	4	5	6	7	8	9	10
目标四元数相对误差上限	0.721	0.024	0.250	0.047	0.181	0.071	0.153	0.095	0.170	0.120
间隔天数	11	12	13	14	15	16	17	18	19	20
目标四元数相对误差上限	0.144	0.142	0.179	0.173	0.204	0.194	0.226	0.219	0.254	0.243
间隔天数	21	22	23	24	25	26	27	28	29	30
目标四元数相对误差上限	0.268	0.284	0.299	0.312	0.315	0.343	0.297	0.375	0.347	0.418
间隔天数	31	32	33	34	35	36	37	38	39	40
目标四元数相对误差上限	0.509	0.454	0.466	0.592	0.484	0.501	0.562	0.588	0.613	0.573

6.2　适用于金星探测器的姿态指向设计

6.2.1　金星探测器研究现状

随着航天技术的发展，人类活动逐渐扩展到太阳系内类地行星等深空探测领域。通过发射行星探测器，进行行星空间环境以及太阳系和宇宙起源与演化等科学任务探测。对于以金星为代表的类地行星探测器，其生存环境（包括能源、温度和通信等）完全不同于地球轨道器，即需要依据探测任务和飞行轨道以及环境设计合适的姿态指向，以满足探测器对能源、温控以及数传等指标的需求。

金星探测器距地球遥远，可维护能力较差，应采取简洁设计以增加系统抗干扰能力。探测器应尽可能少地安装设备，减少转动部件的数量以及转角范围；探测器应采取固定或准固定散热面设计，既可有效控制探测器内部各设备的温度，也可降低热控系统的研制难度；探测器下行数传通道的空间损耗较大，难以获得高速通信，故数传天线应保持长时间指向地球，以延长通信时长。为了最大限度获取探测数据并完成对地传输，同时降低探测器的研制难度，需要针对探测器进行全寿命期姿态指向规划。

人类已发射多颗金星探测器，其姿态指向设计各不相同。例如，早期探测器以能否进入行星环绕轨道为任务目标，其运行寿命和信息采集量有限，姿态设计方法往往沿用地球卫星三轴稳定对地指向的理念；随着控制能力的增强，探测器逐渐采用多星定向方式，即在不同的任务阶段采取不同的姿态指向。自 1989 年以来，共有两个多星定向的金星探测器发射升空，分别是“金星快车（Venus Express）”探测器[9-10]和“拂晓（AKATSUKI）”探测器[11-12]。

6.2.2 基于天线固定安装的姿态指向设计

Venus Express 探测器携带两个数传天线且背向安装：高增益天线进行较远距离数据传输，低增益天线进行较近距离数据传输，如图 6-11 所示。AKATSUKI 携带高增益、中增益和低增益三个数传天线，如图 6-12 所示。

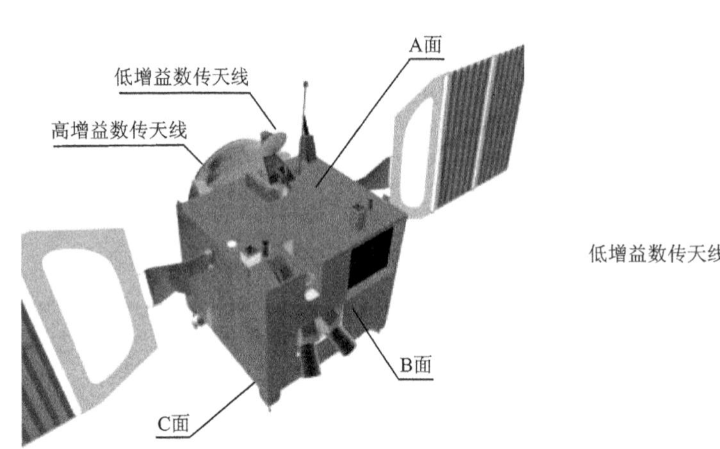

图 6-11 Venus Express 探测器构型示意图

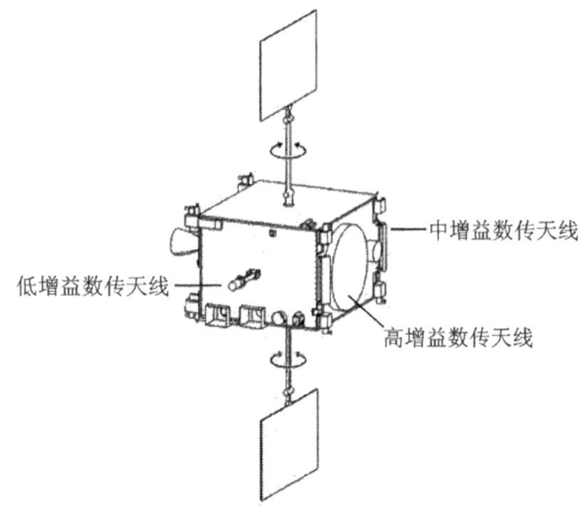

图 6-12 AKATSUKI 探测器构型示意图

Venus Express 探测器和 AKATSUKI 探测器帆板的轴向垂直于金星公转平面，并进行对日跟踪定向，以保持光线入射角接近 90°，即 Venus Express 的帆板沿 A-C 轴安装。

Venus Express 探测器于 2006 年 4 月进入金星工作轨道，金星和地球对太阳的张角约为 53°；在任务初期（金星距离地球较近），探测器将依靠低增益天线进行数传并保持 C 面背向太阳；随着金星距离地球增加，探测器将绕 A-C 轴进行 180°姿态机动，依靠高增益天线进行数传，且仍保持 C 面背向太阳；待探测器飞越“地—日—金”共线时刻后，光线对 C 面的入射角逐渐变大（仍为负值），则探测器绕 B 面法向进行 180°姿态机动将 C 面背向太阳并远离受照趋势；探测器将保持该姿态指向直至任务结束。上述姿态指向为探测器处于巡航、数传和环境探测（对姿态没有严格要求）等期间的姿态规划；而金星表面成像等探测任务要求仪器定向且工作时间较短，由姿态控制系统实施机动以满足短期工作要求。

AKATSUKI 探测器采用类似的姿态指向设计，用于金星探测任务。

上述姿态指向设计具有如下特点：

① 保证光线对帆板的入射角接近 90°，以最大限度获取能源；

② 任务期间，总存在 1 个数传天线对地定向，可随时进行数据传输以缓解传输距离较远、传输码速率较低的问题；

③ 任务期间，C 面（如图 6-13 所示）一直保持背向太阳，故可作为固定散热面以简化探测器系统设计；

④ 为了维持散热面，需要增加器载设备（Venus Express 探测器采用 2 个数传天线，AKATSUKI 探测器采用 3 个数传天线），既增加探测器的质量又增加数传天线与星务、总体电路等分系统数据流和电信流的联络，因而增加了探测器的研制难度并降低了系统可靠性。

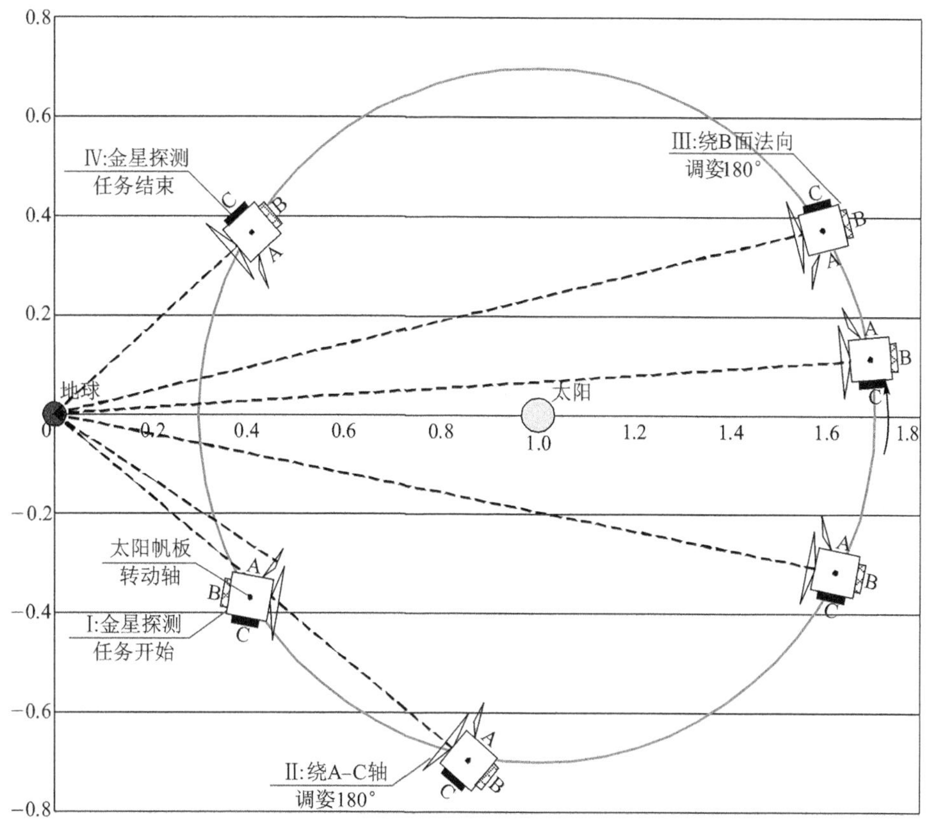

图 6-13　Venus Express 探测器全寿命姿态指向设计示意图

6.2.3　基于天线偏置安装的姿态指向设计

为解决现有金星探测器必须装备 2 个或以上数传天线以固定散热面的设计不足，本小节提供一种基于天线偏置安装的姿态指向设计方法。该方法既可以将对地数传天线数量减至 1 个以减少装载设备，又可以固定探测器的散热面以简化设计和降低研制难度。根据 2 个散热面在不同姿态指向下的选择，共有 2 种节点选择及对应的金星公转弧段分割方式（分别记为方案Ⅰ和方案Ⅱ）。

1. 探测器帆板、数传天线和散热面设计

探测器帆板的轴向垂直于金星公转平面，并进行对日跟踪定向以保持光线入射角接近 90°；B 面和 C 面设计为散热面（如图 6-14 所示）；B 和 C 交替使用，可通过百叶窗等热控成熟技术切换；数传天线偏置安装于 B 面的平行面上，且天线中心轴线垂直于 A 面和 B 面的法向并与 C 面成 θ 角（$0° < \theta < 90°$）。

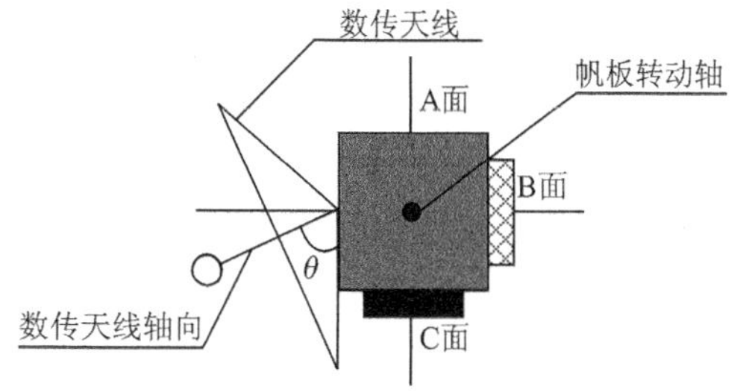

图 6-14　数传天线偏置安装示意图

2. 方案Ⅰ任务期间的金星公转弧段和节点设计

探测器以图 6-15 所示姿态进行数传天线对地指向。

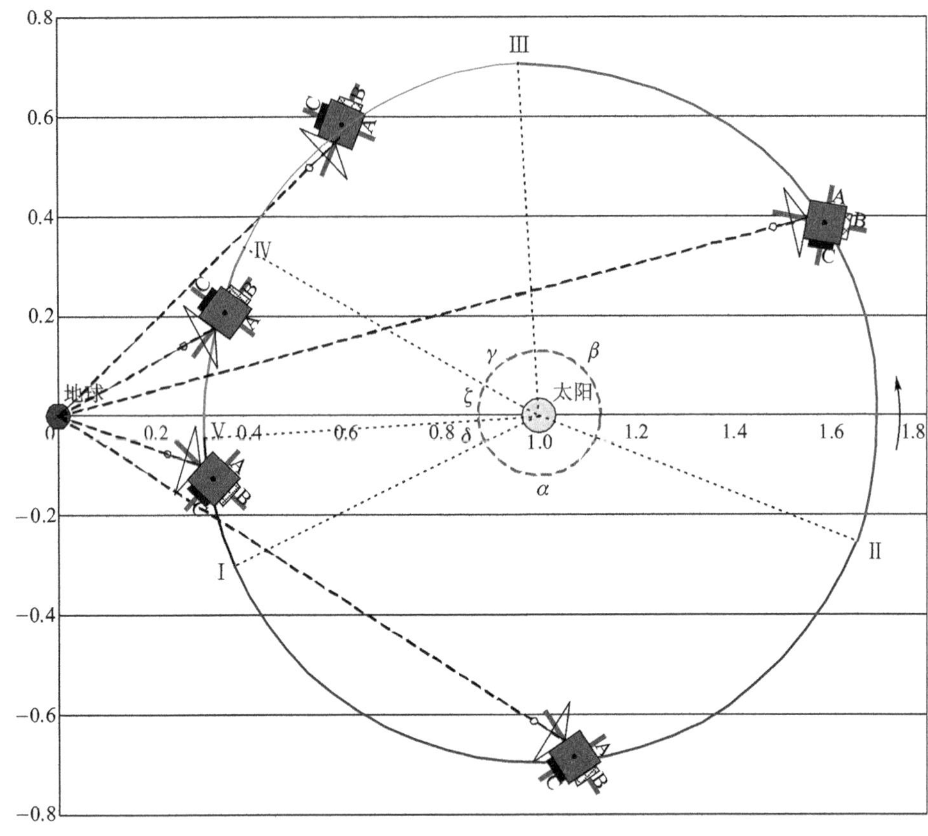

图 6-15 姿态指向设计示意图(方案Ⅰ)

在 α 弧段,探测器的数传天线对地指向且天线轴向与天线安装面法向的夹角为负(逆时针为正),在该弧段内 B 面和 C 面均不受照,B 面作为散热面使用;对于节点Ⅱ,由 α 弧段进入 β 弧段,C 面由不受照变为受照,散热面无须切换且姿态无须机动。在 β 弧段,探测器的数传天线对地指向且天线轴向与天线安装面法向的夹角为负,在该弧段内 B 面不受照而 C 面受照,故 B 面作为散热面使用;对于节点Ⅲ,由 β 弧段进入 γ 弧段,B 面由不受照变为受照,姿态需绕天线轴向进行 180°机动,则 B 面和 C 面均不受照且 B 面仍可作为散热面使用。在 γ 弧段,探测器的数传天线对地指向且天线轴向与天线安装面法向的夹角为正,在该弧段内 B 面和 C 面均不受照,B 面仍可作为散热面使用;对于节点Ⅳ,由 γ 弧段进入 ζ 弧段,B 面由不受照变为受照,可将散热面由 B 面切换为 C 面,姿态无须机动。在 ζ 弧段,探测器的数传天线对地指向且天线轴向与天线安装面法向的夹角为正,在该弧段内 C 面不受照而 B 面受照,故 C 面作为散热面使用;对于节点Ⅴ,由 ζ 弧段进入 α 弧段,C 面由不受照变为受照,姿态需绕天线轴向进行 180°机动,则 C 面不再受照且 C 面仍可作为散热面使用。在 δ 弧段,探测器的数传天线对地指向且天线轴向与天线安装面法向的夹角为负,在该弧段内 C 面不受照而 B 面受照,故 C 面可作为散热面使用;对于节点Ⅰ,由 δ 弧段进入 α 弧段,B 面由受照变为不受照,可将散热面由 C 面切换为 B 面,姿态无须机动。重复上述过程,直至探测器寿命结束。

整个过程探测器共进行 2 次 180°姿态机动，2 次散热面切换；散热面切换发生在靠近地球的节点Ⅰ和Ⅳ，且 B 面（α、β 和 γ 弧段）承担散热面的时间远大于 C 面（ζ 和 δ 弧段）。β、γ 弧段以及节点Ⅱ、Ⅲ还可以有不同的分解方式，记为方案Ⅱ。

3. 方案Ⅱ任务期间的金星公转弧段和节点设计

探测器以图 6－16 所示姿态进行数传天线对地指向。α、ζ 和 δ 弧段内姿态指向以及节点Ⅰ、Ⅱ、Ⅳ和Ⅴ上的姿态机动和散热面切换等动作与本小节方案Ⅰ的一致。

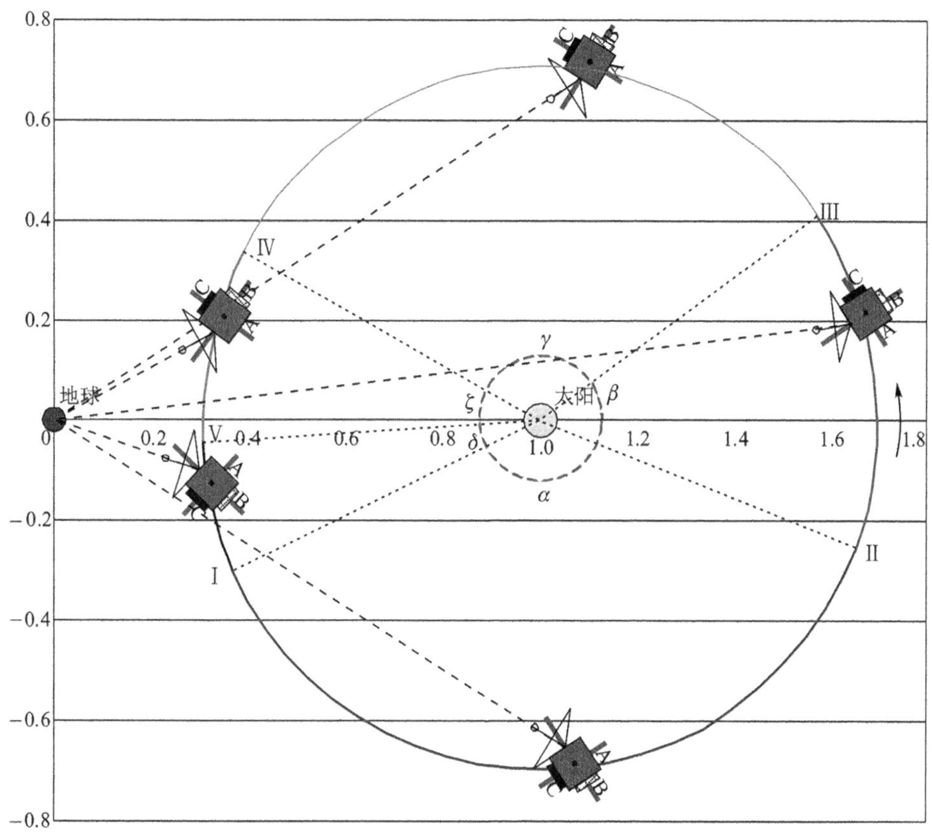

图 6－16　姿态指向设计示意图（方案Ⅱ）

在 β 弧段，探测器以图 6－16 所示姿态进行数传天线对地指向，在该弧段内 B 面不受照而 C 面受照，故 B 面可作为散热面使用；在 γ 弧段，探测器以图 6－16 所示姿态进行数传天线对地指向，在该弧段内 B 面和 C 面均不受照，可作为散热面使用；对于节点Ⅱ，由 α 弧段进入 β 弧段，C 面由不受照变为受照，姿态需绕天线轴向进行 180°机动，则 B 面不受照而 C 面受照，故 B 面仍可作为散热面使用；对于节点Ⅲ，由 β 弧段进入 γ 弧段，C 面由受照变为不受照，B 面仍可作为散热面使用，姿态无须机动。

整个过程探测器仍需要 2 次 180°姿态机动，不同的是，其中 1 次机动位置由节点Ⅲ提前到节点Ⅱ；整个过程仍需要 2 次散热面切换，散热面切换发生在远离地球的节点Ⅱ和节点Ⅲ，且 C 面（γ、ζ、δ 和 α 弧段）承担散热面的时间远大于 B 面（β 弧段）。

4. 方案Ⅰ和方案Ⅱ的弧段和节点定量描述

根据本小节对姿态指向的设计结果，可分别计算方案Ⅰ和方案Ⅱ的各个节点位置和弧段长度。记$\frac{L_V}{L_E}$为金星与地球公转半长轴的比值，即$\frac{L_V}{L_E}\approx\frac{2}{3}$；以地-日连线为起始点，逆时针转动为正向，定义各个节点Ⅰ、Ⅱ、Ⅲ、Ⅳ、Ⅴ对应的角度。

方案Ⅰ：

$$\text{节点Ⅰ对应的角度}=\theta-\arcsin\left(\frac{L_V}{L_E}\sin\theta\right)$$

$$\text{节点Ⅱ对应的角度}=\theta+\arccos\left(\frac{L_V}{L_E}\cos\theta\right)$$

$$\text{节点Ⅲ对应的角度}=\pi+\theta+\arcsin\left(\frac{L_V}{L_E}\sin\theta\right)$$

$$\text{节点Ⅳ对应的角度}=2\pi-\theta+\arcsin\left(\frac{L_V}{L_E}\sin\theta\right)$$

$$\text{节点Ⅴ对应的角度}=\arccos\left(\frac{L_V}{L_E}\cos\theta\right)-\theta$$

各个弧段的角度计算如下：

$$\alpha=\arccos\left(\frac{L_V}{L_E}\cos\theta\right)-\arcsin\left(\frac{L_V}{L_E}\cos\theta\right)$$

$$\beta=\pi+\arcsin\left(\frac{L_V}{L_E}\sin\theta\right)-\arccos\left(\frac{L_V}{L_E}\sin\theta\right)$$

$$\gamma=\pi-2\theta$$

$$\zeta=\arccos\left(\frac{L_V}{L_E}\cos\theta\right)-\arcsin\left(\frac{L_V}{L_E}\cos\theta\right)$$

$$\delta=2\theta-\arcsin\left(\frac{L_V}{L_E}\sin\theta\right)-\arccos\left(\frac{L_V}{L_E}\sin\theta\right)$$

方案Ⅱ：节点Ⅰ、Ⅱ、Ⅳ和Ⅴ对应的角度以及弧段的角度（α、ζ 和 δ）与方案Ⅰ完全一致，不同之处如下：

$$\text{节点Ⅲ对应的角度}=2\pi-\theta-\arccos\left(\frac{L_V}{L_E}\sin\theta\right)$$

$$\beta=2\pi-2\theta-2\arccos\left(\frac{L_V}{L_E}\sin\theta\right)$$

$$\gamma=\arcsin\left(\frac{L_V}{L_E}\sin\theta\right)+\arccos\left(\frac{L_V}{L_E}\sin\theta\right)$$

6.2.4 金星探测器姿态控制策略

探测器环金工作轨道的尺度相对于金星轨道完全可以忽略，而探测器所处的弧段可根据“金-日”和“地-日”矢量的相对方位判断（即根据当前时间通过计算星历进行判断）；根据节点判读结果以及姿态指向的控制精度，制定散热面切换或姿态机动等操作。

探测器一般携带星敏感器进行惯性空间的姿态测量和确定，无法直接获取“金-地”矢量方向；“金-日”和“地-日”矢量相对方位的缓慢变化导致数传天线对地指向的变化率较低，则姿态控制系统对参考坐标系（“金-地”矢量和金星公转矢量张成）的更新频率要求很低（该参考坐标系甚至可以由地面指令注入)，将有效地降低星载计算机的运算量。

记探测器控制系统的指向精度为 $\varepsilon\ (3\sigma)$，为了避免散热面受照，该散热面的光线入射角 φ（负值)应满足 $\varepsilon+\varphi<0$；故探测器应在到达各个节点前进行散热面切换或姿态机动等操作，提前量为 $\frac{\varepsilon}{\omega_V-\omega_E}$，其中 ω_V 和 ω_E 为金星和地球的公转角速度。探测器将按照方案Ⅰ和方案Ⅱ定义的节点顺序进行周期循环性姿态机动和散热面切换等动作。

以空间环境为探测任务的金星探测器一般携带多种探测仪器，产生测量数据复杂且数量巨大，而星际数传为超远距离传输且数据空间损耗严重，故数传天线一般以低码速率进行长时传输；探测器舱内为了保持各种设备工作的最佳温度并保持能量平衡，固定散热面设计是最简洁和有效的方式。仅通过偏置安装数传天线即可实现上述目标，且减少数传天线的装备数量。根据探测器的指向控制精度设计天线偏置角，原则上应满足 $\varepsilon<90°-\theta$，以避免散热面受照。而探测器指向精度应优于数传天线的波束角，以 $\varepsilon=5°$ 为例，则天线偏置角 θ 可取值为 80°。

探测器一般采用霍曼方式进行地金转移，且到达金星时地金对日张角约为 57°。在寿命期内的巡航飞行阶段，探测器帆板的轴向垂直于金星公转平面并保持对日定向，探测器姿态按照如下两种指向方案工作：

方案Ⅰ:各节点坐标分别为 38°(Ⅰ)、163°(Ⅱ)、301°(Ⅲ)、321°(Ⅳ)、3°(Ⅴ)，各弧段的长度分别为 125°(α)、138°(β)、20°(γ)、42°(ζ)、35°(δ)。探测器达到金星时将位于节点Ⅰ和Ⅱ之间，并以图 6－15 所示姿态进行数传天线对地指向，B 面作为散热面使用；探测器到达节点Ⅲ前8 天，绕数传天线轴向进行 180°姿态机动；探测器到达节点Ⅳ前 8 天，散热面由 B 面切换为 C 面；探测器到达节点Ⅴ前 8 天，绕数传天线轴向进行 180°姿态机动；探测器到达节点Ⅰ前 8 天，散热面由 C 面切换为 B 面。重复上述步骤，直至探测器寿命结束。

方案Ⅱ:各节点坐标分别为 38°(Ⅰ)、163°(Ⅱ)、197°(Ⅲ)、321°(Ⅳ)、3°(Ⅴ)，各弧段的长度分别为 125°(α)、34°(β)、124°(γ)、42°(ζ)、35°(δ)。探测器达到金星时将位于节点Ⅰ和Ⅱ之间，并以图 6－16 所示姿态进行数传天线对地指向，B 面作为散热面使用；探测器到达节点Ⅲ前 8 天，绕数传天线轴向进行 180°姿态机动；探测器到达节点Ⅳ前 8 天，散热面由 B 面切换为 C 面；探测器到达节点Ⅴ前 8 天，绕数传天线轴向进行 180°姿态机动；探测器到达节点Ⅰ前 8 天，散热面由 C 面切换为 B 面。重复上述步骤，直至探测器寿命结束。

上述两种姿态指向均以 584 天为一个循环周期，进行 2 次 180°姿态机动，2 次散热面切换:方案Ⅰ的姿态机动发生在节点Ⅲ和节点Ⅴ，散热面切换发生在靠近地球的节点Ⅰ和节点Ⅳ；方案Ⅱ的姿态机动发生在节点Ⅱ和节点Ⅴ，散热面切换发生在靠近地球的节点Ⅰ和节点Ⅴ；

“金-日”和“地-日”矢量相对方位的缓慢变化导致数传天线对地指向的变化率较低，因此星载计算机可根据当前星时和星历计算参考坐标系(该坐标系更新频率很低，甚至可以由地面指令注入)，并基于星敏感器的测量进行姿态指向确定。

整个过程探测器共进行 2 次 180°姿态机动，2 次散热面切换；散热面切换发生在靠近地球的节点Ⅰ和节点Ⅳ，且 B 面(α、β 和 γ 弧段，共 283°)承担散热面的时间远大于 C 面(ζ 和 δ 弧段，共 77°)。

整个过程探测器仍需要 2 次 180°姿态机动，不同的是，其中 1 次机动位置由节点Ⅲ提前到节点Ⅱ；整个过程仍需要 2 次散热面切换，散热面切换发生在远离地球的节点Ⅱ和节点Ⅲ，且

C 面(α、γ、ζ 和 δ 弧段,共 326°)承担散热面的时间远大于 B 面(β 弧段,共 34°)。

思考题

1. 什么是平动点？其具有什么特征？
2. 什么是四元数？为什么在处理转动问题时采用四元数？
3. 金星探测器具有什么特点？
4. 适用于金星探测器的姿态指向设计的方案Ⅰ和方案Ⅱ有什么区别？

参考文献

[1] Slavin J A, Smith E J, Tsurutani B T, et al. Substorm associated traveling com-pression regions in the distant tail: Isee - 3 Geotail observations[C]. Geophys. Res. Lett. 1984,11(7):657-660.

[2] Ingmann P, Straume L A G, Dabas A, et al. ADM - aeolus: ESA's wind mission[C]. ESA Special Publication, 2010.

[3] Domingo V, Fleck B, Poland A I. The SOHO mission: an overview[J]. Sol. Phys, 1995,162(1): 1-37.

[4] Stone E C, Frandsen A M, Mewaldt R A, et al. The advanced composition explorer[J]. Space Science Reviews, 1998, 86(1):1-22.

[5] Komatsu E, Wilkinson. Microwave anisotropy probe constraints on non - gaussianity [C]. New Astron. Rev. 2003,47(8-10):797-803.

[6] Burnett D S, The genesis solar wind sample return mission: past, present, and future [J]. Meteorit. Planet. Sci. 2013,48(12):2351-2370.

[7] Van Allen, James A. Basic principles of celestial navigation[J]. American Journal of Physics,2004,72(11):1418.

[8] Frauenholz, Raymond B. Using delta differential one-way range to determine highly elliptical earth orbits[J]. Journal of Guidance Control & Dynamics,1987,10(1):37-44.

[9] Accomazzo A, Schmitz P, Tanco I. From earth to venus[J]. ESA Bull, 2006(127):38-44.

[10] Winton A, Schnorhk A, McCarthy C. Venus express:the spacecraft[J]. ESA Bull, 2005(124):16-22.

[11] Ishii N, Yamakawa H, Sawai S. Current status of the planet - C venus orbiter design [J]. Adv. Space Res, 2004,34(8):1668-1672.

[12] Masato N, Takeshi I, Munetaka U, et al. Planet - C: venus cli - mate orbiter mission of Japan[J]. Planet. Space Sci. , 2007(55):1831-1842.

第7章 可控元件的帆式航天器设计

深空探测航天器为了完成长时间的空间在轨运行任务以及到达更远的空间探测距离，需要携带大量的推进剂燃料，但这会使得航天器的总质量增加。在推力相等的情况下，航天器的质量越大，其相应的特征加速度会越小。由于深空探测要求航天器尽快到达标称轨道，因此航天器必须要有较大的特征速度，也就是说，航天器需要有较大的特征加速度才能满足此项要求。但是这又和常规的推进策略——要携带大量的推进剂燃料——相悖。我们即使不限制航天器到达任务目标区域所需的时间，可是运载火箭的运载能力也是有上限的，不可能无限大。也就是说，航天器不可能携带大量的推进剂，所以常规推进系统无法完成未来任务。发展新型推进系统的航天器迫在眉睫。

因此本章提出了两种可控元件的帆式航天器设计：具有独立可控单元的太阳帆和基于分布式可控元件的大气帆。

太阳帆是一种利用太阳的光子和粒子冲击在太阳帆上来作为宇宙航行动力的航天器[1-3]。由于太空环境可以视为真空环境，太阳光的光子在没有空气阻力的情况下会持续不断地对太阳帆进行冲击，使得太阳帆获得的动量值持续上升变大，因此获得的特征加速度也会不断变大。本章给出一种具有独立可控单元的新型太阳帆概念设计，构建该太阳帆动力学模型，配置太阳帆的任务仿真。本章的研究成果有助于太阳帆系统的优化设计，为太阳帆的在轨试验提供合理参考。

7.1 太阳帆航天器国内外研究现状

Heliogyro 的发明最初建立在纺纱太阳帆的想法上，其叶片采用离心力部署。Halley 彗星汇合[4-5]和 UltraSail 概念的设计都基于 Heliogyro 的配置[6]。外形为圆形的太阳帆被认定为圆盘帆，适用于俄罗斯的 Znamya 2 和 Znamya 2.5[7]。外形为正方形的太阳帆被确定为方形帆，适用于行星协会的 LightSail-1[8]、NASA 的 NanoSail-D[9]和 JAXA 的 IKAROS[10-11]。

UltraSail 系统是在 Heliogyro 的基础上设计的，由一个中心枢纽组成，中心枢纽有一个从中心向外辐射的窄太阳帆，如图 7-1 所示。与传统的 Heliogyro 相比，UltraSail 在每个叶片的末端添加微型卫星，可以操纵叶片以控制姿态。UltraSail 的一个优点是帆面的展开方式，不需要像经典的太阳帆一样在存储的配置中折叠。另一个优点是，由于其较小的尺寸，不需要大的支撑结构。

Znamya 2 和 Znamya 2.5 两个盘帆是由俄罗斯联邦航天局设计研究的自旋稳定的太阳帆。第一个是半径为 20 m 圆盘形的帆面，如图 7-2(a)所示；第二个是半径为 25 m 圆盘形的帆面，如图 7-2(b)所示。它们均采用了高反射率薄膜。但是未能实现利用太阳能照亮地球上的高纬度地区的目标。

日本 JAXA 成功发射了人类第一个以太阳帆为动力的深空探测器——IKAROS，并且成为世界上第一个成功在行星际空间运行的太阳帆，如图 7-3 所示。IKAROS 由 4 个梯形的帆

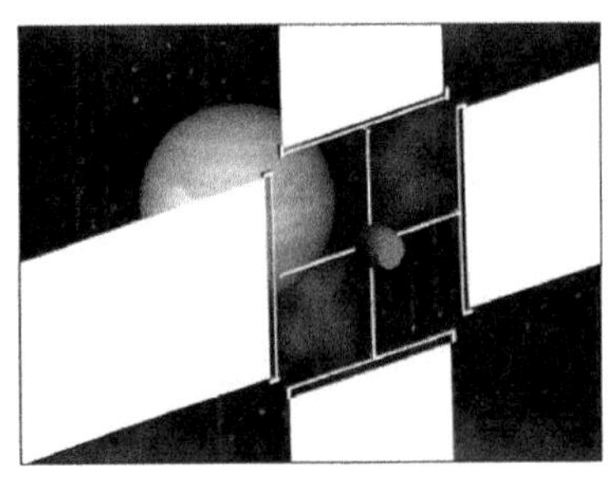

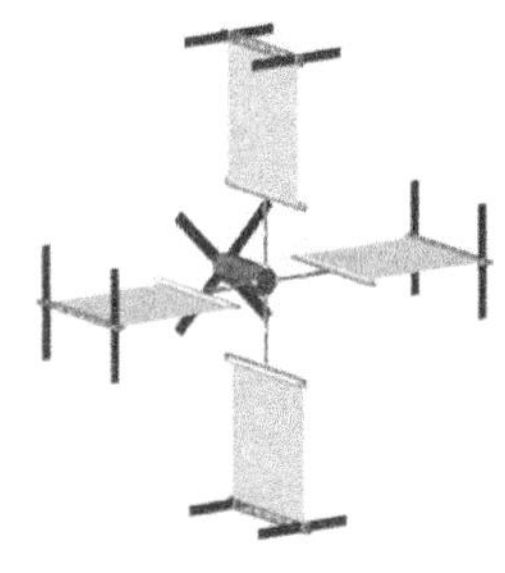

图 7-1 UltraSail 太阳帆系统构型

(a) Znamya 2

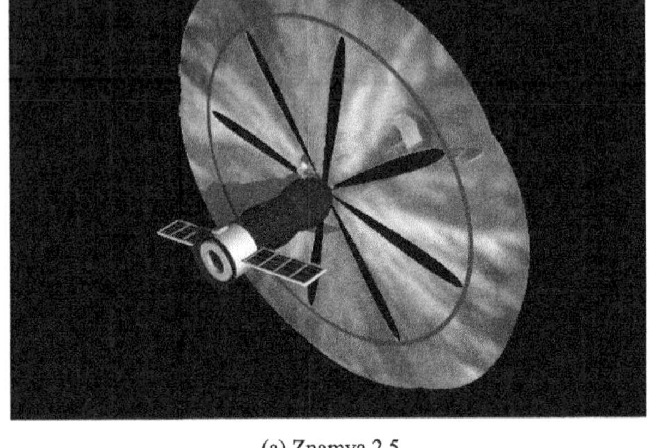

(a) Znamya 2.5

图 7-2 Znamya 太阳帆构型

面组成，由框架连接形成整个方形帆。帆和轮毂体通过 8 根绳索和 4 根线束相连。质量块附着在帆的四个角处，以通过离心力支撑展开和延伸帆。薄膜太阳能电池用于发电，72 个液晶片组合的转向装置可以通过改变其光学反射率（ON：镜面反射，OFF：帆面散射）[12]来控制旋转轴的方向；灰尘计数器用于检测影响帆反射率的灰粒。IKAROS 的设计任务主要包括以下四个方面：部署和控制大型薄型太阳帆膜；将薄膜太阳能电池集成到风帆中来为有效负载供电；测量太阳帆上辐射压力的加速度；通过改变嵌入在帆中的 72 个转向装置的反射率来进行姿态控制。另一个代表性的方形帆是由行星协会开发的 LightSail-1，其目的是验证太阳帆是否可以作为航天器推进的动力，如图 7-4 所示。LightSail-1 设想部署一张 32 m^2 的方形帆，由三个 CubeSat 单元组成。一个 CubeSat 单元将携带相机、传感器和控制系统，而另外两个单元将包含和部署太阳能帆。

在上述三种不同的配置中，Heliogyro 和圆盘太阳帆通常采用自旋稳定，而方形帆通常使用三轴稳定。本章介绍一种“独立可控单元的太阳帆”的新设计理念，可实现三轴稳定，可用于围绕太阳、地球拉格朗日点的 Halo 轨道任务或其他星际任务。

图 7－3　IKAROS 太阳帆的构型

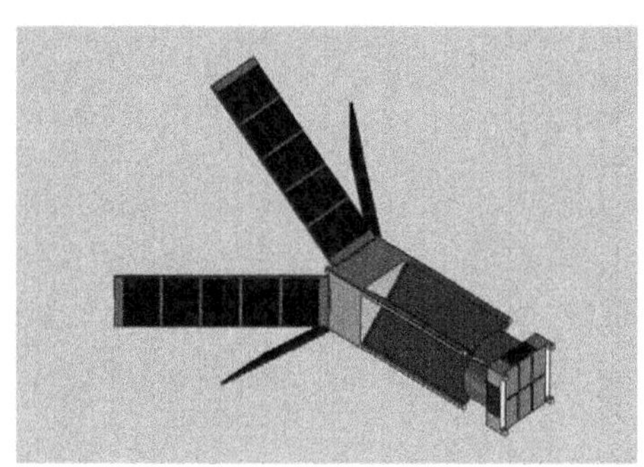

图 7－4　LightSail－1 太阳帆的构型

7.2　具有独立可控单元的太阳帆(SSICE)模型

本章给出了一种具有独立可控单元的太阳帆构型设计，并作为后续姿态轨道动力学与控制研究的基础。首先，给出一般的太阳帆航天器光压力模型，以及与所受光压力有关的太阳帆的面值比和姿态角等参数；其次，提出具有独立可控单元的太阳帆(Solar Sail with Individually Controllable Elements ,SSICE)的设计思想，并根据这一设计思想来设计满足此想法的新型太阳帆的结构模型，其中包括太阳帆发射入轨展开前和入轨展开后两种状态的结构；最后，基于新型太阳帆的模型设计做出合理的假设，给出新型太阳帆初始的设计参数，并定量计算 SSICE 的力和力矩的数学模型。

7.2.1　太阳光压力模型

1．太阳光压和太阳帆光压力

太阳帆的推力主要来源于太阳光子的不断冲击，根据量子力学的观点，太阳光子会把自身所携带的动量传递给太阳帆的表面，从而产生太阳光压。太阳光压 P 可表示为

$$P=\frac{SC_0}{c}\left(\frac{r_0}{r}\right)^2=4.563\frac{\mu N}{m^2}\left(\frac{r_0}{r}\right)^2 \tag{7.2.1}$$

式中：$SC_0=1\ 368\ W/m^2$，表示在一个天文单位（日地距离）距离下的太阳辐射通量常数；c 表示真空环境下的光速；$r_0=1\ AU=1.496\times0^{11}\ m$，为日地间的平均距离；$r$ 表示太阳帆航天器与日心的距离。

本小节所采用的太阳帆模型是不考虑褶皱、变形以及振动的太阳帆平面模型。在太阳光子冲击帆面的过程中，一部分光子会被吸收（ρ_a），一部分光子会发生镜面反射（ρ_s），还有一部分光子会发生漫反射（ρ_d），因此可表达为

$$\rho_a+\rho_s+\rho_d=1 \tag{7.2.2}$$

由公式(7.2.2)可知，太阳帆所受太阳光压力会与太阳光子的吸收、镜面反射和漫反射有着直接的关系。由参考文献[1]可知，在距离日心 r 处，太阳帆帆面所受的太阳光压力 $\boldsymbol{F}$ 为

$$\boldsymbol{F}=\boldsymbol{F}_a+\boldsymbol{F}_s+\boldsymbol{F}_d \tag{7.2.3}$$

式中：$\boldsymbol{F}_a$ 为由于光子被吸收引起的太阳辐射光压力；$\boldsymbol{F}_s$ 为由于光子发生镜面反射引起的太阳辐射光压力；$\boldsymbol{F}_a$ 为由于光子发生漫反射引起的太阳辐射光压力。这三种压力表述形式如下：

$$\left.\begin{aligned}\boldsymbol{F}_a&=PS\rho_a(\boldsymbol{n}_s\cdot\boldsymbol{n})\boldsymbol{n}_s\\ \boldsymbol{F}_s&=2PS\rho_s(\boldsymbol{n}_s\cdot\boldsymbol{n})\boldsymbol{n}\\ \boldsymbol{F}_d&=PS\rho_d(\boldsymbol{n}_s\cdot\boldsymbol{n})\left(\boldsymbol{n}_s+\frac{2}{3}\boldsymbol{n}\right)\end{aligned}\right\} \tag{7.2.4}$$

式中：P 为太阳光压；S 表示太阳帆帆面的面积；$\boldsymbol{n}$ 表示太阳帆的单位法向量；$\boldsymbol{n}_s$ 表示太阳入射光线的单位向量，如图 7－5 所示。其中，$\boldsymbol{e}_r$ 为日心-太阳帆方向矢量，$\boldsymbol{e}_h$ 垂直于轨道平面，$\boldsymbol{e}_t$ 满足右手法则。

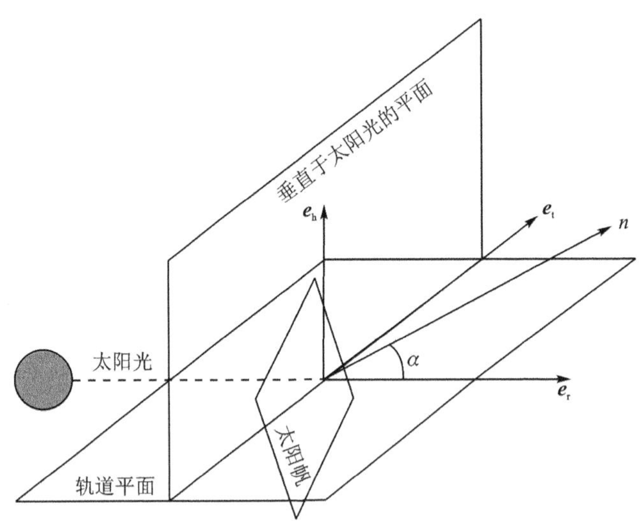

图 7－5　太阳帆的法向量和太阳光压力示意图

当太阳帆轨道计算研究时，通常使用简化的太阳帆力学模型，将作用于太阳帆上的太阳光压力近似表示为

$$\boldsymbol{F}=(\eta PS\cos^2\alpha)\boldsymbol{n} \tag{7.2.5}$$

式中：η 表示整个太阳帆的光压力系数，在理想情况下，$\eta=2$；α 表示太阳帆的法线方向与入射

光线的夹角。本节采用的是理想太阳帆的模型,即太阳帆完全镜面反射,并且 η 取值为 2。

2. 太阳帆性能参数

太阳帆的性能参数有多种描述形式,这里只介绍其中三个:光压因子 β(lightness number)、特征加速度 κ 和太阳帆的面密度 σ。

太阳帆光压因子 β 定义为:当太阳帆帆面的法向与太阳入射光线方向一致时,太阳帆受到的光压力和引力的比值。由此可见,太阳帆光压因子 β 的大小和帆的面质比有关,面质比越大,光压因子也就越大。假设太阳帆帆面的法向与太阳光的入射方向的夹角为 α,那么当太阳帆航天器与太阳的距离为 r 时,太阳帆受到的光压加速度为

$$\boldsymbol{a}=\left(\beta\frac{\mu_{\mathrm{S}}}{r^2}\cos^2\alpha\right)\boldsymbol{n} \tag{7.2.6}$$

式中:μ_{S} 为太阳引力常数。由此可见,太阳帆光压力的大小不仅与太阳帆的光压因子有关,而且与太阳帆的姿态角也有关。

当太阳帆航天器与太阳的距离在一个较大范围内变化时,通常选用光压因子来描述太阳帆的加速性能。特征加速度 κ 是太阳帆加速性能描述的另一种形式,它的定义是当太阳帆航天器与太阳的距离为 1 个天文单位(1 AU)时,太阳帆受到的光压加速度可表示为

$$\kappa=4.563\,\frac{\mu\mathrm{N}}{\mathrm{m}^2}\,\frac{S}{m_{\mathrm{sail}}} \tag{7.2.7}$$

那么太阳帆的光压加速度可表示为

$$\boldsymbol{a}=\left[\kappa\left(\frac{r_0}{r}\right)^2\cos^2\alpha\right]\boldsymbol{n} \tag{7.2.8}$$

太阳帆光压因子和特征加速度都与太阳帆的面质比有关。设太阳帆的面密度为 $\sigma=m_{\mathrm{sail}}/S$(单位为 $\mathrm{g/m^2}$),则可得太阳帆的光压因子与帆的面密度的关系:

$$\beta=\frac{1.53}{\sigma} \tag{7.2.9}$$

7.2.2　SSICE 的构型设计

下面详细介绍具有独立可控单元的太阳帆(SSICE)的设计构型。

1. SSICE 设计思想

本节提出改变太阳帆的构型,是将一个整体太阳帆做成一个分散式的太阳帆,每一部分都是一个可以运行的单元。通过改变作用在每个太阳帆上的太阳光压力,进而改变了太阳帆系统的力的分布情况,由于作用在太阳帆帆面上的力分布不均匀,就会产生力矩。将产生的力矩作为控制力矩,根据定量得到系统太阳光力的分布情况就可以得到作用在系统的力矩,进而实现姿态调整。

设计的 SSICE 构型如图 7-6 所示,把这种类型的太阳帆称为具有独立可控单元的太阳帆。图中所示的 A 和 B 两部分是新型太阳帆的子系统。B 部分是分散式矩形子太阳帆(产生太阳光压力和力矩);A 部分是独立可控的结构,功能是调整 B 部分子太阳帆的状态进而改变太阳光压力在帆面上的分布;C 部分是新型太阳帆的框架,主要起支撑作用以及安装独立可控的调节单元(编号 1～10);D 部分是太阳帆的载荷部分(如传感器、星载计算机以及电源系统等),形状不一定是立方体。为了方便计算,暂定为立方体形状。SSICE 与其他太阳帆相比具

有两个主要特点:分散式布局和独特的姿态控制方案。SSICE 具有独立可控单元的结构,展开后单个帆独立工作运行,互不干扰;其姿态控制方案是指单个帆面的姿态和形变可以通过单个帆两端的控制结构进行控制,单个帆受到的太阳光压力和力矩确定整个 SSICE 的控制力矩。SSICE 展开后是一种矩形的结构,如图 7-6 所示。

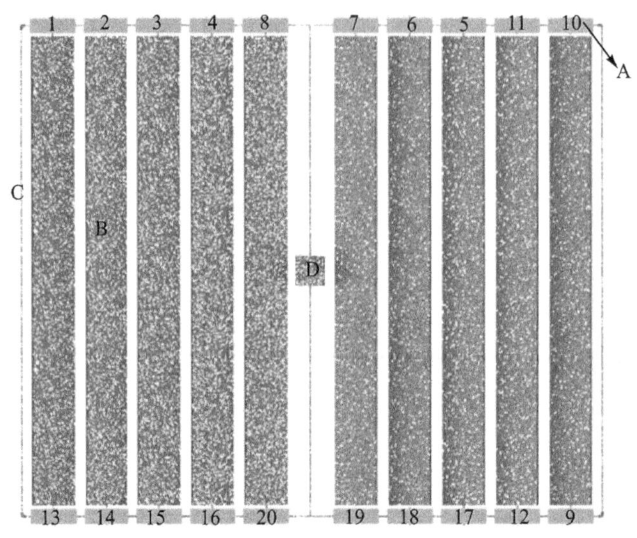

图 7-6 SSICE 构型的示意图

2. SSICE 发射前初始结构

由于太阳帆展开后面积巨大,而运载火箭上可搭载有效载荷的空间又相对有限,所以不可能在搭载的时候处于展开状态。类比卫星的太阳帆板在入轨运行前处于折叠状态,因而当发射太阳帆时,要将巨大的太阳帆压缩处理成运载火箭可以装载的大小。当其成功进入预定轨道时,然后再将其展开运行。为了更有效地利用火箭的载荷空间,并使其易于在火箭上发射,SSICE 在展开部署前的初始结构状态是一种折叠的结构,如图 7-7 所示。

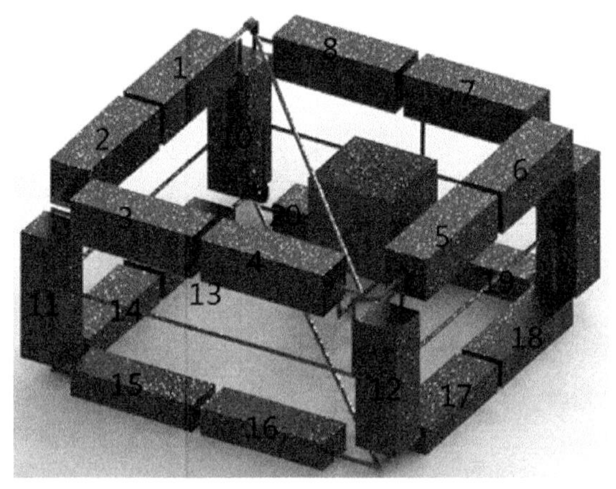

图 7-7 SSICE 展开前的折叠状态示意图

图 7-7 中的长方体单元是控制单个太阳帆的重要部分,也就是设计的太阳帆的独立可控

单元。这些单元是基于 CubeSat 设计的，但又与 CubeSat 不完全相同。每个单元与 CubeSat 主要在两个方面不同：尺寸和功能。CubeSat 的尺寸通常为 10 cm×10 cm×10 cm，但是，SSICE 中独立可控单元的尺寸在不同的方向上会有区别。比如，长度方向上的尺寸必须与单个子帆面的宽度相匹配，以便单个子帆能精确地安装在单元上；而宽度和高度方向上的尺寸应适应电机的要求（例如，AM17 - 75 - 3 型步进电机的尺寸为 0.048 m×0.042 m×0.042 m）。SSICE 中独立可控单元和 CubeSat 在功能上的区别是：CubeSat 通常可以独立工作，与普通卫星在功能上没有大的区别；SSICE 中由于每个独立可控单元上都安装了一个电机，所以在姿态调整的过程中，同一子帆两端的可控单元必须协同工作，如控制安装在太阳帆框架上的电机的转动，以改变帆面的姿态和子帆的形变，作用在整个帆的力矩改变进而实现姿态的调整。为了清晰地展示独立可控单元的装配方式，假定有 20 个单元并且每个单元的编号为 1～20。表 7 - 1 列出了这些控制单元的匹配规则，数字“1”表示具有相应号码的两个单元是成对的。例如，第 1 个单元和第 13 个单元是成对的。

表 7 - 1　控制单元的匹配规则表

控制单元编号	1 单元	2 单元	3 单元	4 单元	5 单元	6 单元	7 单元	8 单元	9 单元	10 单元
11 单元	0	0	0	0	0	0	0	0	1	0
12 单元	0	0	0	0	0	0	0	0	0	1
13 单元	1	0	0	0	0	0	0	0	0	0
14 单元	0	1	0	0	0	0	0	0	0	0
15 单元	0	0	1	0	0	0	0	0	0	0
16 单元	0	0	0	1	0	0	0	0	0	0
17 单元	0	0	0	0	1	0	0	0	0	0
18 单元	0	0	0	0	0	1	0	0	0	0
19 单元	0	0	0	0	0	0	1	0	0	0
20 单元	0	0	0	0	0	0	0	1	0	0

SSICE 由图 7 - 7 转换到图 7 - 6 所示的结构表示其展开过程，这一过程主要由组件 C 实现。如图 7 - 8 所示，SSICE 展开前折叠的框架包括两个部分：一部分是由所有数字表示的单元格串联起来形成一个封闭的框架，而另一部分是框架部分包裹下的中心立方体。需要注意的是，中心立方体应该放置在主体框架的拓扑结构之外，避免在展开期间和子太阳帆缠绕，影响展开过程。此外，整个框架结构暂定设计为可充气的，选择气动膨胀机构来完成太阳帆的展开任务：当放置在中心立方体中的储气瓶中的压缩气体被释放时，整个框架将充满气体，在四个点有刚性约束的条件下会展开成一个扩大的方形结构，如图 7 - 6 所示。图 7 - 8 所示的刚性约束（如硬化塑料）最初设计在展开结构的四个角的位置，以便保证框架可以扩展

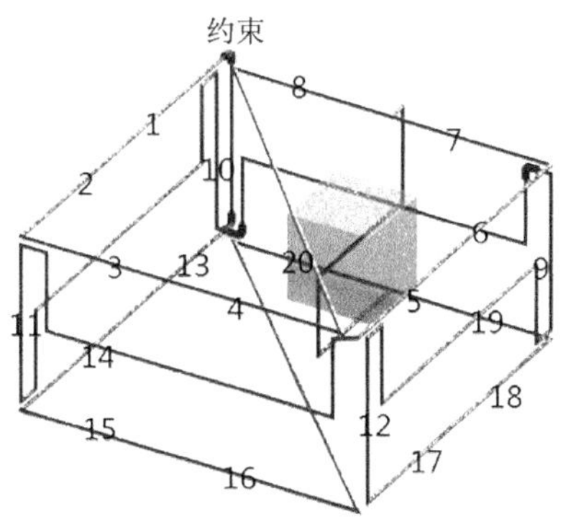

图 7 - 8　SSICE 展开前的框架结构示意图

成方形。图 7－9 中简化展示了结构逐步展开的过程，但实际上这个过程是瞬时完成的。

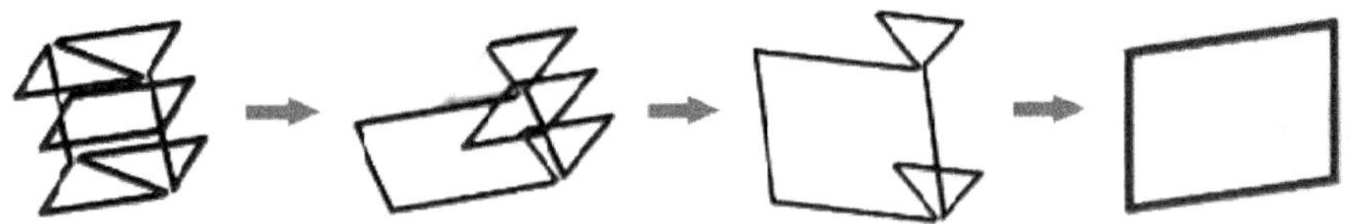

图 7－9　SSICE 展开过程示意图

7.2.3　基于 SSICE 的太阳光压力和力矩模型

1. SSICE 系统设计参数

SSICE 主要由框架结构、独立可控单元、子太阳帆以及载荷中心体这四大部分组成。框架结构采用气动膨胀的方式展开，而且需要内置发热元件维持气体的温度以保证框架结构的刚性；独立可控单元的主体部分是无刷电机，通过电机驱动子太阳帆的转动；中心载荷体安装有航天器在轨运行的必须设备，其中有星载计算机、通信系统组件、星载传感器组件（如太敏、星敏）、电源系统组件以及辅助太阳帆展开的气体储箱。太阳帆的帆面选择聚酰亚胺薄膜材料，采用正面镀铝背面镀铬。由于研究过程中仿真计算的限制，所以初始选择 SSICE 有 4 个子帆面。初始设定 SSICE 太阳帆的特征参数如表 7－2 所列。

表 7－2　SSICE 的特征参数表

参　数	框　架	独立可控单元	载荷中心体	单个子帆
长度/m	100×100	0.048×0.042×0.042	1.0×1.0×1.0	100×16.5
质量/kg	5.0	0.10	93.5	0.05
整体	质量 100 kg	尺寸 100 m×100 m	转动惯量：$J_x=47.92\ \mathrm{kg\cdot m^2}$；$J_y=37.25\ \mathrm{kg\cdot m^2}$；$J_z=26.25\ \mathrm{kg\cdot m^2}$	

2. SSICE 力和力矩参数

本部分给出控制力和力矩与每个帆面两端电机转角之间的定量关系。为了便于揭示这种定量的关系，假定两个电机之间的帆面扭转角度满足线性关系，并且，绕太阳帆本体坐标系 z_b 轴正向旋转（从 z_b 轴的正向看，是逆时针旋转），定义为电机旋转的正向。定义子帆面与框架平行时的状态为太阳帆初始状态，此时电机的旋转角度为零。由于计算量等相关限制因素，仿真过程中取太阳帆帆面数为 4 个。尽管做了一定简化，但是本节提出的方法不失一般性。

为便于分析作用在 SSICE 帆面上的光压力和力矩，需要做以下几点假设：

① 采用的太阳帆模型是理想太阳帆模型：帆面在受力发生的形变可以忽略。当太阳光入射到帆面时，发生镜面反射，反射率为 1；当太阳光入射到帆面背部时，此部分受到的太阳光压力为零。

② 当子太阳帆帆面发生转动形变后，帆面的横截线仍保持直线，其长度和间距均不发生变化，各帆面的横截线仅在外部作用下绕中线作相对旋转，中线的位置不发生变化。

③ 假设入射的太阳光线在太阳帆只作用一次，虽然太阳光在太阳帆帆面发生镜面反射，但我们认为反射的光线不可以再次入射到太阳帆帆面上；否则会极大地增加模型的复杂度，造成模型的不可计算性。

不妨令中心立方体的质量为 m_1，每个电机的质量为 m_2，每个子帆面的质量为 m_3，框架质量为 m_4，每个子帆面的长度和宽度分别为 l 和 w，中心立方体的侧面长度为 a，叶片总数为 n。为了获得 SSICE 的惯性矩阵，首先可得到 SSICE 的惯性矩阵：

$$\boldsymbol{J}=\begin{bmatrix} J_x & 0 & 0 \\ 0 & J_y & 0 \\ 0 & 0 & J_z \end{bmatrix}$$

式中：

$$\left.\begin{aligned} J_x &= \frac{m_1 a^2}{6} + \sum_{k=1}^{\frac{n}{2}} \left(m_2 + \frac{m_3}{2}\right) \left[a + (2k-1)w\right]^2 + \frac{nm_2 l^2}{2} + \frac{nm_3}{12}(l^2 + w^2) + \\ &\quad \frac{m_4}{12}\left[l^2 + (a + nw)^2\right] \\ J_y &= \frac{m_1 a^2}{6} + \frac{nm_2 l^2}{2} + \frac{nm_3 l^2}{12} + \frac{m_4}{12} l^2 \\ J_z &= \frac{m_1 a^2}{6} + \sum_{k=1}^{\frac{n}{2}} \left(m_2 + \frac{m_3}{2}\right) \left[a + (2k-1)w\right]^2 + \frac{nm_3 w^2}{12} + \frac{m_4}{12}(a + nw)^2 \end{aligned}\right\} \tag{7.2.10}$$

首先定义 SSICE 本体坐标系 $\boldsymbol{S}_b$，本体坐标系的原点位于 SSICE 的中心，x_b 轴沿着框架平面的法线方向指向前方，y_b 轴指向框架平面中垂直于子帆安装的方向，z_b 轴由右手法则确定，如图 7-10 所示。

取某一帆面(如电机 S_1 和电机 S_2 之间的太阳帆)进行分析，如图 7-11 所示。设电机 S_1 的旋转角度为 δ_1，电机 S_2 的旋转角度为 δ_2，由假设②可知，与帆上坐标为 z 处的帆面转角 δ_{zi} 可表示为

$$\delta_{zi} = \frac{\delta_1 + \delta_2}{2} + \frac{(\delta_1 - \delta_2)z}{l} \quad \left(-\frac{l}{2} \leqslant z \leqslant \frac{l}{2}\right) \tag{7.2.11}$$

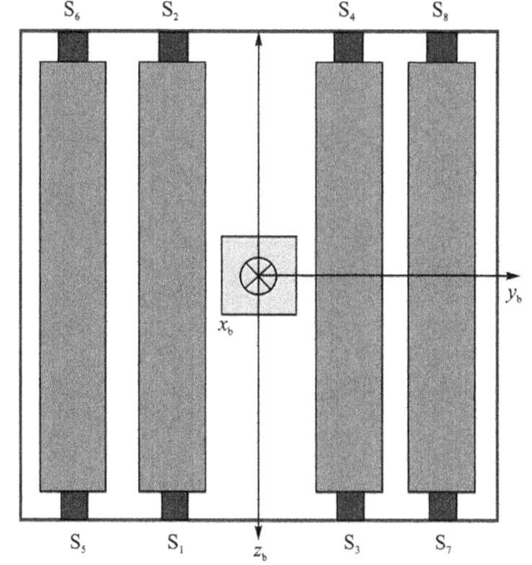

图 7-10　SSICE 的本体坐标系示意图

图 7-11　扭转变形的子太阳帆受力图示

SSICE 上单个帆面的法向量在本体坐标系下表示为

$$\{\boldsymbol{n}\}_{\mathrm{b}}=[\cos\delta_{zi}\quad \sin\delta_{zi}\quad 0]^{\mathrm{T}}$$

式中：δ_{zi} 是子帆面和框架平面之间的夹角，也就是帆面转动的角度。假定太阳帆轨道坐标系到本体坐标系的旋转顺序为“1—2—3”，且每次转过的角度依次为滚转角 φ、俯仰角 θ、偏航角 ψ。令 $\boldsymbol{r}_1$ 表示太阳光入射矢量，那么 $\boldsymbol{r}_1$ 在本体坐标系下的表示可以写为

$$\{\boldsymbol{r}_1\}_{\mathrm{b}}=[\cos\theta\cos\psi\quad -\cos\theta\sin\psi\quad 0]^{\mathrm{T}}$$

那么可以得到子帆面和太阳光线的夹角：

$$\eta=\arccos\left(\frac{\{\boldsymbol{n}\}_{\mathrm{b}}\cdot\{\boldsymbol{r}_1\}_{\mathrm{b}}}{\|\{\boldsymbol{n}\}_{\mathrm{b}}\|\cdot\|\{\boldsymbol{r}_1\}_{\mathrm{b}}\|}\right)=\arccos[\cos\theta\cos(\alpha+\psi)]\tag{7.2.12}$$

由本章参考文献[1]可知，z 附近长度为 $\mathrm{d}z$ 的帆面所受的太阳光压力为

$$\mathrm{d}\boldsymbol{F}_{\mathrm{b}i}=2Pw\cos^2\theta\cos^2\left[\frac{\delta_1+\delta_2}{2}+\frac{(\delta_1-\delta_2)z}{l}-\psi\right]\begin{bmatrix}\cos\left(\dfrac{\delta_1+\delta_2}{2}+\dfrac{(\delta_1-\delta_2)z}{l}\right)\\ \sin\left(\dfrac{\delta_1+\delta_2}{2}+\dfrac{(\delta_1-\delta_2)z}{l}\right)\\ 0\end{bmatrix}\mathrm{d}z\tag{7.2.13}$$

式中：P 为太阳辐射光压；w 为帆面的宽度。

对式(7.2.13)进行积分，可以得到单个帆面太阳辐射压力在本体坐标系的表达式：

$$\begin{aligned}F_{x\mathrm{b}i}&=\int_{-\frac{l}{2}}^{\frac{l}{2}}2Pw\cos^2\theta\cos^2\left[\frac{\delta_1+\delta_2}{2}+\frac{(\delta_1-\delta_2)z}{l}-\psi\right]\cos\left[\frac{\delta_1+\delta_2}{2}+\frac{(\delta_1-\delta_2)z}{l}\right]\mathrm{d}z\\&=\frac{Plw\cos^2\theta}{\delta_1-\delta_2}\left[\frac{\sin(3\delta_1+2\psi)}{6}+\frac{\sin(\delta_1+2\psi)}{2}+\sin\delta_1-\right.\\&\quad\left.\frac{\sin(3\delta_2+2\psi)}{6}-\frac{\sin(\delta_2+2\psi)}{2}-\sin\delta_2\right]\end{aligned}\tag{7.2.14}$$

$$\begin{aligned}F_{y\mathrm{b}i}&=\int_{-\frac{l}{2}}^{\frac{l}{2}}2Pw\cos^2\theta\cos^2\left[\frac{\delta_1+\delta_2}{2}+\frac{(\delta_1-\delta_2)z}{l}-\psi\right]\sin\left[\frac{\delta_1+\delta_2}{2}+\frac{(\delta_1-\delta_2)z}{l}\right]\mathrm{d}z\\&=\frac{Plw\cos^2\theta}{\delta_1-\delta_2}\left[-\frac{\cos(3\delta_1+2\psi)}{6}+\frac{\cos(\delta_1+2\psi)}{2}-\cos\delta_1+\right.\\&\quad\left.\frac{\cos(3\delta_2+2\psi)}{6}-\frac{\cos(\delta_2+2\psi)}{2}+\cos\delta_2\right]\end{aligned}\tag{7.2.15}$$

$$F_{z\mathrm{b}i}=0\tag{7.2.16}$$

由公式(7.2.13)可推导并得到单个帆面由于光压力产生的力矩在本体坐标系中的表达式：

$$\mathrm{d}\boldsymbol{M}_{\mathrm{b}i}=\begin{bmatrix}\mathrm{d}M_{x\mathrm{b}i}\\ \mathrm{d}M_{y\mathrm{b}i}\\ \mathrm{d}M_{z\mathrm{b}i}\end{bmatrix}=\begin{bmatrix}\mathrm{d}F_{y\mathrm{b}i}\cdot z\\ \mathrm{d}F_{x\mathrm{b}i}\cdot z\\ \mathrm{d}F_{x\mathrm{b}i}\cdot y_i\end{bmatrix}\tag{7.2.17}$$

其具体形式如下：

$$\begin{aligned}M_{x\mathrm{b}i}&=\int_{-\frac{l}{2}}^{\frac{l}{2}}-2Pw\cos^2\theta\cos^2\left[\frac{\delta_1+\delta_2}{2}+\frac{(\delta_1-\delta_2)z}{l}-\psi\right]\sin\left[\frac{\delta_1+\delta_2}{2}+\frac{(\delta_1-\delta_2)z}{l}\right]z\,\mathrm{d}z\\&=\frac{Pl^2w\cos^2\theta}{(\delta_1-\delta_2)^2}\left\{\left[-\frac{\sin(3\delta_1+2\psi)}{18}+\frac{\sin(\delta_1+2\psi)}{2}-\sin\delta_1+\frac{\sin(3\delta_2+2\psi)}{18}-\right.\right.\end{aligned}$$

$$\frac{\sin(\delta_2+2\psi)}{2}+\sin\delta_2\Big]+\Big[\frac{\cos(3\delta_1+2\psi)}{12}-\frac{\cos(\delta_1+2\psi)}{4}+\frac{\cos\delta_1}{2}+$$

$$\frac{\cos(3\delta_2+2\psi)}{12}-\frac{\cos(\delta_2+2\psi)}{4}+\frac{\cos\delta_2}{2}\Big](\delta_1-\delta_2)\Big\} \tag{7.2.18}$$

$$M_{ybi}=\int_{-\frac{l}{2}}^{\frac{l}{2}}2Pw\cos^2\theta\cos^2\left[\frac{\delta_1+\delta_2}{2}+\frac{(\delta_1-\delta_2)z}{l}-\psi\right]\cos\left[\frac{\delta_1+\delta_2}{2}+\frac{(\delta_1-\delta_2)z}{l}\right]z\,\mathrm{d}z$$

$$=\frac{Pl^2w\cos^2\theta}{(\delta_1-\delta_2)^2}\Big\{\Big[\frac{\cos(3\delta_1+2\psi)}{18}+\frac{\cos(\delta_1+2\psi)}{2}+\cos\delta_1-\frac{\cos(3\delta_2+2\psi)}{18}-$$

$$\frac{\cos(\delta_2+2\psi)}{2}-\cos\delta_2\Big]+\Big[\frac{\sin(3\delta_1+2\psi)}{12}+\frac{\sin(\delta_1+2\psi)}{4}+\frac{\sin\delta_1}{2}+$$

$$\frac{\sin(3\delta_2+2\psi)}{12}+\frac{\sin(\delta_2+2\psi)}{4}+\frac{\sin\delta_2}{2}\Big](\delta_1-\delta_2)\Big\} \tag{7.2.19}$$

$$M_{zbi}=\int_{-\frac{l}{2}}^{\frac{l}{2}}-2Pw\cos^2\theta\cos^2\left[\frac{\delta_1+\delta_2}{2}+\frac{(\delta_1-\delta_2)z}{l}-\psi\right]\cos\left[\frac{\delta_1+\delta_2}{2}+\frac{(\delta_1-\delta_2)z}{l}\right]y_i\,\mathrm{d}z$$

$$=\frac{Plw\cos^2\theta(-y_i)}{\delta_1-\delta_2}\Big[\frac{\sin(3\delta_1+2\psi)}{6}+\frac{\sin(\delta_1+2\psi)}{2}+\sin\delta_1-$$

$$\frac{\sin(3\delta_2+2\psi)}{6}-\frac{\sin(\delta_2+2\psi)}{2}-\sin\delta_2\Big] \tag{7.2.20}$$

式中：y_i 为子帆面的中心轴线在本体坐标系 y 轴的坐标。

同理，可以得到其他子帆面由于光压力而产生的力和力矩。将这些力和力矩取和，可以得到整个太阳帆在光压力作用下产生的力和力矩，即

$$\left.\begin{aligned}\boldsymbol{F}_{\mathrm{b}}&=[F_{x\mathrm{b}}\quad F_{y\mathrm{b}}\quad F_{z\mathrm{b}}]^{\mathrm{T}}=\left[\sum_{i=1}^{4}F_{x\mathrm{b}i}\quad \sum_{i=1}^{4}F_{y\mathrm{b}i}\quad 0\right]^{\mathrm{T}}\\ \boldsymbol{M}_{\mathrm{b}}&=[M_{x\mathrm{b}}\quad M_{y\mathrm{b}}\quad M_{z\mathrm{b}}]^{\mathrm{T}}=\left[\sum_{i=1}^{4}M_{x\mathrm{b}i}\quad \sum_{i=1}^{4}M_{y\mathrm{b}i}\quad \sum_{i=1}^{4}M_{z\mathrm{b}i}\right]^{\mathrm{T}}\end{aligned}\right\} \tag{7.2.21}$$

由上式可知，沿三轴的力和力矩可视为帆面两端电机转角的函数，调节帆面转角即可得到所需的力和力矩。

7.3　SSICE 的姿态控制

本节将要介绍 SSICE 的姿态控制模型。首先，根据设计的 SSICE 的构型，给出太阳帆姿态调整的定性分析；然后，基于 7.2 节给出控制力矩与电机转角之间的定量关系，通过姿态控制任务仿真定量地给出此太阳帆完成姿态调整的过程，给出实现此姿态调整的执行器所需的参数。

7.3.1 SSICE 姿态控制策略

1. 姿态运动学方程

取轨道坐标系 $\boldsymbol{S}_o$ 作为参考坐标系，相继进行三次旋转，使之与本体坐标系 $\boldsymbol{S}_b$ 重合，定义每次所转过的角度为欧拉角。定义旋转顺序为"1—2—3"，且每次转过的角度依次为：滚转角 φ、俯仰角 θ、偏航角 ψ。

旋转过程可以表示为：$\boldsymbol{S}_o \xrightarrow{\boldsymbol{L}_x(\varphi)} \circ \xrightarrow{\boldsymbol{L}_y(\theta)} \circ \xrightarrow{\boldsymbol{L}_z(\psi)} \boldsymbol{S}_b$，如图 7－12 所示，则得到太阳帆轨道坐标系 $\boldsymbol{S}_o$ 到本体坐标系 $\boldsymbol{S}_b$ 的转换矩阵为

$$\begin{aligned}\boldsymbol{L}_{bo} &= \boldsymbol{L}_z(\psi)\boldsymbol{L}_y(\theta)\boldsymbol{L}_x(\varphi) \\ &= \begin{bmatrix} \cos\theta\cos\psi & \cos\varphi\sin\psi + \sin\varphi\sin\theta\cos\psi & \sin\varphi\sin\psi - \cos\varphi\sin\theta\cos\psi \\ -\cos\theta\sin\psi & \cos\varphi\cos\psi - \sin\varphi\sin\theta\sin\psi & \sin\varphi\cos\psi + \cos\varphi\sin\theta\sin\psi \\ \sin\theta & -\sin\varphi\cos\theta & \cos\varphi\cos\theta \end{bmatrix}\end{aligned} \tag{7.3.1}$$

式中：$\boldsymbol{L}_x(\cdot)$，$\boldsymbol{L}_y(\cdot)$，$\boldsymbol{L}_z(\cdot)$分别为绕 x，y，z 轴的基元旋转矩阵。

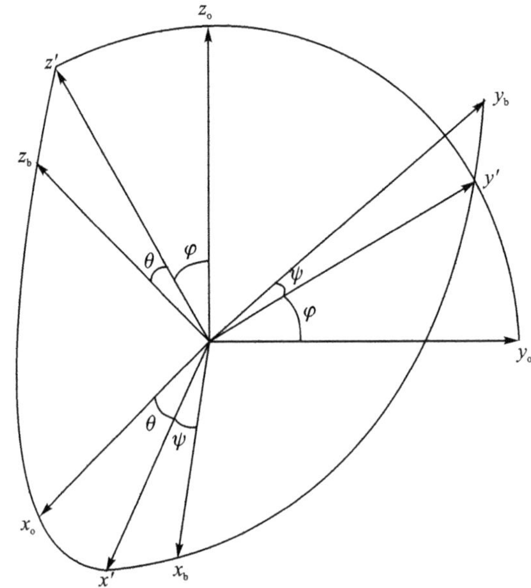

图 7－12 轨道坐标系到本体坐标系的转动示意图

同时，由转动顺序"1—2—3"得到本体坐标系相对于轨道坐标系的角速度矢量 $\{\boldsymbol{\omega}\}_b$ 及其在本体系中的投影(ω_{rxb}，ω_{ryb}，ω_{rzb})：

$$\begin{bmatrix}\omega_{rxb}\\ \omega_{ryb}\\ \omega_{rzb}\end{bmatrix} = \boldsymbol{L}_z(\psi)\boldsymbol{L}_y(\theta)\boldsymbol{L}_x(\varphi)\begin{bmatrix}\dot\varphi\\0\\0\end{bmatrix} + \boldsymbol{L}_z(\psi)\boldsymbol{L}_y(\theta)\begin{bmatrix}0\\ \dot\theta\\0\end{bmatrix} + \boldsymbol{L}_z(\psi)\begin{bmatrix}0\\0\\ \dot\psi\end{bmatrix}$$

$$= \begin{bmatrix}\dot\theta\sin\psi + \dot\varphi\cos\theta\cos\psi \\ \dot\theta\cos\psi - \dot\varphi\cos\theta\sin\psi \\ \dot\psi + \dot\varphi\sin\theta\end{bmatrix} \tag{7.3.2}$$

式中：$\dot{\varphi}$、$\dot{\theta}$ 和 $\dot{\psi}$ 为欧拉角的变化率。

2. 姿态动力学方程

设太阳帆所受到的外力矩为 $\boldsymbol{M}$，则由动量矩定理可得在本体坐标系下描述的航天器姿态动力学方程为

$$\boldsymbol{J}_{\mathrm{b}}\dot{\boldsymbol{\omega}}_{\mathrm{b}}+\boldsymbol{\omega}_{\mathrm{b}}^{\times}\boldsymbol{I}_{\mathrm{b}}\boldsymbol{\omega}_{\mathrm{b}}=\boldsymbol{M} \tag{7.3.3}$$

式中：$\boldsymbol{J}_{\mathrm{b}}$ 为本体系下太阳帆航天器相对于其质心 O 的惯性矩阵；$\dot{\boldsymbol{\omega}}_{\mathrm{b}}$ 为航天器绝对角速度的变化率在本体坐标系 $\boldsymbol{S}_{\mathrm{b}}$ 下的分量列阵；$\boldsymbol{\omega}_{\mathrm{b}}^{\times}$ 为矢量 $\boldsymbol{\omega}_{\mathrm{b}}$ 的叉乘矩阵。取本体坐标系为主轴坐标系，则有

$$\boldsymbol{J}_{\mathrm{b}}=\begin{bmatrix} J_{x\mathrm{b}} & 0 & 0 \\ 0 & J_{y\mathrm{b}} & 0 \\ 0 & 0 & J_{z\mathrm{b}} \end{bmatrix} \tag{7.3.4}$$

将式(7.3.4)代入式(7.3.3)，并展开得到

$$\left.\begin{aligned} J_{x\mathrm{b}}\frac{\mathrm{d}\omega_{x\mathrm{b}}}{\mathrm{d}t}+\omega_{y\mathrm{b}}\omega_{z\mathrm{b}}(J_{z\mathrm{b}}-J_{y\mathrm{b}})=M_{x\mathrm{b}} \\ J_{y\mathrm{b}}\frac{\mathrm{d}\omega_{y\mathrm{b}}}{\mathrm{d}t}+\omega_{x\mathrm{b}}\omega_{z\mathrm{b}}(J_{x\mathrm{b}}-J_{z\mathrm{b}})=M_{y\mathrm{b}} \\ J_{z\mathrm{b}}\frac{\mathrm{d}\omega_{z\mathrm{b}}}{\mathrm{d}t}+\omega_{x\mathrm{b}}\omega_{y\mathrm{b}}(J_{y\mathrm{b}}-J_{x\mathrm{b}})=M_{z\mathrm{b}} \end{aligned}\right\} \tag{7.3.5}$$

式中：$M_{x\mathrm{b}}$，$M_{y\mathrm{b}}$，$M_{z\mathrm{b}}$ 分别为 $\boldsymbol{M}$ 在本体坐标系下的分量。公式(7.3.5)即为航天器姿态动力学方程。

7.3.2 SSICE 姿态调整策略

作用在单位帆面上的太阳光压力相对较小，因而太阳帆需要有较大的帆面积来得到相对较大的光压力，以进行姿态调整。实际情况下，为了实现太阳帆姿态的实时调整，则要求实时改变太阳帆帆面的形态，通过调节成对安装在帆面两端电机的转角可以完成此任务。本小节给出了 SSICE 姿态调整的定性分析，通过分析太阳帆的滚转、俯仰及偏航的任务运动方式给出电机(子帆)转动的方案，进而实现太阳帆姿态的控制效果。

1. 偏航运动

偏航运动，即 SSICE 绕着本体坐标系 z_{b} 轴旋转，需要控制沿着 z_{b} 轴的左、右两侧子帆面旋转不同的角度，使得在 z_{b} 轴两侧的太阳光压力有差值，这样就可以在 z_{b} 轴的方向上提供转动力矩。具体来说，欲使太阳帆实现沿 z_{b} 轴的正向偏航运动(从 z_{b} 轴正向看是逆时针旋转)，则要求作用在左侧帆面的太阳光压力大于作用在右侧帆面的太阳光压力，因而控制每个子帆两端的电机旋转相同的角度；但是，不同的子帆转过的角度不同，通过力的合成可以实现 SSICE 绕 z_{b} 轴做逆时针旋转。反之亦然。在绕 z_{b} 轴旋转的过程中，沿 y_{b} 轴太阳光压力的分量也会对 z_{b} 轴的转矩有影响，不会影响 x_{b} 轴方向的力矩。SSICE 可以只绕 z_{b} 轴转动而不影响其他方向的转动，整个过程如图 7－13 和图 7－14 所示。

2. 滚转运动

滚转运动，即 SSICE 绕着本体坐标系 x_{b} 轴旋转，需要控制两侧子帆面旋转适当的角度，产生 x_{b} 轴方向的力矩。SSICE 在本体坐标系 z_{b} 轴的力恒为零，所以要产生 x_{b} 轴方向的力

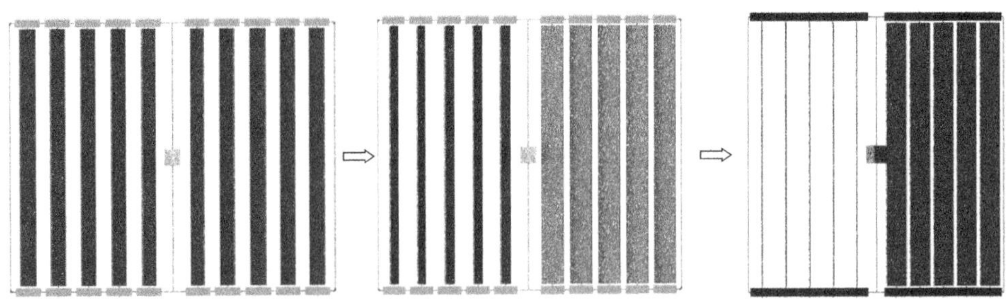

图 7-13　SSICE 绕 z_b 轴顺时针运动

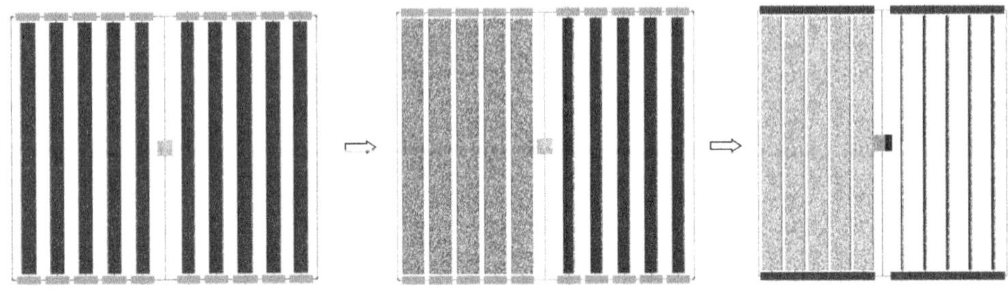

图 7-14　SSICE 绕 z_b 轴逆时针运动

矩，只能通过改变 y_b 轴两侧太阳帆的状态，使得每个子帆的微元对 x_b 轴产生力矩，然后力矩合成使得 SSICE 产生 x_b 轴方向的力矩。

如果两端电机旋转的角度在互为相反数的情况下，子帆面发生扭转变形，那么只会在太阳帆框架平面内产生光压力的分量，此时只会产生 x_b 轴方向的力矩而不影响其他方向的旋转运动，使得太阳帆完成滚转运动。SSICE 的滚转运动过程如图 7-15 所示。

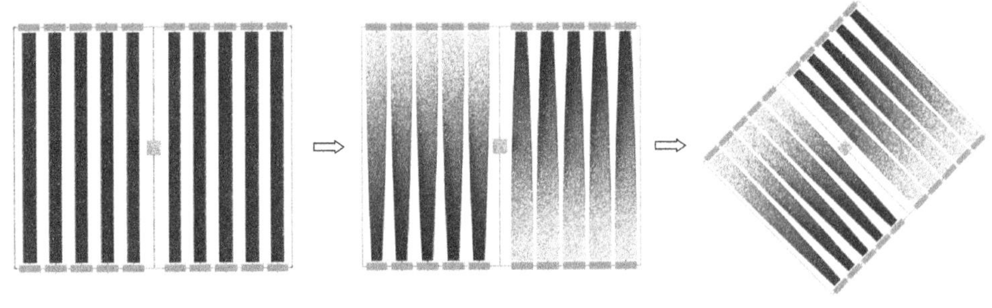

图 7-15　SSICE 绕 x_b 轴运动示意图

3. 俯仰运动

俯仰运动，即 SSICE 绕着本体坐标系 y_b 轴旋转，需要控制两侧子帆面旋转适当的角度，产生 y_b 轴方向的力矩而不产生其他方向上的力矩。由图 7-15 可知，SSICE 的子帆面必须发生扭转形变。由于 x_b 轴和 z_b 轴方向没有力矩，控制两侧的帆面使得围绕电机轴的对称线性扭转变形，两侧的叶片将受到围绕 z_b 轴的对称的太阳辐射压力。沿 x_b 轴的太阳光压力分量可以在 y_b 轴的方向上提供转矩，并且两侧沿 y_b 轴的太阳光压力分量在 x_b 轴方向产生的转矩会相互抵消，所以在 x_b 轴和 z_b 轴方向上不会出现扭矩。SSICE 的俯仰运动过程如图 7－16 所示。

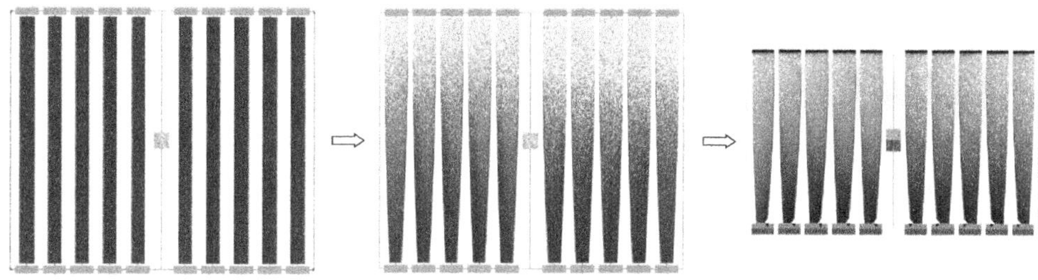

图 7－16　SSICE 绕 y_b 轴运动示意图

综上所述，SSICE 可以通过控制电机旋转的角度来完成三种基本的姿态控制任务。由于太阳帆航天器的特殊性，调节太阳帆的姿态在一定程度上也调节了作用在太阳帆上的太阳帆光压力。但是，依然需要定量的结果验证 SSICE 在轨运行的可行性，所以后面的章节将介绍把 SSICE 应用到具体的航天任务中，给出控制电机转动的角度，获取相应的控制力矩，实现太阳帆姿态的调整。

7.4　SSICE 姿态轨道动力学与控制

当太阳帆航天器位于日地系统拉格朗日点附近时，此时太阳和地球对太阳帆的引力大小相近，需采用限制性三体问题的模型来研究太阳帆航天器的动力学问题。本节研究太阳帆的轨道姿态动力学与控制，基于反馈线性化的思想提出主动控制的方法。

7.4.1　SSICE 姿态运动学和动力学分析

1. SSICE 坐标系定义

旋转坐标系及轨道坐标系示意图如图 7－17 所示。

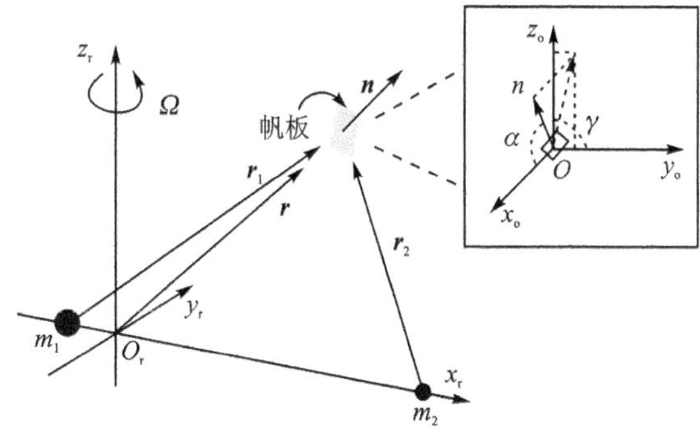

图 7－17　旋转坐标系及轨道坐标系示意图

前面已经将相关坐标系进行了部分定义，所以在此处将定义的坐标系整合一下，方便下文姿态运动学的分析：

① 日地质心惯性坐标系 $\boldsymbol{S}_i$：日地质心惯性坐标系 $C-x_iy_iz_i$，坐标原点位于日地系统的质

量中心 C，x_iy_i 坐标面为日地相对运动的平面，x_i 轴在 x_iy_i 坐标面内并指向春分点的方向；z_i 轴指向地球相对运动的角速度的方向。

② 日地质心旋转坐标系 $\boldsymbol{S}_r$：日地质心旋转坐标系 $C-xyz$，坐标原点位于日地系统的质量中心 C，定义太阳指向地球的方向为旋转坐标系的 x 轴，z 轴与地球绕太阳运动的角速度的方向一致，y 轴与 x 轴和 z 轴组成右手坐标系。

③ 太阳帆轨道坐标系 $\boldsymbol{S}_o$：SSICE 轨道坐标系 $O-x_oy_oz_o$，坐标系原点位于太阳帆质心 O 点；x_o 轴与太阳光、太阳帆质心连线一致，并指向太阳帆；z_o 轴位于矢量 $\overrightarrow{OZ}$ 和 $\overrightarrow{Ox_o}$ 形成的平面内，指向太阳帆运动方向，且垂直于 x_o 轴；y_o 轴按照右手法则确定。

④ 太阳帆本体坐标系 $\boldsymbol{S}_b$：本体坐标系的原点位于 SSICE 的质心 O 点，x_b 轴沿着框架平面的法线方向指向前方，y_b 轴指向框架平面中垂直于子帆安装的方向，z_b 轴由右手法则确定。

2. SSICE 姿态运动学分析

本小节分析太阳帆的姿态角与欧拉角的关系。从日地质心惯性坐标系 $\boldsymbol{S}_i$ 到太阳帆轨道坐标系 $\boldsymbol{S}_o$ 的转换关系如下：

$$\boldsymbol{S}_i \xrightarrow{\boldsymbol{L}_z(\Omega t)} \boldsymbol{S}_r \xrightarrow{\boldsymbol{L}_z(\xi_1)} \circ \xrightarrow{\boldsymbol{L}_y(-\xi_2)} \boldsymbol{S}_o \tag{7.4.1}$$

式中：Ω 为地球的公转角速度。因此可以得到日地质心惯性坐标系 $\boldsymbol{S}_i$ 到日地质心旋转坐标系 $\boldsymbol{S}_r$ 的转换矩阵为

$$\boldsymbol{L}_{ri}=\boldsymbol{L}_z(\Omega t)=\begin{bmatrix}\cos\Omega t & \sin\Omega t & 0\\ -\sin\Omega t & \cos\Omega t & 0\\ 0 & 0 & 1\end{bmatrix} \tag{7.4.2}$$

日地质心旋转坐标系 $\boldsymbol{S}_r$ 到太阳帆轨道坐标系 $\boldsymbol{S}_o$ 的转换矩阵为

$$\boldsymbol{L}_{or}=\boldsymbol{L}_y(-\xi_2)\boldsymbol{L}_z(\xi_1)=\begin{bmatrix}\cos\xi_1\cos\xi_2 & \sin\xi_1\cos\xi_2 & \sin\xi_2\\ -\sin\xi_1 & \cos\xi_1 & 0\\ -\cos\xi_1\sin\xi_2 & -\sin\xi_1\sin\xi_2 & \cos\xi_2\end{bmatrix} \tag{7.4.3}$$

式中：ξ_1 为太阳帆、太阳和 Cz 所在平面与日心旋转坐标系 $\boldsymbol{S}_r$ 的 xz 所在平面的夹角；ξ_2 为太阳帆和太阳的连线与日心旋转坐标系 $\boldsymbol{S}_r$ 的 xy 所在平面的夹角。变量 ξ_1 和 ξ_2 可以由太阳帆在归一化的日地坐标系中由坐标(x,y,z)导出：

$$\left.\begin{aligned}\xi_1&=\arcsin\frac{y}{\sqrt{(x+\mu)^2+y^2}}\\ \xi_2&=\arccos\frac{z}{\sqrt{(x+\mu)^2+y^2+z^2}}\end{aligned}\right\} \tag{7.4.4}$$

设太阳帆轨道坐标系 $\boldsymbol{S}_o$ 相对于日地质心旋转坐标系 $\boldsymbol{S}_r$ 的相对角速度矢量为 $\{\boldsymbol{\omega}_{ro}\}_o$，由公式(7.4.3)可得轨道坐标系和日地质心旋转坐标系转换关系，$\{\boldsymbol{\omega}_{ro}\}_o$ 可写成

$$\{\boldsymbol{\omega}_{ro}\}_o=\boldsymbol{L}_y(-\xi_2)\begin{bmatrix}0\\0\\\dot{\xi}_1\end{bmatrix}+\begin{bmatrix}0\\-\dot{\xi}_2\\0\end{bmatrix}=\begin{bmatrix}\dot{\xi}_1\sin\xi_2\\-\dot{\xi}_2\\\dot{\xi}_1\cos\xi_2\end{bmatrix} \tag{7.4.5}$$

式中：

$$\left.\begin{aligned}\dot{\xi}_1&=\frac{\mathrm{d}(\sin\xi_1)}{\mathrm{d}t}\frac{1}{\cos\xi_1}=\frac{(x+\mu)\left[(x+\mu)\dot{y}-\dot{x}y\right]}{(x+\mu)^2+y^2}\\\dot{\xi}_2&=\frac{\mathrm{d}(\sin\xi_2)}{\mathrm{d}t}\frac{1}{\cos\xi_1}=\frac{(x+\mu)\left[(x+\mu)\dot{z}-\dot{x}z\right]+y(y\dot{x}-\dot{y}z)}{\left[(x+\mu)^2+y^2+z^2\right]\sqrt{(x+\mu)^2+y^2}}\end{aligned}\right\}\tag{7.4.6}$$

太阳帆本体坐标系相对于日地质心惯性坐标系的绝对角速度矢量 $\boldsymbol{\omega}$ 应为地球公转角速度 $\boldsymbol{\omega}_{\mathrm{SE}}$、$\boldsymbol{S}_{\mathrm{o}}$ 相对于 $\boldsymbol{S}_{\mathrm{r}}$ 的角速度 $\boldsymbol{\omega}_{\mathrm{ro}}$、$\boldsymbol{S}_{\mathrm{b}}$ 相对于 $\boldsymbol{S}_{\mathrm{o}}$ 的角速度 $\boldsymbol{\omega}_{\mathrm{r}}$ 三部分之和，表达式为

$$\boldsymbol{\omega}=\boldsymbol{\omega}_{\mathrm{SE}}+\boldsymbol{\omega}_{\mathrm{ro}}+\boldsymbol{\omega}_{\mathrm{r}}\tag{7.4.7}$$

因此相对角速度在在本体坐标系中的分量矩阵为

$$(\boldsymbol{\omega})_{\mathrm{b}}=\boldsymbol{L}_{\mathrm{bo}}\left[(\boldsymbol{\omega}_{\mathrm{SE}})_{\mathrm{o}}+(\boldsymbol{\omega}_{\mathrm{ro}})_{\mathrm{o}}\right]+(\boldsymbol{\omega}_{\mathrm{r}})_{\mathrm{b}}\tag{7.4.8}$$

那么 $\omega_{x\mathrm{b}},\omega_{y\mathrm{b}},\omega_{z\mathrm{b}}$ 可写为

$$\begin{bmatrix}\omega_{x\mathrm{b}}\\\omega_{y\mathrm{b}}\\\omega_{z\mathrm{b}}\end{bmatrix}=\begin{bmatrix}\omega_{\mathrm{r}x\mathrm{b}}\\\omega_{\mathrm{r}y\mathrm{b}}\\\omega_{\mathrm{r}z\mathrm{b}}\end{bmatrix}+\boldsymbol{L}_{\mathrm{bo}}(\boldsymbol{\omega}_{\mathrm{ro}})_{\mathrm{o}}+\boldsymbol{L}_{\mathrm{bo}}\boldsymbol{L}_{\mathrm{or}}(\boldsymbol{\omega}_{\mathrm{SE}})=\begin{bmatrix}\omega_{\mathrm{r}x\mathrm{b}}\\\omega_{\mathrm{r}y\mathrm{b}}\\\omega_{\mathrm{r}z\mathrm{b}}\end{bmatrix}+\boldsymbol{L}_{\mathrm{bo}}\begin{bmatrix}\dot{\xi}_1\sin\xi_2\\-\dot{\xi}_2\\\dot{\xi}_1\cos\xi_2\end{bmatrix}+\boldsymbol{L}_{\mathrm{bo}}\boldsymbol{L}_{\mathrm{or}}\begin{bmatrix}0\\0\\\Omega\end{bmatrix}\tag{7.4.9}$$

式中：

$$\left.\begin{aligned}\omega_{x\mathrm{b}}=&\dot{\theta}\sin\psi+\dot{\varphi}\cos\theta\cos\psi-\dot{\xi}_2(\cos\varphi\sin\psi+\sin\varphi\sin\theta\cos\psi)+\\&\dot{\xi}_1(\sin\xi_2\cos\theta\cos\psi+\cos\xi_2\sin\varphi\sin\psi-\cos\xi_2\cos\varphi\cos\theta\cos\psi)+\\&\Omega(\cos\xi_2\sin\varphi\sin\psi-\cos\xi_2\cos\varphi\sin\theta\cos\psi+\sin\xi_2\cos\theta\cos\psi)\\\omega_{y\mathrm{b}}=&\dot{\theta}\cos\psi-\dot{\varphi}\cos\theta\sin\psi+\dot{\xi}_2(\cos\varphi\cos\psi-\sin\varphi\sin\theta\sin\psi)-\\&\dot{\xi}_1(\sin\xi_2\cos\theta\sin\psi+\cos\xi_2\sin\varphi\cos\psi-\cos\xi_2\cos\varphi\sin\theta\sin\psi)+\\&\Omega(-\sin\xi_2\cos\theta\sin\psi+\cos\xi_2\sin\varphi\cos\psi-\cos\xi_2\cos\varphi\sin\theta\sin\psi)\\\omega_{z\mathrm{b}}=&\dot{\psi}+\dot{\varphi}\sin\theta+\dot{\xi}_1(\sin\xi_2\sin\theta+\cos\xi_2\cos\varphi\cos\theta)+\dot{\xi}_2\sin\varphi\cos\theta+\\&\Omega(\sin\xi_2\sin\theta+\cos\xi_2\cos\varphi\cos\theta)\end{aligned}\right\}\tag{7.4.10}$$

公式(7.4.9)即为描述航天器姿态的运动学方程。

由图 7－17 的表示可得太阳帆的法向量在轨道坐标系下可表示为

$$(\boldsymbol{n})_{\mathrm{o}}=\begin{bmatrix}\cos\alpha\\\sin\alpha\cos\gamma\\\sin\alpha\sin\gamma\end{bmatrix}\tag{7.4.11}$$

轨道坐标系可以通过 $\boldsymbol{S}_{\mathrm{o}}\xrightarrow{\boldsymbol{L}_x(\varphi)}\circ\xrightarrow{\boldsymbol{L}_y(\theta)}\circ\xrightarrow{\boldsymbol{L}_z(\psi)}\boldsymbol{S}_{\mathrm{b}}$ 转到本体坐标系，又因为在本体坐标系下 $(\boldsymbol{n})_{\mathrm{b}}=[1\quad 0\quad 0]^{\mathrm{T}}$，所以太阳帆的法向量在轨道坐标系下用欧拉角可以表示为

$$(\boldsymbol{n})_{\mathrm{o}}=\begin{bmatrix}\cos\theta\cos\psi\\\sin\varphi\sin\theta\cos\psi+\cos\varphi\sin\psi\\\sin\varphi\sin\psi-\cos\varphi\sin\theta\cos\psi\end{bmatrix}\tag{7.4.12}$$

通过比较公式(7.4.11)和公式(7.4.12)可得

$$\left.\begin{aligned}\varphi&=\gamma\\\theta&=0\\\psi&=\alpha\end{aligned}\right\}\tag{7.4.13}$$

由上式可知，沿三轴的力和力矩可视为帆面两端电机转角的函数，调节帆面转角即可得到所需的力和力矩。

3. SSICE 姿轨动力学分析

由于本章涉及的太阳帆的航天任务分析是人工拉格朗日点任务，所以本节主要分析研究在平衡点处的太阳帆姿轨方程的系统稳定性。由于姿态角变化的范围很小，并且采用欧拉角并不会出现奇异，故选择欧拉角描述太阳帆的姿态，设 $\boldsymbol{\zeta}=[\varphi\quad\theta\quad\psi]^{\mathrm{T}}$，为三个欧拉角。

在日地旋转坐标系中，太阳帆的轨道动力学方程可写为

$$\ddot{\boldsymbol{r}}=\Lambda(\dot{\boldsymbol{r}},\boldsymbol{r},\boldsymbol{\zeta}) \tag{7.4.14}$$

式中 Λ 为轨道动力学相关函数。

太阳帆的姿态动力学方程可写为

$$\dot{\boldsymbol{\omega}}=\Gamma(\boldsymbol{r},\boldsymbol{\zeta},\boldsymbol{\omega}) \tag{7.4.15}$$

式中 Γ 为姿态动力学相关函数。

太阳帆的姿态运动学方程可写为

$$\dot{\boldsymbol{\zeta}}=\Pi(\boldsymbol{\zeta},\boldsymbol{\omega}) \tag{7.4.16}$$

式中 Π 为姿态运动学相关函数。

不妨令某一时刻的平衡点为 $\boldsymbol{r}_{\mathrm{e}}$，平衡点处的速度为 $\dot{\boldsymbol{r}}_{\mathrm{e}}$，平衡点处太阳帆的欧拉角为 $\dot{\boldsymbol{\zeta}}_{\mathrm{e}}$，将式(7.4.14)～式(7.4.16)联立，可得

$$\left.\begin{aligned}\ddot{\boldsymbol{r}}&=\Lambda(\dot{\boldsymbol{r}}_{\mathrm{e}},\boldsymbol{r}_{\mathrm{e}},\boldsymbol{\zeta}_{\mathrm{e}})=\boldsymbol{0}\\\dot{\boldsymbol{\omega}}&=\Gamma(\boldsymbol{r}_{\mathrm{e}},\boldsymbol{\zeta}_{\mathrm{e}},\boldsymbol{\omega}_{\mathrm{e}})=\boldsymbol{0}\\\dot{\boldsymbol{\zeta}}&=\Pi(\boldsymbol{\zeta}_{\mathrm{e}},\boldsymbol{\omega}_{\mathrm{e}})=\boldsymbol{0}\end{aligned}\right\} \tag{7.4.17}$$

式中：第一个方程表示平衡点处的力平衡条件，第二和第三个方程表示平衡点处的力矩平衡条件。

本章 SSICE 的独立可控单元依靠的是太阳光压力在太阳帆上产生的力矩作为主动控制器来调节太阳帆的姿态。所以在姿态动力学方程中，若太阳帆处于平衡位置，那么太阳光压力对太阳帆质心的力矩定为零。其次，假设太阳帆的势能力过太阳帆的质心 O，不考虑势能梯度对太阳帆质心产生的力矩。如此一来，太阳帆轨道的变化并不会产生力矩，亦不会影响姿态的变化。公式(7.4.15)可简写为 $\dot{\boldsymbol{\omega}}=\Gamma(\boldsymbol{\zeta},\boldsymbol{\omega})$。因此公式(7.4.17)简写为

$$\left.\begin{aligned}\Lambda(\dot{\boldsymbol{r}}_{\mathrm{e}},\boldsymbol{r}_{\mathrm{e}},\boldsymbol{\zeta}_{\mathrm{e}})&=\boldsymbol{0}\\\Gamma(\boldsymbol{\zeta}_{\mathrm{e}},\boldsymbol{\omega}_{\mathrm{e}})&=\boldsymbol{0}\\\Pi(\boldsymbol{\zeta}_{\mathrm{e}},\boldsymbol{\omega}_{\mathrm{e}})&=\boldsymbol{0}\end{aligned}\right\} \tag{7.4.18}$$

在平衡点 $\boldsymbol{r}_{\mathrm{e}}$ 附近的邻域内加一扰动 $\delta\boldsymbol{r}$，则此时轨道的位置是 $\boldsymbol{r}=\boldsymbol{r}_{\mathrm{e}}+\delta\boldsymbol{r}$，可得到平衡点附近的轨道动力学扰动方程：

$$\delta\ddot{\boldsymbol{r}}=\left.\frac{\partial\Lambda(\dot{\boldsymbol{r}}_{\mathrm{e}},\boldsymbol{r}_{\mathrm{e}},\boldsymbol{\zeta}_{\mathrm{e}},\boldsymbol{\omega}_{\mathrm{e}})}{\partial\boldsymbol{r}}\right|_{\substack{r=r_{\mathrm{e}}\\\zeta=\zeta_{\mathrm{e}}}}\delta r+\left.\frac{\partial\Lambda(\dot{\boldsymbol{r}}_{\mathrm{e}},\boldsymbol{r}_{\mathrm{e}},\boldsymbol{\zeta}_{\mathrm{e}},\boldsymbol{\omega}_{\mathrm{e}})}{\partial\dot{\boldsymbol{r}}}\right|_{\substack{r=r_{\mathrm{e}}\\\zeta=\zeta_{\mathrm{e}}}}\delta\dot{\boldsymbol{r}}+\left.\frac{\partial\Lambda(\dot{\boldsymbol{r}}_{\mathrm{e}},\boldsymbol{r}_{\mathrm{e}},\boldsymbol{\zeta}_{\mathrm{e}},\boldsymbol{\omega}_{\mathrm{e}})}{\partial\boldsymbol{\zeta}}\right|_{\substack{r=r_{\mathrm{e}}\\\zeta=\zeta_{\mathrm{e}}}}\delta\boldsymbol{\zeta} \tag{7.4.19}$$

同理，在平衡点附近加一扰动，此时太阳帆欧拉角为 $\boldsymbol{\zeta}=\boldsymbol{\zeta}_{\mathrm{e}}+\delta\boldsymbol{\zeta}$。可得到平衡点附近的姿态动力学和运动学的扰动方程：

$$\left.\begin{aligned} \delta\dot{\boldsymbol{\zeta}} &= \frac{\partial \Pi(\boldsymbol{\zeta}_e,\boldsymbol{\omega}_e)}{\partial \boldsymbol{\zeta}}\bigg|_{\substack{r=r_e\\ \zeta=\zeta_e}} \delta\boldsymbol{\zeta} + \frac{\partial \Pi(\boldsymbol{\zeta}_e,\boldsymbol{\omega}_e)}{\partial \boldsymbol{\omega}}\bigg|_{\substack{r=r_e\\ \zeta=\zeta_e}} \delta\boldsymbol{\omega} \\ \delta\dot{\boldsymbol{\omega}} &= \frac{\partial \Gamma(\boldsymbol{\zeta}_e,\boldsymbol{\omega}_e)}{\partial \boldsymbol{\zeta}}\bigg|_{\substack{r=r_e\\ \zeta=\zeta_e}} \delta\boldsymbol{\zeta} + \frac{\partial \Gamma(\boldsymbol{\zeta}_e,\boldsymbol{\omega}_e)}{\partial \boldsymbol{\omega}}\bigg|_{\substack{r=r_e\\ \zeta=\zeta_e}} \delta\boldsymbol{\omega} \end{aligned}\right\} \tag{7.4.20}$$

不妨令：

$$\left.\begin{aligned} &C_1 = \frac{\partial \Lambda(\dot{\boldsymbol{r}}_e,\boldsymbol{r}_e,\boldsymbol{\zeta}_e,\boldsymbol{\omega}_e)}{\partial \boldsymbol{r}}\bigg|_{\substack{r=r_e\\ \zeta=\zeta_e}};\quad C_2 = \frac{\partial \Lambda(\dot{\boldsymbol{r}}_e,\boldsymbol{r}_e,\boldsymbol{\zeta}_e,\boldsymbol{\omega}_e)}{\partial \dot{\boldsymbol{r}}}\bigg|_{\substack{r=r_e\\ \zeta=\zeta_e}} \\ &C_3 = \frac{\partial \Lambda(\dot{\boldsymbol{r}}_e,\boldsymbol{r}_e,\boldsymbol{\zeta}_e,\boldsymbol{\omega}_e)}{\partial \boldsymbol{\zeta}}\bigg|_{\substack{r=r_e\\ \zeta=\zeta_e}};\quad C_4 = \frac{\partial \Pi(\boldsymbol{\zeta}_e,\boldsymbol{\omega}_e)}{\partial \boldsymbol{\zeta}}\bigg|_{\substack{r=r_e\\ \zeta=\zeta_e}} \\ &C_5 = \frac{\partial \Pi(\boldsymbol{\zeta}_e,\boldsymbol{\omega}_e)}{\partial \boldsymbol{\omega}}\bigg|_{\substack{r=r_e\\ \zeta=\zeta_e}};\quad C_6 = \frac{\partial \Gamma(\boldsymbol{\zeta}_e,\boldsymbol{\omega}_e)}{\partial \boldsymbol{\zeta}}\bigg|_{\substack{r=r_e\\ \zeta=\zeta_e}};\quad C_7 = \frac{\partial \Gamma(\boldsymbol{\zeta}_e,\boldsymbol{\omega}_e)}{\partial \boldsymbol{\omega}}\bigg|_{\substack{r=r_e\\ \zeta=\zeta_e}} \end{aligned}\right\} \tag{7.4.21}$$

在平衡点处的太阳帆姿轨动力学扰动方程可以写为

$$\left.\begin{aligned} \delta\ddot{\boldsymbol{r}} &= C_1\delta\boldsymbol{r} + C_2\delta\dot{\boldsymbol{r}} + C_3\delta\boldsymbol{\zeta} \\ \delta\dot{\boldsymbol{\zeta}} &= C_4\delta\boldsymbol{\zeta} + C_5\delta\boldsymbol{\omega} \\ \delta\dot{\boldsymbol{\omega}} &= C_6\delta\boldsymbol{\zeta} + C_7\delta\boldsymbol{\omega} \end{aligned}\right\} \tag{7.4.22}$$

令 $\boldsymbol{X} = [\boldsymbol{r} \quad \dot{\boldsymbol{r}} \quad \boldsymbol{\zeta} \quad \boldsymbol{\omega}]^{\mathrm{T}}$，则方程(7.4.22)变形为

$$\dot{\boldsymbol{X}} = \begin{bmatrix} \boldsymbol{O} & \boldsymbol{I}_3 & \boldsymbol{O} & \boldsymbol{O} \\ \boldsymbol{C}_1 & \boldsymbol{C}_2 & \boldsymbol{C}_3 & \boldsymbol{O} \\ \boldsymbol{O} & \boldsymbol{O} & \boldsymbol{C}_4 & \boldsymbol{C}_5 \\ \boldsymbol{O} & \boldsymbol{O} & \boldsymbol{C}_6 & \boldsymbol{C}_7 \end{bmatrix} \boldsymbol{X} = \begin{bmatrix} \boldsymbol{D}_1 & \boldsymbol{D}_2 \\ \boldsymbol{O} & \boldsymbol{D}_3 \end{bmatrix} = \boldsymbol{D}\boldsymbol{X} \tag{7.4.23}$$

式中：$\boldsymbol{D}$ 为姿轨动力学扰动方程的系数矩阵；$\boldsymbol{I}_3$ 表示 3×3 阶的单位矩阵。我们可以通过系数矩阵 $\boldsymbol{D}$ 的特征值来确定姿轨动力学方程在平衡点处的稳定性。设矩阵 $\boldsymbol{D}$ 的特征值为 λ_D，则有

$$|\lambda_D \boldsymbol{I}_6 - \boldsymbol{D}| = |\lambda_D \boldsymbol{I}_3 - \boldsymbol{D}_1|\,|\lambda_D \boldsymbol{I}_3 - \boldsymbol{D}_3| = k_D \prod_{i=1}^{3} (\lambda_D - \lambda_{D1}^i) \prod_{j=1}^{3} (\lambda_D - \lambda_{D3}^j) \tag{7.4.24}$$

因此，姿轨动力学扰动方程系数矩阵的特征值由两部分组成：轨道方程系数矩阵的特征值和姿态方程系数矩阵的特征值。所以可以得到有关姿轨动力学系统的稳定性的结论：

① 若太阳帆的轨道在平衡点位置处于渐进稳定或者稳定状态(即 λ_{D1}^i 均小于零)，太阳帆的姿态也在平衡点位置处于渐进稳定或者稳定状态(即 λ_{D3}^j 均小于零)，那么太阳帆的姿轨动力学系统在平衡位置处于稳定或者渐近稳定状态。

② 若太阳帆的轨道在平衡点位置不稳定(即 λ_{D1}^i 存在大于零的值)，无论太阳帆的姿态在平衡点位置处于何种状态(稳定或者不稳定)，太阳帆的姿轨动力学系统在平衡位置就不稳定；若太阳帆的姿态在平衡点位置不稳定(即 λ_{D3}^j 存在大于零的值)，无论太阳帆的轨道在平衡点位置处于何种状态(稳定或者不稳定)，太阳帆的姿轨动力学系统在平衡位置就不稳定。

这个结论说明，可以分开设计太阳帆的姿态控制系统的控制器和轨道控制系统的控制器，只要保证姿态系统和轨道系统的稳定性，就可以保证整个太阳帆的姿轨动力学系统的稳定性。

7.4.2 SSICE 轨道设计

本小节主要是针对 Hamiltonian 系统平衡点构造控制器，在 Halo 轨道或人工平衡点处添加控制器后，平衡点附近可以得到拟周期轨道——Lissajous 轨道。

动力学方程具有 Lageange 结构，利用如下 Legendre 变换：

$$\begin{bmatrix} \boldsymbol{q} \\ \boldsymbol{p} \end{bmatrix} = \begin{bmatrix} \boldsymbol{I} & \boldsymbol{O} \\ -\omega \boldsymbol{J} & \boldsymbol{I} \end{bmatrix} \begin{bmatrix} \boldsymbol{r} \\ \dot{\boldsymbol{r}} \end{bmatrix} \tag{7.4.25}$$

可得线性 Hamiltonian 动力学方程为

$$\frac{\mathrm{d}}{\mathrm{d}t}\begin{bmatrix} \delta \boldsymbol{q} \\ \delta \boldsymbol{p} \end{bmatrix} = \begin{bmatrix} \boldsymbol{I} & \boldsymbol{O} \\ -\omega \boldsymbol{J} & \boldsymbol{I} \end{bmatrix} \begin{bmatrix} \boldsymbol{O} & \boldsymbol{I} \\ \boldsymbol{U}_{rr} & 2\omega \boldsymbol{J} \end{bmatrix} \begin{bmatrix} \boldsymbol{I} & \boldsymbol{O} \\ \omega \boldsymbol{J} & \boldsymbol{I} \end{bmatrix} \begin{bmatrix} \delta \boldsymbol{q} \\ \delta \boldsymbol{p} \end{bmatrix} \tag{7.4.26}$$

其中 $\boldsymbol{U}_{rr}$ 表示势函数 U 对 r 的二阶导数矩阵。对于满足方程(7.4.26)的系统，构造保哈密顿系统结构(HSP)控制器作为轨道控制器。HSP 控制器的表达式为

$$\boldsymbol{T}_{\mathrm{C}} = -\left[\sigma^2 (G_1 \boldsymbol{u}_+ \boldsymbol{u}_+^{\mathrm{T}} + G_2 \boldsymbol{u}_- \boldsymbol{u}_-^{\mathrm{T}}) + \tau^2 G_3 (\boldsymbol{u}\boldsymbol{u}^{\mathrm{H}} + \bar{\boldsymbol{u}}\bar{\boldsymbol{u}}^{\mathrm{H}}) + \upsilon^2 G_4 (\boldsymbol{v}\boldsymbol{v}^{\mathrm{H}} + \bar{\boldsymbol{v}}\bar{\boldsymbol{v}}^{\mathrm{H}})\right] \delta \boldsymbol{r} + 2\Delta \boldsymbol{J} \delta \dot{\boldsymbol{r}} \tag{7.4.27}$$

式中：$\pm\sigma$ 是 Hamiltonian 系统的双曲型的特征值，其稳定和不稳定流形分别为 $\boldsymbol{u}_+$ 和 $\boldsymbol{u}_-$；$\pm\tau$ 是 Hamiltonian 系统的第一对中心型特征值，其中心流形定义为 $\boldsymbol{u}$ 和 $\bar{\boldsymbol{u}}$；$\pm\upsilon$ 是 Hamiltonian 系统的第二对中心型特征值，其中心流形定义为 $\boldsymbol{v}$ 和 $\bar{\boldsymbol{v}}$；上标 T 表示矩阵转置；上标 H 表示复向量或矩阵的 Hermite 转置；G_1, G_2, G_3, G_4 分别记为稳定、不稳定、第一对和第二对中心流形的控制增益。

说明：此处 HSP 控制器只是应用在太阳帆的轨迹控制和设计上，其具体的推导过程并不在本章的研究范围之内。

选取 $\boldsymbol{r}_0 = [0.985 \quad 0.01 \quad 0.05]^{\mathrm{T}}$ 作为 Hamiltonian 系统平衡点，选择控制增益分别为

$$\begin{cases} G_1 = G_2 = 20 \\ G_3 = G_4 = 10 \end{cases}$$

那么控制器 $\boldsymbol{T}_{\mathrm{C}}$ 的表达式可以写成：

$$\boldsymbol{T}_{\mathrm{C}} = \begin{bmatrix} -7.300 & 0.2562 & -0.7080 \\ 0.2562 & -33.03 & -0.5185 \\ -0.7080 & -0.5185 & -9.382 \end{bmatrix} \delta \boldsymbol{r} \tag{7.4.28}$$

设 $\delta \boldsymbol{r}_0 = [10^{-3} \quad 10^{-3} \quad 10^{-3}]^{\mathrm{T}}$，$\delta \dot{\boldsymbol{r}}_0 = [10^{-4} \quad 1.25\times 10^{-4} \quad 2.5\times 10^{-4}]^{\mathrm{T}}$，可得到一条拟周期轨道，如图 7-18 所示。

对于三自由度的太阳帆来说，通过控制姿态角 α 和 γ，并改变太阳光压因子 β 的大小，得到上述构造的控制器，从而输出指定的加速度。设 $\boldsymbol{\Theta} = [\alpha \quad \beta \quad \gamma]^{\mathrm{T}}$，则太阳光压引起的加速度 $\boldsymbol{a}$ 可以表示为 $\boldsymbol{\Theta}$ 的函数 $\boldsymbol{a}(\boldsymbol{\Theta})$。太阳帆的法向量 $\boldsymbol{n}$ 在旋转坐标系下表示为

$$\boldsymbol{n} = \begin{bmatrix} n_x \\ n_y \\ n_z \end{bmatrix} = \begin{bmatrix} \cos\alpha\cos\xi_1\sin\xi_2 - \sin\alpha\sin\gamma\cos\xi_2 - \sin\alpha\cos\gamma\sin\xi_1\sin\xi_2 \\ \cos\alpha\cos\xi_1\cos\xi_2 + \sin\alpha\sin\gamma\sin\xi_2 - \sin\alpha\cos\gamma\sin\xi_1\cos\xi_2 \\ \cos\alpha\sin\xi_1 + \sin\alpha\cos\gamma\cos\xi_1 \end{bmatrix} \tag{7.4.29}$$

$\boldsymbol{\Theta}$ 的一阶估计可以表示为

$$\delta \boldsymbol{\Theta} = \left[\frac{\partial \boldsymbol{a}}{\partial \boldsymbol{\Theta}}\right]^{-1} \Bigg|_{z_0} \cdot \boldsymbol{T}_{\mathrm{C}} \tag{7.4.30}$$

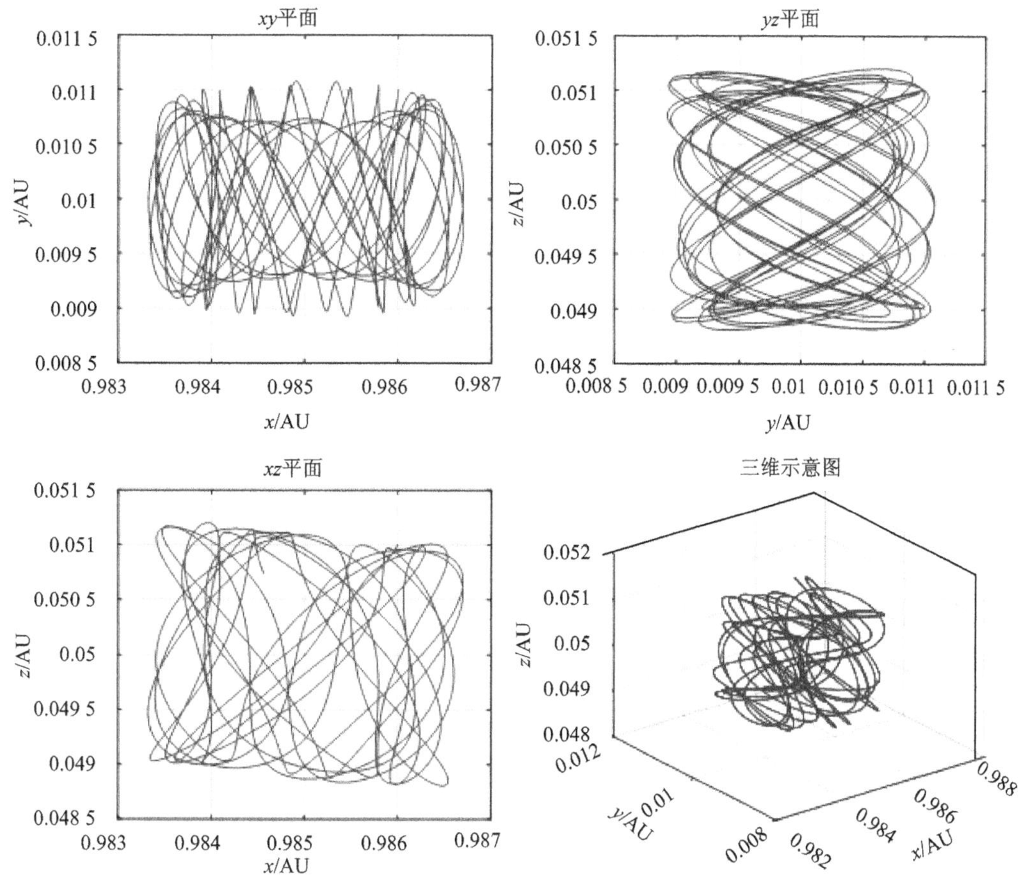

图 7-18　平衡点[0.985,0.01,0.05]处的 Lissajous 轨道

式中：

$$\frac{\partial \boldsymbol{a}}{\partial \boldsymbol{\Theta}}=\begin{bmatrix}\frac{\partial \boldsymbol{a}}{\partial \alpha} & \frac{\partial \boldsymbol{a}}{\partial \beta} & \frac{\partial \boldsymbol{a}}{\partial \gamma}\end{bmatrix}=\begin{bmatrix}\frac{\partial a_x}{\partial \alpha} & \frac{\partial a_x}{\partial \beta} & \frac{\partial a_x}{\partial \gamma} \\ \frac{\partial a_y}{\partial \alpha} & \frac{\partial a_y}{\partial \beta} & \frac{\partial a_y}{\partial \gamma} \\ \frac{\partial a_z}{\partial \alpha} & \frac{\partial a_z}{\partial \beta} & \frac{\partial a_z}{\partial \gamma}\end{bmatrix} \tag{7.4.31}$$

7.5　分布式大气帆

现有航天器的姿轨控系统的寿命往往取决于其所携带的燃料量。对于 CubeSat 来说，由于其质量和体积较小，燃料携带不便，这对其姿轨控系统的设计提出了较高的要求。本节给出了一种基于分布式可控元件的大气帆概念设计(In - Drag Sail with Individually Controllable Elements，IDSICE)，主要用于近地轨道上 CubeSat 的姿轨控任务。该设计可大幅降低姿轨控系统对燃料的需求。该大气帆系统具有以下四个特征：气动展开结构；可控元件分布式布局；利用大气阻力进行姿态控制；高效的离轨系统。为了适应任务过程中不同的工况要求，该系统可以在储运模式、在轨飞行模式、姿态控制模式、离轨模式四个工作模式中切换。在储运模式中，该系统以一定的方式进行折叠，以便于充分利用空间；在在轨飞行模式中，该系统将面质比调整至最小，从而尽可能减小大气阻力，以保证较长的在轨飞行时间；在姿态控制模式中，通过对可控元件进行控制，改变帆面与大气阻力的角度，从而生成所需的控制力矩，以实现姿态控制；在离轨模式中，该系统将面质比调整至最大，从而使大气阻力最大化，以保证该系统在寿命末期实现高效离轨。最后，本节对该系统的姿态控制模式和离轨模式进行了数值仿真，验证了该设计的可行性与高效性。

7.5.1 大气压力模型

在流体力学领域，一般都会采用连续介质模型来研究流体的物理性质，该模型在物体的几何尺寸远大于流体粒子之间距离时，是十分准确的。然而，当物体的几何尺寸与流体粒子之间距离近似相等时，剪应力和切应力无法再用流体的宏观量表征出，这意味着连续介质模型失效。此时，应该选择稀薄气体动力学模型来解决此类问题。自由分子流描述了分子平均自由程大于物体几何尺寸的流体动力学，是稀薄气体动力学中的一种理想模型[4]。考虑到近地轨道的大气环境中分子的平均自由程约为 1×10^6 m，远大于航天器的几何尺寸，因此，选择自由分子流模型可以较为准确地计算出由稀薄大气引起的作用在航天器上的法向应力和切向应力。

根据动量定理，作用于航天器表面的法向及切向气动力可以通过计算自由分子流的动量而得出。令 $\bar{\boldsymbol{Q}}_{\mathrm{i}}=Q_{\mathrm{i}\tau}\bar{\boldsymbol{\tau}}+\bar{Q}_{\mathrm{i}n}\bar{\boldsymbol{n}}$，表示单位面积上由于入射流而产生的动量；令 $\bar{\boldsymbol{Q}}_{\mathrm{r}}=Q_{\mathrm{r}\tau}\bar{\boldsymbol{\tau}}+\bar{Q}_{\mathrm{r}n}\bar{\boldsymbol{n}}$，表示单位面积上由于反射流而产生的动量，其中下标 τ 表示切向，n 表示法向。为了描述航天器外形对动量的影响，定义如下两个参数：

$$\left.\begin{aligned}\sigma_n&=\frac{Q_{\mathrm{i}n}-Q_{\mathrm{r}n}}{Q_{\mathrm{i}n}-Q_{\mathrm{w}}}\\ \sigma_\tau&=\frac{Q_{\mathrm{i}\tau}-Q_{\mathrm{r}\tau}}{Q_{\mathrm{i}\tau}}\end{aligned}\right\}\tag{7.5.1}$$

式中：Q_{w} 表示由于分子热运动而具有的动量，与航天器表面温度有关。基于式(7.5.1)引入的两个参数，可以给出法向压力和切向压力：

$$\left.\begin{aligned}p_n&=(2-\sigma_n)Q_{\mathrm{i}n}+\sigma_nQ_{\mathrm{w}}\\ p_\tau&=\sigma_\tau Q_{\mathrm{i}\tau}\end{aligned}\right\}\tag{7.5.2}$$

基于 Maxwell - Boltzmann 分布律，速率 $\bar{c}$ 的分子数 f，即

$$f=\frac{\rho}{m}(2\pi RT)^{-\frac{3}{2}}\mathrm{e}^{-\frac{1}{2RT}|\bar{c}-\bar{c}_T|^2}\tag{7.5.3}$$

式中：ρ 为大气密度；m 为气体分子的质量；R 为理想气体常数；T 为大气温度；$\bar{c}_T=\sqrt{2RT}$。

因此，自由气体分子流作用于航天器表面的动量为

$$\left.\begin{aligned}Q_{\mathrm{i}n}&=\int_{-\infty}^{+\infty}mv_n^2f\,\mathrm{d}\Omega\\ Q_{\mathrm{i}\tau}&=\int_{-\infty}^{+\infty}mv_nv_\tau f\,\mathrm{d}\Omega\\ Q_{\mathrm{w}}&=\int_{-\infty}^{+\infty}mv_n^2f\,\mathrm{d}\Omega\end{aligned}\right\}\tag{7.5.4}$$

将式(7.5.4)代入式(7.5.2)可得法向压力和切向压力：

$$\left.\begin{aligned}p_n &= \frac{\rho u^2}{2s^2}\left\{ e^{-s^2\sin^2\alpha}\left(\frac{2-\sigma_n}{\sqrt{\pi}}s\sin\alpha+\frac{\sigma_n}{2}\sqrt{\frac{T_w}{T}}\right)+\left[1+\operatorname{erf}(s\sin\alpha)\right]\right.\\ &\quad \left.\left[(2-\sigma_n)\left(\frac{1}{2}+s^2\sin^2\alpha\right)+\frac{\sigma_n}{2}\sqrt{\frac{\pi T_w}{T}}(s\sin\alpha)\right]\right\}\\ p_\tau &= \frac{\rho u^2}{2s}\sigma_\tau\cos\alpha\left\{\frac{1}{\sqrt{\pi}}e^{-s^2\sin^2\alpha}+s\sin\alpha\left[1+\operatorname{erf}(s\sin\alpha)\right]\right\}\end{aligned}\right\} \tag{7.5.5}$$

式中：u 为航天器的速度，$u=s/c_T$；s 为航天器与分子速率的比值；α 为航天器表面与来流方向的夹角；T_w 为航天器表面温度，$\operatorname{erf}(x)=\frac{2}{\sqrt{\pi}}\int_0^x e^{-y^2}dy$。

7.5.2　工作模式设计

为了适应任务周期内不同的工况要求，IDSICE 具有四种不同的工作模式，下面对这四种工作模式进行详细介绍。

1. 储运模式

IDSICE 主要由 CubeSat、帆板、独立可控元件以及可充气展开框架组成。不失一般性，CubeSat 的规模取为 1U，帆板的数量取为 4。

为了尽可能提高有效载荷舱的空间利用率，我们为 IDSICE 设计了储运模式，如图 7-19 所示。其中，方块 A(白色)表示 CubeSat，规模为 1U；薄板 B(黄色)表示处于折叠状态的帆板，展开状态下的帆板尺寸取为 2 m×8 m；方块 C(蓝色)表示独立可控元件，其主体器件为步进电机，本小节将电机尺寸取为 4.8 cm×4.2 cm×4.2 cm；框架 D(红色)表示处于折叠状态的框架，其充气展开过程如图 7-20 所示。

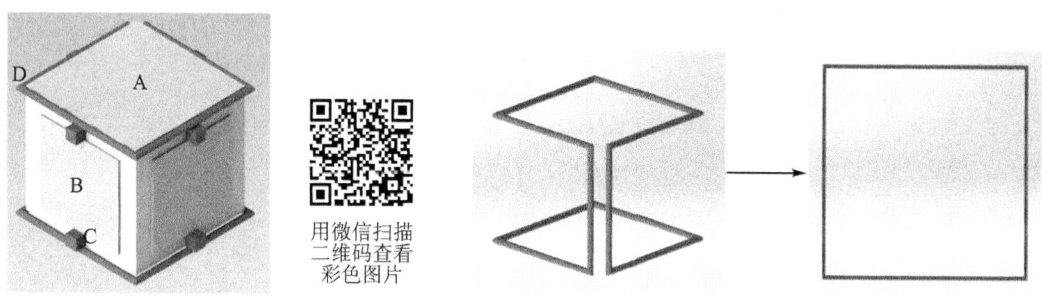

图 7-19　IDSICE 储运模式　　　图 7-20　框架展开过程示意图

2. 在轨飞行模式

在在轨飞行模式中，IDSICE 将面质比调至最小，从而尽可能减小大气阻力和大气阻力矩，以保证较长的在轨飞行时间。如图 7-21 所示，当帆板表面与自由分子流来流方向夹角为 0°时，此时由稀薄大气产生的气动力和气动力矩均为 0。基于此，IDSICE 的在轨飞行模式设定如图 7-22 所示。

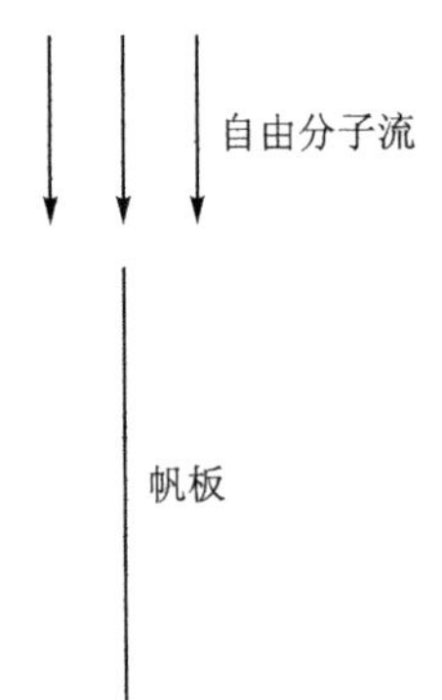

图 7-21　在轨飞行模式下单个帆板的状态

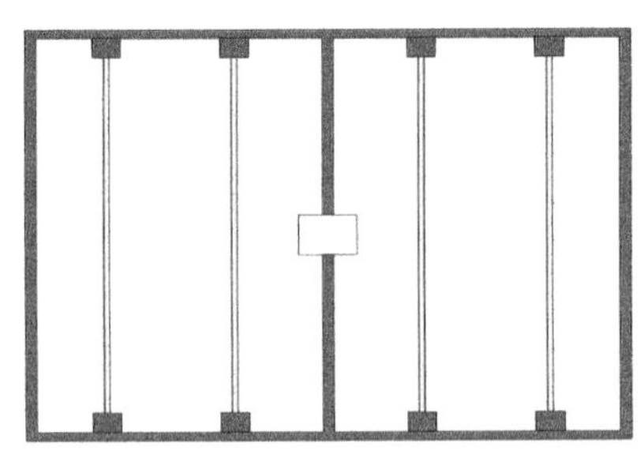

图 7-22　IDSICE 的在轨飞行模式设定

3. 姿态控制模式

在姿态控制模式中，调整四组帆板与来流方向的夹角可获得所需的控制力和控制力矩。为了定量描述此过程，定义本体坐标系 $\boldsymbol{S}_{\mathrm{b}}$ 如下：原点位于 IDSICE 的几何中心，x 轴指向 IDSICE 的前方，z 轴指向 IDSICE 的下方，y 轴根据右手法则确定，如图 7-23 所示。

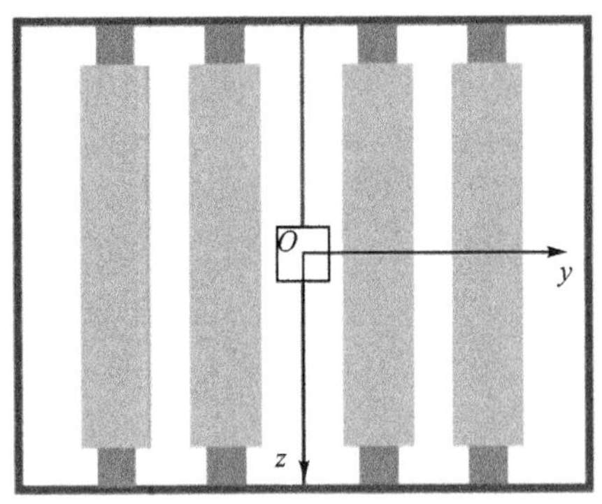

图 7-23　本体坐标系示意图

定义轨道坐标系 $\boldsymbol{S}_{\mathrm{o}}$ 如下：原点位于 IDSICE 的几何中心，x 轴位于轨道平面内，指向运动前方；z 轴位于轨道平面内，指向地心；y 轴由右手法则确定。轨道坐标系与本体坐标系的转换关系如下：

$$\boldsymbol{S}_{\mathrm{o}} \xrightarrow{\boldsymbol{R}_x(\varphi)} \circ \xrightarrow{\boldsymbol{R}_y(\theta)} \circ \xrightarrow{\boldsymbol{R}_z(\psi)} \boldsymbol{S}_{\mathrm{b}} \tag{7.5.6}$$

式中：φ,θ,ψ 分别表示滚转角、俯仰角和偏航角。

将 CubeSat 的质量记为 m_1，独立可控元件的质量记为 m_2，单个帆板的质量记为 m_3，框架的质量记为 m_4，单个帆板的长和宽分别记为 l 和 w，CubeSat 的棱长记为 a，帆板数量记为 n，那么 IDSICE 的惯性矩阵为

$$\boldsymbol{J} = \begin{bmatrix} J_x & & \\ & J_y & \\ & & J_z \end{bmatrix} \tag{7.5.7}$$

如图 7-24 所示，在单个帆板上定义一个一维的局部坐标系。原点位于帆板的几何中心，z 轴沿帆板两端电机连线方向。将帆板顶端的电机转角记为 δ_1，其底端的电机转角记为 δ_2，

则帆板上坐标为 z 处的转角可近似计算为

$$\delta_{zi}=\frac{\delta_1+\delta_2}{2}+\frac{(\delta_1-\delta_2)z}{l}\quad\left(-\frac{l}{2}\leqslant z\leqslant\frac{l}{2}\right)\tag{7.5.8}$$

因此在本体坐标系中，帆板上坐标为 z 处的法向量为

$$\{\boldsymbol{n}\}_{\mathrm{b}}=[\cos\delta_{zi}\quad\sin\delta_{zi}\quad 0]^{\mathrm{T}}$$

将入射流的单位向量记为 $\boldsymbol{r}_1$，显然，其在轨道坐标系下的坐标表达式为

$$\{\boldsymbol{r}_1\}_{\mathrm{o}}=[-1\quad 0\quad 0]^{\mathrm{T}}$$

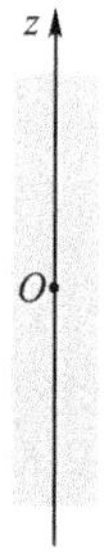

图 7-24　局部坐标系示意图

帆板的法向量与入射流单位向量的夹角为

$$\eta=\arccos\left(\frac{\{\boldsymbol{n}\}_{\mathrm{b}}\cdot\{\boldsymbol{r}_1\}_{\mathrm{b}}}{\|\{\boldsymbol{n}\}_{\mathrm{b}}\|\cdot\|\{\boldsymbol{r}_1\}_{\mathrm{b}}\|}\right)\tag{7.5.9}$$

因此，帆板上坐标为 z 处的气动力微元为

$$\mathrm{d}\boldsymbol{F}_{\mathrm{b}i}=\left(-p_n\begin{bmatrix}\cos\delta_{zi}\\ \sin\delta_{zi}\\ 0\end{bmatrix}+p_\tau\begin{bmatrix}-\sin\delta_{zi}\\ \cos\delta_{zi}\\ 0\end{bmatrix}\right)w\,\mathrm{d}z\tag{7.5.10}$$

式中：下标 b 表示本体坐标系，下标 i 表示帆板的编号（$i=1,2,3,\cdots,n$）。那么，单个帆板上所作用的气动力可以由下式求得

$$\left.\begin{aligned}F_{x\mathrm{b}i}&=\int_{-\frac{l}{2}}^{\frac{l}{2}}(-p_n\cos\delta_{zi}-p_\tau\sin\delta_{zi})w\,\mathrm{d}z\\ F_{y\mathrm{b}i}&=\int_{-\frac{l}{2}}^{\frac{l}{2}}(-p_n\sin\delta_{zi}+p_\tau\cos\delta_{zi})w\,\mathrm{d}z\\ F_{z\mathrm{b}i}&=0\end{aligned}\right\}\tag{7.5.11}$$

类似地，可求解出单个帆板上所作用的气动力矩，即

$$\left.\begin{aligned}M_{x\mathrm{b}i}&=\int_{-\frac{l}{2}}^{\frac{l}{2}}(-p_n\sin\delta_{zi}+p_\tau\cos\delta_{zi})wz\,\mathrm{d}z\\ M_{y\mathrm{b}i}&=\int_{-\frac{l}{2}}^{\frac{l}{2}}(-p_n\cos\delta_{zi}-p_\tau\sin\delta_{zi})wz\,\mathrm{d}z\\ M_{z\mathrm{b}i}&=\int_{-\frac{l}{2}}^{\frac{l}{2}}(-p_n\cos\delta_{zi}-p_\tau\sin\delta_{zi})wy\,\mathrm{d}z\end{aligned}\right\}\tag{7.5.12}$$

进一步可得作用于整个航天器上的气动力和气动力矩为

$$\left.\begin{aligned}\boldsymbol{F}_{\mathrm{b}}&=\left[\sum_{i=1}^{n}F_{x\mathrm{b}i}\quad\sum_{i=1}^{n}F_{y\mathrm{b}i}\quad 0\right]^{\mathrm{T}}\\ \boldsymbol{M}_{\mathrm{b}}&=\left[\sum_{i=1}^{n}M_{x\mathrm{b}i}\quad\sum_{i=1}^{n}M_{y\mathrm{b}i}\quad\sum_{i=1}^{n}M_{z\mathrm{b}i}\right]^{\mathrm{T}}\end{aligned}\right\}\tag{7.5.13}$$

根据航天器动力学理论，航天器的绝对角速度等于其轨道坐标系的角速度与航天器在轨道坐标系内的相对角速度的矢量和，即

$$\boldsymbol{\omega}=\boldsymbol{\omega}_{\mathrm{orb}}+\boldsymbol{\omega}_{\mathrm{r}}\tag{7.5.14}$$

式中：$\boldsymbol{\omega}_{\mathrm{r}}=\dot{\boldsymbol{\varphi}}+\dot{\boldsymbol{\theta}}+\dot{\boldsymbol{\psi}}$，$\boldsymbol{\omega}_{\mathrm{orb}}=\dfrac{\boldsymbol{H}}{r^2}$，$\boldsymbol{H}$ 表示航天器的动量矩，r 表示航天器的轨道半径。

基于小角度假设,可得姿态动力学方程如下:

$$\boldsymbol{A}\ddot{\boldsymbol{\zeta}}+\boldsymbol{B}\dot{\boldsymbol{\zeta}}+\boldsymbol{C}\boldsymbol{\zeta}=\boldsymbol{M}_{\mathrm{b}} \tag{7.5.15}$$

式中:$\boldsymbol{\zeta}=[\varphi \quad \theta \quad \psi]^{\mathrm{T}}$,通过求解式(7.5.13)及式(7.5.15),即可求得所需的姿态控制器。

4. 离轨模式

大气环境会对近地轨道航天器产生较大的影响,航天器在该环境中受到的阻力会使其沿螺旋轨道落向地球表面。一些学者已经证明,增大航天器的面质比可以有效增加其轨道高度的衰减速度,而通常来说,航天器的质量是保持不变的。这意味着在离轨任务中,可以通过增加航天器的迎风面积来保证离轨效率。

如图 7-25 所示,在离轨模式下,IDSICE 的面质比极大,从而显著增加了其在离轨过程中受到的大气阻力,且阻力的方向与运动方向完全相反。由此可求得大气阻力的表达式为

$$F_{\mathrm{drag}}=\frac{1}{2}\rho A C_D v^2 \tag{7.5.16}$$

式中:ρ 表示大气密度,A 表示迎风面积,v 表示航天器的速度,C_D 表示阻力系数。C_D 可由下式给出:

$$C_D=\frac{\mathrm{e}^{-s^2}}{s^2}\left(\frac{2-\sigma_n}{\sqrt{\pi}}s+\frac{\sigma_n}{2}\sqrt{\frac{T_{\mathrm{w}}}{T}}\right)+\frac{1+\mathrm{erf}(s)}{s^2}\left[(2-\sigma_n)\left(\frac{1}{2}+s^2\right)+\frac{\sigma_n s}{2}\sqrt{\frac{\pi T_{\mathrm{w}}}{T}}\right] \tag{7.5.17}$$

根据上式,C_D 随海拔高度的变化情况如图 7-26 所示。考虑到 IDSICE 的主要轨道高度范围为 300~800 km,故 C_D 的值取为 2.2。

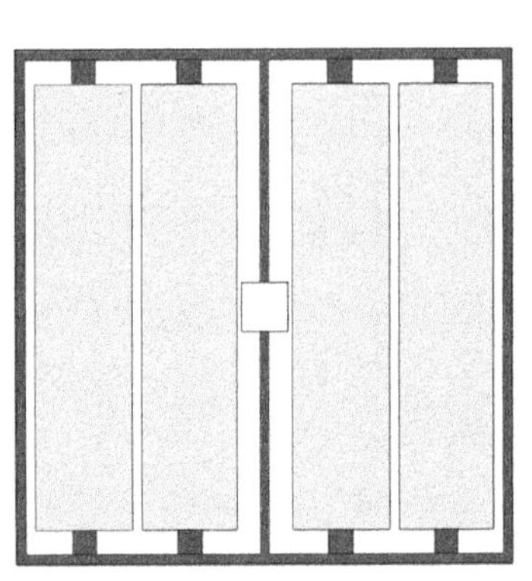

图 7-25 IDSICE 离轨模式

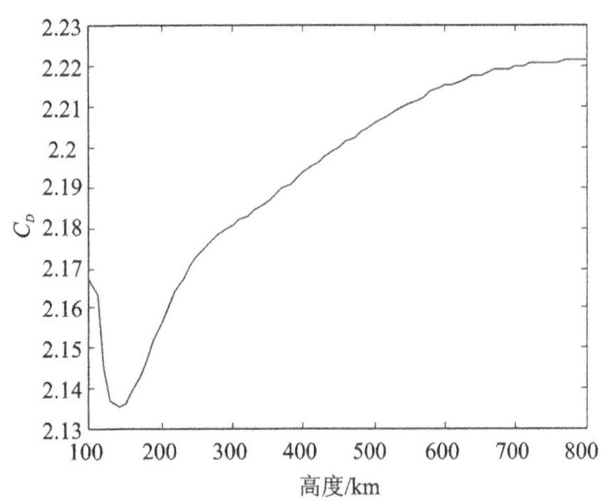

图 7-26 阻力系数随轨道高度的变化曲线

思考题

1. 什么是太阳帆?简述太阳帆的发展历史。
2. 简述 SSICE 的特点。
3. 为什么在分析作用在 SSICE 帆面上的光压力和力矩时,需要做假设?
4. 试推导航天器姿态动力学方程。

5. 简述 SSICE 姿态调整策略。
6. 什么是 Lissajous 轨道？什么是 Halo 轨道？这两种轨道有哪些应用？
7. 设计分布式大气帆主要解决什么问题？

参考文献

[1] McInnes C R, Solar Sailing. Technology, dynamics and mission applications, springer-praxis series in space science and technology[M]. Berlin:springer-praxis,1999.

[2] Friedman L. Star sailing: solar sails and interstellar travel [M]. New York: Wiley,1988.

[3] Wright J L. Space sailing[M]. New York: Gordon and Breach, 1992.

[4] MacNeal R H, Hedgepeth J M. Helicopters for interplanetary space flight [C]. Washington, DC:34th National Forum of the American Helicopter Society, 1978.

[5] Friedman L, Carroll W, Goldstein R, et al. Solar sailing-the concept made realistic[C]. 16th Aerospace Science meeting, 1978,82.

[6] Burton R L, Coverstone V L, Hargens-Rysanek J, et al. Ultrasail-ultra-lightweight solar sail concept[C]. 41st AIAA/ASME/SAE/ASEE Joint Propulsion Conference & Exhibit, 2005, 4117.

[7] Koshelev V A, Melnikov V M. Large space structures formed by centrifugal forces[C]. 1st ed. Earth Space Institute Book Series, Gordon and Breach, Amsterdam, 1998(4): 21-61.

[8] Biddy C, Svitek T. Light sail - 1 solar sail design and qualification[C]//Proceedings of the 41st Aerospace Mechanisms Symposium. Pasadena, CA: Jet Propulsion Lab., National Aeronautics and Space Administration, 2012: 451-463.

[9] Johnson L, Whorton M, Heaton A,et al. NanoSail - D: A solar sail demonstration mission[J]. Acta Astronautica, 2011,68(5):571-575.

[10] Sawada H, Funase R, Morimoto M, et al. First solar power sail demonstration by IKAROS[J]. Transactions of the Japan Society for Aeronautical and Space Sciences, Aerospace Technology Japan, 2010, 8(27): 425-431.

[11] Tsuda Y, Mori O, Funase R, et al. Flight status of IKAROS deep space solar sail demonstrator[J]. Acta Astronautica, 2011, 69(9):833-840.

[12] Funase R, Shirasawa Y, Mimasu Y, et al. On-orbit verification of fuel-free attitude control system for spinning solar sail utilizing solar radiation pressure[J]. Advances in Space Research, 2011, 48(11):1740-1746.

第8章　风筝卫星

编队的卫星之间协同工作，可以有效提高系统的可维护性和可靠性，大大降低任务风险和成本。但编队卫星之间的相对测量基线呈周期性变化，使得编队系统在多数纬度的星下点无法成像。太阳同步轨道面和太阳始终保持相对固定的取向，可以为运行在轨道上的太阳帆提供稳定的太阳光压力，而且有利于采用可见光相机的对地观测任务的执行。太阳帆作为一种无需额外携带能源的高比冲连续小推力航天器，可以充分利用太阳光能源，实现各类非开普勒轨道的维持与转移。若将太阳帆与绳系卫星结合，并充分发挥太阳同步轨道的优势，则可以实现更多普通卫星无法维持的编队构型，并能更高效地完成各类观测任务。

本章提出了"放风筝的卫星"设想，即一种基于太阳帆的横截编队系统：此二体绳系卫星系统由一个运行在太阳同步轨道上的主星和一个运行在与其平行的悬浮轨道上的太阳帆从星构成。两个编队卫星通过导电系绳相连，并依靠太阳光压实现从星与主星的并排飞行，就像放风筝时风为帆面提供稳定的压力，从而得到与星下点轨迹保持垂直或横截的相对基线。这种编队构型能够克服传统旋转式二体绳系卫星的相对基线呈周期性变化和多数纬度的星下点上无法成像等缺点，更好地应用于测绘、遥感、侦察、InSAR 等太阳同步轨道任务。特别在晨昏轨道的应用中，该轨道特有的太阳光照条件及星下点位置特性，十分有利于地球表面活动的观测与侦察。

8.1　太阳帆横截编队系统国内外研究现状

8.1.1　近地轨道绳系编队系统研究现状

近地轨道绳系编队，尤其是二体绳系编队，在系绳的展开、维持与回收阶段均已经有着丰富多样的研究成果。对于地球附近运行环境中常见的二体绳系卫星，可以分为两种：一种是依地球重力场指向最低点的绳系卫星，二是通过旋转维持编队构型的绳系卫星。

对于指向最低点绳系卫星，最早以 Modi 等人的研究成果最为详细，通过不同约束条件下的稳定性分析，证明了引力场内沿着引力梯度线竖直方向展开、保持及回收的运动是可行的[1-2]。此类二体绳系卫星有诸多实际应用价值，比如：Jonghyuk 和 Mantellato 等人研究了拖曳式沿重力梯度方向的绳系卫星系统动力学，用于空间碎片捕捉并利用系绳相连的从星迫使碎片转移轨道，并推导了系绳和从星的姿态运动模型[3-4]。Yamasaki 等人则研究了在开普勒轨道上二体绳系卫星释放到一定距离后切断系绳完成在轨发射的动力学模型[5]。目前近地空间轨道上的重力梯度式二体绳系卫星动力学与系绳在不同状态下的各类运动模型研究已经相对成熟[6]。

而旋转式绳系卫星则可以通过重力梯度联合离心力让系统在更多编队展开平面维持稳定，所以应用范围更加广泛[7]。Gou 等人研究了地心轨道上利用旋转缆索系统对高偏心转移轨道进行人工重力装置过载控制的方法，提出了一种基于过载的近似反馈方法，为控制器提供旋转速度信号的估计值，从而在不需要复杂 GPS 模块的情况下实现重力水平的精确控制[8]。

Fulton 等人则使用自旋系统的离心力，实现辐射开环式太阳电帆的帆面展开[9]。Raza 等人则制作了可以通过编队自旋维持的太阳帆空间天线阵列，可以用于观测目标的测距定位[10]，并计算了系统能达到的控制精度。

目前二体绳系卫星编队的应用除了主要的拖曳式、旋转式，还有防止系绳拉断扭转的带状牵连式[11]以及前后跟随的横向哑铃式[12]等，不同的编队形式需要针对不同模型重点和精度要求建立与任务所适应的动力学模型，以更好地投入实际应用。

8.1.2　太阳帆悬浮轨道应用研究现状

太阳帆作为一种无需携带额外能源的连续小推力航天器，能够实现由普通卫星很难维持的各类非开普勒轨道，如各种类型的“悬浮轨道”。利用普通平板状太阳帆、太阳电帆、混合动力太阳帆等连续小推力航天器实现各类日心悬浮轨道的设想，从提出到现在已经得到了较深入的发展。

能够维持在黄道面上方或下方的轨道可以用于行星极地探测，或长期维持在地球上方实现通信卫星的职能，以及用于跟随其他行星进行科学探测等任务。在诸多日心悬浮轨道中，能够悬停在太阳系某行星探测的“行星悬浮轨道”得到了广泛关注。Bookless 则考虑了悬浮轨道在人工平动点上的应用，即在限制性三体动力学模型下，用太阳帆的恒定加速度实现高度非开普勒轨道产生一个人造地日平动点，并可以在此基础上产生一组新的周期轨道。此外，还研究了轨道转移和保持轨道静止的技术，以防止太阳帆在到达所期望高度的非开普勒轨道后逃逸[13]。Xu 则讨论了行星上方移动轨道的非线性动力学分析和控制问题，导出了平衡点附近运动稳定性的必要条件和充分条件[14]，并分析了悬浮轨道平衡解的性质，提出了保哈密顿结构控制器，讨论了椭圆平衡解的特殊性[15]。Salazar 等人则尝试用大面积太阳帆运行在太阳-地球连线上方，利用高反射率材料来增加地球总日照，在夜间照明、发电和气候工程方面有潜在的应用[16]。Geoffrey 利用有限差分法和配置方案，成功地生成了具有伪连续控制历史的轨迹，巧妙地在地月系统中设计与黄道面不平行的悬浮轨道并利用其实现在月球下方位移的周期轨迹[17]。

在太阳帆与卫星编队结合运行方面的研究也非常丰富，编队协同飞行可以将大面积太阳帆分担到每一个编队成员上，提高所能携带的总载荷，为实施复杂远距离飞行任务提供可能。Li 研究了一种刚性-柔性耦合的以梁连接的二体太阳帆编队模型，此模型通过调节滑块改变重心控制系统参量，并详细推导了二体太阳帆重力梯度产生的力矩、重心和重心偏移量、滑块运动和姿态-振动耦合运动情况[18]。而比起普通的太阳帆，太阳电帆的推力量级范围更广，能实现的编队更加复杂，Wang 等人在自旋展开的太阳电帆组合以及太阳电帆编队方面有着系统研究。在二体或三体太阳电帆编队问题中，主航天器跟踪一个以日心为中心的悬浮轨道，副航天器需绕着主航天器飞行一段较短的距离，Wang 则提出了一种分析太阳电帆航天器在日心、椭圆、位移轨道上编队飞行的几何方法，利用推进性能随帆面姿态变化的推力模型来估计推进加速度模量并维持轨道[19]，并针对观测天体的极区任务，明确了两个副航天器的交流跟踪方式，提升了通信链路之间发生故障时编队系统的冗余度和鲁棒性[20]。Wang 团队同样研究了二体太阳帆悬浮轨道编队中主星、从星在各自封闭轨道中运行时的相对运动情况[21-22]。Gong 等人则详细研究了日心悬浮轨道中三种半自然形态的二体太阳帆悬浮卫星编队成员卫星的相互运动关系，并验证所设计的编队结构的有效性[23]，同时讨论了两种基于运动方程线性化的轨道设计策略以及线性二次调节(LQR)和输入反馈线性化(IFL)两种控制策略[24]。对于行星与太阳连线上方的悬浮轨道,其团队也以火星探测任务为例研究了二体太阳帆编队的相对运动特性并设计控制律[25]。

在太阳帆悬浮轨道于近地轨道的应用上目前还尚显局限,主要集中为在减缓地球静止轨道上的拥塞情况而利用太阳帆产生人工地球同步点等方面。McInnes 对于地球静止轨道的悬浮轨道有所研究,并将其分解为一系列单独的开普勒弧,这些轨道族可以归结为使用连续推力得到的人工平衡族,为使用周期脉冲而非连续推力产生位移轨道提供了设计基础[26]。Liu 利用混合动力太阳帆设计了垂直悬浮的非开普勒静止轨道,并证明相比纯太阳能电力推进卫星,混合推进系统能够在给定的有效载荷质量下,在较长的任务持续时间内显著降低航天器所需的初始质量[27]。而 Heiligers 的团队采用混合低推力推进、太阳能电力推进(SEP)及太阳帆航行互补组合维持的地球静止轨道,以提高已开始拥堵的地球静止环的容量[28],通过导出 SEP 和太阳帆加速最佳转向律的半解析公式,以直接伪谱法解决最优伴随控制问题,将 SEP 推进剂消耗最小化,使任务寿命最大化[29]。

由文献分析可以得出,目前太阳帆在近地悬浮轨道上的应用依然可以结合行星上方悬浮轨道的相关结论等现有研究成果进一步开拓和发展,为更有效地利用各类小推力太阳帆航天器提供任务设计思路。

8.2 太阳帆结构与姿态动力学分析

横截编队的从星主要由含独立可控元件的太阳帆构成,其提供的太阳光压加速度是维持释放速度的重要控制力。太阳帆推力小、比冲大,所提供的推力大小和方向会随着太阳光照角度和自身姿态而不断变化。从星上除了相机镜头等较小的有效载荷外,能源动力均从主星通过导电系绳获取,依靠自身帆面的姿态控制策略需要结合具体零件分布变化。根据帆面构型计算其推力特性与姿态特性,并结合具体轨道任务分配各部分质量是设计合理控制律的前提。本节首先介绍了含独立可控元件的太阳帆结构组成与运作原理,然后根据相关坐标系建立其姿态控制数学模型,最后根据空间任务所需,计算其提供的光压推力范围与自身转动特性参数,作为横截编队的展开控制基础。

8.2.1 太阳帆构型设计与姿态控制

1. 含独立可控元件的太阳帆结构组成

太阳帆横截编队卫星系统采用 7.2 节的 SSICE 构型,该构型由中央核心载荷、叶片控制电机、独立可控叶片、充气框架组成。其中,中央核心载荷部分主要由相机镜头构成,负责观测成像;叶片控制电机为微型舵机,负责控制各独立叶片的法线方向及扭转角度;独立可控叶片为理想的太阳光反射薄膜材料,不考虑叶片褶皱与光压推力散失等情况;充气框架为内部空心的软管,依靠与宇宙空间的气压差维持各零件位置,在本章中视为钢体。太阳帆采用对称结构,通过导电线与通气细管组成的轻质系绳与主星相连。电源系统、控制系统及充气瓶等部件均放置在主星上,从星完全依靠太阳帆叶片提供的光压推力与系绳拉力实现姿态控制。相关太阳帆结构组成与运作原理详见本书 7.2.2 小节。

2. 太阳帆姿态与光压控制力的关系

为了研究编队展开过程中太阳帆姿态角的变化,引入太阳帆姿态坐标系 $\boldsymbol{S}_o$。如图 8-1 所示,假设帆面质心运行在轨道面与日地连线垂直的地心悬浮轨道上,则视太阳光为与太阳帆轨道面垂直的恒定平行光。$\boldsymbol{S}_o$ 的原点与太阳帆本体坐标系 $\boldsymbol{S}_b$ 重合,x_o 轴与太阳光照射方向平行一致,y_o 轴在轨道面内沿轨道速度方向且与 x_o 轴垂直,z_o 轴由右手坐标系确定,则设定太阳帆法线方向与太阳光方向夹角为钟角 α,其在轨道面上的投影与 y_o 轴正向夹角为锥角 γ。

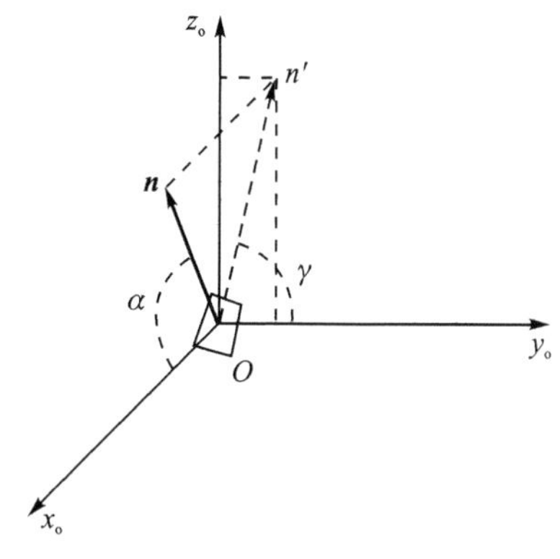

图 8-1　太阳帆姿态坐标系

现根据 $\boldsymbol{S}_o$ 与 $\boldsymbol{S}_b$ 之间的转换关系,定义三个欧拉角(且有 $\varphi=\gamma$)如下:

$$\boldsymbol{S}_o \xrightarrow{\boldsymbol{L}_x(\varphi)} \circ \xrightarrow{\boldsymbol{L}_y(\vartheta)} \circ \xrightarrow{\boldsymbol{L}_z(\psi)} \boldsymbol{S}_b \tag{8.2.1}$$

设 $\boldsymbol{L}_{bo}$ 是从 $\boldsymbol{S}_o$ 到 $\boldsymbol{S}_b$ 的状态转移矩阵,则太阳光线方向 $\boldsymbol{r}_1$ 在太阳帆体坐标系中可以表示为

$$\{\boldsymbol{r}_1\}_b=\boldsymbol{L}_{bo}\begin{bmatrix}1\\0\\0\end{bmatrix}=\begin{bmatrix}\cos\vartheta\cos\psi\\-\sin\gamma\sin\psi\\\sin\vartheta\end{bmatrix} \tag{8.2.2}$$

设 $\boldsymbol{L}_{ob}$ 是从 $\boldsymbol{S}_b$ 到 $\boldsymbol{S}_o$ 的状态转移矩阵,则太阳光推力方向 $\boldsymbol{n}$ 在太阳帆姿态坐标系中可以表示为

$$\{\boldsymbol{n}\}_o=\boldsymbol{L}_{ob}\begin{bmatrix}1\\0\\0\end{bmatrix}=\begin{bmatrix}\cos\vartheta\cos\psi\\\sin\gamma\sin\vartheta\cos\psi+\cos\gamma\sin\psi\\\sin\gamma\sin\psi-\cos\gamma\sin\vartheta\cos\psi\end{bmatrix} \tag{8.2.3}$$

此时定义太阳帆的稳定工作状态为各个叶片控制舵机均不产生扭转。即太阳帆可以近似视为一块方形平板时,其推力法向量可以用钟角和锥角表示:

$$\{\boldsymbol{n}\}_o=\begin{bmatrix}\cos\alpha\\\sin\alpha\cos\gamma\\\sin\alpha\sin\gamma\end{bmatrix} \tag{8.2.4}$$

当太阳帆处于稳定工作状态时,太阳帆框架姿态角(即 φ、ψ、ϑ)与其钟角、锥角对应关系的其中一组可行解为:$\vartheta=0,\psi=\alpha$。这意味着,太阳帆在实际运转过程中如果大部分时间能保持在一种钟角、锥角固定的稳定工作状态,并且所需的状态切换周期远大于所需切换时间,则可以用钟角、锥角的变换情况反映欧拉角的变化情况。

太阳光照射方向和太阳帆从星叶片法向之间的夹角 η_i 可以表示为

$$\eta_i(z_b)=\arccos\left[\cos\theta\cdot\cos\left(\delta_i(z_b)+\psi\right)\right] \tag{8.2.5}$$

太阳光压变化在叶片 z_b 上产生的光压推力 $\boldsymbol{F}_i$ 和相对各坐标轴产生的力矩 $\boldsymbol{M}_i$ 变化分别为

$$\mathrm{d}\boldsymbol{F}_i(z_b)=2P\omega\left[\cos\theta\cdot\cos\left(\delta_i(z_b)+\psi\right)\right]^2\begin{bmatrix}\cos\delta_i(z_b)\\\sin\delta_i(z_b)\\0\end{bmatrix}\mathrm{d}z_b=\begin{bmatrix}\mathrm{d}F_{ix}\\\mathrm{d}F_{iy}\\\mathrm{d}F_{iz}\end{bmatrix} \tag{8.2.6}$$

$$\mathrm{d}\boldsymbol{M}_i(z_\mathrm{b})=\begin{bmatrix}-\mathrm{d}F_{ix}\cdot z_\mathrm{b}\\-\mathrm{d}F_{iy}\cdot z_\mathrm{b}\\-\mathrm{d}F_{iz}\cdot y_i\end{bmatrix}=\begin{bmatrix}\mathrm{d}M_{xi}\\\mathrm{d}M_{yi}\\\mathrm{d}M_{zi}\end{bmatrix}\tag{8.2.7}$$

式中 y_i 是每个叶片中心线到 y 轴的距离。根据上面两个方程可以直接得到太阳帆本体坐标系中太阳光压对帆面产生的推力 $\{\boldsymbol{F}\}_\mathrm{b}$ 和扭矩 $\{\boldsymbol{M}\}_\mathrm{b}$ 为

$$\{\boldsymbol{F}\}_\mathrm{b}=\begin{bmatrix}\int_{-(l_3/2)}^{l_3/2}\mathrm{d}F_{x1}+\mathrm{d}F_{x2}\\\int_{-(l_3/2)}^{l_3/2}\mathrm{d}F_{y1}+\mathrm{d}F_{y2}\\0\end{bmatrix}\tag{8.2.8}$$

$$\{\boldsymbol{M}\}_\mathrm{b}=\begin{bmatrix}\int_{-(l_3/2)}^{l_3/2}\mathrm{d}M_{x1}+\mathrm{d}M_{x2}\\\int_{-(l_3/2)}^{l_3/2}\mathrm{d}M_{y1}+\mathrm{d}M_{y2}\\\int_{-(l_3/2)}^{l_3/2}\mathrm{d}M_{z1}+\mathrm{d}M_{z2}\end{bmatrix}\tag{8.2.9}$$

至此，在太阳帆运行过程中只要知道各个电机的转角和太阳帆框架姿态角，就能根据式(8.2.8)及式(8.2.9)得到任意时刻的受力情况，同样也可以在合理范围内通过控制各电机转角调整太阳帆的姿态，调整整体结构所受的太阳光推力，从而让帆面沿着所期望的轨迹运动。接下来计算控制律时只需求出变化周期符合限制的钟角 α 与锥角 γ 变化情况即可判断是否符合硬件要求。

8.2.2 太阳帆运行环境与基础参数计算

1. 太阳帆运行环境与任务需求分析

在已得到含独立可控元件太阳帆的姿态动力学模型的基础上，可以结合具体的任务需求，确定所需要的面质比等参数，从而进一步分配结构质量，分析帆面所能提供的工作模式与推力特征，计算调整姿态所需要的时间量级，为进一步安排卫星编队的展开定下基础。

为确定太阳帆从星的结构特征参数，建立地心旋转坐标系 $\boldsymbol{S}$（如图 8-2 所示），其中原点 O 位于地心，x 轴由太阳中心指向地球中心方向，y 轴在地球轨道平面内，z 轴由右手坐标系确定。当任意一个太阳帆运行在地心悬浮轨道上时，其悬浮高度为 h，悬浮半径为 ρ，到地心的距离为 r，相对于 y 轴正方向的面内角为 θ。

根据参考文献[30]，当太阳帆从星所需要悬浮轨道角速度 ω_sail 和对应的地心开普勒轨道角速度 $\omega_\sim$ 已知时，可以通过计算函数式(8.2.10)得悬浮高度为 h 时维持悬浮轨道所需要的悬浮加速度 κ_need 为

$$\kappa_\mathrm{need}(h)=\omega_\sim^2\ h\left[1+\frac{\rho^2}{h^2}\left(1-\frac{\omega_\mathrm{sail}^2}{\omega_\sim^2}\right)^2\right]^{\frac{3}{2}}\tag{8.2.10}$$

κ_need 同时也是太阳帆在正常运行所需提供的最大光压加速度的最小值。假设理想太阳帆从星帆面在距离日心 r_cs 时的光压加速度 $\boldsymbol{\kappa}_\mathrm{c}$ 可由下式计算得到

$$\boldsymbol{\kappa}_\mathrm{c}=\left(\frac{\beta\mu_\mathrm{s}}{r_\mathrm{cs}^2}\right)\cos^2\alpha\boldsymbol{n}=\left(\frac{L_\mathrm{s}A}{2\pi c\mu_\mathrm{s}m}\cdot\frac{\mu_\mathrm{s}}{r_\mathrm{cs}^2}\right)\cos^2\alpha\boldsymbol{n}=\kappa\cdot\cos^2\alpha\boldsymbol{n}\tag{8.2.11}$$

式中：L_s 为地日距离，在悬浮高度较小的情况下可视作与 r_{cs} 相同；A 为太阳帆面积；m 为太阳帆质量；c 为光速；μ_s 为太阳重力系数；$\boldsymbol{\kappa}$ 为质面比固定时，此悬浮轨道面上的平板太阳帆维持运行所需的特征加速度。

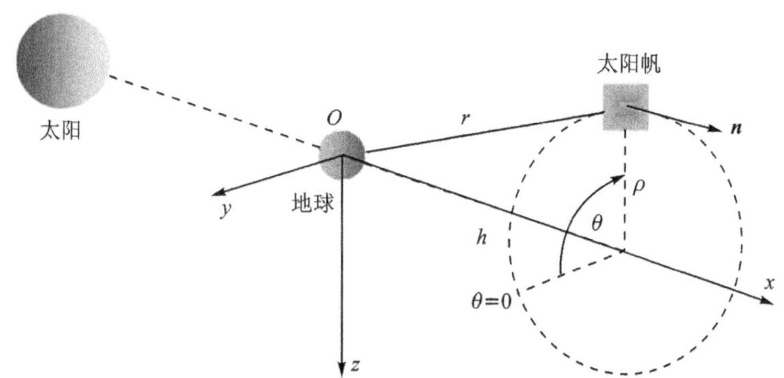

图 8-2　地心旋转坐标系中的太阳帆与悬浮轨道

从上式中还可以获得太阳帆的光照强度系数 β。当单位选用 m、kg、s 时，参数 β 可表示为

$$\beta=\frac{L_s A}{2\pi c\mu_s m}=1.53\times10^{-3}\frac{A}{m} \tag{8.2.12}$$

至此，在所需悬浮轨道运行环境确定的情况下，就能得到所需的太阳帆质面比的上限，以此作为分配载荷质量和设计太阳帆面积的依据。

2. 运行环境下帆面结构参数与推力特性

当太阳帆横截编队质心运行在轨道高度 $H=1\ 000$ km 的晨昏轨道上时，太阳帆从星预定运行在悬浮高度 $h=1\ 000$ m 的悬浮轨道上。为了得到具体轨道参数关系，设定此处轨道半长轴为 R_e+H，圆轨道偏心率有 $e\approx0$，轨道倾角为 i，升交点赤经为 f。现考虑 J_2 摄动项（地球扁率的摄动）为卫星在开普勒轨道上摄动的主要影响因素，取地球半径 R_e 为 6 378.14 km。设平太阳沿赤道方向过两次春分点的时间间隔为 365.242 2 平太阳日，计算此时太阳同步轨道进动角速度约为 0.985 6(°)/d，各轨道要素之间的关系可表示为

$$\dot{\Omega}=-9.97\left(\frac{R_e}{R_e+H}\right)^{7/2}\frac{\cos i}{(1-\mathrm{e})^2}=-0.985\ 6 \tag{8.2.13}$$

且此时选取降交点地方时为 18 h，轨道倾角约为 99.473 2°。鉴于晨昏轨道的特殊性，若此时保证太阳帆平面始终与轨道面平行，太阳帆距太阳距离变化可忽略不计。当太阳帆从星在悬浮轨道面内的角速度与编队质心一致时，根据式(8.2.10)即可得到所需的太阳帆质面比最大为(1/109.334) kg/m^2，即当从星质量设计为 0.5 kg，帆面为正方形时，所需最小框架边长为 7.4 m。结合式(8.2.10)可以观察到，当悬浮轨道上的从星和开普勒轨道上的主星保持横截运动状态时，其相对于地心的角速度相同，即 $\omega_{sail}=\omega_{\sim}$，则悬浮轨道半径 ρ 实际上略小于主星开普勒轨道半径 R_e+H，但是代入计算发现，其差距量级小于 1×10^{-8} m，所以忽略不计，视为目标悬浮轨道半径和指定轨道高度的晨昏轨道相同。

考虑到实际维持编队飞行时，帆面法向与太阳光入射很难一直保持一致，加入约 16.87% 的冗余值，使太阳帆面边长为 8 m，各叶片宽度为 2 m，长度为 8 m，每个舵机转臂为 2 m。每个分配各个机构质量下：中央核心载荷为 0.15 kg，每个叶片控制舵机为 0.025 kg，每扇叶片

为 0.025 kg,支撑框架为 0.2 kg。此时绕本体坐标系各轴的转动惯量 $\boldsymbol{J}$ 如下:

$$\boldsymbol{J}=\begin{bmatrix} J_x & & \\ & J_y & \\ & & J_z \end{bmatrix}=\begin{bmatrix} 4.1123 & & \\ & 3.2862 & \\ & & 2.0323 \end{bmatrix}\quad (\mathrm{kg\cdot m})\tag{8.2.14}$$

确定所需太阳帆的基本参数后,此时根据其可以得到,当帆面框架法线方向平行于太阳光方向时,图 8-3 所示为两种工作模式下的太阳帆受力等效情况。

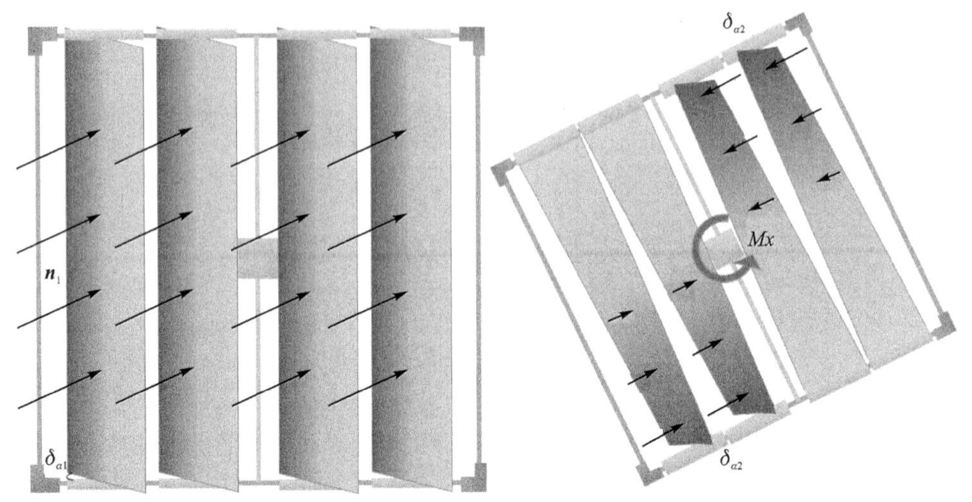

(a) 太阳帆工作模式一的受力等效情况　　(b) 太阳帆工作模式二的受力等效情况

图 8-3　太阳帆从星的两种基本工作模式

第一种工作模式下,如图 8-4(a)所示,曲线每一个点与原点的连线在横轴/纵轴上的投影,代表当电机转角 $\delta_{\alpha1}$ 从 $-90°$ 变化到 $+90°$ 时,太阳帆提供沿 y_b、x_b 方向的加速度。由于 z_b 方向的推力始终为 0,图中所示的推力加速度大小等同于在电机转角均为 0°时太阳帆姿态坐标系中锥角 α 由 $-90°$ 变化到 $+90°$ 的太阳光压加速度。图 8-4(b)中则是在钟角、锥角都改变的情况下相对于太阳帆姿态坐标系所能提供的各个方向的推力加速度最大值。其中灰色部分为 $\boldsymbol{S}_o$ 坐标系 y_o、z_o 轴对应的平面。

从图 8-4 可得知两个重要参数,太阳帆沿 x_b 轴的最大推力加速度 κ_{xbmax} 约为 0.001 2 m/s^2,当锥角为 $\alpha_{max}\approx 36°$ 时,能提供 y_b 方向的光压加速度最大,即 $\kappa_{ybmax}=0.0004468$ m/s^2。此时设定三个重要函数:

$$f_{saily}(|\kappa_{yb}|)=\kappa_{xb}\tag{8.2.15}$$

$$f_{sailx}(\kappa_{xb})=|\kappa_{yb}|\tag{8.2.16}$$

$$f_{sail\alpha}(|\kappa_{yb}|)=\alpha\tag{8.2.17}$$

式(8.2.15)描述的是在输入帆面保持舵机均不扭转且提供的太阳光压推力在坐标系 $\boldsymbol{S}_o$ 的 y_oz_o 平面上的投影长度数值为 $|\kappa_{yb}|$ 时,可根据图 8-4(a)在曲线横轴 κ_{yb} 上数值找到一个对应的纵轴上较大的数值 κ_{xb},也就是太阳光压推力在坐标系 $\boldsymbol{S}_o$ 的 x_o 轴上对应的投影加速度大小。此时的矢量($|\kappa_{yb}|$,κ_{xb})与图 8-4(a)纵轴的夹角即为帆面锥角 α。类似的,式(8.2.16)为第一个函数的反函数。式(8.2.17)为从 $|\kappa_{yb}|$ 对应求得此时的锥角 α。由帆面的各推力极限参数可知,为尽可能有效利用帆面推力,$|\kappa_{yb}|$ 的取值范围为[0,0.000 446 8] m/s^2,κ_{xb} 的取值范围

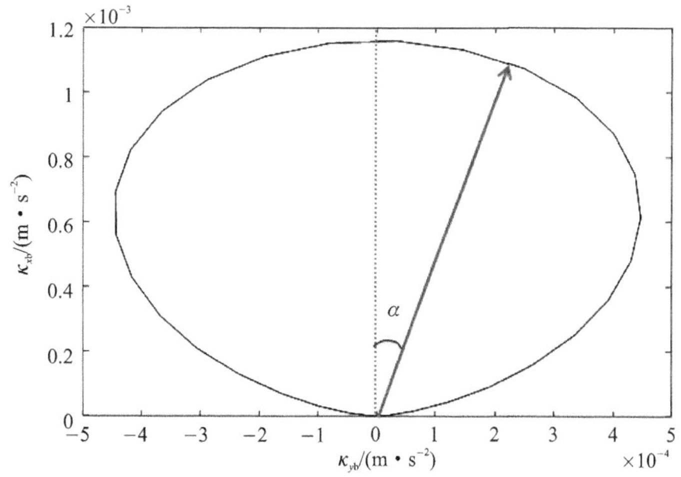

(a) 太阳帆光压加速度随钟角α的变化情况

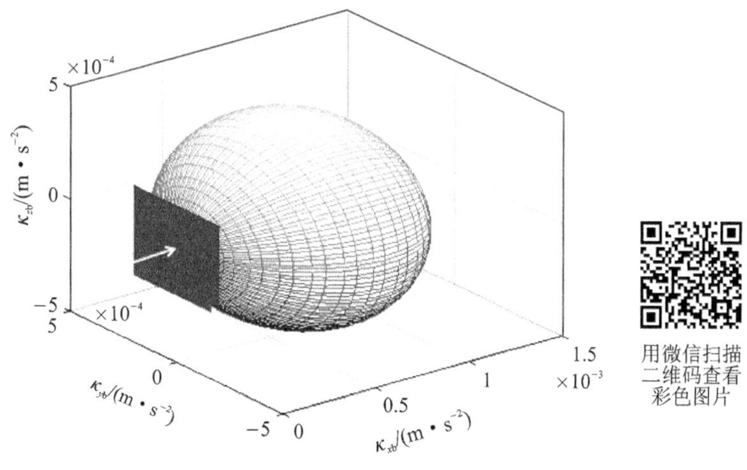

用微信扫描二维码查看彩色图片

(b) 钟角及锥角均变化时的太阳帆光压加速度

图 8－4　太阳帆叶片无扭转时太阳光压加速度随帆面法向的变化

为[0.000 613 8,0.001 2] m/s^2,α 的取值范围为[0°,36°]。

第二种工作模式下,考察帆面的姿态转动特性,由于叶片扭转时所能提供的相对于 x_b 轴的扭矩 M_x 有限,但对应的转动惯量是最大的,所以这种情况下调整钟角 γ 所需的时间最长。当帆面 x_b 轴与 x 轴方向重合时,单边电机扭转角 δ_{a2} 变化 0°～90°,得到的扭矩 M_x 如图 8－5 所示。

从图 8－5 中可知,当电机扭转角约为 37.5°时,得到的关于 x_b 轴的扭矩最大,即此时角加速度最大。当取最大扭矩时,若想使用先匀加速再匀减速的策略完成 0°～90°钟角 γ 变化,则所需的时间如图 8－6 所示。

从图 8－6 可知,让帆面完成一次 90°的钟角变化最快需要约 93 s,为了使系统的姿态控制能够在叶片控制舵机的调整下运转,所需要的钟角切换周期不能过短,且变化调整时间最好小于切换周期的 1%。

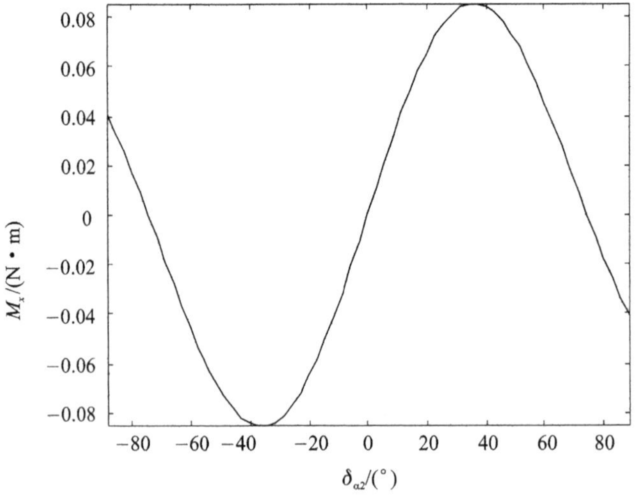

图 8-5 电机扭转角与扭矩的变化关系

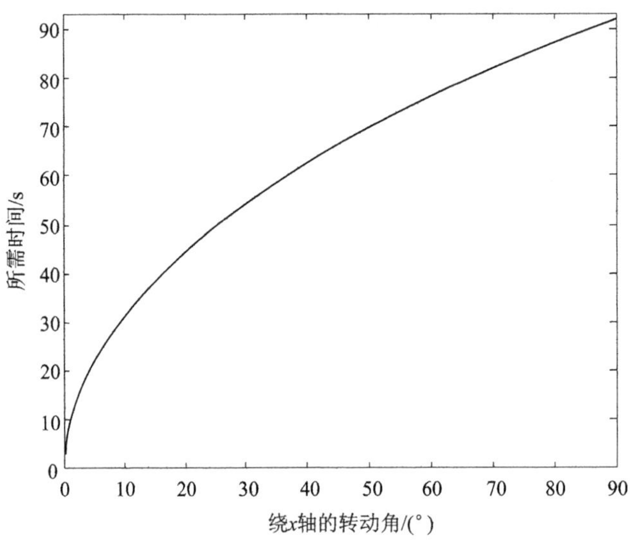

图 8-6 取最大扭矩调整钟角 γ 时对应所需的时间

8.3 横截编队结构与系统数学模型

太阳帆横截编队由主星与从星两个部件组成，主星运行于晨昏轨道上，从星依靠较为稳定的太阳光压推力运行在地心悬浮轨道上，中间由轻质导电系绳相连。根据双目成像原理，相比于传统的地心开普勒轨道上依靠旋转维持稳定的双星编队，太阳帆横截编队中主从星之间的相对基线始终垂直于星下点轨迹，能为观测提供稳定的双目距离。如搭载有效载荷为摄像镜头，此编队可以为实时成像提供便利，并极大地提升有效工作时间。

本节将介绍横截编队的组成与空间任务设计，并结合相关坐标系，基于拉格朗日方程方法建立数学模型，以此确定编队展开过程的控制量与参数范围，并为后面章节的精确控制律设计提供动力学参照。为了直观观测主星、从星之间相对运动特性，本节使用C-W方程建立简化模型，对设计标称轨道与估算编队展开的时间、速度等参量有着重要意义。

8.3.1　横截编队结构与控制参数定义

1. 横截编队成员组成与轨道任务环境

绳系太阳帆横截编队由质量比约为100∶1的一个质量为 m_s 主星和一个质量为 m_c 的太阳帆从星构成，两成员卫星之间由一段长为 l 的导电系绳连接，且当太阳帆从星质量为 0.5 kg 时，主星质量设计约为 50 kg。系绳截面为圆形，由 Dynemma 纤维包裹铝芯电缆和空心通气管构成。系绳横截面积设为 16 mm^2，即直径为 4.51 mm，其密度 ρ_t 约为 1.417 5 kg/m^3，则 1 000 m 的系绳质量约为 0.022 68 kg。系绳释放装置安放在主星上。

由 8.2 节确定过的轨道运行环境可以得知，其在轨运行状态如图 8-7 所示，当编队达到横截间距稳定的状态之后，预计能在太阳帆正常工作的情况下维持数年的在轨运行并进行各类成像与观测任务。

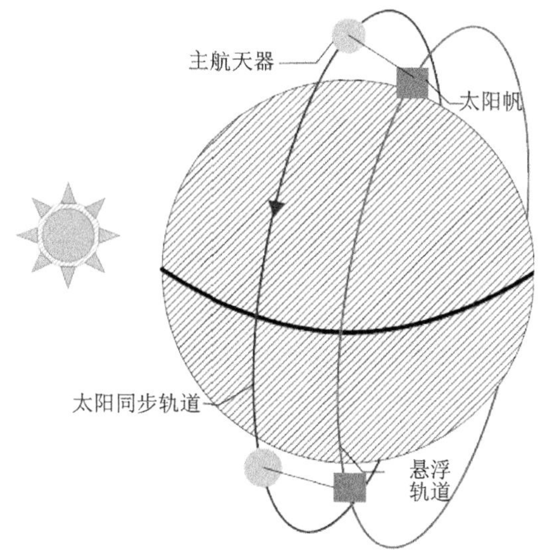

图 8-7　绳系太阳帆横截编队在轨运行状态

当系统质心运行在轨道高度 1 000 km，轨道降交点时刻为 18:00 的太阳同步轨道时，质心轨道倾角约为 99.473 2°，且为一个逆行轨道。晨昏轨道作为一种特殊的太阳同步轨道，为太阳帆提供了可以在数天的短时间内视为方向及强度作几乎不改变的稳定太阳光线，可以充分发挥这种连续小推力的高比冲航天器的优势。由于编队展开所需时间为 1～3 天，所以接下来的任务设计中，将太阳光视为始终沿着地心旋转坐标系 x 轴方向的不随从星悬浮高度改变强度的平行理想光源。

在影响空间绳系横截编队运行的外部作用力中，只考虑地心引力以及太阳光压力的影响，将横截编队系统置于地心旋转坐标系 $O-xyz$ 时的各参量定义如图 8-8 所示。图中质心 o 运行轨道近似于在 Oyz 平面内且始终垂直于太阳光线方向，距离地心 r_o，真近点角为 f；主星质心为 S，距离地心 r_S；从星质心为 C，距离质心 r_C。系绳 l 视为刚性不可拉伸的刚体且始终绷紧，释放过程中在达到设计长度的上限后会停止伸长。定义面外角 β 为 So 的连线与 Oyz

平面中 r_o 延长线的夹角，其范围为［−90°，+90°］；面内角 θ 为 So 的连线在 Oyz 平面中的投影与 r_o 延长线的夹角。选择面内角 β、面外角 θ 以及系绳长度 l 为控制过程中使用的系统广义坐标。由于设定质心运行在理想开普勒圆轨道上，r_o 的大小及 f 的变换速率 $\Omega=\sqrt{\mu/r_C^3}=0.057\ 1(°)/\text{s}$ 视为定值，其中 μ 为地球万有引力常数。

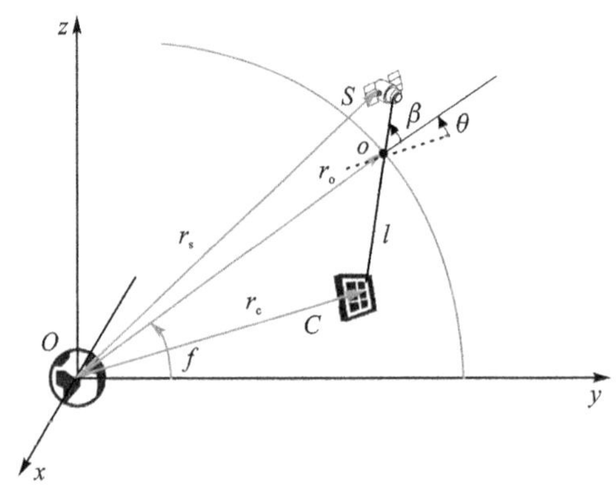

图 8-8　地心旋转坐标系中的绳系太阳帆横截编队

2. 地心旋转坐标系下的系统基本参数

设定系统总质量为 m，且 $m=m_s+m_c+m_t$。初始时刻主星的质量为 m_s^0，t 时刻展开的系绳质量为 $m_t=\rho_t l$，由于释放装置和未释放的系绳均储存在主星内，其质量随时间变化表达式如下：

$$m_s=m_s^0-m_t=m_s^0-\rho_t l \tag{8.3.1}$$

在从星释放过程中，系绳始终张紧，所有主星、从星均有沿系绳方向运动的动能和绕质心旋转的动能。则在所选定的地心旋转坐标系中旋转角速度 $\boldsymbol{\omega}$ 可以表示为

$$\boldsymbol{\omega}=\begin{bmatrix}(\dot{\theta}+\dot{f})\sin\beta\\ -\dot{\beta}\\ (\dot{\theta}+\dot{f})\cos\beta\end{bmatrix} \tag{8.3.2}$$

此时，设主星到质心的距离可表示为 $L_s=(m_s+m_t/2)l/m$，太阳帆从星到质点的距离可表示为 $L_c=(m_c+m_t/2)l/m$，编队相对系统质心的转动惯量 I_{cm} 可以计算为

$$I_{cm}=m_sL_s^2+m_cL_c^2+\int_{-L_s}^{L_c}\rho_t L^2\mathrm{d}L=m_*l^2 \tag{8.3.3}$$

其中系统的转动等效质量 m_* 为

$$m_*=\frac{\left(m_s+\dfrac{m_t}{2}\right)\left(m_c+\dfrac{m_t}{2}\right)}{m}-\frac{m_t}{6} \tag{8.3.4}$$

且其中的质心位置矢量以及主星、从星相对质心的位置矢量可以用广义坐标表示为

$$\boldsymbol{r}_o=[0\quad r_o\cos f\quad r_o\sin f]^{\mathrm{T}} \tag{8.3.5}$$

$$\boldsymbol{L}_s=[L_s\sin\beta\quad -L_s\cos\beta\cos(\theta+f)\quad -L_s\cos\beta\sin(\theta+f)]^{\mathrm{T}} \tag{8.3.6}$$

$$\boldsymbol{L}_c=[-L_c\sin\beta\quad L_c\cos\beta\cos(\theta+f)\quad L_c\cos\beta\sin(\theta+f)]^{\mathrm{T}} \tag{8.3.7}$$

由于编队成员位置矢量在地心旋转坐标系中的投影与其相对于系统质心的位置矢量关系如下

$$\boldsymbol{r}_s = \boldsymbol{r}_o + \boldsymbol{L}_s \tag{8.3.8}$$

$$\boldsymbol{r}_c = \boldsymbol{r}_o + \boldsymbol{L}_c \tag{8.3.9}$$

此时可以计算得主星从星的位置矢量半径 $\boldsymbol{r}_s$ 及 $\boldsymbol{r}_c$ 的大小为

$$r_s = \sqrt{r_o + L_s^2 - 2r_o L_s \cos\beta\cos\theta} \tag{8.3.10}$$

$$r_c = \sqrt{r_o + L_c^2 + 2r_o L_c \cos\beta\cos\theta} \tag{8.3.11}$$

至此，分析完系统的基本参量以及在所设定的坐标系中的数学形式后，便可以开始进行动力学建模工作了。

8.3.2 基于“哑铃模型”的系统动力学建模

1. 基于拉格朗日方程方法的横截编队系统动力学模型

“哑铃模型”将系绳视为不可拉伸、不可压缩的刚性杆，主星和从星被视为质点，由刚性杆连接。在确认横截编队系统的广义坐标后，即可用拉格朗日方程方法建立动力学模型。设横截编队系统的总动能 T_{tot} 为质心 o 的动能 T_c 和相对质心运动动能 T_r 之和，而其中 T_r 由编队沿系绳展开方向的伸展动能 T_{ext} 和绕质心旋转的转动动能 T_{rot} 两部分组成：

$$T_{tot} = T_c + T_t = \frac{1}{2}m(\dot{r}_c^2 + \dot{f}^2\dot{r}_c^2) + T_{rot} + T_{ext} \tag{8.3.12a}$$

其中绕质心旋转的转动动能 T_{rot} 的部分可以计算为

$$T_{rot} = \frac{1}{2}\boldsymbol{\omega}^T \begin{bmatrix} 0 & 0 & 0 \\ 0 & I_{cm} & 0 \\ 0 & 0 & I_{cm} \end{bmatrix} \boldsymbol{\omega} = \frac{1}{2}m_* l^2 [\dot{\beta}^2 + (\dot{\theta} + \dot{f})^2 \cos^2\beta] \tag{8.3.12b}$$

而沿系绳方向的伸展动能 T_{ext} 可以计算为

$$T_{ext} = \frac{1}{2}\frac{m_s(m_c + m_t)}{m} l^2 \tag{8.3.13}$$

横截编队系统的重力势能 W 可以表示为各成员的重力势能之和，即

$$W = -\frac{\mu m_s}{r_s} - \frac{\mu m_c}{r_c} - \frac{\mu m_t}{r_o} \tag{8.3.14}$$

将式(8.3.10)与式(8.3.11)代入式(8.3.14)，结果可得

$$W = -\frac{\mu m_s}{r_o\sqrt{1 - 2\dfrac{L_s}{r_o}\cos\beta\cos\theta + \dfrac{L_s^2}{r_o^2}}} - \frac{\mu m_c}{r_o\sqrt{1 + 2\dfrac{L_c}{r_o}\cos\beta\cos\theta + \dfrac{L_c^2}{r_o^2}}} - \frac{\mu m_t}{r_o} \tag{8.3.15}$$

由于系绳长度远小于质心到地心的距离，所以 L_s/r_o 与 L_c/r_o 均为远小于 l 的小量，考虑如下的麦克劳林级数展开形式，并保留前三项：

$$\frac{1}{\sqrt{1 \pm 2x\cos\beta\cos\theta + x^2}} = 1 \mp x\cos\beta\cos\theta + \frac{x^2}{2}(3\cos^2\beta\cos^2\theta - 1) + o(x^3) \tag{8.3.16}$$

所以重力势能 W 可以写为如下形式：

$$W=-\frac{\mu m}{r_{\mathrm{o}}}-\frac{\mu m_{*}l^{2}}{2r_{\mathrm{o}}^{3}}(3\cos^{2}\beta\cos^{2}\theta-1) \tag{8.3.17}$$

则此时绳系太阳帆横截编队系统的拉格朗日方程可以写为

$$\Pi=T_{\mathrm{tot}}-W \tag{8.3.18}$$

选取广义坐标 $q_i=\theta,\beta,l,f,r_{\mathrm{o}}$，$Q_i$ 为非有势广义力，采用第二类拉格朗日方程，有

$$\frac{\mathrm{d}}{\mathrm{d}t}\frac{\partial \Pi}{\partial \dot{q}_i}-\frac{\partial \Pi}{\partial q_i}=Q_i \tag{8.3.19}$$

在横截编队系统中，能控制的非广义力有两类：一类是太阳帆提供的光压推力在面外角速度上的分量 $T_{C\theta}$、在面内角速度上的分量 $T_{C\beta}$ 以及在沿系绳方向的分量 T_C；第二类是主星为系绳提供的沿系绳方向的拉力 T_l。则可以得到太阳帆横截编队的系统动力学方程如下：

$$\ddot{r}_{\mathrm{o}}=r_{\mathrm{o}}\dot{f}^{2}-\frac{\mu}{r_{\mathrm{o}}^{2}}+\frac{3\mu\Phi_{6}l^{2}(1-3\cos^{2}\theta\cos^{2}\beta)}{2r_{\mathrm{o}}^{4}} \tag{8.3.20}$$

$$\ddot{f}=-\frac{2\dot{f}\dot{r}_{\mathrm{c}}}{r_{\mathrm{o}}}+\frac{3\mu\Phi_{6}l^{2}}{2r_{\mathrm{o}}^{5}}\sin 2\theta\cos^{2}\beta \tag{8.3.21}$$

$$\ddot{\theta}=2(\dot{\theta}+\dot{f})\left(\dot{\beta}\tan\beta-\Phi_{2}\cdot\frac{\dot{l}}{l}\right)+2\frac{\dot{r}_{\mathrm{o}}}{r_{\mathrm{o}}}\dot{f}-\frac{3\mu}{r_{\mathrm{o}}^{3}}\sin\theta\cos\theta\left(1+\frac{\Phi_{6}l^{2}}{r_{\mathrm{o}}^{2}}\cos^{2}\beta\right)+\Phi_{1}\frac{T_{C\theta}}{l} \tag{8.3.22}$$

$$\ddot{\beta}=-2\Phi_{2}\cdot\frac{\dot{l}}{l}\dot{\beta}-\left[(\dot{\theta}+\dot{f})^{2}+\frac{3\mu}{r_{\mathrm{o}}^{3}}\cos^{2}\theta\right]\sin\beta\cos\beta+\Phi_{1}\frac{T_{C\beta}}{l} \tag{8.3.23}$$

$$\ddot{l}=-\Phi_{3}\frac{\dot{l}^{2}}{l}+\Phi_{4}l\left[\dot{\beta}^{2}+(\dot{\theta}+\dot{f})^{2}\cos^{2}\beta+\frac{\mu}{r_{\mathrm{o}}^{3}}(3\cos^{2}\beta\cos^{2}\theta-1)\right]+\Phi_{5}(T_{1}+T_{C}) \tag{8.3.24}$$

上述方程中各个和编成员质量相关的系数表达式如下：

$$\Phi_{1}=\frac{1}{m_{*}}\cdot\frac{m_{\mathrm{s}}+\frac{m_{1}}{2}}{m_{\mathrm{s}}+m_{1}+m_{\mathrm{c}}},\quad \Phi_{2}=\frac{m_{\mathrm{s}}\left(m_{\mathrm{c}}+\frac{m_{1}}{2}\right)}{(m_{\mathrm{s}}+m_{1}+m_{\mathrm{c}})m_{*}},\quad \Phi_{3}=\frac{(m_{\mathrm{s}}-m_{\mathrm{c}}-m_{1})m_{1}}{2m_{\mathrm{s}}(m_{\mathrm{c}}+m_{1})}$$

$$\Phi_{4}=\frac{m_{\mathrm{c}}+\frac{m_{1}}{2}}{m_{\mathrm{c}}+m_{1}},\quad \Phi_{5}=\frac{m_{\mathrm{s}}+m_{\mathrm{c}}+m_{1}}{m_{\mathrm{s}}(m_{\mathrm{c}}+m_{1})},\quad \Phi_{6}=\frac{m_{*}}{m}$$

式中：$\Phi_2,\Phi_3,\Phi_4,\Phi_6$ 为无量纲系数表达式；Φ_1,Φ_5 为控制力对系统作用的等效质量系数。

因为横截编队展开时主星的质量远大于从星和系绳的质量，且太阳光压加速度量级很小，对于系统质心运动状况的影响可以忽略，所以此时设定系统质心稳定运行在开普勒圆轨道上。广义坐标 f 的变化率为固定值 Ω，r_{o} 的变化率为 0，简化上述动力学方程为

$$\ddot{\theta}=2(\dot{\theta}+\Omega)\left(\dot{\beta}\tan\beta-\Phi_{2}\cdot\frac{\dot{l}}{l}\right)-3\Omega^{2}\sin\theta\cos\theta+\Phi_{1}\frac{T_{C\theta}}{l} \tag{8.3.25}$$

$$\ddot{\beta}=-2\Phi_{2}\cdot\frac{\dot{l}}{l}\dot{\beta}-[(\dot{\theta}+\Omega)^{2}+3\Omega^{2}\cos^{2}\theta]\sin\beta\cos\beta+\Phi_{1}\frac{T_{C\beta}}{l} \tag{8.3.26}$$

$$\ddot{l}=-\Phi_{3}\frac{\dot{l}^{2}}{l}+\Phi_{4}l[\dot{\beta}^{2}+(\dot{\theta}+\Omega)^{2}\cos^{2}\beta+\Omega^{2}(3\cos^{2}\beta\cos^{2}\theta-1)]+\Phi_{5}(T_{1}+T_{C}) \tag{8.3.27}$$

接下来的讨论将根据以上的控制力与三个广义坐标之间的关系设计相关控制律，实现太阳帆横截编队在四个控制力下的从星释放。

2. 基于 C－W 方程的相对运动模型

由于在此编队任务中主星和从星的相对距离为 km 左右的量级，远小于质心运行轨道的半径，而且太阳同步轨道上的主星和太阳帆从星的质量比较大，且系绳较轻。若将系绳视为无质量的轻质系绳，太阳帆质量远轻于主星质量，主星始终运行在开普勒圆轨道上，保留 8.3.1 小节里的其余简化设定条件，建立主星轨道坐标系 $S_s-x_sy_sz_s$ 如图 8－9 所示。其中 x_s 轴由地球中心指向晨昏轨道上的主星，y_s 轴指向主星轨道速度方向，z_s 轴由右手坐标系确定，且此条件下平行于太阳光方向。

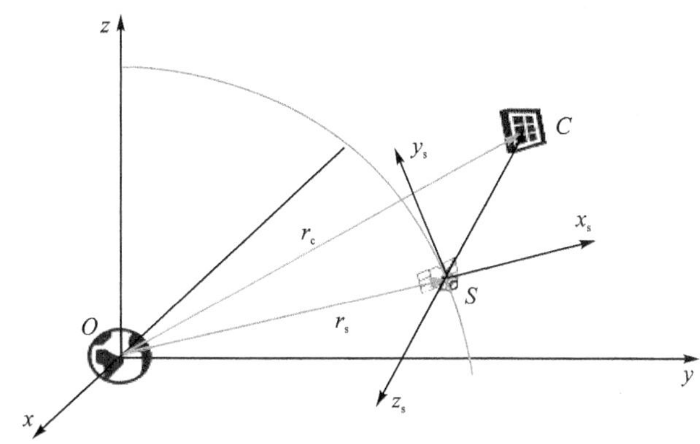

图 8－9　主星轨道坐标系

当编队成员相距较近时为了便捷，简要分析系统在展开过程中的相对运行状态，可以使用 Clohessy-Wiltshire 方程，即 C－W 方程。若用 $\boldsymbol{\rho}_c=[x_s \quad y_s \quad z_s]^T$ 表示主星轨道坐标系中太阳帆从星的位置，可以有如下表达式：

$$\ddot{x}_s-2\Omega\dot{y}_s-3\Omega^2x_s=T_{lx}+T_{Cx} \tag{8.3.28}$$

$$\ddot{y}_s+2\Omega\dot{x}_s=T_{ly}+T_{Cy} \tag{8.3.29}$$

$$\ddot{z}_s+\Omega^2z_s=T_{lz}+T_{Cz} \tag{8.3.30}$$

式中：T_{lx}，T_{ly}，T_{lz} 三个控制加速度分量为系绳对太阳帆从星的拉力加速度在坐标轴上的投影；T_{Cx}，T_{Cy}，T_{Cz} 为太阳帆光压推力加速度在各坐标轴上的投影，可以用拉格朗日方程方法中的四个控制量表示 C－W 方程模型中的六个控制分量，如下：

$$T_{Cx}=-\sqrt{T_{C\beta}^2+T_{C\theta}^2}\cos\theta \tag{8.3.31}$$

$$T_{Cy}=-\sqrt{T_{C\beta}^2+T_{C\theta}^2}\sin\theta \tag{8.3.32}$$

$$T_{Cz}=\frac{T_C}{\cos(\beta+90°)} \tag{8.3.33}$$

$$T_{lx}=-T_l\sin(\beta+90°)\cos\theta \tag{8.3.34}$$

$$T_{ly}=-T_l\sin(\beta+90°)\sin\theta \tag{8.3.35}$$

$$T_{lz}=T_l\cos(\beta+90°) \tag{8.3.36}$$

假设主星质心与整个系统质心近似重合，$[x_s \quad y_s \quad z_s]^T$ 也可以用广义坐标表示：

$$[x_s \quad y_s \quad z_s]^{\mathrm{T}} = \begin{bmatrix} l\cos(\beta+90^\circ) \\ l\sin(\beta+90^\circ)\cos\theta \\ l\sin(\beta+90^\circ)\sin\theta \end{bmatrix} \tag{8.3.37}$$

所谓C-W方程即为假定二体卫星编队系统中每个成员只受地球引力的作用下对其引力进行一次近似线性化产生的常微分方程组，虽然不够精确但是运算简单，可以直观看出：期望的太阳帆从星悬浮方向的运动与另外两个方向的运动可以分类讨论。C-W方程动力学模型在进行初步的标称轨道设计以及估算编队展开所需速度量级及时间量级的时候，可以提供合理有效的思路。例如，在没有其他扰动及误差的情况下，将太阳帆从星精准沿着 z_s 轴方向推出，则其在 x_s、y_s 方向几乎不会产生任何速度和位移，并且释放过程中始终保持横截状态；但是同时也可以直观发现，一旦产生 x_s、y_s 方向微小速度或位置扰动，将会与只沿 z_s 轴方向运动时的状态产生很大偏差。至此可以为下一章计算与仿真提供思路基础。

8.4 太阳帆释放过程

作为一种二体绳系卫星，各成员卫星如何由一体运行到各自的工作轨道上是编队运转维持的前提。系绳的结构特殊性与太阳帆从星帆面的脆弱性都使得编队展开过程既要考虑为帆面调整留下充足时间，同时又要维持系绳在大部分时间张紧，以保证编队构型。根据已经建立好的动力学模型，释放初期需要为帆面预留合适的安全空间，释放中期需要依据任务所需的系绳释放长度和展开时间安排太阳帆转移路径及系绳速度，从而释放末期尽可能达到编队稳定运行的要求。

本节先设计横截编队展开步骤，然后确定编队稳定运行需要达到的释放目标，并根据任务需求规划标称轨迹，讨论其稳定性。

8.4.1 太阳帆从星释放流程

绳系太阳帆横截编队的太阳帆从星释放流程分为四步，其示意图如图 8-10(a)所示。在状态 1 时，太阳帆初期以折叠形式安放在主星的一侧，同主星一同运行，其折叠样式如图 8-10(b)所示。充气软管没有膨胀时，叶片与框架机构和核心载荷贴合在一起，整个从星类似于一个体积很小的方形匣子，计算时可以近似视为一个由系绳连接到主星的质点。

当收到编队展开命令时，太阳帆从星就会以一定初速度对准目标悬浮方向，即地心旋转坐标系中的 x 轴方向弹出。当释放到一定安全距离时(此型号太阳帆安全距离为边长的 0.5～1 倍)启动充气装置，太阳帆展开系绳伸展，编队状态变为 2。此时会有一段时间用来在系绳不伸长的情况下调整太阳帆从星的姿态角和面内、面外角速度，以达到接下来施加控制律的要求。

在状态 2 调整完毕后，编队进入状态 3。此时是设计控制律的主要阶段，展开后的太阳帆要依靠自身的叶片舵机控制框架姿态，调整太阳光压加速度的大小和方向，配合系绳拉力一起实现帆面在合适的相对速度下稳定释放。由于太阳帆叶片较为脆弱，应尽可能减小同主星的相对运动速度对帆面的冲击，此时选用 mm/s 量级的速度进行释放。

当达到指定释放绳长 l_t 并且达到指定释放高度 h 的时候，进入状态 4，即系绳不再继续伸长。此时，面外角应该尽可能接近 90°，面内角可能会有一定速度，但是希望速度尽可能小，以

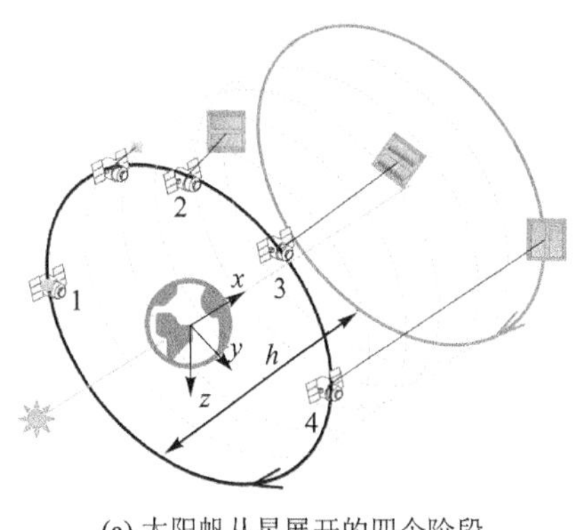

(a) 太阳帆从星展开的四个阶段

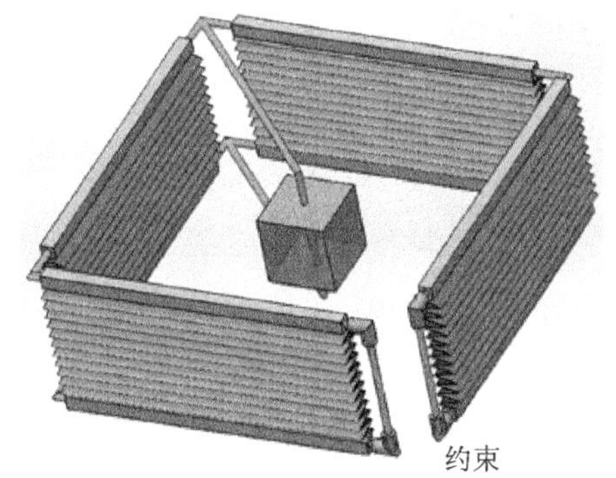

(b) 未展开时的太阳帆从星结构

图 8-10　太阳帆从星的释放流程

免在太阳帆质心相对主星做小角度圆锥摆运动时给系绳带来不必要的负荷。此时只需系绳张紧同时微调帆面姿态，最终让帆面的太阳光压推力方向与太阳光方向尽可能一致且提供足够的悬浮推力，这样主星与从星相对地球的角速度相同，同步运行在各自的轨道中，实现横截编队。

8.4.2　释放初期从星运行情况与编队展开目标

接下来研究释放初期，即状态 1～2 时，横截编队从星的释放情况。结合式(8.3.29)～式(8.3.30)，即 C-W 方程，可以得知，当 0 时刻从星以相对于主星 V_{zs0} 的速度沿 z_s 轴被弹射出去时，由于太阳帆未展开，系绳尚未伸直，所以除地心引力外其他控制力均为 0。当取太阳帆从星弹射初速度 $V_{zs0}=0.008$ m/s 时，理想情况下释放初期的速度变化和位移变化如图 8-11 所示。

在主星轨道坐标系中的各方向相对运动情况中可以发现，当保持 y_s、x_s 方向初始速度为 0 时，释放较短的相对距离时，产生的 y_s、z_s 方向的位移偏差几乎为 0。而在弹射后的 1 489 s 时，从星恰好运行到安全距离 8 m 处，并且 z_s 方向速度恰好衰减到接近于 0。此种释放状态下，可以预留 8 m 系绳随从星弹射一起逐渐伸长，在释放状态 2 结束时刚好伸直。之后通过主星上的气瓶沿充气管向太阳帆框架充气，太阳帆框架瞬间绷直展开。

由于实际上弹射器很难直接稳定对准 z_s 方向，加上充气展开帆面时的振动干扰，系绳难以保证在 $l=8$ m 处伸直时，y_s、z_s 方向也有一些位移分量和速度分量。例如，当从星从主星中弹射，相对初速度方向有微小扰动时，有 $[V_{xs0},V_{ys0},V_{zs0}]=[0.1,0.1,7.998]$ mm/s，则相同时间下运行情况如图 8-12 所示。

但由于释放距离较短，可以依靠帆面自身姿态角转变将其质心的位置纠正到目标悬浮方向的附近，具体纠正过程由于所需的时间较短、步骤较少，此处不再详细讨论。如果预留 2 000 s 给太阳帆进行展开以及调整，为了便于下一步控制律的设计计算，用拉格朗日方程建模中的广义坐标表示此时系统的状态，也是控制律开始作用的初始状态，即

$$\begin{bmatrix}\theta & \beta & l & \dot{\theta} & \dot{\beta} & \dot{l}\end{bmatrix}^{\mathrm{T}}=\begin{bmatrix}\theta_0 & \beta_0 & l_0 & \dot{\theta}_0 & \dot{\beta}_0 & \dot{l}_0\end{bmatrix}^{\mathrm{T}} \tag{8.4.1}$$

此处，2 000 s 的初期调整时长结束后，初始绳长为 $l_0=8$ m，视 $\dot{\beta}_0$ 为通过帆面姿态角优先控制的量。此时，面外角 β_0 根据扰动情况可能为 0°～－90°的任意值，但是理论上应尽可能靠近初始目标 $\beta=-90°$；面内角 θ 的初始位置可以为－180°～＋180°的任意值，初始速度应为一

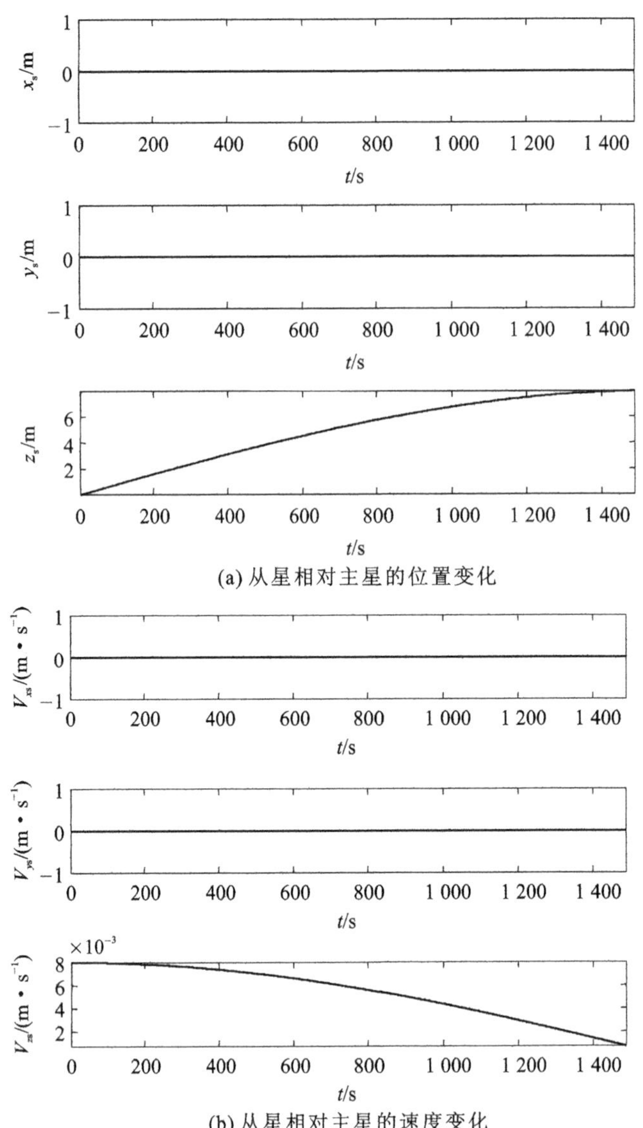

(a) 从星相对主星的位置变化

(b) 从星相对主星的速度变化

图 8-11　理想情况下释放初期的速度变化与位移变化

个接近 0(°)/s 的小量，由于在释放终点时面内角相关参量在一定范围内对系统最终稳定状态影响有限，为便于计算，统一取为 0°。

为了让释放的绳长尽可能地在理想悬浮方向上充分利用，保持主星与从星相对于地心的角速度同步，t_f 时刻需要的理想控制目标为

$$\begin{bmatrix}\theta(t_f) & \beta(t_f) & l(t_f) & \dot{\theta}(t_f) & \dot{\beta}(t_f) & \dot{l}(t_f)\end{bmatrix}^{\mathrm{T}} = \begin{bmatrix}0 & -90 & h & 0 & 0 & 0\end{bmatrix}^{\mathrm{T}} \tag{8.4.2}$$

式中：t_f 为可以设定的所需编队展开时间；h 为目标悬浮高度。如果面外角达到理想的 −90° 则面内角将没有定义，所以此处设置为 0。实际控制中，面内角 θ 的变化速率终值可以为一个限度内的量，对应的系统状态为太阳帆从星质心相对于主星做顶角小于 2°的系统可容忍的小

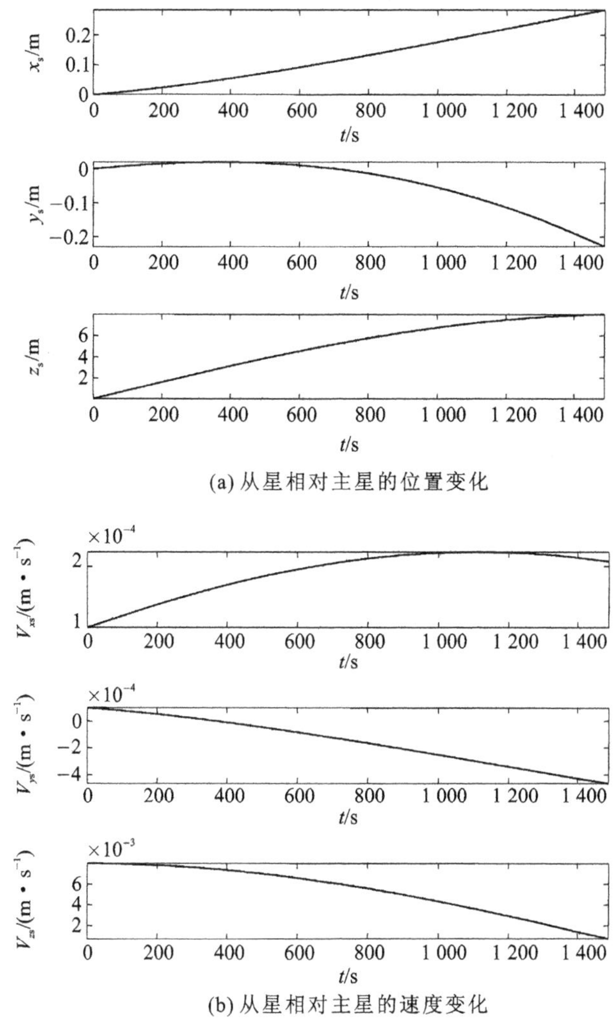

图 8－12　有微小初始扰动时释放初期的从星运动情况

频率圆锥摆运动。

8.4.3　编队展开的开环控制律设计与计算

当横截编队系统释放初期阶段结束后，如果 $\beta_0 \neq -90°$，则定义面外角偏差 β_{dlt} 为

$$\beta_{\mathrm{dlt}}(t)=\beta(t)+90° \tag{8.4.3}$$

将 β_0 对应的初始面外角偏差记作 β_{dlt0}，为了让面外角按照系统控制力可承受的程度收敛到 $-90°$附近，设计 β 变化曲线如下：

$$\beta(t)=(\beta_0+90°-\zeta)\mathrm{e}^{-\lambda_k t}-90°+\zeta \tag{8.4.4}$$

式中：λ_k 是收敛速率参数，当 λ_k 越大时曲线收敛速率越快，初期所需要的控制加速度也越大，由于太阳帆能提供的推力有限，所以收敛速率参数不宜过大；ζ 为误差控制参数，由于面外角取值范围比较特殊，所以一旦达到$-90°$的限度后不存在超调且系统计算会产生奇异。为了保护系统不发生奇异，人为设定一个小的正值 ζ。当 t 逐渐增大到趋近 t_{f} 时，系统收敛到$-90°+\zeta$，相当于太阳帆从星在不影响编队横截性维持的情况下，最终相对主星作顶角为 2ζ 的小幅圆锥摆运动。

β_0 确定时，为了让曲线按预定策略收敛，需要在释放初期将 $\dot{\beta}_0$ 也调整到合适的值再进行下一步的系绳释放，且对应于式(8.4.4)在 $t=2\ 000$ s 的一阶导数为

$$\dot{\beta}_0=-\lambda_k(\beta_0+90°-\zeta) \tag{8.4.5}$$

将上式继续求导可以确定系统面外角 β 控制策略：

$$\ddot{\beta}(t)=\lambda_k^2(\beta_0+90°-\zeta)\mathrm{e}^{-\lambda_k t} \tag{8.4.6}$$

在不对面内角 θ 进行额外反馈与控制的基础上，根据太阳帆光压推力在各个广义坐标上的约束关系，可以确定在沿系绳方向的帆面推力加速度分量，继而为了维持系绳释放速度恒定在 $\dot{l}_\mathrm{e}$ 附近，确定系绳拉力的控制值，则四个控制加速度的变化策略如下：

$$K_{c\theta}(t)=0 \tag{8.4.7}$$

$$K_{c\beta}(t)=\left(2\Phi_2\cdot\frac{\dot{l}}{l}\dot{\beta}+\left[(\dot{\theta}+\Omega)^2+3\Omega^2\cos^2\theta\right]\sin\beta\cos\beta+\lambda_k^2(\beta_0+90°-\zeta)\mathrm{e}^{-\lambda_k t}\right)\frac{l}{\Phi_1 m_\mathrm{c}} \tag{8.4.8}$$

$$K_\mathrm{c}(t)=f_\mathrm{saily}(|K_{c\beta}(t)|)\cdot\cos(\beta+90°) \tag{8.4.9}$$

$$K_l(t)=\left\{\Phi_3\frac{\dot{l}^2}{l}-\Phi_4 l\left[\dot{\beta}^2+(\dot{\theta}+\Omega)^2\cos^2\beta+\Omega^2(3\cos^2\beta\cos^2\theta-1)\right]\right\}\frac{1}{\Phi_5 m_\mathrm{c}}-K_\mathrm{c}(t) \tag{8.4.10}$$

为了使最终面外角误差尽可能小，取 $\zeta=0.1°$；为了使收敛速度适中，取 $\lambda_k=7\times10^{-7}$ $(-\beta_0)$，其余关于系绳释放速率以及面外角的初始状态假设同标称轨道一致。以初始面外角偏差 $\beta_\mathrm{dlt}(t)=10°$为例，开环控制律仿真中各广义坐标的位移、速度以及所需要的控制加速度与从星相对主星运动的情况如图 8.13 所示，图 8.13 (d)中的虚线为先前设计的标称匀速转移轨迹。

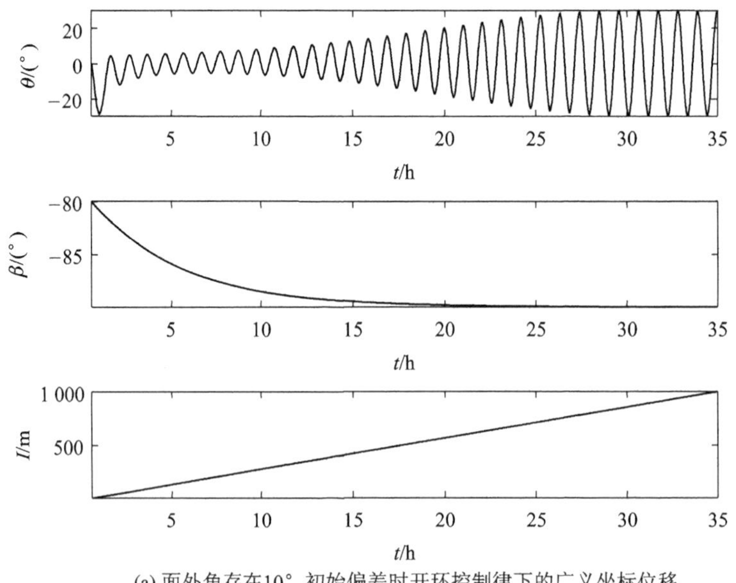

(a) 面外角存在10° 初始偏差时开环控制律下的广义坐标位移

图 8.13　面外角存在 10°初始偏差时开环控制律下系统的变化情况

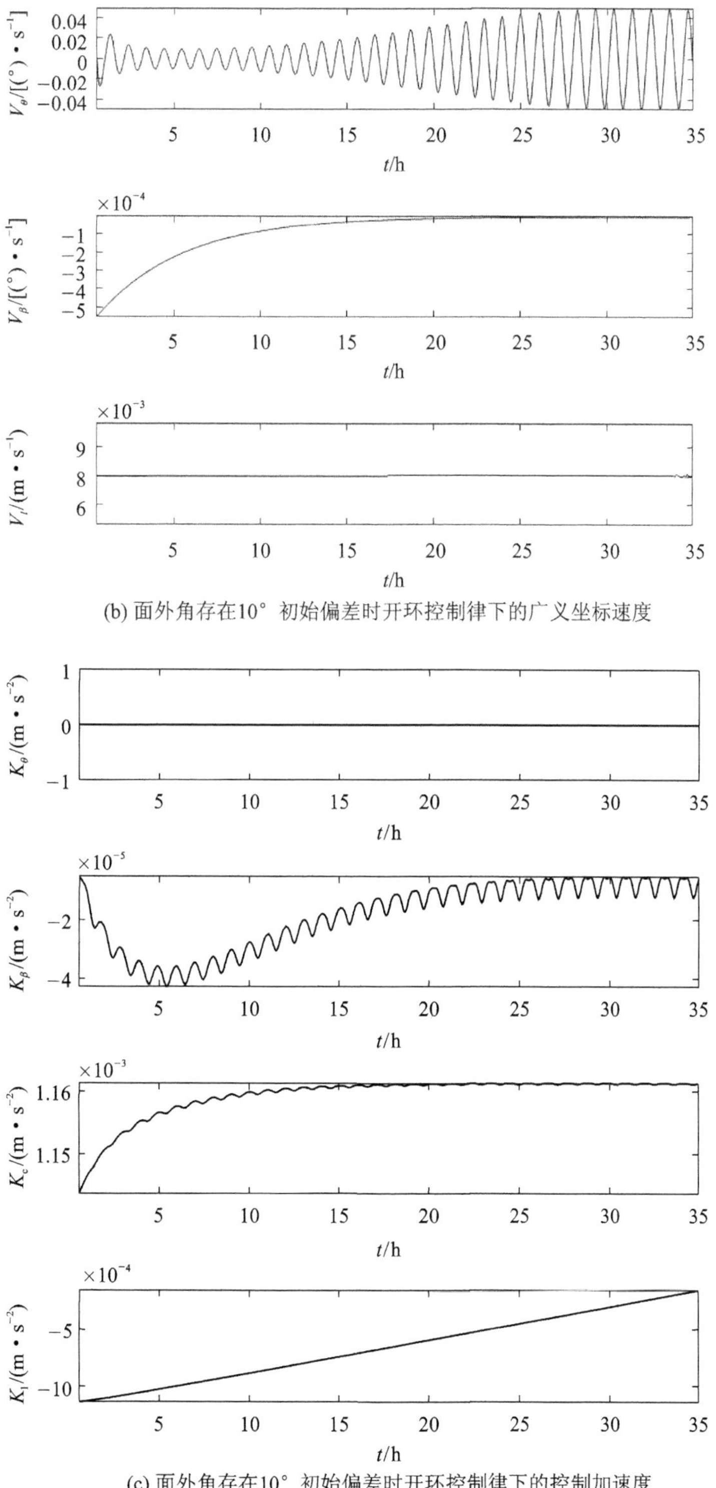

(b) 面外角存在10° 初始偏差时开环控制律下的广义坐标速度

(c) 面外角存在10° 初始偏差时开环控制律下的控制加速度

图 8.13　面外角存在 10°初始偏差时开环控制律下系统的变化情况(续)

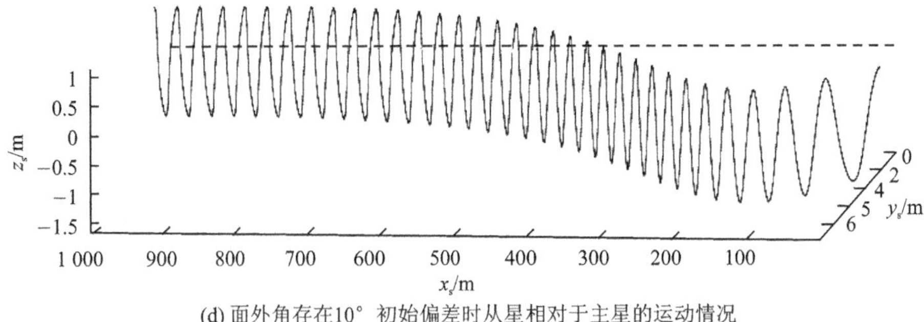

(d) 面外角存在10° 初始偏差时从星相对于主星的运动情况

图 8.13 面外角存在 10°初始偏差时开环控制律下系统的变化情况(续)

可以发现,在规定的释放时间内,所设计的控制律使系绳基本匀速地释放到面外角为−89.9°的位置上,非常接近指定的悬浮轨道;并且最终作小角度圆锥摆运动时面内角速度均不超过±0.05(°)/s,属于可以接受的范围内,不会对系绳拉力造成太多压力。而在释放过程中,系绳拉力始终处于负值,即对应为张紧状态。K_c 与 $K_{c\beta}$ 也处于太阳帆推力范围内,并且变化速率非常平缓,每两个相邻峰值之间相差数千秒。根据之前所述关于帆面姿态角调整性质的计算,太阳帆依靠自身叶片舵机调整完全可以跟上开环控制任务需求。由此可以得出结论:开环控制律对于较大范围内的初始面外角误差有很好的控制作用。

思考题

1. 什么是横截编队?什么是绳系编队?什么是悬浮轨道?
2. 绳系编队主要考虑的因素包括哪些?
3. 使用 C-W 方程的要求是什么?
4. 开环控制与闭环控制的主要区别包括哪些?

参考文献

[1] Misra A K, Modi V J. A survey on the dynamics and control of tethered satellite systems [J]. Advances in the Astronautical Sciences, 1986, 62:667-719.

[2] Misra A K. Dynamics and control of tethered satellite systems[J]. Acta Astronautica, 2008, 63(11): 1169-1177.

[3] Jonghyuk L, Chung J T. Removal of captured space debris using a tethered satellite system[J]. Journal of Mechanical Science and Technology,2019,33(3):113-114.

[4] Mantellato R, Olivieri L, Lorenzini E C. Study of dynamical stability of tethered systems during space tug maneuvers[J]. Acta Astronautica,2017,138(12):559-569.

[5] Yamasaki T, Bando M, Hokamoto S. Tether cutting maneuver in swing-by trajectory [J]. Acta Astronautica,2018,42(5):212-230.

[6] Tirop P K, Zhang J R. Control of pendular motion on tethered satellites systems[J]. Aircraft Engineering and Aerospace Technology,2018,90(9): 1479-1485.

[7] Huang P F, Zhang F, Chen L, et al. A review of space tether in new applications[J]. Nonlinear Dyn,2018,94(6):1-19.

[8] Gou X W, Li A J, Tian H C, et al. Overload control of artificial gravity facility using spinning tether system for high eccentricity transfer orbits[J]. Acta Astronica,2018,147(3):383-392.

[9] Fulton J, Schaub H. Fixed-axis electric sail deployment dynamics analysis using hub-mounted momentum control[J]. Acta Astronica,2018,144(11):160-170.

[10] Raza M, Tanaka K, Katano S. Experiment on direction finding using array antenna for solar power satellite[C]//Asia Pacific Microwave Conference-Proceedings IEEE, 2018: 1447-1449.

[11] Yu B S, Dai P B, Jin D P. Modeling and dynamics of a bare tape-shaped tethered satellite system[J]. Aerospace Science and Technology,2018,79(6):288-296.

[12] Aslanov V S, Ledkov A S. Dynamics of reusable tether system with sliding bead capsule for deorbiting small payloads[J]. Journal of Spacecraft and Rockets,2018,55(6): 1519-1527.

[13] Bookless J, McInnes C. Dynamics and control of displaced periodic orbits using solar-sail propulsion[J]. Journal of Guidance, Control and Dynamics,2006,29(3):527-537.

[14] Xu M, Xu S J. Nonlinear dynamical analysis for displaced orbits above a planet[J]. Celestial Mechanics & Dynamical Astronomy,2008, 102(10):327-353.

[15] Xu M, Xu S J. Displaced orbits generated by solar sails for the hyperbolic and degenerated cases[J]. Acta Mech. Sin. ,2012,28(1):211-220.

[16] Salazar F J T, McInnes C R, Winter O C. Periodic orbits for space-based reflectors in the circular restricted three-body problem[J]. Celestial Mechanics& Dynamical Astronomy, 2017,128(11):95-113.

[17] Geoffrey G, Wawrzyniak, Kathleen C H. Numerical techniques for generating and refining solar sail trajectories[J]. Advances in Space Research,2011,48(4):1848-1857.

[18] Liu J F, Cui N G. Rigid-flexible coupled dynamics analysis for solar sails[J]. Proc IMechE Part G: J Aerospace Engineering,2019,233(1):324-340.

[19] Wang W, Mengali G, Alessandro, et al. Formation flying for electric sails in displaced orbits. Part I: Geometrical analysis[J]. Advances in Space Research, 2017, 60(3): 1115-1129.

[20] Wang W, Mengali G, Alessandro, et al. Formation flying for electric sails in displaced orbits. Part II: Distributed coordinated control [J]. Advances in Space Research,2017, 60(3):1130-1147.

[21] Wang W, Mengali G, Alessandro. Extreme values of relative distances for spacecraft in elliptic displaced orbits[J]. Advances in Space Research,2016,58(3):475-487.

[22] Wang W, Mengali G, Alessandro. Analysis of relative motion in non-Keplerian orbits via modified equinoctial elements[J]. Aerospace Science and Technology,2016,58(9): 389-400.

[23] Gong S P, Hexi B Y, Li J F. Solar sail formation flying around displaced solar orbits [J]. Journal of Guidance Control and Dynamics,2004,30(4):1147-1151.

[24] Gong S P, Hexi B Y, Li J F. Relative orbit design and control of formation around displaced solar orbits[J]. Aerospace Science and Technology,2008,12(6):195-201.

[25] Gong S P, Li J F, Hexi B Y. Formation around planetary displaced orbit[J]. Applied Mathematics and Mechanics,2007, 28(6):759-767.

[26] McInnes C R. Displaced non-Keplerian orbits using impulsive thrust[J]. Celestial Mechanics & Dynamical Astronomy,2011,110(3):199-215.

[27] Liu Y, Heiligers J, Ceriotti M. Loosely-displaced geostationary orbits with hybrid sail propulsion[J]. Aerospace Science and Technology,2018,79(3):105-117.

[28] Heiligers J, Ceriotti M, McInnes C R, et al. Displaced geostationary orbit design using hybrid sail propulsion[J]. Journal of Guidance, Control and Dynamics,2011,34(6):1852-1866.

[29] Heiligers J, Colin R. McInnes, et al. Displaced geostationary orbits using hybrid low thrust propulsion[J]. Acta Astronautica,2014,78(2):51-67.

[30] Xu M, Xu S J. Nonlinear dynamical analysis for displaced orbits above a planet[J]. Celestial Mechanics & Dynamical Astronomy,2008,102(12):327-353.

第9章 可重构组合式立方体卫星

随着近些年对卫星发射需求的增加，目前在轨卫星的数量已经超过2 062颗[1]。传统上，一颗卫星的研制周期往往需要5～10年的时间，其大部分需要根据卫星的功能任务对卫星进行单独设计与检测，尤其一颗大卫星，在设计过程中无法量化量产，以避免浪费过多的财力与物力[2]。卫星因响应慢、发射周期长、发射成本高等问题，现在已经逐渐难以满足对卫星数量的极大需求，影响了太空探索的步伐。立方星是1999年美国斯坦福大学提出的一种新卫星规范[3]，这种卫星结构简单，造价低，因而在学校、研究机构、商业机构等方面得到了广泛使用[4-5]，但是这种卫星相对于传统卫星在功能上又会受限。

因此，一种新型的称为可重构卫星（变形卫星）的新概念卫星近些年被越来越多的人研究。利用空间机器人的可重构细胞卫星方案最早由Tanaka提出[6]，其设计方案卫星是由多个立方星之间通过空间机器人实现的机械拼装，各个卫星通过电力、通信接口相互连接，这种方式打破了原有的卫星设计理念，各个卫星的结构设计均实现了标准化[7]。德国的iBOSS（Intelligent Building Blocks for On-orbit-Satellite Servicing）项目计划以组合卫星的设计方法减少太空碎片的产生以及降低发射和研发的成本，该项目计划将卫星的设计方案进行了进一步的完善[8-9]。美国的Phoenix Project则提出了一种通过空间机器人实现废旧同步地球轨道卫星零件再利用的方案，他通过太空机器人拆解运输旧卫星的零件，再将其用于新的卫星，以节约地球同步轨道资源[10-11]。之后Underwood等人提出了一种电磁连接的用于太空组合的望远镜，该方案首先将电磁连接的方案用于太空在轨组合，实现了多次发射一个特大尺寸卫星的功能[12]。

本章介绍一种基于电磁结合的组合式立方体变形卫星，这种卫星可以实现卫星在空间中的自主重构与交会对接。首先，说明卫星的结构创新之处，它与其他卫星的不同之处在于，其由电磁紧定装置、磁铰链、中心旋转三部分组成；然后给出这种变形卫星的设计方法。其次，对卫星的变形进行分析，对磁铰链部分进行校核，给出旋转控制方程与磁铰链的要求条件。最后，给出了卫星的几种应用设想。

9.1 变形卫星的结构

本章主要介绍变形卫星的单个立方星的主要构造，以及该立方星相对于传统的立方星在哪些地方进行了改进；然后说明不同的立方星之间如何连接，如何进行卫星之间的构型变换等操作；最后，本章解释了拥有特定功能的卫星应该如何利用变形卫星的原理进行发射组装等操作。

9.1.1 独立单元的结构设计

变形卫星是由多个特殊细胞卫星组成的组合体卫星（如图9-1所示），其可以实现卫星在太空中自主变形及交互对接、分离。每个细胞卫星都是由基础载体和内嵌设备两部分组成，基础载体用来实现不同细胞卫星的组装与变形，内嵌设备是卫星的有效载荷。每个细胞卫星均能够实现自身的独立工作要求，并同时实现相邻单元间的交互功能，也可以实现自身在整体中的特定功能（如图 9－2 所示）。

用微信扫描二维码查看彩色图片

注：图中每一个方块是一个CubeSat，此为一种示意结构。

图 9－1　组合卫星概念设计

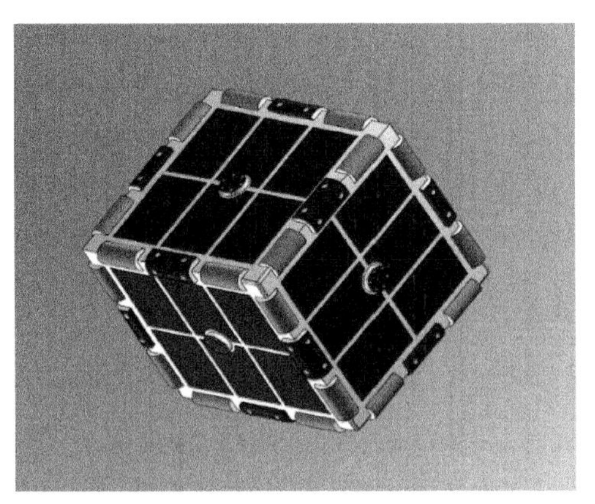

用微信扫描二维码查看彩色图片

注：表面的深蓝色长方形是太阳能电池板，中间的圆形是中心旋转模块，棱上的装置为紧定装置与磁铰链。

图 9－2　单个立方星概念设计

单个细胞卫星的各个表面采用了极简的外部接口设计，无需机械接口与电力接口。卫星的各个表面附有 WiFi 通信模块，相邻卫星之间使用 WiFi 通信完成。同时，每个卫星的姿控计算机附于卫星各面的两侧，用于变形卫星的姿态控制。单元之间电力传输通过无线充电技术实现，模块置于卫星面板的中心，同时卫星面板四周配有高比能量的电池，以保证其功能要求；此外，在每个卫星的表面贴附太阳能电池板，实现各模块的电力自我供应。无线通信、电池及无线输电模块均附于各单元的表面（如图 9－3 所示）。卫星的内部空间用于安放有效载荷以实现特定的功能，每个单元与整体的姿态控制和卫星的变形组合通过内部装配的四轴微型反作用飞轮及三轴 MEMS 陀螺来实现。

在此种结构下，变形卫星可以在空间中以多个方向伸展，实现多种构型的变形与组合。对于各向同性的立方体空间拼接，3 个立方体有 2 种构型，4 个立方体有 8 种构型，5 个立方体便有 33 种不同的构型。独立自由的模块化卫星与灵活易于控制的连接方式使得变形卫星可以灵活地在轨变构重组，并且这使得卫星在空间广域尺度内进行在轨重构升级成为可能，为该卫星更广泛的应用提供了更加广阔的空间。

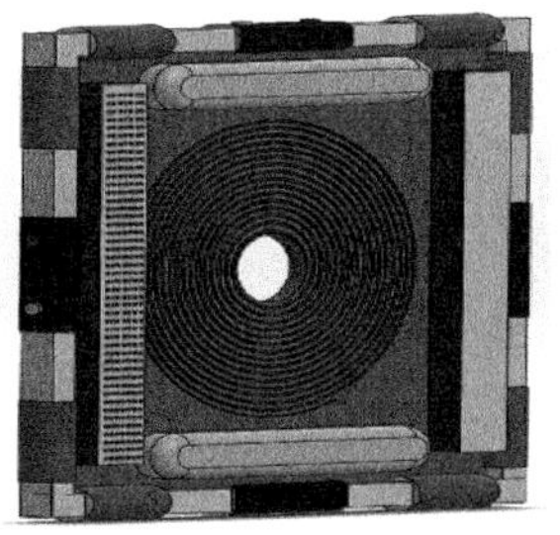

用微信扫描二维码查看彩色图片

注：中心部分是无线充电线圈。四周贴附电池、WiFi发射装置及卫星控制模块，中心的圆孔用于安装中心旋转模块。

图 9－3　立方星表面结构

9.1.2　单元之间的在轨重构方法

每个细胞卫星在它的棱边上（如图 9－4 所示）都装有磁控紧定、磁铰链约束模块，在每个面上同时装有中心旋转模块。其中，磁控紧定接口用来保证两个模块之间相对位置的固定，在每一个正方体上的磁极通过反对称构型的磁力接口进行排列（展开图如图 9－5 所示）。这种方式可以实现任意两个模块之间以任意方向、任意维度之间的吸合与对接，保证卫星结构的相似性，实现卫星的任意方式重构。接口处采用永磁与电磁相结合的工作方式（如图 9－6 所示）。在两个细胞卫星固定时所有电磁铁均不工作，相邻卫星仅通过永磁铁吸合来实现无能耗的工作；只有在两个细胞卫星分离与对接过程的短暂时间中，发生相互移动的两个卫星的电磁铁工作，使固定装置形成新的闭合磁路，同时反作用飞轮工作，以实现两个相邻模块的分离。

用微信扫描二维码查看彩色图片

注：蓝色为磁控紧定装置，棕色为磁铰链。

图 9－4　立方星棱结构

这种磁控紧定接口可以实现低能耗工作，没有电磁铁因长时间工作而产生的对卫星的能耗负担，并且它可以保证在任意工作状况下磁力线闭合，对卫星的内部载荷实现低磁干扰，以确保内部载荷的正常稳定工作。同时，通过永磁体吸合可以保证两个单元之间有足够并且稳定的吸引力，卫星不会因为短时电力工作而发生结构问题。

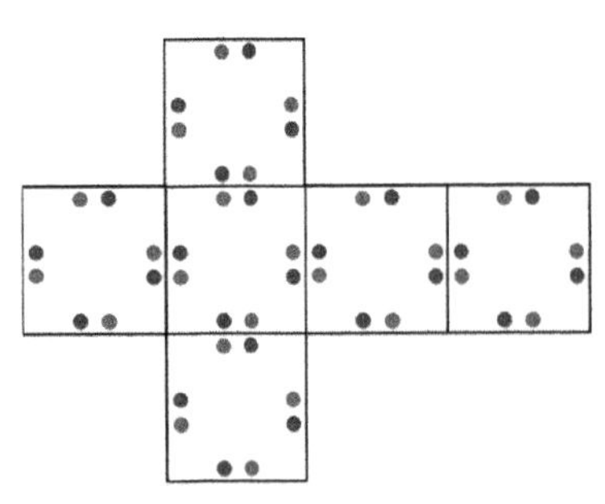

注：红色是N极，蓝色是S极，此为展开图。

图 9－5　磁极分布

注：灰色的部分是永磁铁，
棕色的部分是电磁铁，
蓝色的部分是软磁材料。

图 9－6　紧定装置的构造

磁铰链约束模块通过电磁铁产生相互吸引力，在两个单元发生相互翻转时，不同单元的两个棱边上电磁铁工作形成闭合磁路，两个铰链吸紧形成临时磁铰链约束（如图 9－7 所示）。细胞卫星的翻转分为 180°翻转与 90°翻转两种情况，两种翻转情况类似，在图 9－7(a)的情况下，细胞单元进行 180°翻转：

① 在翻转轴处电磁铁开始工作，两个单元在轴处形成磁铰链；

② 磁控紧定装置控制使两个细胞卫星之间的约束消失，在反作用飞轮的控制下开始翻转；

③ 中间过程依靠惯性匀角速度进行翻转；

④ 到设计位置时由飞轮控制开始减速，磁控紧定装置吸合，两个模块通过磁控部分进行定位，同时进行固定；

⑤ 翻转轴处电磁铁停止工作，磁铰链约束消失，一次翻转工作完成。

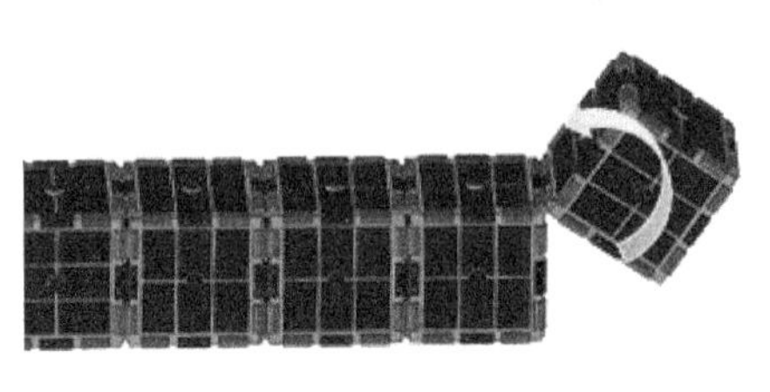

(a) 180° 翻转

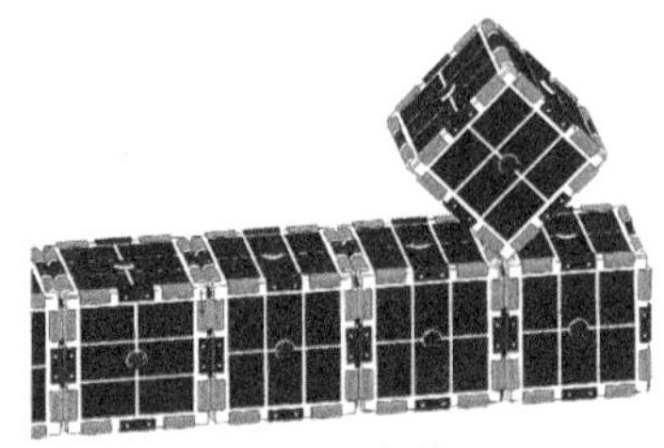

(b) 90° 翻转

图 9－7　卫星两种自旋变形基本方式

在图 9－7(b)的情况下，细胞单元进行 90°翻转，基本工作原理与 180°翻转时相似，变形卫星的相互翻转运动是此种变形卫星形状变化的基础。

9.1.3　单元自旋方法

变形卫星在结构变化中会需要相邻两个单元进行相互旋转运动，而中心模块正是用来实现变形卫星自旋功能的，如图 9－8 所示。中心模块固定，由弹簧、连接架与电磁体构成，在紧固时弹簧压紧锁定，工作时可以控制伸出。在两个模块相互旋转过程中，将要贴合的两个面的中心模块会打开；在两个模块相互翻转的逐渐完全贴合过程中，该模块可以起到减缓冲击的作用，削弱冲击对内部载荷的影响。

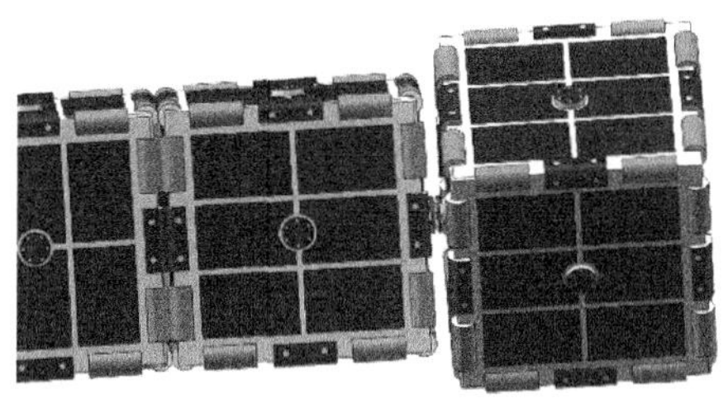

图 9-8　利用中心模块外伸进行旋转

除了实现减缓冲击的功能，它还可以为卫星的自旋运动提供支撑。在结构重组中，变形卫星会需要单个细胞卫星的接触面法线方向上进行自旋运动，以改变卫星某个细胞的方向，细胞卫星通过四轴微型反作用飞轮与中心固定模块共同实现该运动。两个细胞卫星中间部分通过电磁铁工作，与磁控紧定接口不同，其电磁铁仅在卫星自旋运动过程中需要吸合时工作，其他的时候不工作，以实现低能耗。伸出机构的回收与展开通过卫星内部的舵机控制完成，但对伸出机构可以进行自由旋转，卫星对其不进行任何控制。变形卫星的自旋运动通过以下方法实现：

① 中心固定模块工作，确保两个相邻单元吸合，同时四个磁控紧定装置电磁铁工作，卫星内部舵机控制两细胞卫星分离适当的距离，并由其保持距离。

② 在两个卫星离开之后，由飞轮控制卫星自旋，并同时保证卫星之间的平面的平行。

③ 当两个细胞卫星旋转到预定的角度之后通过回收中心固定模块控制两个卫星吸合，中心固定模块复位，两个卫星重新建立联系。

变形卫星的自旋问题是该可重构卫星方案中一个比较复杂的问题，对于旋转部分的质心与旋转中心不在同一条轴线上的卫星，在其旋转过程中会对两部分连接处的可靠性造成较大的影响，因此在卫星旋转过程中需要保持旋转部分的质心在卫星的旋转轴线上。对于外部没有附属天线，或者仅有如相机等的小附属元件的单个细胞卫星，是容易得到保证的。但对于附有太阳帆板或天线雷达的细胞卫星，在细胞卫星自旋的过程中会产生较大的剪力，在构型设计与变形设计中应当避免其与相邻的卫星发生非轴线方向自旋，因为此类细胞卫星的功能单一确定，故这在整体功能设计中是容易实现的。对于细胞卫星与太阳帆板之间的控制设计，可以使用普通卫星的设计方案。

9.1.4　特定功能卫星的组装

实际卫星的约束条件：实际操作的组合式卫星不能任意拼装，部分立方星需要按整体卫星的设计要求进行改造，进而具有不同功能的立方星模块可以组成一个完整的组合式卫星（如图 9-9 所示）。对于完成一种特定任务的变形卫星，卫星本身会有其特定的功能与外置任务载荷，如太阳帆板、天线、相机、雷达等，此时便要对卫星设计产生约束。对于此种变形卫星，需要将部分细胞卫星模块加装特定的外置功能模块（如图 9-10 所示）。例如，太阳帆板的加装可以直接安装在单个细胞卫星上，这样的单个细胞卫星可以用来设计成一类专门用于连接太阳能电池板的细胞卫星，从而实现不同各类卫星的量产与通用。

对于确定功能的卫星，实际的组装需要在卫星发射之前将附有太阳能电池板的细胞卫星

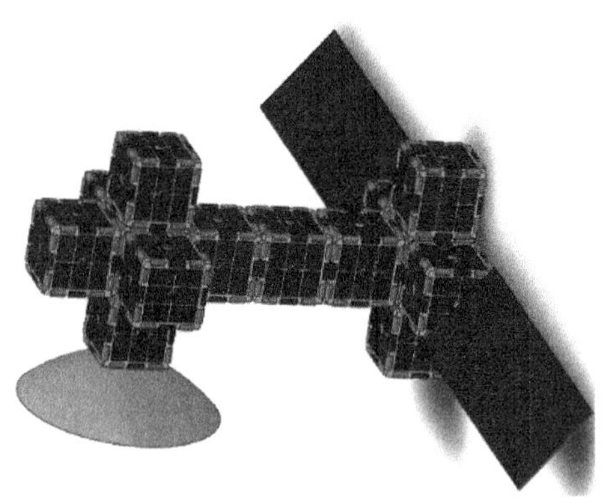

图 9-9　一种组合式卫星

(a) 连接有太阳帆板的单个立方星

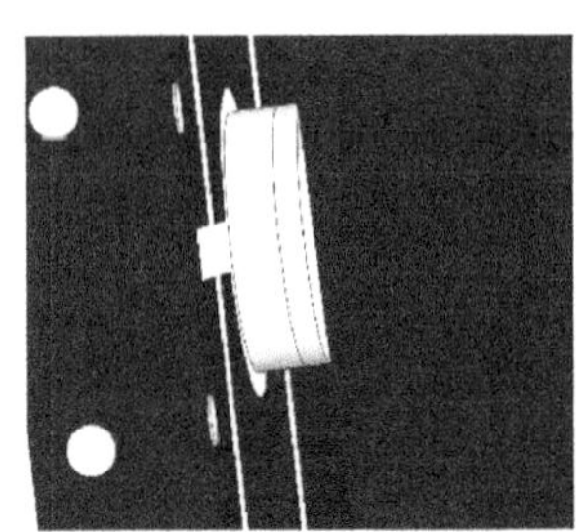

(b) 太阳帆板与立方星的固定连接(局部视图)

图 9-10　一种特殊结构的组合式立方星

安装在设计的位置，以保证卫星在入轨之后可以迅速打开太阳能电池板，而后卫星的各个细胞展开成为预定的形状，同时其他特定功能附属结构也从细胞卫星中展开。这种整体结构相似、特定功能部分结构不同的方案，可以保证卫星在设计制造过程中主要结构的标准化，简化卫星设计流程，缩短卫星的设计周期。

9.2　变形卫星的可行性计算

变形卫星的细胞卫星单元的强度设计要求与普通的立方星相似，但是由于变形卫星的结构是由多个卫星通过电磁力组织而成的，它在机动过程中可能会出现相邻的卫星断开的危险，因此，变形卫星的设计对卫星间的连接强度有一定的要求。这里我们对卫星旋转过程中磁铰链的强度进行分析，当卫星的两个部分发生相对转动时，可以看成是两个铰接刚体的平面运动。另外，卫星两部分的质量与相对各自质心的转动惯量分别是 m_1，m_2，J_1，J_2，卫星单元的质心与磁铰链的距离是 r_1，r_2，卫星 1 与惯性系的某一固定轴夹角为 α，初始角为 α_0，卫星 1 在惯性空间中的位置是(x_1, y_1)，两个卫星单元的夹角为 θ，初始夹角为 θ_0，动量轮对卫星 1 施加转动力矩 M_1，也对卫星 2 施加力矩 M_2。对卫星进行力学分析，并沿各轴方向进行投影，我们可以得到夹角 θ 与位置关于主动力矩的微分方程：

$$\left.\begin{aligned}&M_1=J_1\ddot{\alpha}+a[-r_2(\ddot{\theta}+\ddot{\alpha})\cos\theta+r_1(\dot{\theta}+\dot{\alpha})^2\sin\theta+r_1\ddot{\alpha}]\\&M_2=J_2(\ddot{\theta}+\ddot{\alpha})+a[r_1\ddot{\alpha}\cos\theta+r_1\dot{\alpha}^2\sin\theta-r_2\ddot{\alpha}(\ddot{\theta}+\ddot{\alpha})]\\&m_1\ddot{x}_1r_1\sin\alpha+m_1\ddot{y}_1r_1\cos\alpha=M_1-J_1\ddot{\alpha}\\&m_1\ddot{x}_1r_2\sin(\alpha+\theta)+m_1\ddot{y}_1r_1\cos(\alpha+\theta)=-M_2-J_1(\ddot{\theta}+\ddot{\alpha})\end{aligned}\right\}\qquad(9.2.1)$$

如果在变形过程中卫星主体(卫星 1)需要保持姿态稳定,而单元卫星(卫星 2)需要转动,那么我们对卫星 1 施加转动力矩 M_1 以保持其姿态角不变,同时对转动卫星 2 施加力矩 M_2 使其按要求转动。同样,我们可以得到简化动力学方程:

$$\left.\begin{aligned}&M_1=a(-r_2\ddot{\theta}\cos\theta+r_1\dot{\theta}^2\sin\theta)\\&M_2=J_2\ddot{\theta}+ar_2\ddot{\theta}\\&m_1\ddot{y}_1r_1=M_1\\&m_1\ddot{x}_1r_2\sin\theta+m_1\ddot{y}_1r_2\cos\theta=-M_2-J_1\ddot{\theta}\end{aligned}\right\}\qquad(9.2.2)$$

式中 $a=\dfrac{m_1m_2r_2}{m_1+m_2}$,同时可以根据加速度求得磁链处的作用力 F。

当给定卫星的旋转速度与角度要求之后,力矩与附加力矩就都可以求出,对磁铰链的受力变化与强度要求同时也可以求出。在此处,我们控制卫星先以 5(°)/s^2 转动的角加速度加速到 10(°)/s,然后卫星依靠惯性以 10(°)/s 的角速度转动 7 s,之后以 5(°)/s^2 的角加速度减速到 0 的方式进行转动,全过程用时 11 s。假设组合式卫星的各参数为

$$m_1=15\ \text{kg},\quad m_2=200\ \text{kg}$$
$$J_1=0.1\ \text{kg}\cdot\text{m}^2,\quad J_2=0.5\ \text{kg}\cdot\text{m}^2$$
$$|r_1|=0.1\ \text{m},\quad |r_2|=0.6\ \text{m}$$
$$\theta_0=26°$$

按照如图 9-11 所示的角速度变化进行控制,我们可以得到轴力、主动力矩和附加力矩随时间的变化图,如图 9-12～图 9-14 所示。

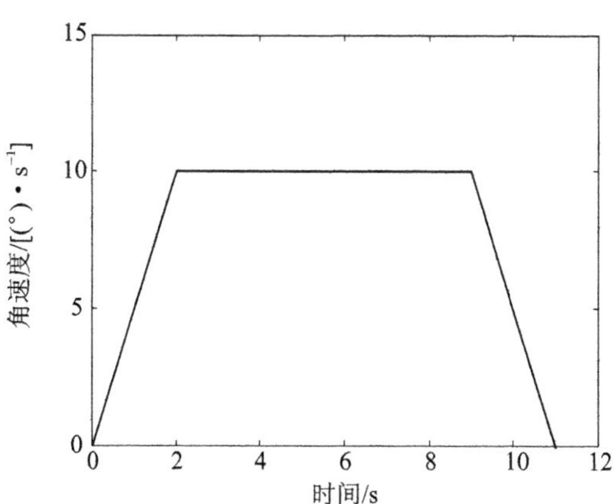

图 9-11　角速度随时间变化图

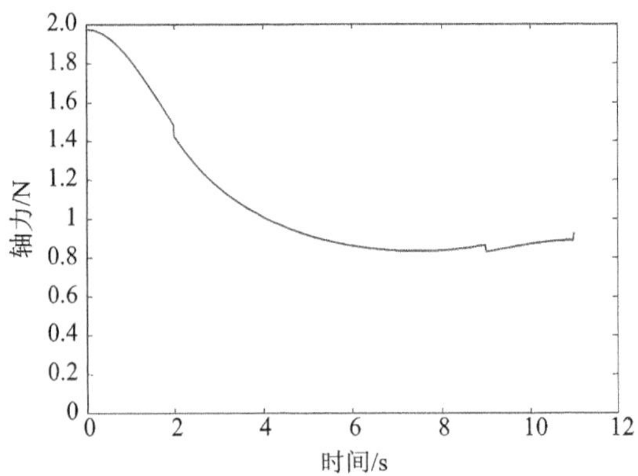

图 9-12　轴力随时间变化图

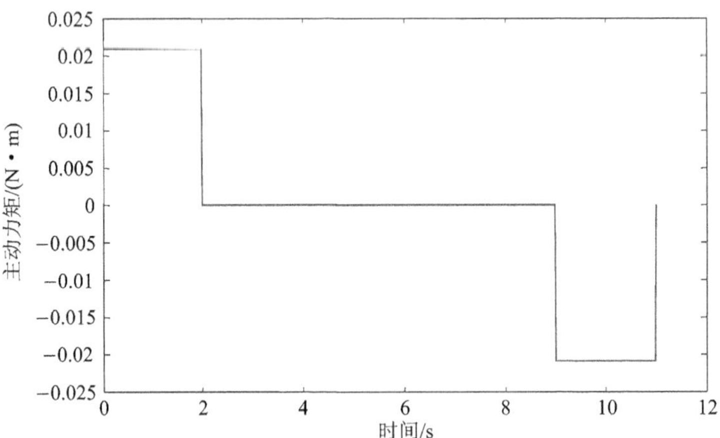

图 9-13　主动力矩随时间变化图

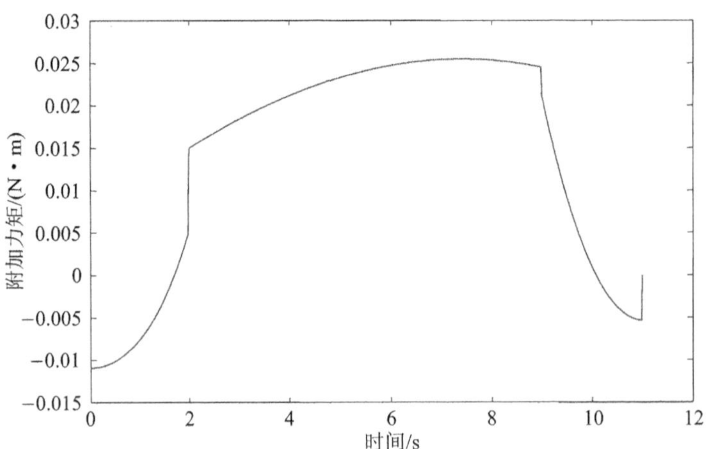

图 9-14　附加力矩随时间变化图

9.3 几种应用的设想

9.3.1 卫星的自更新

传统的卫星一般是一次发射一个造价昂贵的整体卫星,而一颗卫星的报废往往是由于卫星的一个零件损坏引起的,所以卫星的一部分发生损坏会导致整个卫星无法使用而报废。然而变形卫星可以分批次发射,在太空中进行组装,进而实现卫星功能的拓展。对于一个组合体,只要有一套完整的卫星功能的细胞卫星,该卫星就可以是一个完整的卫星。比如,当一个细胞卫星要废弃时,仅需要抛弃被损坏的一部分即可,而这一部分可以通过发射新的细胞卫星对接来替代。

9.3.2 编队飞行与整体飞行的转换

组合卫星可以通过交会对接实现太空中卫星数量的转换,将空间中伴飞的两个或者多个卫星组装成一个卫星,实现空间卫星任务的转变。可以实现将不同卫星的功能进行集中,同样也可以通过卫星的分离使一个卫星变为多个卫星进行编队飞行。立方星的空电磁对接问题在石珂珂的微小卫星电磁对接中给出了理论解决方法[13],可以实现空间中自主变构进行编队飞行。也就是说,如果一个卫星的其部分损坏,那么完好卫星可以对接损坏卫星的可用部分继续实现预定功能。

9.3.3 太空垃圾清除

太空垃圾的处理一直是一个比较困难的问题,回收单个垃圾成本比较大,控制困难,如果使用组合体卫星技术,利用其可分离的优势,那么就有可能解决这个问题。这类组合体卫星可以设计成一个组合式卫星,自身装有多个具有捕捉功能的可以进行机动的立方星。当其在太空中机动靠近碎片时,控制其中一个立方星抓取碎片,之后脱离主星,进入地球大气层。

9.3.4 利用卫星变形进行姿态、轨道、温度的控制

在姿态、轨道控制方面,利用卫星的变形、离合特性,将装有姿控、轨控发动机的细胞卫星单元灵活移动,可改变发动机喷气方向。这样一来仅利用较少的发动机就能实现各个方向的平移、旋转。另外,在某些细胞卫星单元中安装较大角动量陀螺,并与其他部分之间发生变形运动时,即可实现航天器的大幅度姿态机动。在温度控制方面,可在部分卫星上安装散热面,通过细胞卫星单元移动,保持散热面背向太阳,达到散热的目的;同时,迎光面的细胞卫星单元可以移动至背光面,从而达到一定的温度控制作用。

9.3.5 变形卫星与传统卫星结合

传统卫星如果需要增加组件,则必须在特定位置留有特定接口;然而同一接口无法适配多种组件,并且接口所占面积一般较大,没有连接组件时就会浪费设备空间。变形卫星接口所占面积小、功能多,并且各种功能的单元都使用统一的接口,与传统卫星相连不仅能节省传统卫星的设备空间,还能为传统卫星拓展各种功能。

相对于传统卫星，立方星具有小型化、发射成本低等优点，因此拥有比较广阔的应用前景，但是也有其本身功能单一等不足。所以，本章提出了一种以立方星为基础的组合式变形卫星。这种变形卫星通过电磁力相互连接，不同的卫星可以任意方向、任意维度连接，卫星间使用无线通信，采用充电技术实现无接口的信息交流。立方星通过绕电磁连接的棱进行旋转，由内部的飞轮提供动力；卫星可以通过中心的连接模块实现两个卫星之间的自旋运转。实际卫星制造过程中，可以对立方星单元进行改造，类似于细胞的分化，将一个立方星变成拥有特定功能的卫星，如连接有太阳帆板的卫星或者大型天线等。这样可以实现卫星的通用，然后不同功能的卫星组成一个整体卫星。

通过这种卫星设计方式，我们可以改变传统的卫星设计流程，同时可以实现大型卫星多次发射在太空中组装、卫星零件换新、卫星整体飞行与编队飞行转换，甚至在太空垃圾回收、卫星突防方面有重大突破。另外，本章也对卫星变形过程中的运动进行了计算，对卫星变形的可靠性进行了分析。

思考题

1. 可重构卫星(变形卫星)的主要特点是什么？应用场景包括哪些？
2. 对于应用到可重构卫星上的集中材料，永磁铁、电磁铁、软磁材料有什么区别？
3. 如何实现可重构卫星单元之间的在轨重构？
4. 简述变形卫星的可行性计算需要考虑的因素。
5. 发挥你的想象力，试着提出一种其他形式的可重构卫星。

参考文献

[1] Grimwood T. The UCS satellite database, union of concerned scientists (UCS), cambridge, massachu-sets, US [EB/OL]. [2019-03-31]. http://www.ucsusa.org/satellite_database.

[2] Cohan L E, Chambers R D, Lee R K, et al. Analysis of modular spacecraft bus design for rapid response missions[C]. The 4th Responsive Space Conference, Los Angeles, USA, April 24-27, 2006.

[3] California Polytechnic State University. CubeSat design specification Rev. 12[EB/OL]. [2012-03-13]. http://www.cubesat.org/about.

[4] Shin Y, Yoon S, Seo Y, et al. Radiation effect for a CubeSat in slow transition from the Earth to the Moon [J]. Advances in Space Reasearch, 2015, 55(7): 1793-1798.

[5] 李军予，伍保峰，张晓敏. 立方体卫星的发展及其启示[J]. 航天器工程，2012，21(3)：80-87.

[6] Tanaka H, Yamamoto N, Yairi T, et al. Precise assembly by autonomous space robot using skill acquisition learning[C]. Proc. 8th International Symposium on Artificial Intelligence Robotics and Automation in Space, 2005: 609-616.

[7] Tanaka H, Yamamoto N, Yairi T, et al. Reconfigurable cellular satellites maintained

by space robots[J]. Journal of Robotics and Mechatronics,2006,18:356-364.

[8] Kortman M, Ruhl S, Weise J, et al. Building block based iBoss approach: fully modular systems with standard interface to enhance future satellites[C]. 66th International Astronautical Congress Jersualem, Israel,2015.

[9] Weise J, Brie K, Adomeit A, et al, An intelligent building blocks concept for on-orbit-satellite servicing [C]. Proc. International Symposium on Artificial Intelligence, Robotics and Automation in Space, Turin Italy, 2012.

[10] Sullivan B, Barnhart D, Hill L, et al. DARPA phoenix payload orbital delivery (POD) system: FedEx to GEO[C]. Proc. AIAA SPACE conference and exposition, San Diego, 2013.

[11] Barnhart D, Sullivan B, Hunter R, et al. Phoenix program status-2013[C]. AIAA SPACE 2013 Conference and Exposition,2013.

[12] Underwood C, Pellegrino S,Lappas V J, et al. Using CubeSat/micro-satellite technology to demonstrate the autonomous assembly of a reconfigurable space telescope (AAReST)[J]. Acta Astronautica, 2015, 114: 112-122.

[13] 石珂珂. 微小卫星的电磁对接动力学与控制研究 [D]. 哈尔滨:哈尔滨工业大学, 2016.

第10章　变速绳系卫星

绳系卫星作为一种特殊的卫星编队构型，具有常规卫星不具备的特点，例如可灵活地进行空间干涉测量观测；同时，还有可通过编队自转完成姿态稳定控制及通过收放系绳减少燃料消耗等优点，在航天技术开发、太空平台建设、空间探索等方面拥有巨大的效力。

本章给出了一种联动式辐射结构绳系卫星设计。这种新型绳系卫星运用有限的动力机构和电磁控制切换机构实现无自旋情况下多个从星单独或联动收放，压缩了所需空间与质量；通过控制电机运行圈数实现预定展开方案，通过对称布局对消了电机旋转产生的干扰角动量；采用多根牵引绳取代传统单牵引绳的思路，实现了对绳系卫星展开与回收过程中横向摆动的抑制；通过双层弹簧弹射机构提供给从星所需角度的释放初速度，并在回收时实现动能储存和缓冲。

针对这种新型绳系卫星，本章对其轨道姿态控制方法进行了研究，相比较依靠自旋维持稳定的构型，更简便地实现了垂直于轨道面方向自旋角度的调整以及相对轨道的俯仰角的调整，并以控制 6 个从星为例，实现了通过三维方向各平面从星选择性收放改换编队平面。

为得到有效展开方案，本章对新型卫星系统建模进行仿真计算，将从星相对于主星的运动用 C－W 方程描述，设计从星的初始释放速度。通过电机在系绳上施加特定控制加速度，得到将从星沿各坐标轴释放时的轨迹和绳上受力变化，从而验证设计机构可以满足从星所需的工作条件，且相对自旋稳定构型控制难度较低，更有利于实际工程的使用。

10.1　变速绳系卫星背景与研究现状

10.1.1　变速绳系卫星国内外研究现状

卫星编队飞行应用广泛，不同类型规模和形状的绳系卫星的稳定性讨论、展开和回收方案的提出和验算从未停止过。绳系卫星系统通常是指一个主体飞行器（如空间站、航天飞机等）通过系绳与一个或若干个小型卫星相连而组成的系统。系绳材料一般为超高强度纤维或者通电材料，长度根据太空任务需要可以从几米到几十千米不等。作为编队卫星的一种特殊形式，在拥有编队卫星的低成本、高性能和较强的灵活性等优点的基础上，还可以通过收放连接星体的系绳使干涉测量观测的基线发生变化；通过编队系统本身的自转，可以使整个系统发生连续性变化；同时，编队自转也促进了系统的稳定性，收放系绳也减少燃料了的消耗，等等。绳系卫星在航天技术开发、太空平台建设、空间探索等方面拥有巨大的作用和效力。

在所有已提出的绳系卫星构型中，二体形式在实际发射中已进行多次实验，如图 10－1 所示。1996 年 5 月，美国用长 4 km 的系绳投放了两颗卫星（即 TIPS 实验）[1]。Chobotov 首先对二体旋转绳系卫星系统的重力分离行为进行了细致的分析，并于 1996 年通过航天器将该理论付诸实践，为后来的绳系卫星通过自转达到稳定的平衡状态奠定了理论基础。

而多体形式的绳系卫星构型设计依然处于构想与理论阶段，小卫星编队飞行的应用正处

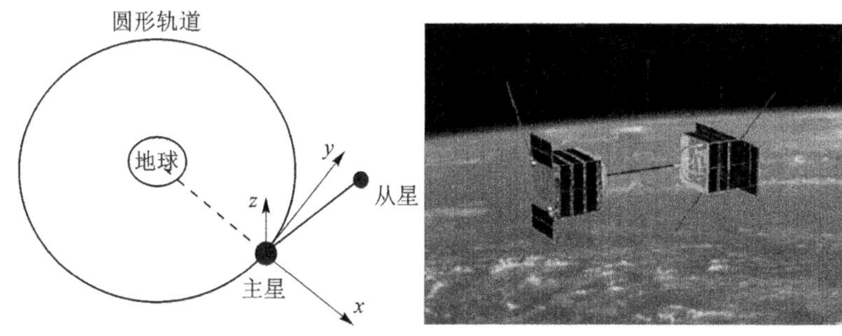

图 10－1　二体形式绳系卫星

于研究与探索阶段。就目前对国内外技术文献的分析与研究来看，在民用方面，小卫星编队飞行的应用主要有三个领域。一是科学试验，这里主要指空间大气和环境探测实验，典型的有美国航宇局 A－Train 计划等[2]。这类应用具有重要的现实意义，如迄今为止发生的 6 000 多起卫星故障，大约 40%是由空间环境异常引起的。二是近地勘测。小卫星编队飞行能够在近地轨道为科学实验提供单颗卫星很难实现的数据采集，同时编队飞行卫星协同工作，可以保持一定的距离，并在几秒或几分钟内给出科学的快照，如立体测绘等；因此有大量的近地勘测任务是借助小卫星编队飞行来实现的。美国航宇局和欧空局大量的空间任务均采用了编队飞行。三是深空探测。小卫星编队飞行系统采用冗余设计，可靠性高，美国航宇局、欧空局、加拿大航天局和日本宇宙航空研究开发机构等相继提出了多项深空探测计划。

"辐射结构"绳系卫星的基本结构由中央主星与数个周边从星以系绳相连组成，依靠主星自旋的离心力维持系绳张紧，带动系统整体旋转同时确保稳定地展开结构。几十年来，美国 NASA、欧洲 ESA 及瑞典、德国等航天研究机构对深空环境中近距离航天器的编队飞行展开了研究，其中就有采用此类构思的航天任务。例如 Darwin 计划，是 ESA 的深空编队飞行计划，该计划由 8 颗卫星组成，分辨率相当于一架 100 m 口径的望远镜。此卫星计划运行在日地间的 L2 点上，科研目的为探索类地行星[3]。Darwin 探测器的编队飞行示意图如图 10－2 所示，其中包括 6 颗组成太空望远镜的卫星，一颗主星，一颗通信卫星。与地球上用的望远镜

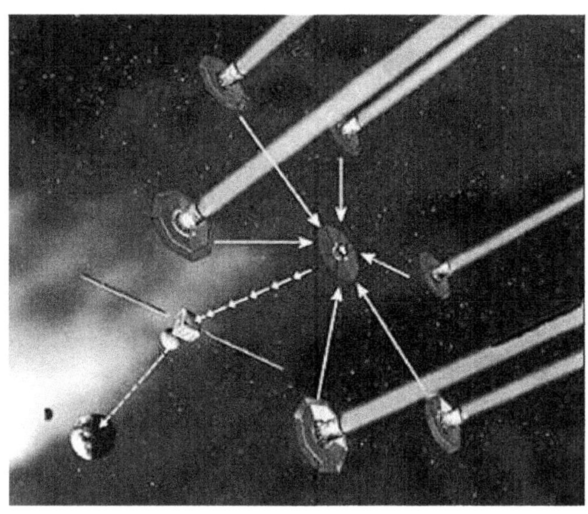

图 10－2　Darwin 探测器编队飞行示意图

相比，Darwin 计划中的每架太空望远镜都非常小，但是通过协作行动，它们具有与巨型望远镜一样的观测能力。此计划由于资金与技术不足，原计划于 2015 年发射的 Darwin 探测器于 2007 年被搁置。

而美国 NASA 提出的 TPF(Terrestrial Planet Finder)计划与之类似，由 1 个中心卫星与 4 个分别携带一个直径为 3.5 m 的太空望远镜的从星构成，如图 10－3 所示。卫星间进行光学干涉从而构成一个虚拟大孔径空间干涉仪。TPF 计划的实施是建立在编队成员高精度的相对位置及相对姿态控制的基础上的，对于 50～1 000 m 的空间基线，要求相对位置控制精度达到 4 cm，相对姿态控制精度达到 5°。TPF 编队的控制和估计精度要求如表 10－1 所列。TPF 编队计划也一度被视为是未来 20 年内世界航天领域最重要、最具代表性的编队研究计划。可是由于所需控制精度要求高于现有技术，计划已于 2011 年 6 月停止运行。

表 10－1　TPF 编队的控制和估计精度要求

控制及估计精度		精度值
航天器间距范围/m		70～100
从属航天器控制与导航精度	相对位置控制精度/cm	4
	相对角度控制精度/arcmin	5
	相对速度控制精度/(mm・s^{-1})	1(机动过程)
		0.2(保持过程)
	相对角速度控制精度/(arcsec・s^{-1})	0.1
	相对位置估计精度/cm	＜4
	相对角度估计精度/arcmin	＜5
主航天器控制与导航精度	主航天器姿态控制精度/arcmin	3
	望远镜姿态控制精度/arcmin	3
	主航天器姿态估计精度/arcmin	0.14
望远镜万向联轴节角度控制精度/arcmin		5
星敏感器分辨率/arcsec		10

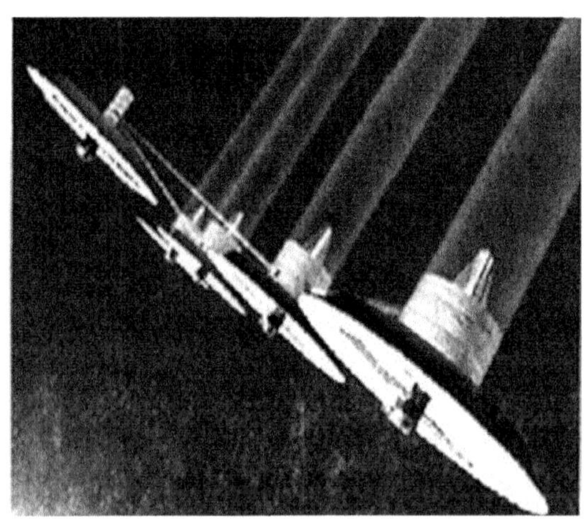

图 10－3　TPF 编队计划

近些年来，已经证明开环分布绳系卫星在开普勒轨道上，可通过控制主星的自旋角速度和牵引绳的收缩速度，在重力矩有补偿和无补偿的状态下皆能实现稳定的展开与回收，以满足不同任务对卫星的覆盖面积和旋转速度的要求，提供变尺度的观测基线。许多论文中都普遍将控制收放从星的牵引绳及其他机械结构与主星简化成一体进行计算处理，牵引绳也被简化成一条质量、体积可以忽略的轻绳。由于缺乏实际发射案例，具体用何种结构方式设计主星与从星的关系且如何操控收放装置实现有效展开的问题没有得到解决。

10.1.2　研究思路概述

1. 现有技术优缺点分析

根据以往的文献可以得出，现有的辐射开环式绳系卫星主要优点有：

① 单颗小卫星质量轻、功能简单，可有效降低卫星的制造和发射成本，同时能简化日常的操作维护，进而减少卫星的全寿命费用。

② 通过卫星的互连，能以更高的性能完成任务。在卫星编队系统中，通过卫星的互连，能够获得更高的性能，更好地完成任务。以雷达成像卫星为例，通过互连可获得大尺寸的等效口径，得到高分辨率图像。

③ 由于采用分布式结构，所以整个系统比单颗卫星更能容忍单点故障。如果其中的某颗卫星出现故障，则可通过系统重构将这颗卫星剔出系统，最大限度地消除故障影响。而且，如果有意识地改变各卫星编队间的拓扑结构，还能够实时地改变系统的性能指标，使其获得最适合于执行当前任务所需的能力。编队卫星可随时加入和退出，整个系统具有很高的重构性、冗余性和鲁棒性。

④ 具有很高的自主性，对地面站的依赖性不大。编队系统中星体之间功能的互补和相互的即时通信减小了对地面的依赖程度。还可以通过收放连接星体的系绳使干涉测量观测基线发生变化；通过编队系统本身的自转，可以使整个系统发生连续性变化；同时编队自转也促进了系统的稳定，收放系绳减少了燃料的消耗，等等。

绳系卫星系统在空间探测中体现出来的种种优点促进了这一领域的研究和发展，但是目前难以被实际工程成功运用，其主要原因有：

① 缺少具体收放策略讨论。自旋式在从星释放过程中要求主星自旋速度与绳释放速度相匹配以防止绳系松弛，因此对控制系统精度要求很高。

② 单个系绳牵引的从星沿绳方向的自旋难以抑制。从星作为结构独立、功能单一的简单系统，通常不适合安装复杂的姿态控制机构，一但受到微小扰动即可发生单一方向绕卷，很难实现解旋到初始状态。

③ 缺乏具体的机械结构设计，地面试验和实物模拟均停留在由单电机控制单卫星的简单展开方式上，而实际运转过程中安置数量较多的动力装置会给主星带来质量负担，且增加从星数量时控制系统的控制难度也会相应提升。

2. 变速绳系卫星主要内容

针对上述研究现状，下面提出如下分析与设计思路：

参照传统自旋展开思路的不足以及缺少具体机械结构设计的情况，本章给出了一种联动式辐射结构绳系卫星设计，要点如下：

① 运用较少数量的动力机构和电磁控制切换机构实现多个从星单独或联动收放，压缩了

所需空间与质量。

② 通过控制电机运行圈数实现各从星按照预定方案展开，并通过对称布局对消了电机旋转产生的干扰角动量。

③ 采用多根牵引绳取代传统单牵引绳的思路，实现对绳系卫星展开与回收过程中横向摆动的抑制。

④ 通过双层弹簧弹射机构，提供给从星所需角度的释放初速度，并在回收时实现动能储存和缓冲。

在实现该新型绳系卫星具体机械结构设计的基础上，本章给出一种新型无自旋姿态控制方法，并通过数值建模仿真验证了可行性，以控制 6 个子体的六面体卫星为例：

① 将从星立体布局，更简便地实现垂直于轨道面方向自旋角度的调整以及相对轨道的俯仰角的调整。实现通过三维方向各平面从星选择性收放改换编队平面，减少了绳系卫星在应对不同任务时改变工作面倾角的不便。

② 通过电机在系绳上施加特定控制加速度，实现在系统在无自旋的情况下，从星以一定初速度沿各方向弹射释放后，可以维持一段稳定工作区且安全回收的策略。

③ 保持同时释放不同方向的从星所需的电机控制策略一致，验证合并动力系统的机械结构设计的合理性。

此种联动式辐射结构绳系卫星的结构与姿态控制方法均可以延伸到更多数量从星的系统，为绳系卫星的使用方法提供了新的思路。

10.2 联动式辐射结构绳系卫星的具体结构设计

10.2.1 整体设计说明

联动式辐射结构绳系卫星包括主体卫星（简称主星）和子体卫星（简称从星）。

主星通常尺寸及质量远大于各从星，是动力装置及其他结构的主要承载部分，负责控制各个从星的工作状态。如图 10－4 所示，以正六面体代表从星、主星的外围尺寸，本例中设计棱长为 $2a=1$ m。6 个面每个面中央部分分别有 4 个对称的导向孔。导向孔为内凹的锥形，内嵌有弹射缓冲装置。系绳穿过导向孔连接主星外部的从卫星与内部的线圈轴。而本例中的正六面体主星的各面上安置有两两相对的三组从星，其中任意一组的两个从星伸展后系绳释放长度相同。从星释放长度记为 l，且 $0\leqslant l\leqslant 1\ 000a$。

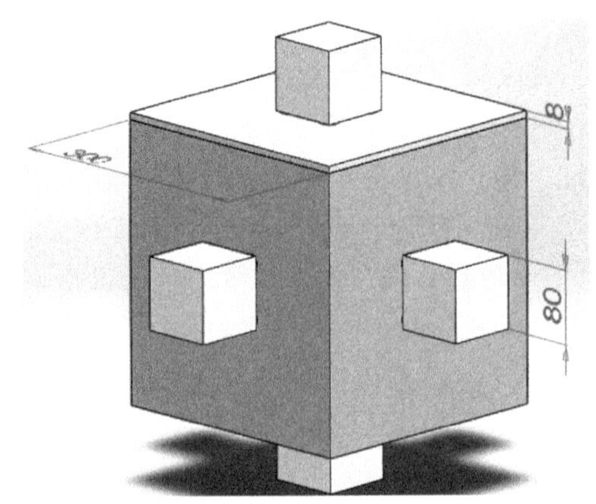

图 10－4 外部尺寸示意图

从星通常指尺寸及质量远小于主星的各类具有实际使用功能的卫星。同样，以正六面体代表从星的外围尺寸，其棱长记为 $2b$ 且最佳有 $b\leqslant 0.2a$。此设计中取 $2b=20$ cm。每个从星上牵有对称放置的 4 根系绳，此设计中 6 个从星的形状与质量完全相同。如图 10－5 所示，

6 个从星分为两两相对的三组，其中两组（AA/AB、AC/AD）中每个从星由两组传动装置牵出的 4 根系绳直接连接控制；另一组（AE/AF）由线圈轴上的线绳直接连接，该组中的两个从星分别由 4 组传动装置共同控制，每个从星上的 4 根系绳分别来自 4 个传动轴上的线圈轴，通过导向定滑轮与从星连接控制。具体零件编号如表 10－2 所列。

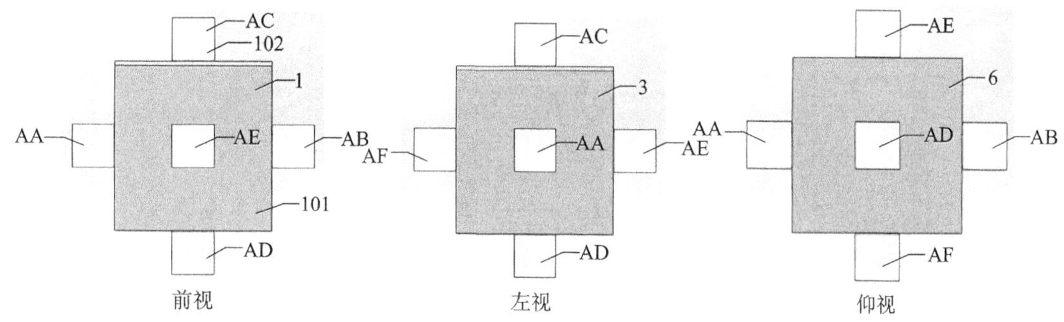

图 10－5　各面从星编号示意图

表 10－2　模型零件编号表

编　号	零件名称	编　号	零件名称	编　号	零件名称	编　号	零件名称
1	前视面	2	后视面	3	左视面	4	右视面
5	俯视面	6	仰视面	AA	子体卫星	AB	子体卫星
AC	子体卫星	AD	子体卫星	AE	子体卫星	AF	子体卫星
A	弹簧	B	导向孔	C	定滑轮	D	轴承
E	系绳	F	传动轴	J	齿轮	H	固定轴
I	电磁拨片	BA	电机	BB	电机	4G	线圈轴
CA	线圈轴	CB	线圈轴	CC	线圈轴	CD	线圈轴
CE	线圈轴	CF	线圈轴	101	主星	102	从星

10.2.2　联动收放机构

1. 联动控制原理

在整个系统运作中，同步释放的系绳线轴上，绳系张力大小以及变化情况很大程度上决定了动力学释放过程的姿态控制效果。因此，联动卷线轴机构是整个系统中的关键部分，关系到能否按照要求控制系绳的释放张力与速度。

考虑利用系绳的绕卷摩擦来控制系绳的张力，以提供相对稳定的拉力，在此对系绳做如下假设：忽略系绳重力影响，且不考虑弯曲刚度；系绳释放过程中应紧贴圆柱体；系绳绕卷角度固定。

设 T_i 为系绳入口处张力，μ 为系绳阻尼系数，n 为缠绕圈数，β 为缠绕角度。由于系绳密度较小，系绳张力近似为

$$T = T_i e^{2\pi n u \cos\beta}$$

在绕卷角度一定的情况下，系绳出口张力正比于入口处初始张力，并且与系绳的缠绕圈数 n 成指数关系，由此我们可以控制初始张力和缠绕圈数来控制系绳张力的大小。此时还需要

一个占用较大空间储存线匝的容器，适用于较长距离的释放，并且仍需要给出一个初始张力，在提供微小张力的稳定性以及重复绕卷等方面会有一定的困难。因此，可以考虑使用主要电机控制扭矩，更加简单的控制系绳张力。为此设计机构原理如图 10－6 所示。

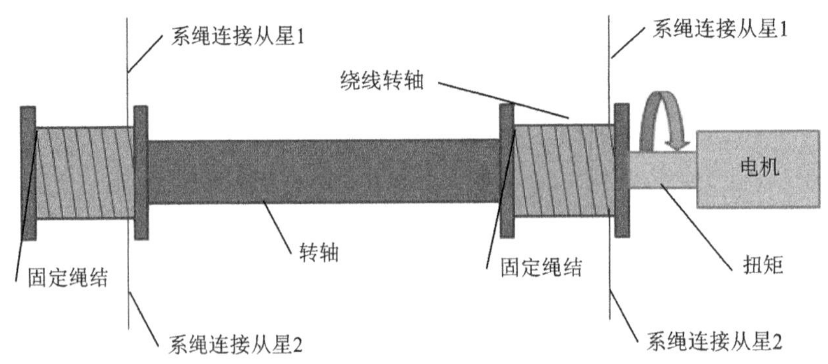

图 10－6　联动收放机构原理示意图

连接两个从星的系绳中央固定在绕线转轴上，分别以相同的角度向两个方向缠绕，保证电机正转时两端系绳均释放，反转时两端系绳均回收，保证四个从星的系绳释放长度与速度始终相同。由电机对线轴提供扭矩 M，确定线轴半径 r，即可获得张力。

这种通过控制电机输出扭矩进而控制系绳张力的方法，虽然简单，但是占用空间小，能够稳定提供较小的张力，并且能够重复在释放、回收试验中绕卷使用。但是这种方法存在以下问题：

① 电机输出扭矩与输入电流有关，因此机构中要求电机输出对电流具有较好的线性稳定性；

② 要求电机具有不同的工作模式，不仅能够输出所需扭矩，还能够提供对应的工作转速，以便在释放、回收时提供系绳稳定的展开、释放速度；

③ 地面试验前，需要标定系绳张力关于电机输入电流的变化曲线，以便在试验中给出准确的系绳张力。

2. 系统机械结构

主星内部共有两组动力装置。如图 10－7 所示，其中每组有一个电机通过一组齿轮将转动传递给传动轴。传动轴上花键与线圈轴的花键槽相配合，带动线圈旋转释放系绳。每个传动轴上有四组转动花键用于驱动四个线圈轴转动，四个线圈轴上的绕线分别与周向相邻的两个从星相连。处于主星上下面的一对从星四根系绳分别由四个联动轴控制，绕线方向也保证可以做到对应线圈轴与传动轴配合时，可以和周向四个从星一起释放或回收。至此，仅需两组电机及减速机构和四个联动轴即可控制六个从星。

3. 硬件设计

根据设计实物模型主星箱体的大小，以及设计释放速度的量级，选用 24 V/3 000 r 的直流伺服电机控制。使用模数为 1 的铁质齿轮组成中间传动组。将绕线方向设计为保证在同时运转时两边电机转向始终相反，以对消机芯转动时产生的角动量，减小动力机构对总体姿态控制机构的影响。

由于系绳将应用于太空特殊环境中，材料的选择也至关重要。考虑到绳系卫星系统的系绳

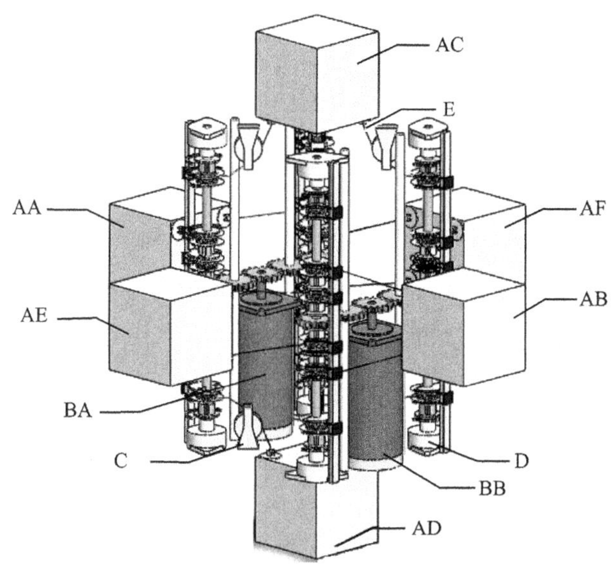

图 10－7　核心机械结构示意图

所应用的特殊环境，以及柔软、拉伸小、耐磨程度和抗疲劳性能好的特殊要求，选择 Dyneema 纤维作为系绳的材料。Dyneema 纤维是一种新型的以聚乙烯为原料的高强纤维。它密度小，拉伸强度大，不易发生化学反应，所以可以减轻系绳质量，减少空间体积，易于满足绳系卫星系统对轻质量、小体积的需求。同时，以其为原料的系绳柔软、拉伸小、耐磨程度和抗疲劳性能较其他纤维材料有明显优势，所以，选定采用系绳直径为 0.5 mm、线密度为 0.18 kg/km、阻尼系数 u 为 0.08 的 Dyneema 纤维作为系绳材料[4]。

为了使加载拉伸过程中的形变尽可能减小，且地面试验的张力强度不大，在将系绳缠绕到转轴上前均做统一的冷预拉伸处理。

10.2.3　电磁切换机构

1. 电磁换挡原理

每个线圈轴都配有一个转动轴键、一个双向电磁拨片和一个固定轴键，固定轴键与转动轴键间隔装配，形状如图 10－8 所示。固定轴由一体铸造制成，磁性材料制造的电磁拨片从两侧定位线圈轴。固定轴键下垫圈与上垫圈可分别控制通电产生磁场，环形垫圈通电吸合电磁拨片可将线圈切换到转动轴键；与固定轴键相连的半圈垫圈通电吸合电磁拨片可将线圈轴切换至固定轴键，此时传动装置将不会影响固定轴键上的线圈转动。在传动轴每次停止转动前，都应对电机进行角度对位控制，以保证线圈轴键槽与固定轴对齐，便于切换控制，切换方法将在后文叙述。

2. 系统机械结构

切换系统的固定轴键串联在静止轴上，传动轴键串联在转动轴上，每个线圈轴均对应一组固定轴键与传动轴键。静止轴上排布有电磁切换限位片，用于通电时吸合电磁铁片，定位线圈轴。因静止轴键只起固定作用，将其形状设计为刚好可以与转动轴中心嵌套的半圆弧形，便于安置，节约空间。与动力机构配合的安装方式如图 10－9 所示。

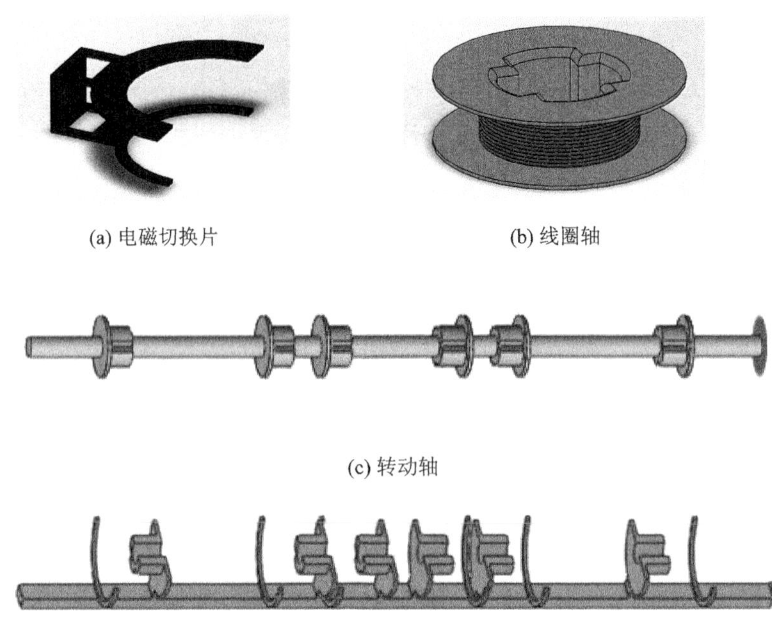

(a) 电磁切换片　　(b) 线圈轴

(c) 转动轴

(d) 固定轴

图 10-8　电磁切换机构主要零件图

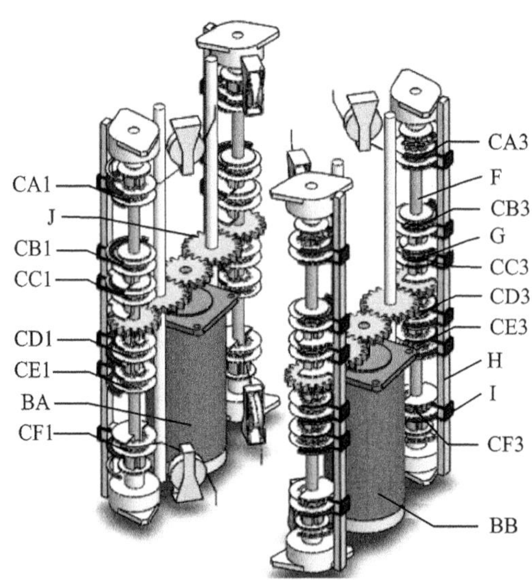

图 10-9　切换系统安装布局图

3. 硬件设计

在硬件设计中，线圈轴为上下带有限位边中间有矩形花键槽的空心圆柱体，用于储存未释放的系绳。线圈轴的限位边直径记为 a_{10}，卷线部分直径记为 b_{10}，矩形花键顶部直径记为 d_{10}，限位边钢板厚度记为 c_{10}，整体线圈轴高度记为 h_{10}。本设计中取

$$a_{10}=24\ \text{mm},\quad b_{10}=16\ \text{mm},\quad c_{10}=1\ \text{mm},\quad d_{10}=12\ \text{mm},\quad h_{10}=15\ \text{mm}$$

静止固定轴与转动轴均为三维树脂打印，静止固定轴为一体轴，线圈轴与切换片配合组装后按顺序排布在传动轴插接上即可。

10.2.4　弹射缓冲机构

1. 弹射速度控制原理

将弹射弹簧连接在从星末端，在从星系绳末端连接一段弹性引导杆，原理如图 10－10 所示。

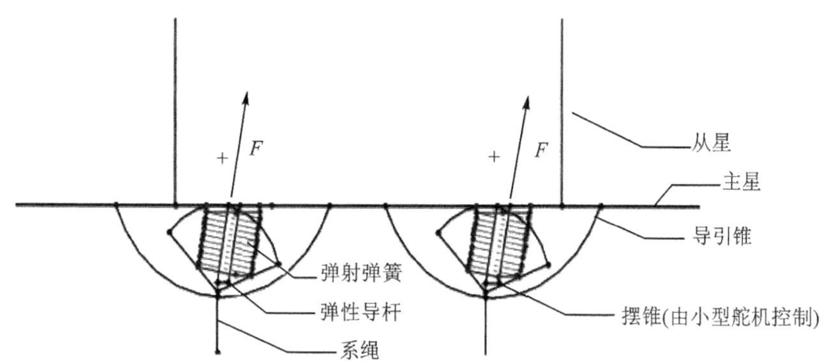

图 10－10　弹射缓冲机构原理示意图

弹射锥体由外层固定的引导锥和内层的摆锥组成，两层之间有用锥形弹簧支撑起的一段空间。摆锥由小型舵机控制，可以使其同弹射弹簧一起产生一定偏转角，使从星弹射时所受力的方向不与弹射面板垂直。通过控制弹簧的总个数与型号，产生纵向远离从星与横向漂移的两个速度。由于工作时所需横向漂移速度远小于纵向远离速度，且偏移角在 8°以内。

回收从星时，如图 10－11、图 10－12 所示，弹性导杆与从星碰撞后，由其下的缓冲装置来完成与弹簧弹射方向垂直的动量储存。缓冲工作由两层薄壳间的弹射弹簧构成。弹射导引锥内层固定，外层浮动，当受到导向杆的非垂直撞击时，外层压缩锥形弹簧，弹性导杆减速嵌入锥槽，保证从星在漂移速度不大的时候可以得到有效保护，避免撞击损伤。

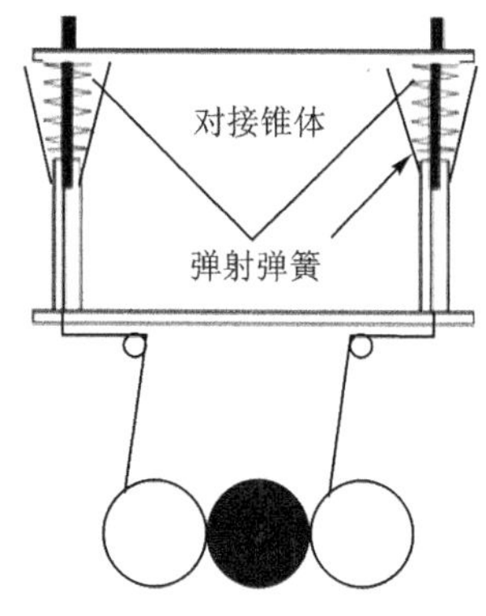

图 10－11　弹射装置简图

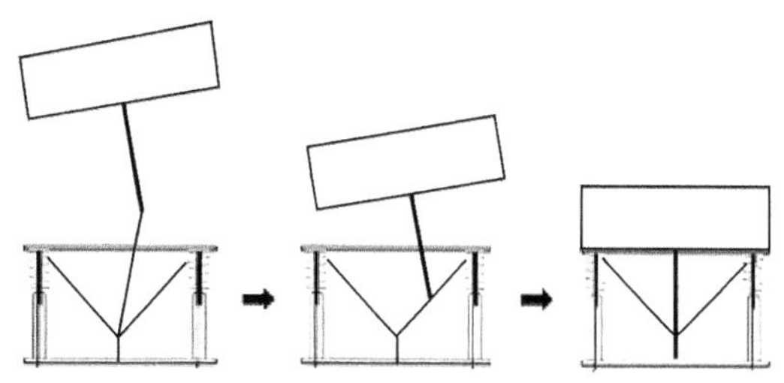

图 10－12　回收时引导锥工作原理

2. 系统机械结构与硬件分析

弹射锥体的安装模式如图 10－13～图 10－15 所示。其中内层壳体固定于主星内侧，外层可摆动的锥体通过锥形弹簧与内层连接并保持一定悬浮间隙，微型舵机的机械臂穿过固定层与摆动锥体连接，控制锥体实现不改变系绳张紧程度的弹射角度调整。

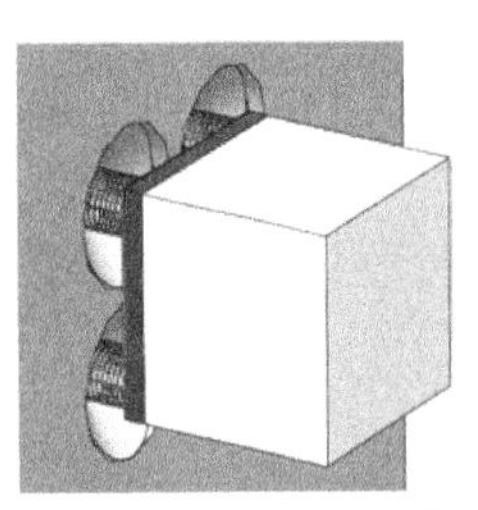

图 10－13　主星表面缓冲锥装置

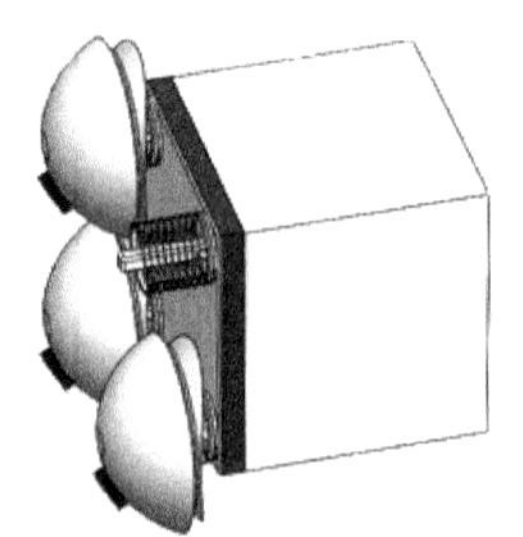

图 10－14　连在从星上的弹簧与弹性导杆

图 10－15　单独的弹射缓冲装置

从星末端的弹性导杆可以在弹射弹簧压紧时刚好与导引锥体接触，实现中心定位。弹性导杆末端由弹性材料制成（如橡胶），以达到从星回收与主星接触时的缓冲效果。

10.2.5　各类展开构型

如何实现各个平面的从星展开控制？可通过如下方案进行：

欲要实现一对从星（AA/AB）在平行于轨道面方向展开，需要主星的四组传动装置上各个线圈轴及电磁拨片初始位置如图 10－16(a)所示。

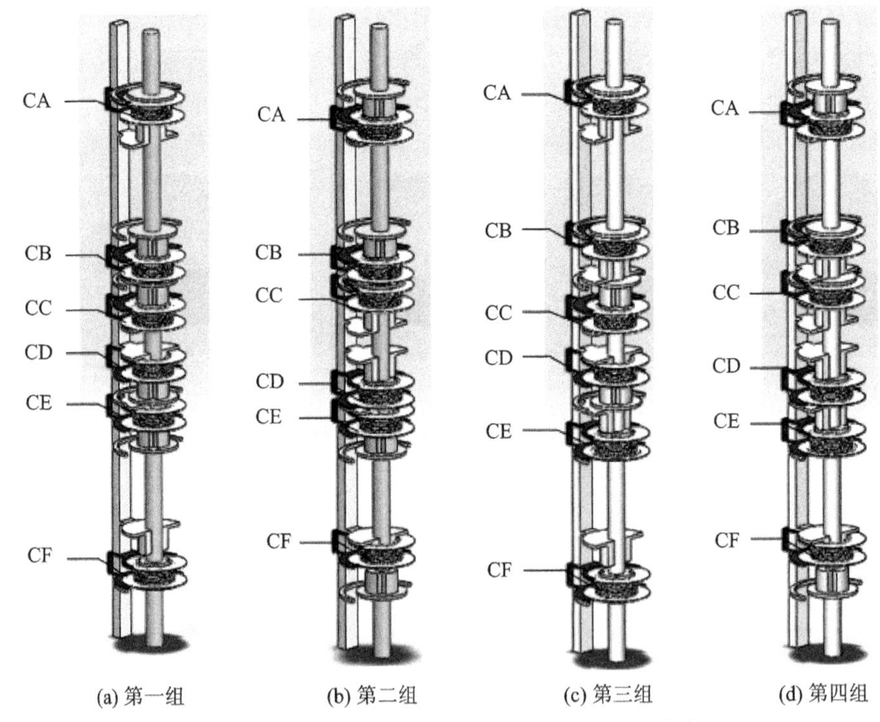

(a) 第一组　(b) 第二组　(c) 第三组　(d) 第四组

图 10－16　各类构型展开时电磁切换机构初始状态

一般情况下展开时，绳系卫星接收到展开指令后，计算机对释放机构电机发出指令，控制释放弹射机构按照预定角度放开从星。两个电机同时开始按照预定的方案转速相同、方向相反旋转，传动轴带动转动花键及其上线圈轴同步转动，线圈上系绳释放。此时可以通过传感器将转动轴旋转圈数信号传递给机载计算机，进而求得系绳释放长度。当释放长度达到预设要求时，计算机控制制动系统采取转轴制动措施。当子卫星需要回收时，向计算机发出指令，按照预定速度控制电机收回系绳，从而对从星进行回收。电机转动方案可以通过标定实验采用预设好的函数进行，从而完成更加复杂的力矩控制。释放时效果如图 10－17(b)所示。

释放一对从星(AC/AD)时，控制方式与上述控制从星 AA/AB 释放情况类似，只需将四个传动轴与固定轴间的电拨片位置切换到如图 10－16(b)所示即可。

如何实现任一工作平面上两对从星同时收放？可通过两种方案控制：

第一种方案是，两对从星释放方向均与主星自转轴垂直(本设计中为 AA/AB 与 AC/AD)，先通过控制电磁开关阀使各线轴圈的位置如图 10－16(c)所示；之后，四台电机按照预定速率同速旋转，由此保证同一转动轴上的所有线圈轴释放的线绳长度一致，使得与主星自转平面平行的四个从星得以按相同速率被释放。此时释放的效果如图 10－17 所示。

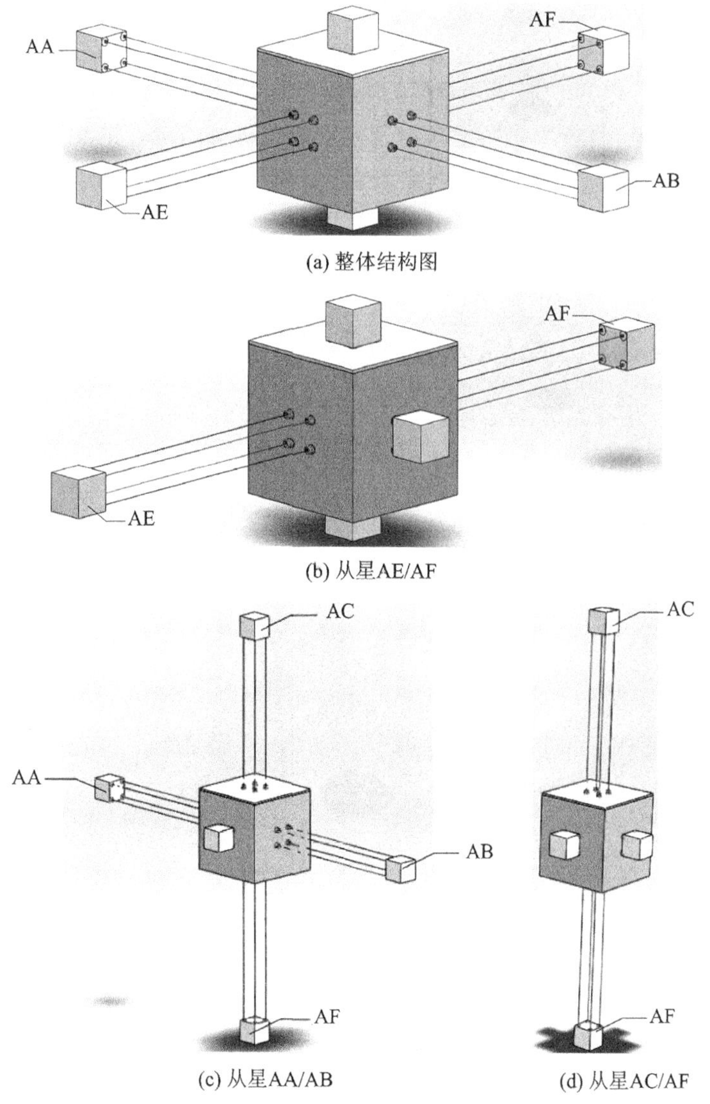

图 10－17　各类展开构型外观示意图

第二种方案是，两对从星中有一对与主星自转轴方向平行（如本设计中的 AC/AD），而另一对从星释放平面与主星自转轴垂直。先通过控制电磁开关阀使各线轴圈的位置如图 10－16（d）所示，之后，由电机旋转时每个线圈轴释放的系绳长度相等，所以在弹簧给予初始释放的从星 AC/AD 一定初速度后，在重力梯度作用下系绳保持绷直，可以与从星 AE/AF 以同样速度释放。释放效果如图 10－18 所示。

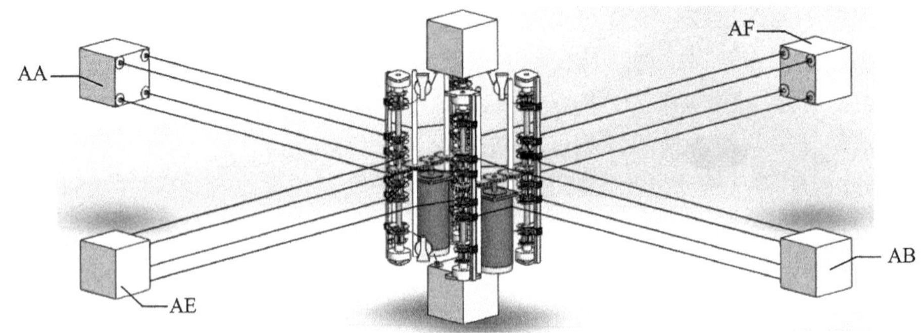

图 10－18　主星自转平面平行的四个从星展开效果图

最后如需回收从星，只需要将两组动力装置中的电机按给定方案反方向转回原方位即可。电机停转后，将电磁拨片统一均移动到固定轴上，即可实现从星的位置调整。为实现两组动力装置中电机的旋转形成的角动量可以反向对消，即在同时工作时始终保持旋转速度相同、方向相反，需在缠绕系绳时注意旋向与电机相匹配。

10.3　联动式辐射结构绳系卫星收放控制策略

10.3.1　坐标系与系统假设

在主星轨道坐标系内，x 轴定义为由地心指向主星的径向，y 轴定义为主星飞行的切向，z 轴定义为主星轨道面的法向，如图 10－19 所示。

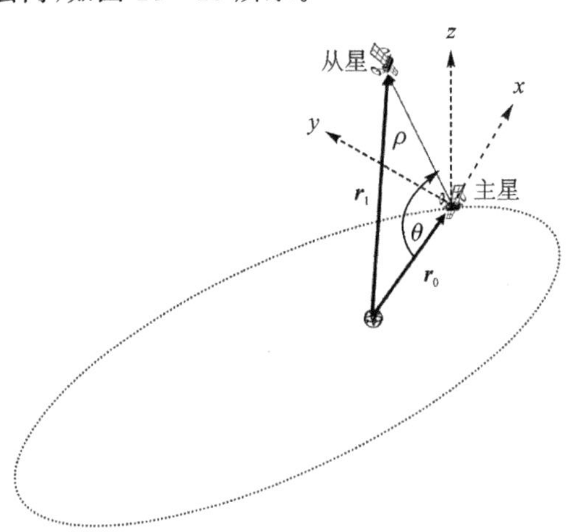

图 10－19　坐标系建立

在主星轨道坐标系下，从星相对于主星的运动可以用 C－W 方程描述(后面会给出释放的时间，大致在百秒量级，相对运动的高阶项可以忽略)：

$$\ddot{x}-2n\dot{y}-3n^2x=u_x$$

$$\ddot{y}+2n\dot{x}=y_y$$

$$\ddot{z}+n^2z=u_z$$

式中：n 为主星轨道角速度；$\boldsymbol{u}=[u_x,u_y,u_z]^{\mathrm{T}}$ 为电机沿系绳方向提供的拉力，显然 $\boldsymbol{u}$ 的方向与矢径 $\boldsymbol{r}=[x,y,z]^{\mathrm{T}}$ 相反。

10.3.2　各方向展开控制数值仿真

1. 考虑沿±x 方向以 1 m/s 速度释放从星

为了保证从星能够在释放后 100 s 左右回到原处，可以通过电机在系绳上施加如下控制加速度：

$$\boldsymbol{u}=-10^{-3}\times x\times\boldsymbol{r}$$

如图 10－20 所示，为了保持 y 方向回到原处，需要在释放时提供 0.053 m/s 的初速度，从

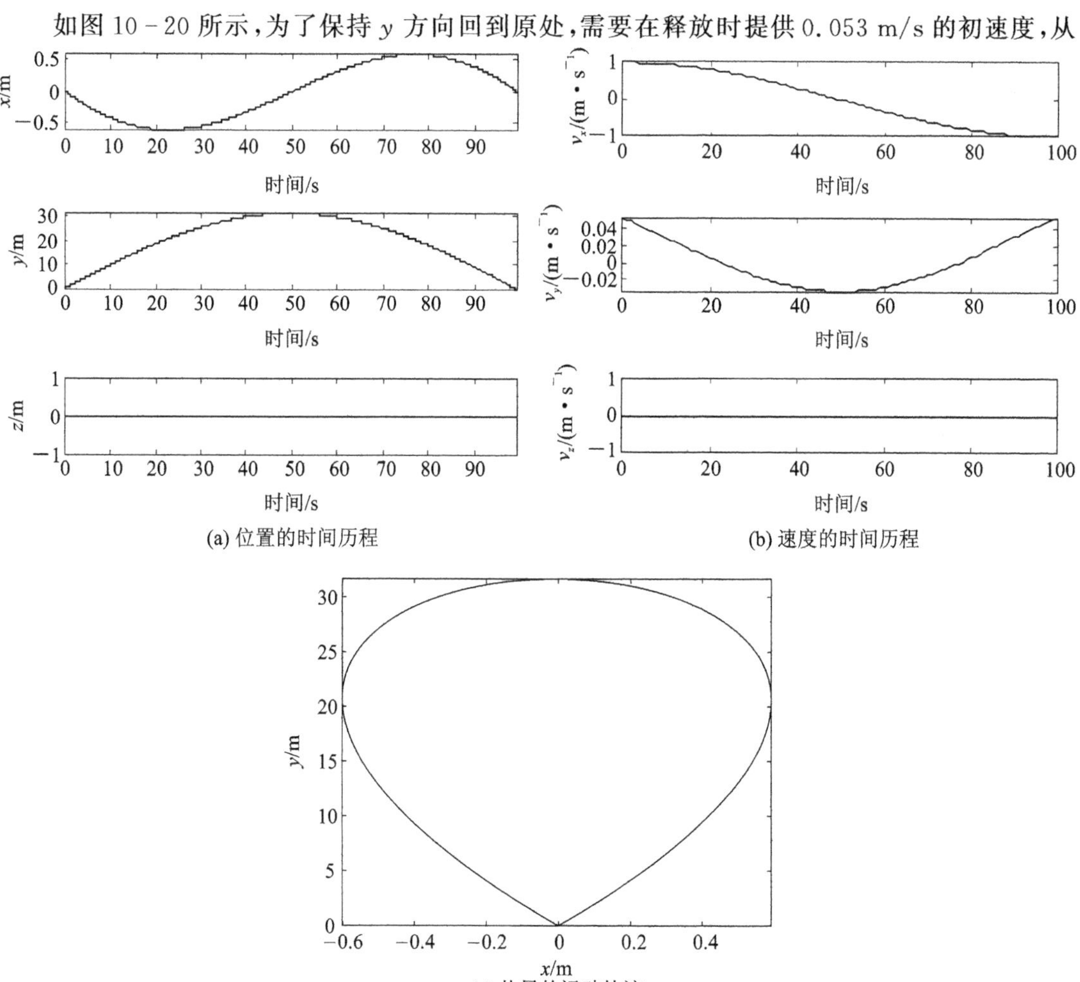

(c) 从星的运动轨迹

图 10－20　沿±x 方向释放从星

星由$[0,0,0]^T$处经过 100 s 后再次回到该处。x 方向的初始速度由出发时的 $+1$ m/s 变为到达时的 -1 m/s，也就是说，出发时弹簧由压紧到展开提供初始速度，到达时弹簧由展开到压紧储存该速度。

2. 考虑沿±y 方向以 1 m/s 速度释放从星

为了保证从星能够在释放后 100 s 左右回到原处，可以通过电机在系绳上施加如下控制加速度：

$$\boldsymbol{u}=-10^{-3}\times y\times \boldsymbol{r}$$

如图 10-21 所示，为了保持 x 方向回到原处，需要在释放时提供 -0.053 m/s 的初速度，从星由$[0,0,0]^T$处经过 100 s 后再次回到该处。y 方向的初始速度由出发时的 $+1$ m/s 变为到达时的 -1 m/s，也就是说，出发时弹簧由压紧到展开提供初始速度，到达时弹簧由展开到压紧储存该速度。提供 x 方向的初始速度的弹簧设计同本小节。

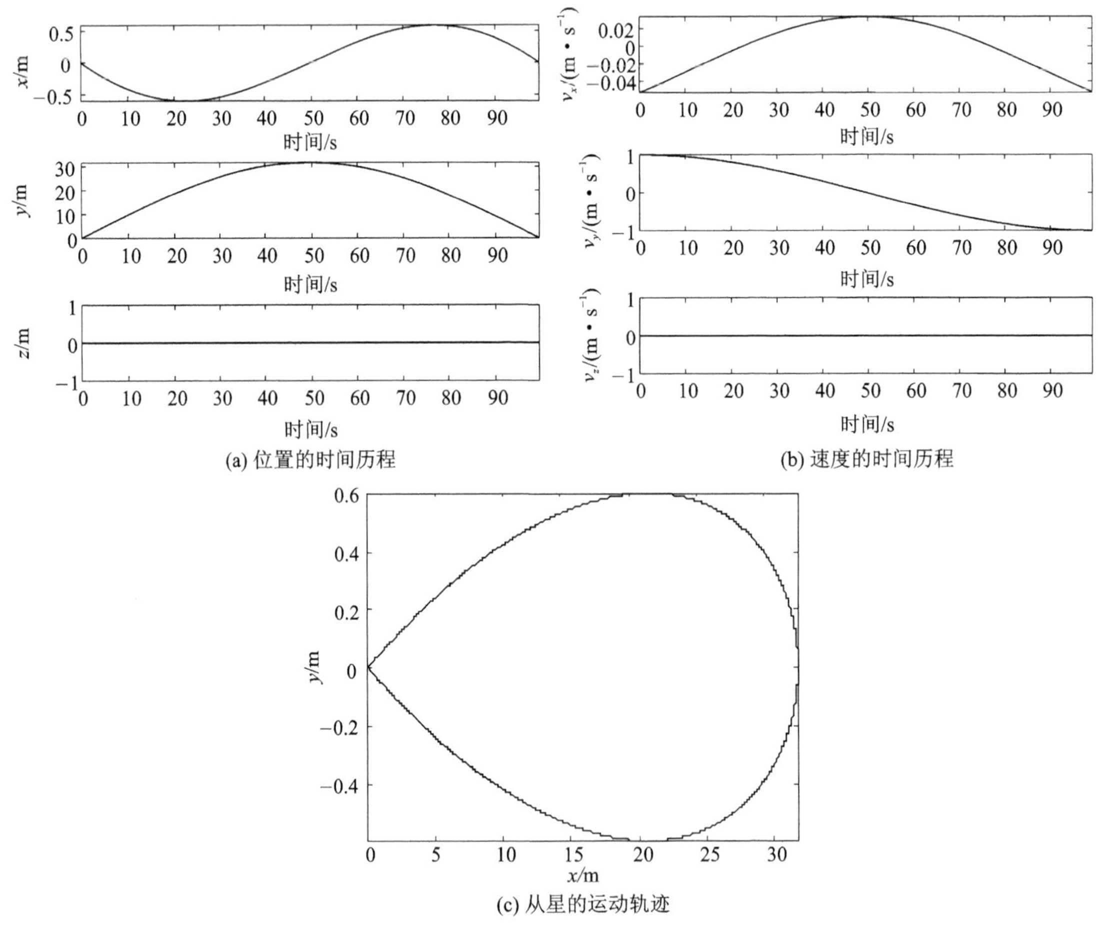

(a) 位置的时间历程　　(b) 速度的时间历程

(c) 从星的运动轨迹

图 10-21　沿±y 方向释放从星

3. 考虑沿±z 方向以 1 m/s 速度释放从星

为了保证从星能够在释放后 100 s 左右回到原处，可以通过电机在系绳上施加如下控制加速度：

$$\boldsymbol{u}=-10^{-3}\times z\times \boldsymbol{r}$$

如图 10－22 所示，z 方向的初始速度由出发时的 +1 m/s 变为到达时的 −1 m/s，也就是说，出发时弹簧由压紧到展开提供初始速度，到达时弹簧由展开到压紧储存该速度。

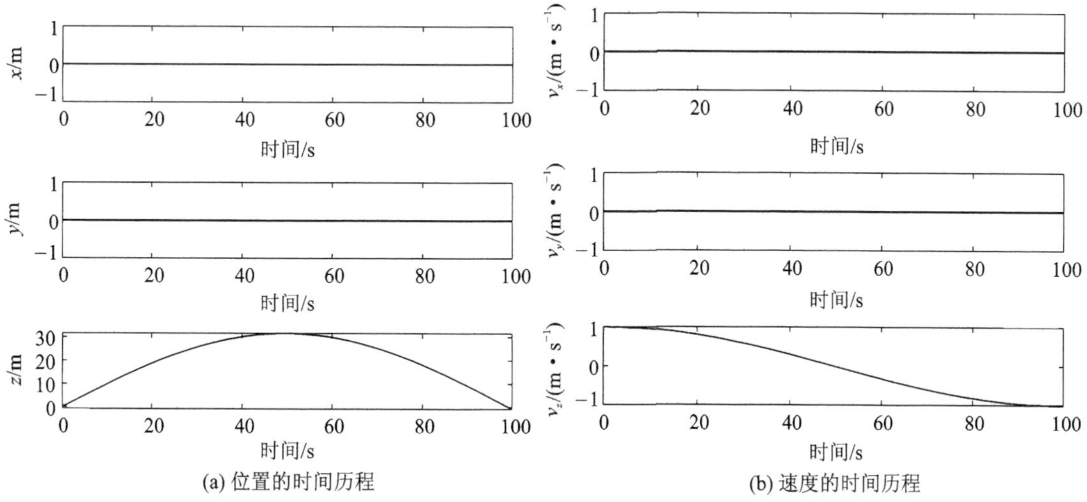

图 10－22　沿±z 方向释放从星

上述三个算例所需要的系绳张力如图 10－23 所示，三者重合表明可由同一组电机设备提供。

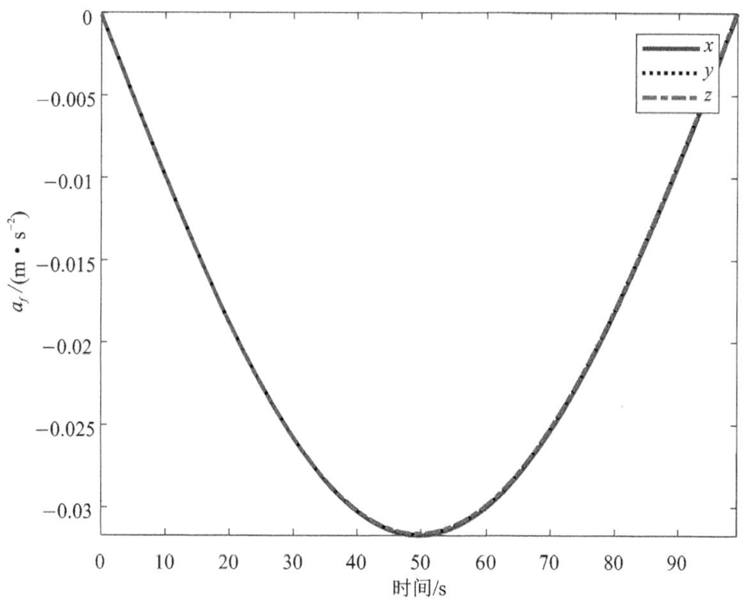

图 10－23　系绳张力加速度的时间历程

10.3.3　策略可应用性校验与分析

仿真结果证明，这种设计结构可以实现在空间无自旋飞行时向轨道坐标系各轴正负方向同时释放从星。各个方向对电机所要求力矩相同，即联动释放机构可以在保证卫星系统稳定性的同时，减少所需电机数目。

根据数值仿真结果，在释放时间为 100 s 左右时，可保持释放距离 30 m 处有一段较为稳定的工作区间，此种情况下的从星可用于在轨各方向的目标捕捉、勘测或成像等空间任务，因此有良好的机动性和实用性。

思考题

1. 说明辐射开环式绳系卫星的主要优点。
2. 如何实现任一工作平面上两对从星同时收放？

参考文献

[1] National Research Council. NASA space technology roadmaps and priorities: restoring NASA's technological edge and paving the way for a New Era in space[R]. Washington, D. C.: National Academies Press, 2012:129-130.

[2] Cartmell M P, Mckenzie D J. A review of space tether research[J]. Progress in Aerospace Science, 2008, 44(1):1-21.

[3] Padgett D A, Mazzoleni A P. Analysis and design for no-spin tethered satellite retrieval [J]. Journal of Guidance, Control, and Dynamics, 2007, 30(5): 1516-1519.

[4] Nohmi M, Yoshida S. Experimental analysis for attitude control of a tethered space robot under microgravity[C]. Proceedings of 54th International Astronautical Congress, Bremen, Germany, 2003.

第 11 章 电动泵火箭与上面级

11.1 电动泵火箭发动机调研

11.1.1 电动泵火箭发动机背景

近年来，国内外掀起了微小卫星应用研究的热潮，产生了大量的微小卫星发射需求。最初，世界航天大国纷纷利用其现役的大型运载火箭以搭载发射或以一箭多星的模式完成了许多微小卫星的发射服务，但由于其发射周期长、报价高，越来越难以满足小卫星市场进一步发展的需求。因此，世界航天界开始面向微小卫星发射服务市场，研制专用的小型运载火箭。

针对小卫星发射市场低成本、快发射、高可靠的要求，电动泵火箭发动机进入火箭设计公司的视野[1]。电动泵火箭发动机采用电动泵推进剂供给系统为液体火箭发动机供应推进剂。在电动泵系统中，电池组为系统的唯一能量来源，并通过逆变器的作用，将电池组中的直流电转变为交流电，进而驱动电机，电机则进一步带动燃料泵和氧化剂泵，提升推进剂到达推力室（见图 11-1）。

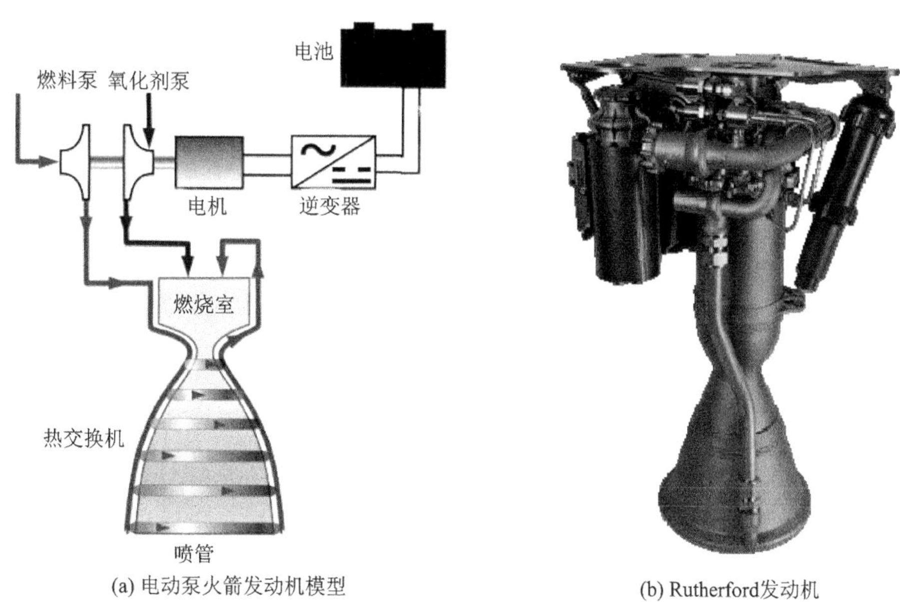

(a) 电动泵火箭发动机模型　　(b) Rutherford发动机

图 11-1　电动泵火箭发动机

电动泵推进剂供给系统的概念首次提出是 1984 年，然而受限于当时电池技术的不成熟性，电动泵系统并未得到有效的发展[2]。因此在过去的几十年里，用于液体推进剂火箭发动机的推进剂供给系统主要依靠挤压式结构和涡轮泵式结构。但是，随着过去 20 年电池技术突飞猛进的发展，电动泵推进剂供给系统的实现成为可能。迄今为止，技术最为成熟的使用电动泵系统的液体推进剂火箭发动机为 Electron 火箭上搭载的 Rutherford 发动机，经过多次试车试验及飞行任务，Rutherford 发动机已具备较高的可靠性和技术成熟度，并可用于批量生产。

Rutherford 发动机以新西兰科学家卢瑟福(Lord Rutherford)命名，是一种小型液体推进剂火箭发动机，同时它也是世界上第一款使用电动泵推进剂供给系统的液体推进剂火箭发动机。在使用电动泵系统用于简化制造工序的同时，它进一步使用了 3D 打印技术进行燃烧室、喷注器、推进剂阀门和泵的制作，在保证了可靠性的同时进一步降低了其制作成本。Rutherford 发动机通过采用双电刷直流电动机和锂聚合物电池，将燃气发生效率从传统的涡轮泵系统的 50%提升到 95%。

使用 Rutherford 发动机的 Electron 火箭是由新西兰航天公司 Rocket Lab 开发的两级运载火箭，用于覆盖商业微小卫星发射段。2016 年 12 月，Rocket Lab 宣布 Electron 火箭已具备飞行资格，其第一枚火箭发射于 2017 年 5 月 25 日并达到预定轨道高度；但所搭载的有效载荷并未成功入轨。随后的发射中 Electron 火箭取得成功，具备将 150 kg 有效载荷送至 500 km 太阳同步轨道的运载能力，并且其发射市场报价仅为 490 万美元，在小卫星市场上占有很大优势[3]。

11.1.2 电动泵推进剂供给系统特点

图 11-1 给出了电动泵压式液体火箭发动机的系统组成和工作原理示意图。其系统组成主要包括直流电池组、逆变器、控制器、电机、燃料泵和氧化剂泵、阀门和推力室等。和传统挤压式或泵压式推进剂供给系统不一样，该发动机采用电池给电机提供能源，通过电机驱动泵将推进剂输送到推力室中燃烧产生推力。其中，电池一般采用高性能的锂聚合物电池(Li-Po)，电机则采用目前技术先进的稀土无刷直流电机[4]。逆变器和控制器则是用于控制电机转速以实现流量调节。

基于电池供电的电动泵系统是传统压气式系统的可行替代品，其主要优势体现在以下几个方面：

① 低成本、快发射和高可靠。目前，由于传统技术的限制，涡轮泵压式液体火箭发动机存在循环方式复杂、系统庞杂、管路繁多、可靠性差、工艺链路复杂、制造周期长、维护困难、成本高等不足。而对于电动泵压式液体火箭发动机采用的是目前市场上成熟的电池和电机技术，成本低，并且不存在燃气发生器和涡轮等高温部件，结构简单可靠。另外，大量采用先进的钛金属和其他合金 3D 打印技术，实现了主动冷却推力室、涡轮泵、喷嘴等组件的快速设计和制造。目前，只需三天即可完成发动机系统的制造和集成，而传统工艺则需要 1 个月的时间，甚至更长。电动泵压式液体火箭的箭体和推进剂储箱还采用碳纤维复合材料，实现了整个系统的轻量化设计。

② 易实现深度变推力。现阶段，涡轮泵压式发动机主要还是通过燃气发生器来“间接”实现流量调节，调节过程复杂，精度也不高，并且由于燃气温度、喷注压降等限制，致使推力调节范围有限。例如，当通过调节发生器混合比实现流量调节，推力下降约 30%工况时，会达到发生器稳定燃烧温度下限，无法再进行 30%以下的深度调节。对于电动泵压式液体火箭发动机，在进行推力调节时，可以通过调节电池输出功率，精确调节电机转速，进而改变泵的转速，实现流量调节。由于没有燃气温度的限制，在满足推进剂喷注雾化需求的情况下，电机可以实现大范围的流量调节，并且调节过程连续，保证发动机工作稳定，提高推进剂利用率。

③ 模块化设计。与传统的运载火箭相比,电动泵压式液体火箭发动机采用模块化设计思想,提高了发动机的可靠性。根据不同的推力需求,并联相应数量的发动机,可以很大程度上满足不同的发射服务需求,避免了发动机的重复设计,节约设计成本,缩短研制周期,甚至能够将发射服务从订购到交付的时间从以往的好几年缩短为若干周。

④ 在相对较长的燃烧时间和相当高的燃烧室压力的条件下,电动泵推进剂供给系统可以有效降低推进剂供给系统的重量,减小其体积,当使用高性能的电池组时,其表现出的减重特性则更为明显。

⑤ 使用电动泵系统可实现发动机的软启动,进而减小作用在有效载荷和航电设备上的瞬时过载。

⑥ 使用高效率电机及高性能锂离子聚合物电池,可以将燃气发生效率提升到 95%左右[5]。

电动泵推进供给系统的劣势主要包括:

① 电池组的存在不可避免地增加了结构死重。

② 在推进剂质量一定时,燃烧时间越长,推进剂的质量流量越低,对应电动泵系统的功率密度将随之下降。这一现象普遍存在于泵压式推进剂供给系统中。

11.1.3　高功率密度电机调研

对于液体火箭发动机而言,涡轮泵功率一般在 MW 级别,因此,电动泵火箭发动机要应用到液体火箭发动机中,功率大、重量轻、效率更高的电机必不可少。本小节对现阶段高效率电机的发展做了调研,具体如下。

从电机分类角度来看,有直流电机和交流电机,分别为直流电驱动和交流电驱动。直流电机响应快速,起动转矩较大,从零转速至额定转速响应快;此外,直流电机要产生额定负载下恒定转矩的性能,电枢磁场与转子磁场须一直维持 90°,这就要藉由碳刷及整流子。碳刷及整流子在电机转动时会产生火花、碳粉,因此除了会造成组件损坏,使用场合也会受到限制。交流电机没有碳刷及整流子,免维护、坚固、应用广,但特性上若要达到相当于直流电机的性能,须用复杂控制技术才能达到。考虑到有刷直流电机的缺陷,无刷直流电机(BLDC)以电子换向器取代了机械换向器,所以无刷直流电机既具有直流电机良好的调速性能等特点,又具有交流电机结构简单、无换向火花、运行可靠和易于维护等优点。对于电动泵火箭发动机而言,其采用电池驱动电机,且要求结构简单、扭矩大、质量轻,因此,采用直流无刷电机是最佳选择。

就直流无刷电机发展而言,资料显示[6]:

德国 Siemens 公司 1986 年完成了 1 100 kW、230 r/min 的永磁同步电机的设计,并于次年完成了实验。其与 Schotel 公司联合生产的 SSP 吊舱式电力推进系统,使用了一台14 MW、150 r/min 的永磁同步电动机。目前,Siemens 公司宣称已拥有 1 700～5 000 kW 的潜艇用永磁电机推进系统的成套产品。

法国热蒙-施耐德(Jeumont - Schneider)工业公司 1987 年研制出了 400 kW、500 r/min 永磁电动机样机,据称它比普通电机体积减小了 30%～40%,质量也显著减轻。1990 年热蒙公司又研制出了 1 800 kW、180 r/min,13 相永磁推进电机,现宣称拥有 1 000～7 000 kW 潜艇用永磁电机推进系统的成套产品。

我国在大功率无刷直流电机方面的研究尚处于起步阶段。据资料显示,我国目前自行设计的用于驱动系统的无刷直流电机最大功率为 200 kW，与国外技术尚有较大差距。

就大功率直流无刷电机在火箭上的应用而言，目前在火箭上实际适用中的直流无刷电机只有 RocketLab 公司的 Electron 火箭，但该火箭电机参数未知，暂无公开资料，表 11-1 所列为搜集到的备选火箭用直流无刷电机数据。

表 11-1 典型直流无刷电机数据

电机	标称功率/W	功率密度/(W·kg^{-1})	效率/%	转速/(r·min^{-1})
AXi4120/14	865	2 700	85	29 000
AXi5320/18	1 600	3 300	93	16 000
Hacket A60-14L	2 100	2 800	—	7 100
Predator 37	15 000	7 890	—	5 900
Predator 30	12 500	7 100	88	5 600
Himax HC 5030-390	1 500	3 800	—	12 000
Hyperion ZS4045-10	3 000	4 800	—	10 800
Yuneec Power Drive 60	60 000	2 000	92	2 400

对于电动泵火箭发动机，转速为 10 000～40 000 r/min、功率密度为 3.8 kW/kg 及以上的电机更为适合。

11.1.4 动力电池调研

动力电池即为工具提供动力来源的电源，多指为电动汽车、电动列车、电动自行车、高尔夫球车提供动力的蓄电池。目前发展迅速、应用前景较好的电源主要有钢硫电池、燃料电池、镶钢电池、锂电池等，锂离子动力电池由于其具有高单体工作电压、高质量比能量、高体积比能量、长循环寿命、无记忆效应、低自放电率、宽工作温度范围、清洁无污染等优点，应用越来越广泛[7]。

因电池正极材料不同，锂离子电池主要分为：磷酸铁锂(LFP)、镍酸锂(LNO)、锰酸锂(LMO)、钴酸锂(LCO)、镍钴锰酸三元锂(NCM)以及镍钴铝酸三元锂(NCA)，负极材料主要采用碳材料。

就锂电池在实际市场中的应用而言，钴酸锂电池最先用在特斯拉(Roadster)上，但由于其循环寿命和安全性都较低，并不适用作为动力电池。为了弥补这个缺点，特斯拉运用了号称世界上最顶尖的电池管理系统来保证电池的稳定性[6]。钴酸锂目前在 3C 领域的市场份额很大，第二是锰酸锂电池，它最先是由电池企业 AESC 提出的。锰酸锂代表车型是日产聆风，原因是其价格低、能量密度中等，安全性一般，具有所谓的较好综合性能。然后是磷酸铁锂，作为比亚迪的主打，其稳定好、寿命长，具有成本优势，特别适用于需要经常充放电的插电式混合动力汽车；缺点是能量密度一般。三元锂电池，作为冉冉升起的新星，能量密度可达最高，但安全性相对较差。对于续航里程有要求的纯电动汽车，其前景更广，是目前动力电池的主流方向。

由于电动泵火箭发动机追求高能量密度、高功率密度，其要求类似于电动车行业，因此，锂离子电池是电动泵火箭供给系统的可行选择。

11.1.5 逆变器调研

无刷电机就本质而言使用电力电子器件替代传统的机械换向器，从而打破了交、直流调速系统之间的界限。无刷直流电机的电能最终按直流方式供给，根据直流电能的获得方式，无刷直流电机上通常有交-直-交控制系统和直-交控制系统两种主要实现方式。在交-直-交控制系统中，来自外部电网的交流电整成直流后，再通过逆变器向电机供电；而在直-交控制系统中，电源主要由蓄电池供电，直流电经斩波器调压后供给无刷电机，电机的转速通过斩波器进行调节。

对于电动泵火箭发动机而言，由蓄电池供电，通过直-交控制系统转为交流电，完成电动泵的驱动。在此处，直-交控制系统就由逆变器实现。

到目前为止，逆变器主要应用于小型电器，如手机、电脑、数码相机等；也可与发电机配套使用，减少噪声及损耗；逆变器在风能、太阳能发电过程中用来并网；此外，逆变器也可用于汽车、轮船等设备。表 11-2 列出了直流无刷电机用逆变器的参数。

表 11-2 直流无刷电机逆变器参数

型 号	功率密度/($kW\cdot kg^{-1}$)	效率/%
Jeti Advance 70 Pro	41	—
Jeti Advance 90 Pro	37	—
Phoenix ICE HV80	70.5	85
Phoenix ICE HV160	61.8	85

考虑到电动泵火箭发动机的功率及效率要求，采用 60 kW/kg 及效率 85%左右的逆变器会更合理。

11.2 电动泵火箭发动机推进剂供给系统建模与分析

11.2.1 推进剂供给系统总述

到目前为止，工程常用的火箭发动机都是化学火箭发动机。根据燃料特性分为固体火箭和液体火箭。其中，固体火箭采用预装药的方式填充推进剂，易点火，可以自维持燃烧，结构简单，通常没有活动部件，质量分数及比冲适中，推力变动程序可以预置在推进剂中；但是存在以下缺陷：一旦点燃，在耗尽推进剂前很难熄灭，不能及时节流；处理推进剂混合物易引起爆炸；推进剂填充缺陷可能堵塞喷管引发灾难性后果；添加推进剂困难。液体火箭常采用液态的燃料和氧化剂作为推进剂和氧化剂，这样可以多次启动以及可控性好等。本小节针对液体火箭发动机的推进剂系统作详细说明。

液体火箭发动机根据推进剂注入燃烧室的动力循环分为四种形式：

① 挤压循环，即推进剂通过内置储气罐中的高压气体推动推进剂进入燃烧室，但是为了保证燃烧室有足够的压强，要求储气罐的压强越高越好，而储气罐压强的提升导致整个推进剂供应系统的质量增加。因此，挤压式发动机往往用于空间在轨飞行器的反作用控制系统上(RCS)。

② 膨胀循环。为了提高燃烧室压力，且增大燃烧室推进剂的质量流量，采用涡轮泵抽取推进剂的循环方式，这就是膨胀循环。在膨胀循环中，燃料燃烧前通常被主燃烧室的余热加热。液态燃料通过在燃烧室壁里的冷却通道时变成气态。气态燃料产生的气压差推动涡轮泵转动，从而使推进剂高速进入推力室燃烧产生推力，该种方式为膨胀循环的闭式循环；而在开放循环中，只有一小部分推进剂用来驱动涡轮并抛弃，并没有注入燃烧室。排出涡轮废气使通过涡轮的气压降最大化，从而提高了涡轮泵的输出功率，但牺牲了发动机推力及效率。

③ 燃气发生器循环，也叫开式循环。燃气发生器循环是为了进一步提升涡轮泵的功率及效率，通过一个涡轮泵把燃料和氧化剂泵入预燃室。涡轮泵有几个主要部件：一个小型火箭发动机称为预燃室，涡轮通过轴给一个或两个燃料泵提供动力，从而把燃料泵入燃烧室。在开式循环中，预燃室中燃烧过的燃料会直接排出，不提供任何显著的推力，这使得开式循环效率更低。

④ 分级燃烧循环。对于燃气发生器循环，火箭发动机中推进剂如果以最佳混合比工作，其燃烧室温度达上千摄氏度，会融化在其中工作的涡轮；因此，通常以富燃或富氧的方式进入预燃室（进入燃烧室的氧化剂比例更大为富氧，反之则为富燃），以富燃方式运行煤油发动机，会有很多未燃烧的燃料以煤烟的形式冒出，高压下不完全燃烧的碳原子会形成聚合物，这个过程称为结焦。煤烟会黏在所有其经过的表面，可以堵塞喷注器甚至直接损伤涡轮本身。为了节省高压燃料，工程师们考虑将预燃室燃烧产生的废气接回燃烧室，形成了分级燃烧循环方式，即闭式循环，使原本会直接排出的废气和主燃烧室连接起来，从而提升压力，提高发动机效率。

此外，由于近些年大功率电机及高功率密度电池的发展，通过电机驱动涡轮泵才抽取推进剂，并泵入燃烧室的电动泵火箭发动机，进入科学家视野。由于采用电动泵发动机，不需要预燃室，不需要考虑富燃、富氧可能带来的危害，也不用考虑燃烧废气的利用率问题，因此，电动泵火箭发动机一经问世，就引起广泛关注。本节主要研究内容为电动泵火箭发动机的典型应用，并对比挤压式、泵压式发动机的供给系统特性，为突出其供给系统的特性，将挤压循环、膨胀循环、燃气发生器循环、分级燃烧循环及电动泵循环简化为三种推进剂供给系统：挤压式推进剂供给系统、电动泵推进剂供给系统和涡轮泵推进剂供给系统。

11.2.2 挤压式推进剂供给系统建模

对于挤压式推进剂供给系统，其简化系统模型由压缩气体储罐、压缩气体、燃料储罐和氧化剂储罐组成，忽略管路、阀门及发动机本身的质量，建立如下挤压式推进剂供给系统模型：

$$m_{\mathrm{pgs}} = m_{\mathrm{g}} + m_{\mathrm{t,g}} + m_{\mathrm{t,f}} + m_{\mathrm{t,o}} \tag{11.2.1}$$

式中：m_{pgs} 为挤压式推进剂供给系统结构总质量；m_{g} 为压缩气体质量；$m_{\mathrm{t,g}}$ 为压缩气体储罐质量；$m_{\mathrm{t,f}}$ 为燃料储罐质量；$m_{\mathrm{t,o}}$ 为氧化剂储罐质量。

设压气系统中两种推进剂储罐内的压强相等，则挤压式推进系统结构质量 m_{pgs} 与推进剂质量 m_{p} 之比可表述为燃烧室压强 p_{c} 与气体储罐初始压强 p_0 的函数：

$$\frac{m_{\mathrm{pgs}}}{m_{\mathrm{p}}} = f(p_{\mathrm{c}}, p_0) = \left(\frac{C_1}{1-\kappa_{\mathrm{pl}}\, p_{\mathrm{c}}/p_0} + C_2\right) p_{\mathrm{c}} \tag{11.2.2}$$

其中：

$$C_1=\gamma_{\rm g}\left(\frac{M_{\rm g}}{R^0T^0}+\frac{3}{2}\frac{\kappa_{\rm t,g}\rho_{\rm t,p}}{\sigma_{\rm t,g}}\right)\alpha\kappa_{\rm g}\kappa_{\rm p1}\kappa_u$$

$$C_2=\frac{3}{2}\left(\frac{\alpha\kappa_{\rm t,p}\kappa_{\rm p1}\kappa_{\rm u}\rho_{\rm t,p}}{\sigma_{\rm t,p}}\right)$$

$$\alpha=\frac{1}{\rho_{\rm f}}\frac{1}{1+\dfrac{O}{F}}+\frac{1}{\rho_{\rm o}}\frac{\dfrac{O}{F}}{1+\dfrac{O}{F}}$$

$$\kappa_{\rm p1}=\frac{p_{\rm t,f}}{p_{\rm c}}=\frac{p_{\rm t,o}}{p_{\rm c}}$$

式中：$M_{\rm g}$ 为压缩气体摩尔质量；O/F 为氧化剂-燃料质量流量比；$\gamma_{\rm g}$ 为压缩气体比热；$\kappa_{\rm g}$ 为压缩气体安全系数；$\kappa_{\rm t,g}$ 为压缩气体储箱安全系数；$\kappa_{\rm t,p}$ 为推进剂储箱安全系数；$\kappa_{\rm u}$ 为出箱体积与推进剂体积之比；$\kappa_{\rm p1}$ 为推进剂安全系数；$\rho_{\rm t,p}$ 为推进剂储箱内密度；$\sigma_{\rm t,p}$ 为推进剂储箱壁材料许用应力；$\sigma_{\rm t,g}$ 为压缩气体储箱壁材料许用应力；$\rho_{\rm o}$ 为氧化剂密度；$\rho_{\rm f}$ 为燃料密度；α 为流量系数。

11.2.3　泵压式推进剂供给系统建模

对于泵压式推进剂供给系统，简化不同的燃烧循环过程，认为其由压缩气体储罐、压缩气体、燃料储罐、氧化剂储罐、冷却剂储罐、冷却剂、涡轮、涡轮泵、燃气发生器、燃气发生器内的推进剂组成。需要注意的是，泵压式推进剂供给系统中压缩气体并非用来将推进剂储罐中的推进剂挤压到燃气发生器中，而是用于填充管路、阀门等部位的缝隙，避免气蚀。泵压式推进剂供给系统质量模型：

$$m_{\rm tps}=m_{\rm g}+m_{\rm t,g}+m_{\rm t,f}+m_{\rm t,o}+m_{\rm t,w}+m_{\rm pu}+m_{\rm tu}+m_{\rm w}+m_{\rm f,gg}+m_{\rm gg}\tag{11.2.3}$$

式中：$m_{\rm tps}$ 为泵压式推进剂供给系统的结构总质量；$m_{\rm t,w}$ 为冷却剂储罐质量；$m_{\rm pu}$ 为涡轮泵的质量；$m_{\rm tu}$ 为涡轮质量；$m_{\rm w}$ 为冷却剂质量；$m_{\rm f,gg}$ 为燃气发生器内的推进剂质量；$m_{\rm gg}$ 为燃气发生器质量。

从涡轮泵的功率角度，推导泵压式推进剂供给系统结构质量与推进剂质量的关系，此关系可表述为燃烧室压强 $p_{\rm c}$、气体储罐初始压强 p_0 和燃烧时间 $t_{\rm b}$ 的函数：

$$\begin{aligned}\frac{m_{\rm tps}}{m_{\rm p}}&=f(p_{\rm c},p_0,t_{\rm b})\\&=\frac{D'_1}{1-\kappa_{\rm p2}p_{\rm c}/p_0}p_{\rm c}+\max\left(D'_2p_{\rm c},\frac{D'_3}{m_{\rm p}^{1/3}}\right)+\\&\quad\max\left(D_4p_{\rm c},\frac{D_5}{m_{\rm p}^{1/3}}\right)+\max\left(D_9p_{\rm c},\frac{D_{10}}{m_{\rm p}^{1/3}}\right)+\\&\quad D_{11}p_{\rm c}+D_{12}\frac{p_{\rm c}}{t_{\rm b}}\end{aligned}\tag{11.2.4}$$

式中：

$$D'_1=\gamma_{\rm g}\left(\frac{M_{\rm g}}{R_0T_0}+\frac{3}{2}\frac{\kappa_{\rm t,g}\rho_{\rm t,p}}{\sigma_{\rm t,g}}\right)\alpha'\kappa_{\rm g}\kappa_{\rm p1}\kappa_{\rm u}$$

$$D'_2=\frac{3}{2}\left(\frac{\alpha_f\beta_f\kappa_{t,p}\kappa_{p1}\kappa_u\rho_{t,p}}{\sigma_{t,p}}\right)$$

$$D'_3=(4\pi)^{1/3}(3\kappa_u\alpha_f\beta_f)^{2/3}\tau_{\min}\rho_{t,p}$$

$$D_4=\frac{3}{2}\alpha_0\kappa_{t,p}\kappa_{p1}\kappa_u\frac{\rho_{t,p}}{\sigma_{t,p}}$$

$$D_5=(4\pi)^{1/3}(3\kappa_u\alpha_0)^{2/3}\tau_{\min}\rho_{t,p}$$

$$D_9=\frac{3}{2}\alpha_w\kappa_{t,p}\kappa_{p1}\kappa_u\frac{\rho_{t,p}}{\sigma_{t,p}}$$

$$D_{10}=(4\pi)^{1/3}(3\kappa_u\alpha_w)^{2/3}\tau_{\min}\rho_{t,p}$$

$$D_{11}=\frac{\left(1+\frac{W/F}{1+O/F}\right)\alpha'\kappa_{p3}}{\eta_{pu}\eta_{nu}\Delta h_{tu,s}}$$

$$D_{12}=\alpha'\kappa_{p3}\left(1\delta_{tp}+\frac{\frac{3\kappa_{gg}\rho_{m,gg}P_{gg}t_s}{2\rho_{gg}\sigma_{gg}}}{\eta_{pu}\eta_{tu}\Delta h_{tu,s}}\right)$$

$$\alpha_f=\frac{1}{\rho_f}\frac{1}{1+O/F},\quad \alpha_o=\frac{1}{\rho_o}\frac{O/F}{1+O/F},\quad \alpha_w=\frac{W/F}{\rho_w}\frac{1}{1+O/F}$$

$$\beta_f=\frac{1+k(\alpha_o+\alpha_w)p_c}{1-k\alpha_f p_c},\quad \alpha'=\beta_f\alpha_f+\alpha_o+\alpha_w$$

$$\kappa_{p1}=\frac{p_{t,f}}{p_c}=\frac{p_{t,o}}{p_c},\quad \kappa_{p3}=\frac{\Delta p_f}{p_c}=\frac{\Delta p_o}{p_c}=\frac{\Delta p_w}{p_c}$$

式中：R_0 为通用气体常数；T_0 为绝对温度；$\Delta h_{tu,s}$ 为等熵涡轮焓跳变；W/F 为冷却水-燃料质量流量比；$\delta_{t,P}$ 为推进剂储箱功率密度；κ_{p3} 为推进剂相对安全系数；ρ_{gg} 为燃气发生器内密度；$\rho_{m,gg}$ 为燃气发生器材料密度；$\rho_{t,g}$ 为压缩气体储箱内密度；k 为燃料流量修正常数；β_f为燃料流量修正系数；α_f 为燃料流量系数。

11.2.4 电动泵推进剂供给系统建模

电动泵推进剂供给系统主要包括电动泵火箭发动机，其由喷管、燃烧室、氧化剂/燃料泵、无刷同步电机、电池、各种管路、阀门及电子控制元件组成。在建立电动泵火箭发动机模型过程中，我们忽略管路、阀门、支架及电子元件等轻质元件的质量。因此，电动泵火箭发动机系统结构质量为

$$m_{eps}=m_g+m_{t,g}+m_{t,f}+m_{t,o}+m_{pu}+m_{em}+m_{inv}+m_b \tag{11.2.5}$$

式中：m_{eps} 为电动泵火箭发动机系统结构总质量；m_g 为压缩气体质量；$m_{t,g}$ 为压缩气体储罐质量；$m_{t,f}$ 为燃料储罐质量；$m_{t,o}$ 为氧化剂储罐质量；m_{pu} 为电动泵质量；m_{em} 为电机质量；m_{inv} 为逆变器质量；m_b 为电池质量。

从电动泵的功率角度，电动泵火箭发动机系统结构质量与推进剂质量的关系可表述为燃烧室压强 p_c、气体储罐初始压强 p_0 和燃烧时间 t_b 的函数：

$$\frac{m_{eps}}{m_p}=f(p_c,p_0,t_b)$$

$$
\begin{aligned}
&= \frac{D_1}{1-\kappa_{p1} p_c / p_0} p_c + \max\left(D_2 p_c, \frac{D_3}{m_p^{1/3}}\right) + \\
&\max\left(D_4 p_c, \frac{D_5}{m_p^{1/3}}\right) + D_6 \frac{p_c}{t_b} + \\
&\max\left(\frac{D_7 p_c}{t_b}, D_8 p_c\right)
\end{aligned} \tag{11.2.6}
$$

① 压缩气体与压缩气体储罐质量的和为

$$
m_g + m_{t,g} = \frac{D_1}{1-\kappa_{p1} p_c / p_0} p_c
$$

式中：

$$
D_1 = \gamma_g \left(\frac{M_g}{R_0 T_0} + \frac{3}{2} \kappa_{t,g} \frac{\rho_{t,g}}{\sigma_{t,g}}\right) \alpha \kappa_g \kappa_{p1} \kappa_u
$$

② 燃料储罐与氧化剂储罐质量的和为

$$
m_{t,f} + m_{t,o} = \max\left(D_2 p_c, \frac{D_3}{m_p^{1/3}}\right)
$$

式中：

$$
D_2 = \frac{3}{2} \alpha_f \kappa_{t,p} \kappa_{p1} \kappa_u \frac{\rho_{t,p}}{\sigma_{t,p}}
$$

$$
D_3 = (4\pi)^{1/3} (3\kappa_u \alpha_f)^{2/3} \tau_{\min} \rho_{t,p}
$$

③ 电动泵、电机及逆变器质量的和为

$$
m_{pu} + m_{em} + m_{inv} = D_6 \frac{p_c}{t_b}
$$

式中：

$$
D_6 = \alpha \kappa_{p3} \mu_{ep}
$$

④ 电池质量为

$$
m_b = \max\left(\frac{D_7 p_c}{t_b}, D_8 p_c\right)
$$

式中：

$$
D_7 = \frac{\alpha \kappa_b \kappa_{p3}}{\eta_{ep} \delta_p}
$$

$$
D_9 = \frac{\alpha \kappa_b \kappa_{p3}}{\eta_{ep} \delta_E}
$$

供给系统参数取值如表 11－3 所列。

表 11－3　供给系统参数

参　数	值	参　数	值
δ_{em}/(kW・kg^{-1})	3.8	δ_{pu}/(kW・kg^{-1})	22
δ_{inv}/(kW・kg^{-1})	60	δ_{tp}/(kW・kg^{-1})	18
η_{em}	0.8	η_{inv}	0.85
η_{pu}	0.68	η_{tu}	0.56
$T_{tu,in}$/K	900	t_s	10 ms
$p_{tu,in}/p_{tu,out}$	20	$\Delta h_{tu,s}$/(kJ・kg^{-1})	1 060

续表 11-3

参　数	值	参　数	值
W/F	0.328	$\rho_{gg}/(\mathrm{kg\cdot m^{-3}})$	6.3
$\delta_{P,Li\text{-}Po}/(\mathrm{W\cdot kg^{-1}})$	6 000	$\delta_{E,Li\text{-}Po}/(\mathrm{Wh\cdot kg^{-1}})$	130
$\delta_{P,Li\text{-}Ion}/(\mathrm{W\cdot kg^{-1}})$	2 000	$\delta_{E,Li\text{-}Ion}/(\mathrm{Wh\cdot kg^{-1}})$	220
$\delta_{P,Li\text{-}S}/(\mathrm{W\cdot kg^{-1}})$	1 200	$\delta_{E,Li\text{-}S}/(\mathrm{Wh\cdot kg^{-1}})$	350
κ_{p1}	1.8	κ_{p2}	0.3
κ_{p3}	1.5	κ_{g}	1.3
$\kappa_{t,g}$	2.4	$\kappa_{t,p}$	1.25
κ_{u}	1.05	κ_{b}	1.2
τ_{min}/mm	1	γ_{g}	1.667

11.3 不同推进剂供给系统性能的定量分析

在本节中，我们以推进剂供给系统的质量与推进剂总质量之比为指标，对已有的三种推进剂供给系统（压气系统、电动泵系统、涡轮泵系统）的性能进行了定量分析，并且针对电动泵系统，进一步分析了电池性能对其系统性能的影响，分析了系统中各组件的质量分数变化因素。具体分析结果及结论如下。

11.3.1 燃烧室气体压强对推进剂供给系统性能的影响

推进剂质量为 1 000 kg，燃烧时间为 1 000 s，气体储罐内的初始压强为 20 MPa 时，燃烧室压强-推进剂供给系统质量与推进剂质量之比曲线如图 11-2 所示。

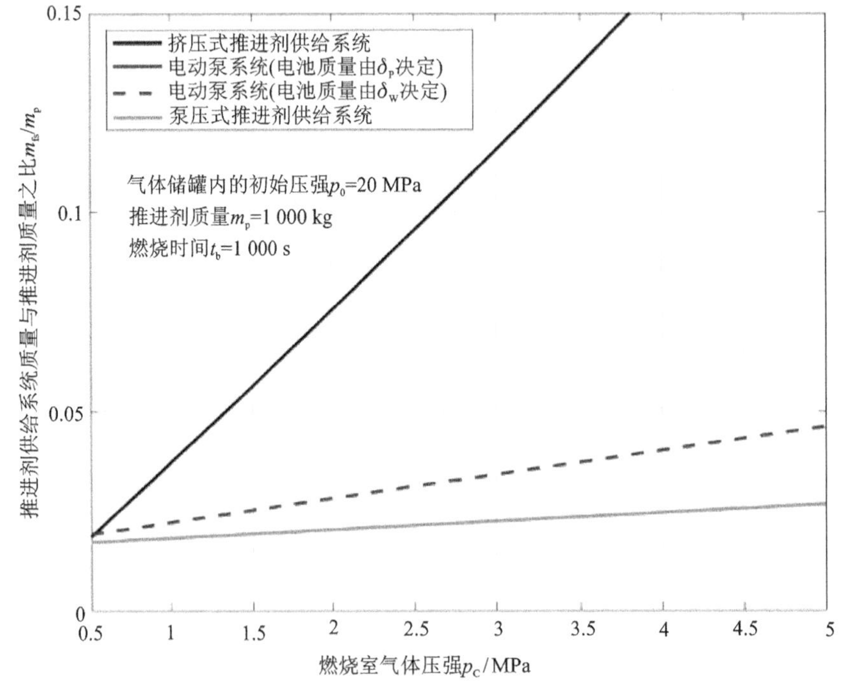

用微信扫描
二维码查看
彩色图片

图 11-2　燃烧室压强-推进剂供给系统质量与推进剂质量之比曲线

结论:随着燃烧室气体压强上升,压气系统、电动泵系统、泵压式推进剂供给系统的质量逐渐增加,且电动泵系统质量愈发小于压气系统质量;此外,从图 11-2 中可以看出,当燃烧室气体压强较低时,挤压式推进剂供给系统质量可能低于电动泵系统质量,同样电动泵系统质量也会因为燃烧室气体压强的降低而趋近于泵压式推进剂供给系统质量。

11.3.2　气体储罐内的初始压强对推进剂供给系统性能的影响

气体储罐内的初始压强与推进剂供给系统与推进剂质量之比曲线如图 11-3 所示。

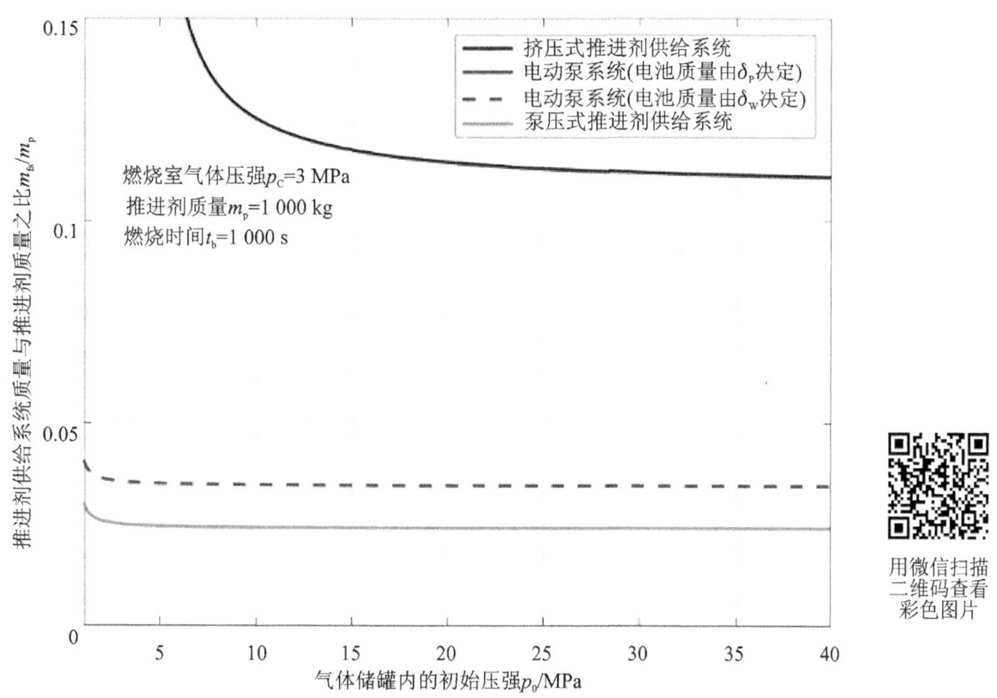

图 11-3　气体储罐内的初始压强-推进剂供给系统质量与推进剂质量之比曲线

结论:如图 11-3 所示,随着气体储罐内的初始压强上升,泵压式推进剂供给系统的质量趋于稳定,挤压式推进剂供给系统的质量逐渐减小,因此,对于泵压式推进剂供给系统,只需在气体储罐内维持一个合适的压强以避免泵的气蚀现象;此外,涡轮泵供给系统质量随着储气罐初始压强的上升,其质量总是低于电动泵供给系统质量。

11.3.3　燃烧时间对推进剂供给系统性能的影响

推进剂质量为 1 000 kg,燃烧室气体压强为 3 MPa,气体储罐内的初始压强为 20 MPa 时,推进剂供给系统的质量与推进剂总质量之比与燃烧时间的关系曲线如图 11-4 所示。

结论:如图 11-4 所示,随着燃烧时间的增加,挤压式推进剂供给系统的质量无任何变化,泵压式推进剂供给系统的质量先减小后保持稳定。因为在确定了推进剂质量后,燃烧时间越长,泵压式推进剂供给系统内的推进剂质量流量越小,进而泵压式系统的功率也随之降低。在这样的条件下,在泵压式推进剂供给系统中使用质量更轻的涡轮和体积更小的燃气发生器即可满足条件,在电动泵系统中使用质量更轻的电机和电池组即可满足条件。

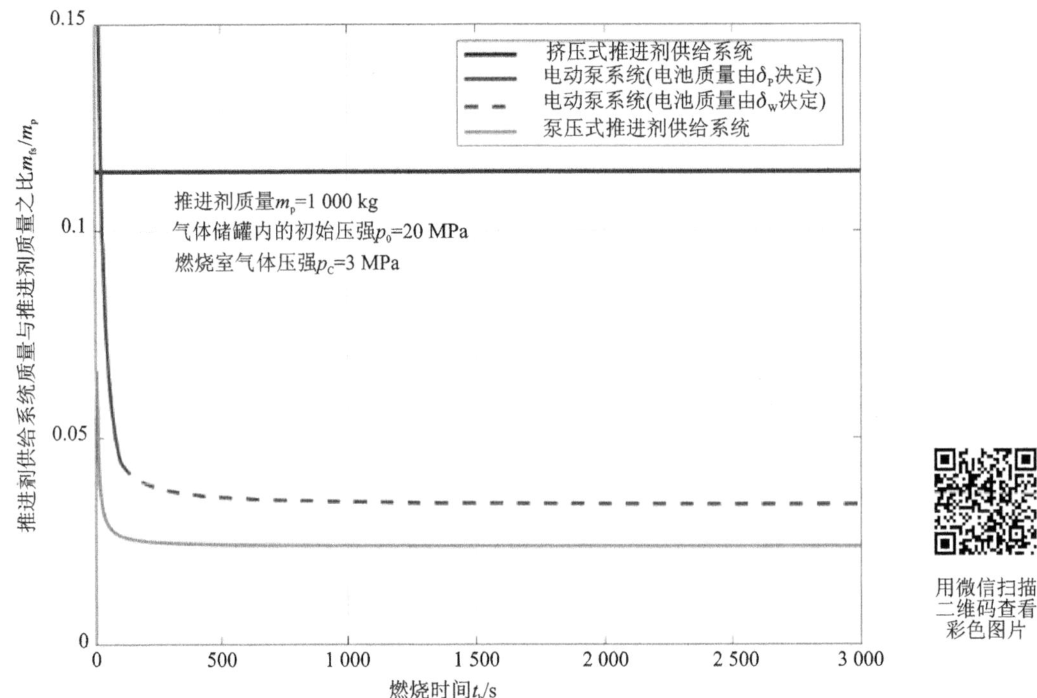

图 11－4　燃烧时间-推进剂供给系统质量与推进剂质量之比曲线

同时从图 11－4 中可以看出，当燃烧时间相对较短（小于 100 s）时，电动泵系统中的电池组质量由电池的功率密度决定；当燃烧时间相对较长（大于 100 s）时，电动泵系统中的电池组质量由电池的能量密度决定。燃烧时间的拐点由选择的电池类型决定，与电池性能直接相关。

11.3.4　电池性能对电动泵系统性能的影响

推进剂质量为 1 500 kg，燃烧室气体压强为 3 MPa，气体储罐内的初始压强为 20 MPa 时，推进剂供给系统的质量与推进剂总质量之比与燃烧时间的关系曲线如图 11－5 所示。

结论：如图 11－5 所示，给定推进剂供给系统参数时，不同的电池类型所对应的电动泵系统质量有所差异。对于高性能的锂聚合物电池，其对应的电动泵系统的质量约等于涡轮泵系统的质量；而且发动机燃烧时间越长，电动泵系统质量与涡轮泵系统质量越接近。表 11－4 所列为电池类型参数。

表 11－4　电池类型参数

电池类型	功率密度/(W·kg^{-1})	能量密度/(Wh·kg^{-1})
Li－Po	3 000	100～180
Li－Ion	6 000	130
LI－S 1 型	670	350
LI－S 2 型	2 000	220

从图 11－5 中的曲线可知，在相同条件下，电动泵质量一般大于涡轮泵质量。但是，相比于使用燃气涡轮作为燃料供给的主驱动装置，使用电机则具有以下几个较为明显的优势：①在发动机工作时，使用电动泵系统更容易调节推进剂的混合比(O/F)；②使用电动泵系统可实现发动机的软启动，进而减小作用在有效载荷和航电设备上的瞬时过载；③在推进剂供给系统设计的层面，电动泵系统的设计比同尺寸涡轮泵系统设计更简单。随着电池技术和电机技术的不断进步，电动泵系统质量上的劣势将被不断缩小，甚至超越涡轮泵系统。

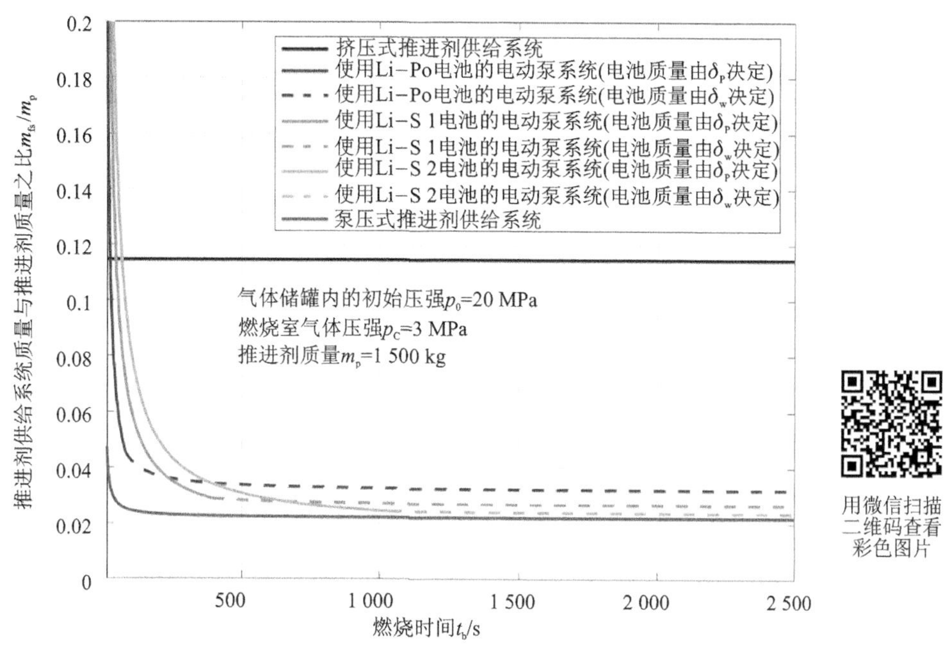

图 11－5　燃烧时间-推进剂供给系统质量与推进剂质量之比曲线(不同类型电池)

11.3.5　电动泵系统中各组件的质量分数变化分析

推进剂质量为 1 000 kg，燃烧室气体压强为 1.5 MPa，气体储罐内的初始压强为 20 MPa 时，电动泵系统中各组件质量与推进剂总质量之比与燃烧时间的关系曲线如图 11－6 所示。

结论：从图 11－6 中可以看出，电动泵供给系统各组件的质量分数均随着燃烧时间的增长而降低；此外，电动泵供给系统中电池的质量在推进剂给定且燃烧时间达到一定时间后，其占比保持不变；而电机本身的质量在燃烧时间较短时占比较高，随着燃烧时间的延长，其占比逐渐降低；电机逆变器的质量在电动泵供给系统中占比最少，而且当燃烧时间较长后，其占比减小至极小。

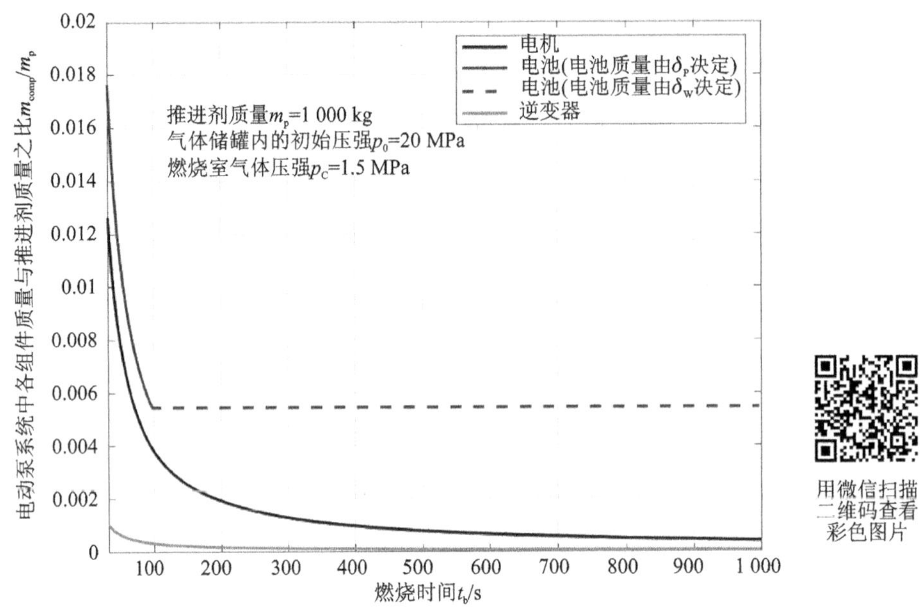

图 11-6　燃烧时间-电动泵中各组件系统质量与推进剂质量之比曲线

11.4　电动泵火箭发动机的火箭上面级应用

上面级是多级火箭的第一级以上的部分,通常为第二级或第三级。上面级最早是用来完成地球低轨道发射任务的,其作用介于运载火箭和航天器之间,既有自主轨道机动能力,在轨飞行时间又长。它一般可以多次启动点火,满足不同的发射任务需求,可以将一个或多个载荷送入指定轨道,被形象地称为“太空巴士”或“太空摆渡车”。如今,它的功能已经发展到完成从低轨道到同步转移轨道、地球同步轨道、太阳同步轨道等各种轨道的有效载荷运送,并成为在轨机动、航天器返回地球等航天活动的主角。运载火箭的运载能力在很大程度上取决于上面级。上面级有助于提高运载火箭任务的灵活性,受到了世界各航天强国的普遍重视。美国的半人马座、俄罗斯的微风和护卫舰都是著名的上面级,都具备多星多轨道发射能力,可用于快速组网。因此,研究电动泵火箭发动机在上面级中的应用是必要的。

此外,自 1981 年 4 月 12 日 NASA 发射首个航天飞机开始,在之后的 30 年时间里,NASA 的哥伦比亚号、挑战者号、发现号、亚特兰蒂斯号和奋进号航天飞机先后共执行了 135 次任务,帮助建造国际空间站,发射、回收和维修卫星,开展大量科学研究。由于航天飞机可重复使用、维护方便、发射程序简化,且执行任务灵活,在人类航天发展史上留下了浓厚的一笔。虽然美国航天飞机因高昂的维护及发射费用以及安全性的考量,最终于 2011 年 7 月 21 日全部退役,但是航天飞机的可重复使用理念还是受到各国高度关注,进入 21 世纪,空天飞机的研制提上日程,其同样具有可重复使用、长期在轨飞行、水平着陆等特性。近日美国的 X-37B 飞行器完成了其第五次飞行,本次在轨飞行时长达 780 天,突破了之前的纪录,表明空天飞机的发展更加成熟。考虑到空天飞机具有类似于上面级以及卫星的功能,本节也对电动泵火箭发动机在空天飞机中的使用作了分析。

11.4.1　电动泵火箭发动机在火箭上面级中的应用

当前各国开发的上面级中,比较出色的有美国的半人马座上面级、俄罗斯的 Fregat 上面级,以及国内的远征系列上面级等各类上面级。本小节选取 Fregat 上面级作为研究对象。Fregat 上面级已经发展出 6 个大的系列,包括 Fregat、Fregat - M、Fregat - MT、Fregat - SB、Fregat - SBU、Fregat - 2,各个型号均有大推力模式及小推力模式。本小节采用 Fregat 小推力模式的上面级,具体参数如表 11 - 5 所列。

表 11 - 5　Fregat 上面级参数(小推力版)

长度/m			1.5
直径/m			3.35
总质量/kg			6 380
空质量/kg			930
发动机	S5.92	推力/kN	13.73
		质量流量/(kg·s^{-1})	4.332 0
		推进剂	$UDMH/N_2O_4$
		比冲/s	323.265 3
		燃烧室气体压强/MPa	9.81

由涡轮泵供给系统质量模型计算得到涡轮泵供给系统各分系统质量如表 11 - 6 所列。在将涡轮泵供给系统改为电动泵供给系统时,保证供给系统质量与推进剂的质量和不变的情况下,对电动泵火箭发动机的燃烧室压力进行优化,最终得到如图 11 - 7 所示的曲线。需要注意的是,由 11.3.2 节所述,当推进剂供给系统压缩气体储罐初始压强超过一定值后,其对推进剂供给系统质量降低贡献很少,因此,本节中默认压缩气体初始压强为 20 MPa。从图 11 - 7 中可以看出,随着燃烧室压力的提升,电动泵供给系统质量提高,所携带的推进剂质量减小,结构比(推进剂供给系统质量/推进剂质量)提高,发动机总冲减小。反过来,只有当电动泵火箭发动机燃烧室压强低于 9.1 MPa 时,电动泵供给系统综合性能才能优于涡轮泵供给系统,总冲更高。

表 11 - 6　Fregat 上面级涡轮泵分系统质量

气体储罐质量(含压缩气体)/kg	燃料储罐质量/kg	氧化剂储罐质量/kg	冷却剂储罐质量(水)/kg	燃气发生器和冷却剂质量/kg	涡轮泵和燃气发生器质量/kg	供给系统总质量/kg
131.422 3	84.041 4	86.135 2	0	173.992 2	3.294 6	478.885 6

以上部分考虑了燃烧室压强对电动泵推进剂供给系统的影响,但是未考虑电动泵供给系统由锂电池驱动,可以通过空间在轨充电的方式实现多次循环使用。因此接下来考虑在电动泵供给系统与泵压式供给系统具有相同的发动机配置,且满足推进剂供给系统质量与推进剂质量和为定值的前提下,调整电动泵供给系统单次工作时长,寻找最优的推进剂供给系统及推进剂质量分配方式,得到如图 11 - 8 所示结果。

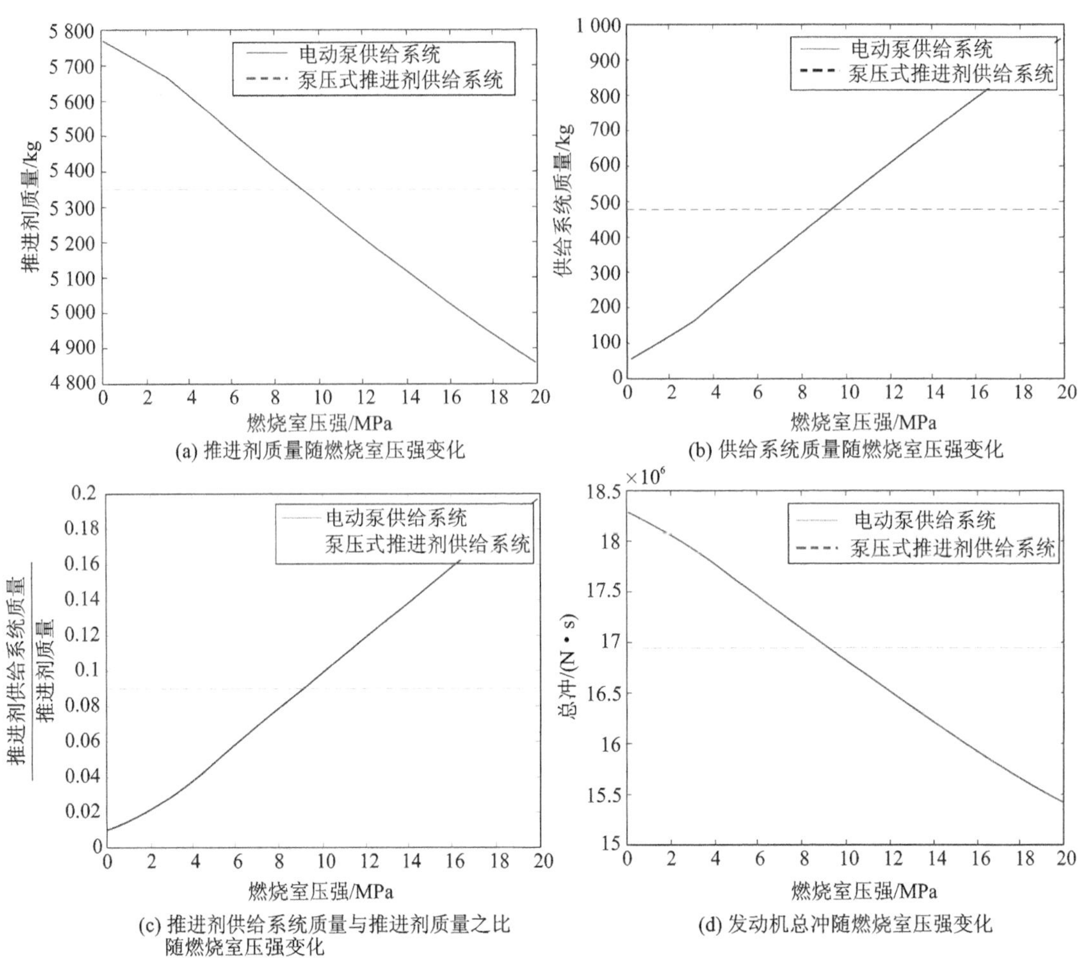

(a) 推进剂质量随燃烧室压强变化

(b) 供给系统质量随燃烧室压强变化

(c) 推进剂供给系统质量与推进剂质量之比随燃烧室压强变化

(d) 发动机总冲随燃烧室压强变化

图 11-7 Fregat 上面级电动泵系统与泵压系统燃烧室压强对比

表 11-7 某型概念设计空天飞行器总体参数

总质量/kg			4 990
空质量/kg			3 500
有效载荷/kg			227～272
发动机	AR2-3	推力/N	29 341
		质量流量/(kg·s^{-1})	12.170 6
		燃烧室压强/MPa	3.85
	R-4D (2 台)	推力/N	489
		质量流量/(kg·s^{-1})	0.158
		燃烧室压强/MPa	0.75

从图 11-8 中可以看出，在电动泵供给系统单次工作时长低于 1 055 s 时(相应涡轮泵供给系统总工作时长为 1 235 s)，电动泵供给系统总冲与泵压式供给系统相同，且随着单次工作时长减小，电动泵系统总冲增大；当单次工作时长小于 150 s 时，总冲不变，主要原因是，对于

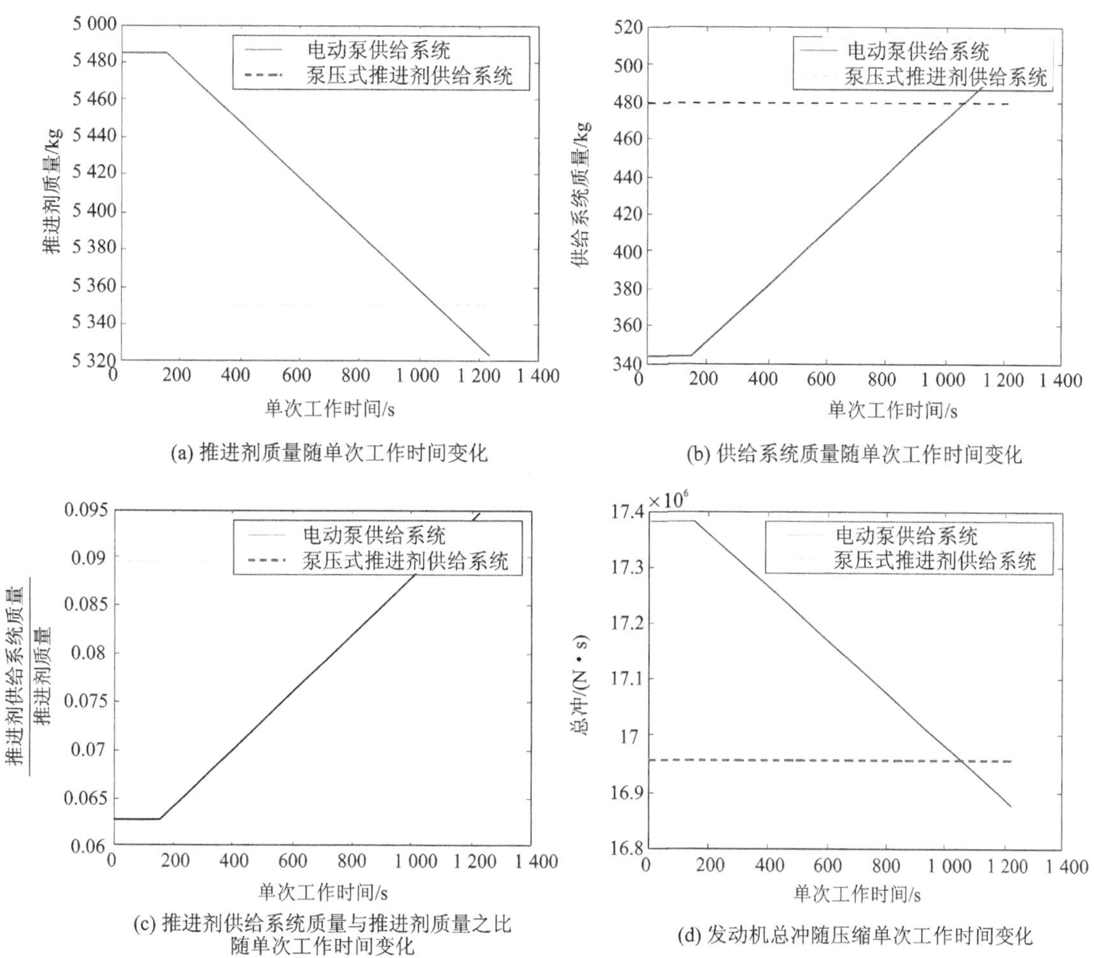

(a) 推进剂质量随单次工作时间变化

(b) 供给系统质量随单次工作时间变化

(c) 推进剂供给系统质量与推进剂质量之比随单次工作时间变化

(d) 发动机总冲随压缩单次工作时间变化

图 11－8　Fregat 上面级电动泵系统与泵压系统单次工作时间对比

电动泵系统，工作时长主要影响电池的质量，工作时长越小，电池单次充电蕴含的能量更小，质量更轻；但是要求电动泵供给系统功率要与涡轮泵供给系统一致，即电动泵供给系统有功率下限约束，如 11.2.1 小节结论。当工作时间小于一定值时，电池的质量主要由功率密度决定，因此出现了图 11－8 中单次工作时长小于 150 s 时效率不再提升的结果。

11.4.2　电动泵火箭发动机在空天飞行器中的应用

对于电动泵火箭发动机在空天飞行器中的应用，本小节参考对象为某型概念设计空天飞行器，其总体参数如表 11－7 所列。

该空天飞行器有两种构型。A 型采用一台 AR2－3 发动机（过氧化氢-煤油）、混合比为 6.5 的挤压式推进剂供给系统（过氧化氢冷却）；B 型采用两台 R－4D 发动机（四氧化二氮——甲基肼推进剂），混合比为 1.65 的泵压式推进剂供给系统（辐射冷却）。

为验证该空天飞行器的机动能力，本小节假设空天飞行器携带最少有效载荷（227 kg），即推进剂质量最大（1 263 kg）；接下来分别对两种构型的飞行器与采用电动泵供给系统的假想构型进行对比分析。

1. 构型 A 与电动泵火箭发动机构型 A_{eps}

(1) 构型 A 与构型 A_{eps} 发动机参数相同

对于采用泵压式推进剂供给系统的构型 A，应用 11.2.3 小节中泵压式推进剂供给系统质量模型，得到构型 A 供给系统质量，如表 11-8 所列。

表 11-8 构型 A 涡轮泵供给系统质量

气体储罐质量（含压缩气体）/kg	燃料储罐质量/kg	氧化剂储罐质量/kg	冷却剂储罐质量(水)/kg	燃气发生器和冷却剂质量/kg	涡轮泵和燃气发生器质量/kg	供给系统总质量/kg
9.678 2	5.179 1	11.639 2	0	14.081 9	3.095 7	43.674 1

发动机工作时长 43.674 1 s，总冲 $3.044\ 9\times10^6$ N·s。推进剂供给系统质量与推进剂总质量为 1 306 kg。

对于采用电动泵推进剂供给系统的构型 A_{eps}，固定发动机参数，优化其推进剂质量及压缩气体储罐初始压强，满足电动泵推进剂供给系统质量与推进剂总质量 1 306 kg，即与构型 A 一致，得到其最优解，如图 11-9 所示。

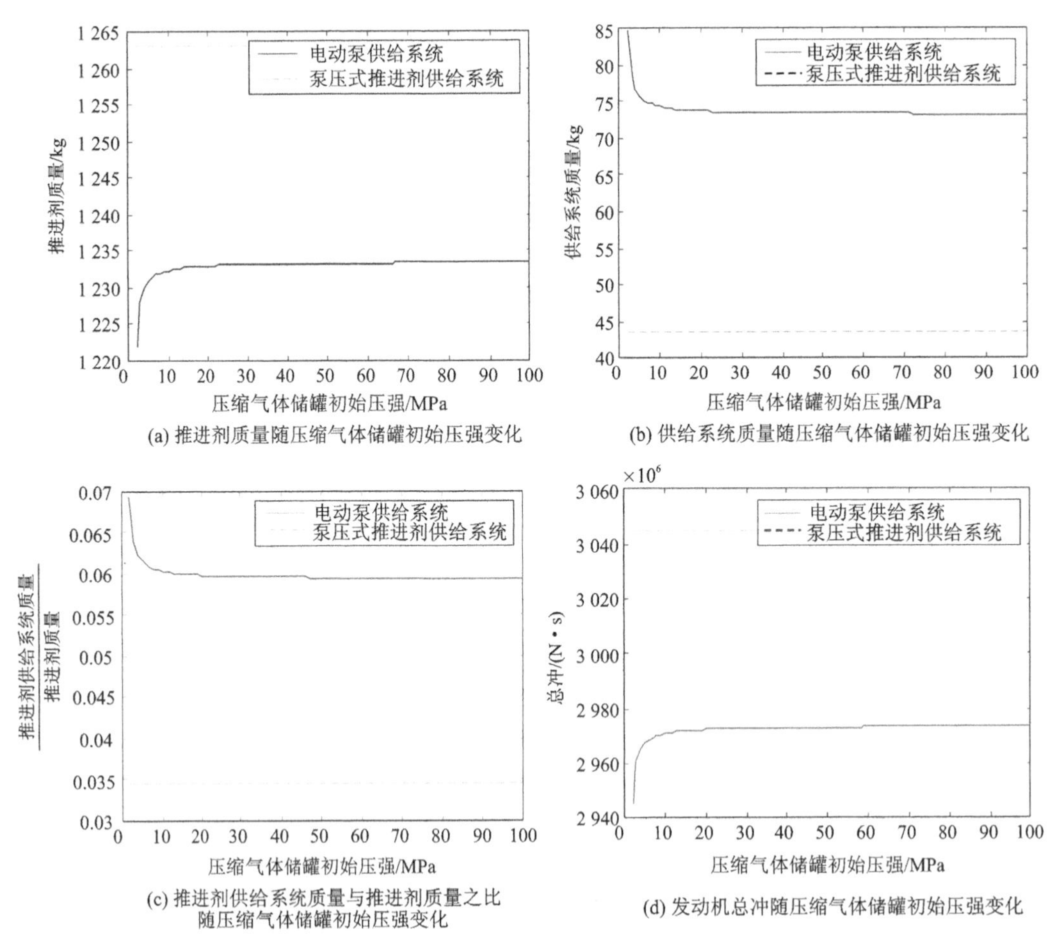

(a) 推进剂质量随压缩气体储罐初始压强变化

(b) 供给系统质量随压缩气体储罐初始压强变化

(c) 推进剂供给系统质量与推进剂质量之比随压缩气体储罐初始压强变化

(d) 发动机总冲随压缩气体储罐初始压强变化

图 11-9 空天飞行器构型 A 电动泵系统和泵压系统压缩气体储罐初始压强对比

从图 11-9 中可以看出，电动泵推进剂供给系统质量大于泵压式推进剂供给系统（增重

31～40 kg)，且其总冲随着压缩气体储罐初始压强的增大而增大，结构比(推进剂供给系统质量与推进剂质量之比)减小，但当压缩气体储罐初始压强超过 10 MPa 后，改善效果微弱。

(2) 对构型 A_{eps} 的发动机参数优化

考虑对电动泵发动机参数燃烧室压强进行优化，由 11.3.2 小节分析得到，当推进剂供给系统压缩气体储罐初始压强超过一定值后，其对推进剂供给系统质量降低贡献很少。因此，本小节中默认压缩气体初始压强为 20 MPa，泵压式发动机各系统质量及总冲与表 11－8 中一致，同样要求在优化过程中电动泵推进剂供给系统质量与推进剂质量和有上限。该上限值为泵压式推进剂供给系统质量＋泵压式供给方式的推进剂质量。此外，考虑到实际发动机比冲与燃烧是压强的关系，燃烧室压强范围有限，这里取下限为 0.5 MPa，上限取 8 MPa。针对不同燃烧室压力寻优，得到如图 11－10 所示曲线。

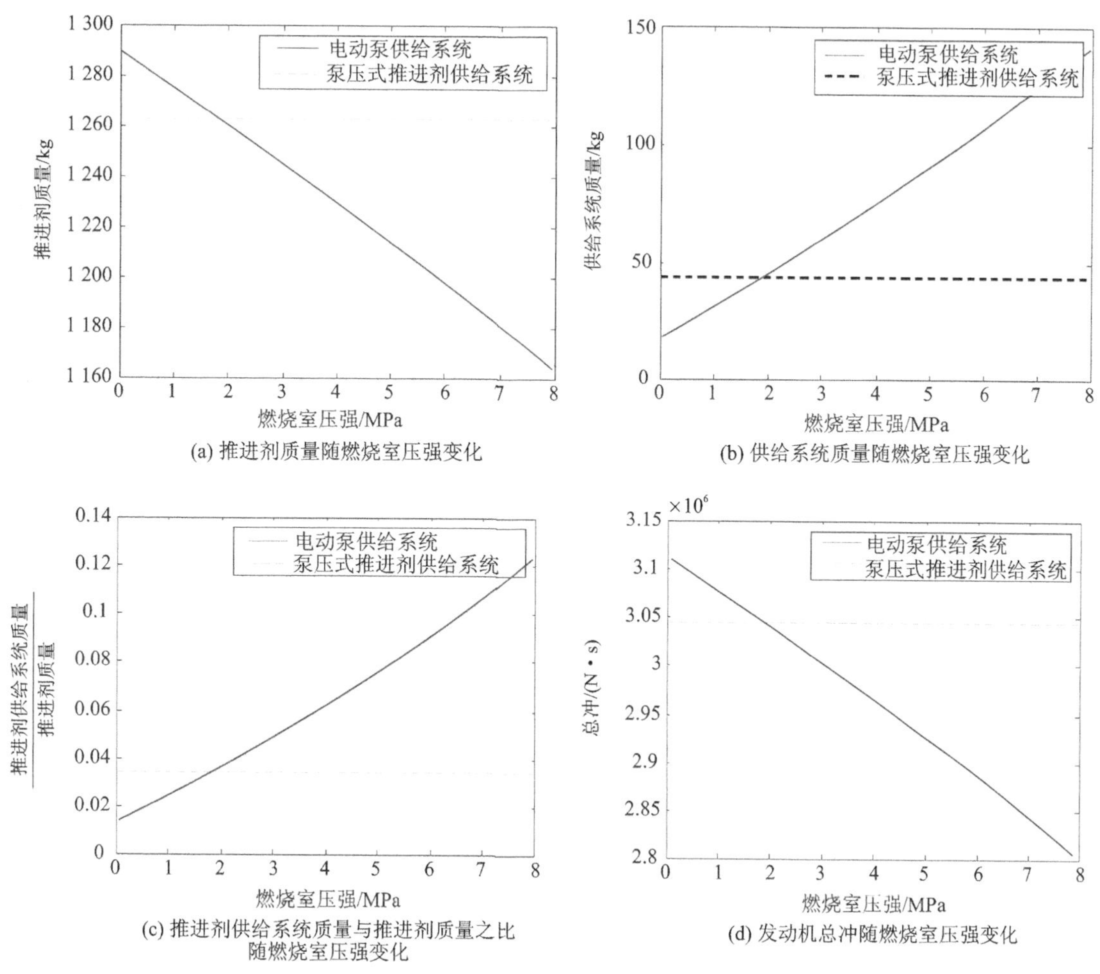

图 11－10　空天飞行器构型 A 电动泵系统和泵压系统燃烧室压强对比

由上述曲线可知，原始 AR2－3 涡轮泵发动机燃烧室压强 3.85 MPa 下，电动泵供给系统质量更大，总冲更小，随着燃烧室压强的降低，推进剂质量增大，电动泵供给系统结构比(推进剂供给系统质量/推进剂质量)减小，发动机总冲增大。当燃烧室压强降低至 1.83 MPa 时，电动泵供给系统结构比(推进剂供给系统质量/推进剂质量)与泵压式供给系统一致，总冲相等；

燃烧室压强更低时，电动泵供给系统结构比更小，总冲更大，效果优于泵压式供给系统。

以上部分考虑了燃烧室压强对电动泵推进剂供给系统的影响，但是未考虑电动泵供给系统由锂电池驱动，可以通过空间在轨充电的方式实现多次循环使用。因此接下来考虑在电动泵供给系统与泵压式供给系统具有相同的发动机配置，且满足推进剂供给系统质量与推进剂质量和为定值的前提下，调整电动泵供给系统单次工作时长，寻找最优的推进剂供给系统及推进剂质量分配方式，得到如图 11-11 所示结果。

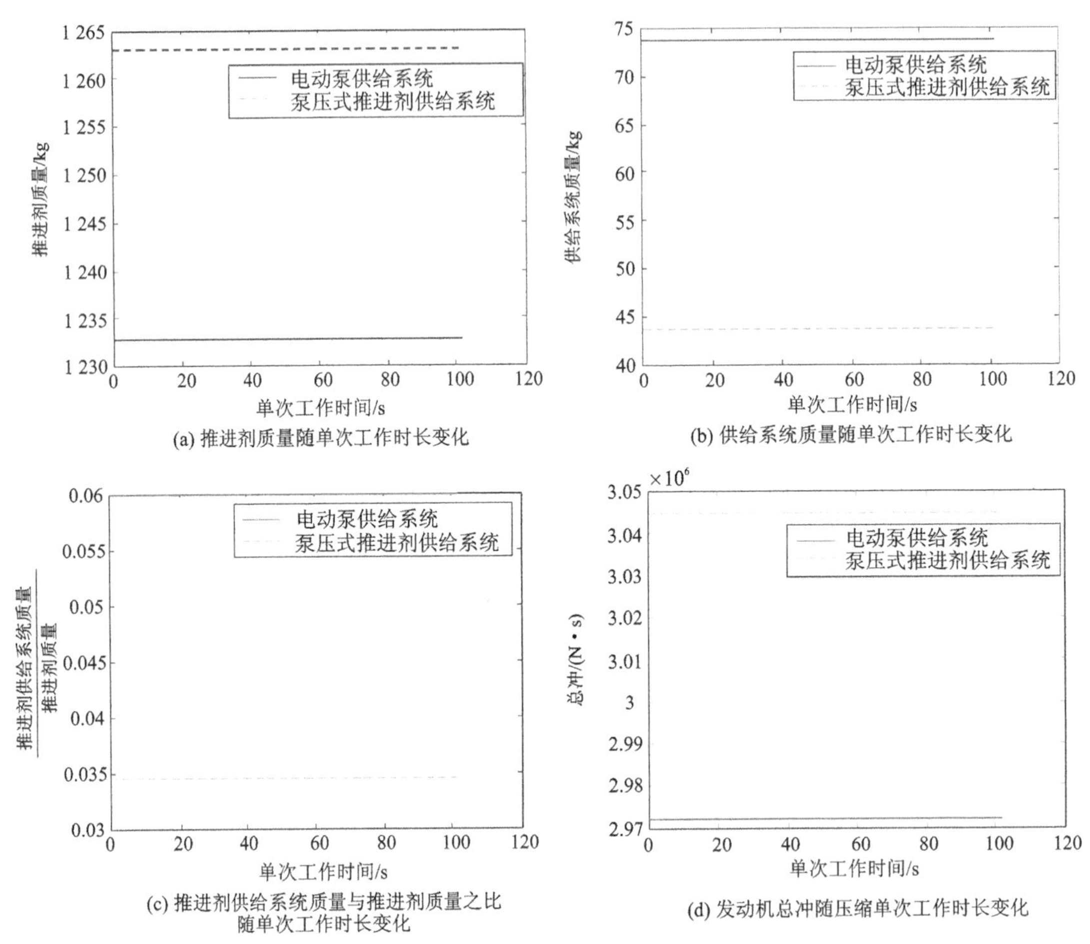

图 11-11　空天飞行器电动泵系统与泵压系统对比

从图 11-11 的结果可以看出，缩短电动泵供给系统单次工作时长，发现总冲没有任何改变，其原因为在该型空天飞行器上，发动机工作时间短，只有 103 s。如前文所述，在较短的工作时间内，电动泵系统电池质量主要由功率密度决定，而非能量密度，从而证明了在在如此短的工作时间内，电动泵系统电池质量不会降低，从而不会带来任何结构质量的减轻以及总冲的提高。

2. 构型 B 与电动泵火箭发动机构型 B_{eps}

(1) 构型 B 与构型 B_{eps} 发动机参数相同

对于采用挤压式推进剂供给系统的构型 B，应用 11.2.2 小节中挤压式推进剂供给系统质量模型，得到构型 B 供给系统质量，如表 11-9 所列。

表 11-9 构型 B 挤压式推进剂供给系统质量

气体储罐质量 (含压缩气体)/kg	燃料+氧化剂储罐 质量/kg	供给系统 总质量/kg
12.015 1	18.023 5	30.038 6

发动机工作时长 3 996.8 s,总冲 $1.954\ 5\times10^6$ N·s,推进剂供给系统质量与推进剂总质量为 1 293 kg。

对于采用电动泵推进剂供给系统的构型 B_{eps},固定发动机参数,优化其推进剂质量及压缩气体储罐初始压强,满足电动泵推进剂供给系统质量与推进剂总质量为 1 293 kg,即与构型 B 一致,得到其最优解,如图 11-12 所示。

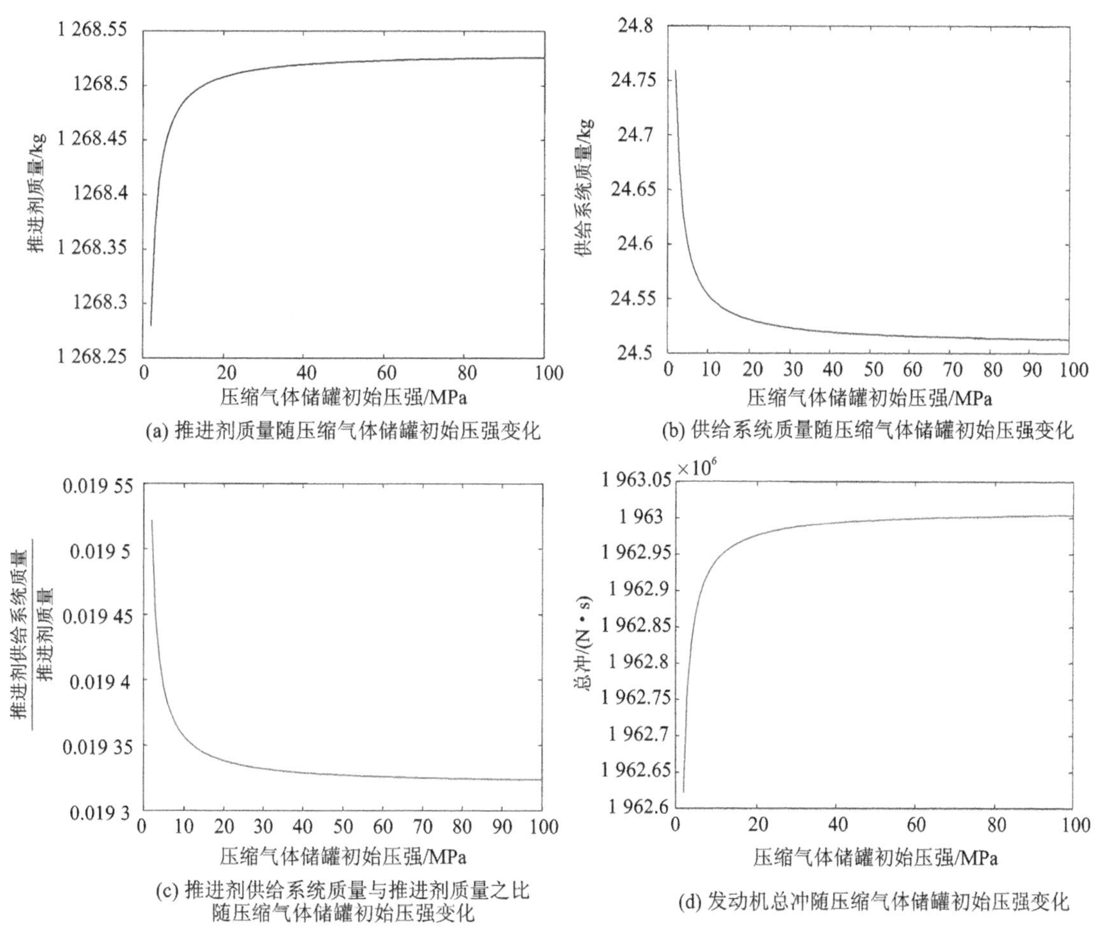

(a) 推进剂质量随压缩气体储罐初始压强变化

(b) 供给系统质量随压缩气体储罐初始压强变化

(c) 推进剂供给系统质量与推进剂质量之比随压缩气体储罐初始压强变化

(d) 发动机总冲随压缩气体储罐初始压强变化

图 11-12 空天飞行器构型 B 电动泵系统数据

从图 11-12 中可以看出,电动泵供给系统结构质量低于挤压式推进剂供给系统质量(减重 6 kg 左右),且其总冲随着压缩气体储罐初始压强的增大而增大,结构比(推进剂供给系统质量/推进剂质量)减小,但当压缩气体储罐初始压强超过 20 MPa 后,改善效果微弱。

结论:从本节分析可以看出,电动泵火箭发动机效率及结构比均要优于挤压式发动机,总重相同的情形下,电动泵火箭发动机质量更轻,航天器可携带的推进剂更多或是有效载荷更大，比冲更高，机动效果更好。对比涡轮泵火箭发动机，可以发现，在较高燃烧室压情形下，涡轮泵发动机结构质量更轻，相同总重下可以携带更多推进剂质量，发动机总冲较大；但是当燃烧室压减小到一定程度时，同样总重下，电动泵火箭发动机结构比更小，可以提供更多推进剂，总冲更大。此外，由于电动泵火箭发动机可以通过空间在轨重复充放电，发动机多次开关机，但是要求单次工作时间不能太小，即至少要超过由电池功率密度决定质量的工作时长，才会有结构比更小，提供的总冲更大的可能。

3. 空天飞行器轨道机动实例

为了充分发挥电动泵发动机多次充放电的优势，即限制发动机单次工作时长，本节以 X－37B 为参考对象，构建了一条 200～800 km 高度圆轨道的转移仿真案例，主要研究在考虑光照及充电约束下对轨道转移时间的影响，为此简化轨道转移过程为多次理想霍曼转移。

图 11－13 和表 11－10 表明，考虑光照及充电条件后，使用电动泵发动机实现轨道抬升，相比不考虑光照及充电约束（即，传统轨道转移），轨道转移时间增加了 141.7%。此外，从图 11－13(d)可以看出，随着最大充电时间的增加，轨道转移时长增加，但是当充电时间接近半个目标轨道周期（0.7 h，也是就传统单次轨道转移时长）时，轨道转移时间变化不大，这也为合理设计电池容量提供了参考，即空天飞行器发射前根据其机动任务，选择充电时间接近传统轨道转移时间的容量即可。

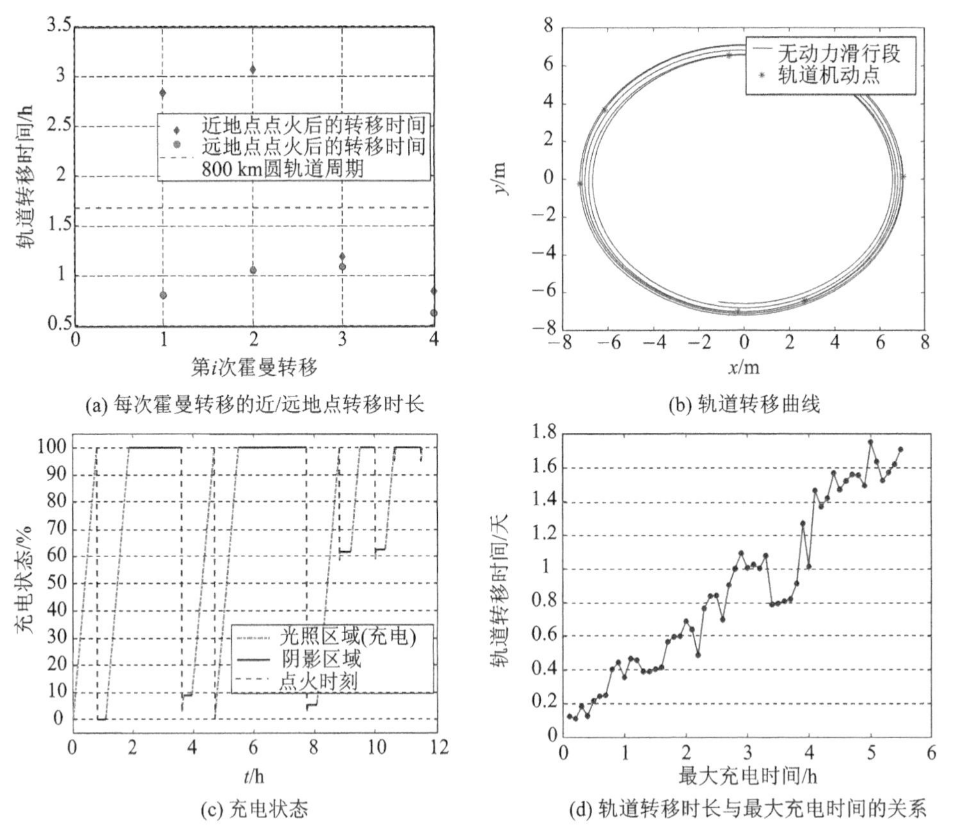

图 11－13　多次霍曼转移(前三幅图最大充电时长为 0.8 h)

表 11-10 每次霍曼转移过程发动机点火时长(最大充电时长 0.8 h)

第几次霍曼转移	1	2	3	4
近地点点火时长/s	1 050	1 050	437.11	53.59
远地点点火时长/s	1 019.86	1018	431.35	53.50

思考题

1. 什么是电动泵火箭？并简述电动泵推进剂供给系统的特点。
2. 不同推进剂供给系统的性能在哪些方面有区别？
3. 电动泵火箭发动机的火箭上面级应用包括哪些内容？

参考文献

[1] Rachov P A P. Electric feed systems for liquid-propellant rockets[J]. Journal of Propulsion and Power. 2013,29(5):1171-1180.

[2] Long Lehao. Missile and space series/liquid ballistic missile and launch vehicle series-overall design (Vol. 1)[M]. Beijing: Aerospace Press, 1992.

[3] 王晓远,高鹏,赵玉双. 电动汽车用高功率密度电机关键技术[J]. 电工技术学报,2015,30(6):53-59.

[4] 刘晓林. 潜艇永磁无刷直流电机[D]. 哈尔滨:哈尔滨工程大学,2002.

[5] 刘焱,胡清平,陶芝勇,等. 锂离子动力电池技术现状及发展趋势[J]. 中国高新科技,2018(7):58-64.

[6] 于广. 电动汽车动力电池管理系统研究与设计[D]. 济南:山东大学,2016.

[7] 刘国芳,赵立金,王东升. 国内外锂离子动力电池发展现状及趋势[J]. 汽车工程师, 2018(3):11-13.

第 12 章　分布式月球软着陆系统

基于我国对月球探测的远期规划以及载人登月的技术要求，本章提出了一种新型的集群化多功能载人月面着陆与上升飞行器方案设计，以契合未来我国采取载人空间站的发展战略。首先，本章采用集群模块化设计，将原本单一的登月舱进行解构，划分为指令舱、服务舱、运载航天员的登月舱以及功能模块，其中功能模块包括探测舱、仪器实验舱、通信舱、能源舱，以及包含燃料、食物和水等的后勤舱。集群化设计方案可从登月舱分拆出探测、通信、能源获取、后勤补给等功能，并为实现更多的月面任务提供足够的空间。其次，对载人飞行器的月面着陆与上升方案以及飞行程序进行阐述，保证飞行器在月球探测过程中有序高效地执行任务。最后，通过在轨分离及编队重构、激光通信链路等技术的可行性分析对本章提出的方案进行论证。

12.1　月球探测器国内外研究现状

人类的探月活动从 20 世纪 50 年代开始持续至今，出现了美国的阿波罗计划、苏联“月球”系列、中国嫦娥探月工程等许多有代表性的月球着陆任务。

阿波罗计划是美国 1961—1972 年实施的一系列载人航天任务，目的是进行载人登月以及对月球的探索，计划的成功对世界有划时代的意义。其中，1969 年阿波罗 11 号载人飞船的成功登月并返回地球将此项计划推向了高潮，如图 12－1 所示。阿波罗计划提出了极具创新性的月球轨道交会的载人登月方案，攻克了登月所需的燃料电池技术、长期生命保障技术、飞船交会与对接技术、计算机控制技术、远程通信技术、飞船机动与变轨技术、舱外活动技术、载人登月舱级间分离技术、月面软着陆技术等[1]。阿波罗飞船从月球表面带回了大量样品和科学数据，使人类加深了对月球的认识，对人类进一步了解月球做出了巨大的贡献。阿波罗计划虽然成功，但成本高，燃料利用不合理，增加了方案的不可靠性。

图 12－1　阿波罗 11 号

苏联 1958—1976 年实施了“月球”系列探月计划，如图 12－2 所示，进行了除载人登月外几乎所有的探月活动。1959 年发射的月球 2 号实现了人类第一次将物体降落到月球上的壮举，同年发射的月球 3 号首次为人类带回了月球背面的照片。1966 年发射的月球 9 号实现了人类首次在月球进行软着陆，同年发射的月球 10 号实现了首次绕月探测。1970 年发射的月球 17 号实现了首次无人漫游车探月[2]。“月球”计划取得的巨大成功使得当时苏联在无人探月方面处于世界领先地位。但是，苏联始终没有实现载人登月。无人探月任务单一、灵活性不足，而且苏联无人探测器的发射成功率也较低，可靠性不高。

(a) 月球2号　(b) 月球3号　(c) 月球9号　(d) 月球10号　(e) 月球17号

图 12－2　苏联“月球”系列探月计划

嫦娥工程是我国于 2004 年开始的探月工程。工程分为无人月球探测、载人登月、建立月球基地三个阶段，现仍处于第一阶段。第一阶段又分为三个小阶段，即“绕”“落”“回”[3]。我国 2007 年发射的嫦娥一号绕月人造卫星，获取了月球表面三维影像，探测了月球土壤等，突破了轨道设计、天线、温控等技术[4]，解决了“绕”的问题；2013 年发射的嫦娥三号，如图 12－3 所示，是中国第一个月球软着陆无人登月探测器，它突破了着陆减速、新型敏感器、月面巡视、月夜生存等关键技术[5]，在月球上完成了一系列科学任务，基本解决了“落”的问题。我国计划在近两年发射嫦娥五号探测器，完成从月面取样并返回的任务，即解决“回”的问题。

图 12－3　嫦娥三号示意图

日本的探月工程起步较早。1990 年，日本发射了“飞天”月球探测器，释放了“羽衣”轨道器；“月亮女神”号月球探测器是 2007 年发射的用于对月球进行全面观测的探测器，探测器的研发过程突破了月球极轨捕获技术、三轴稳定技术等月球登月探测所需的关键技术[6]。

综上所述，一个能具有载人登月功能、能更加合理有效地利用燃料、能降低成本并且可靠性高、任务可扩展性高的载人登月飞行器成为各国研究的焦点。本章提出的集群化的多功能载人月面着陆与上升飞行器可以很好地满足上述需求，适合于未来的载人登月探测任务。

12.2 载人月面着陆与上升飞行器总体方案

为了解决阿波罗计划登月舱所面临的问题，本章采用集群模块化设计，将原本单一的登月舱进行解构，划分为指令舱、服务舱、运载航天员的登月舱以及功能模块。其中功能模块包括探测舱、仪器实验舱、通信舱、能源舱，以及包含燃料、食物和水等的后勤舱，如图 12－4 所示。

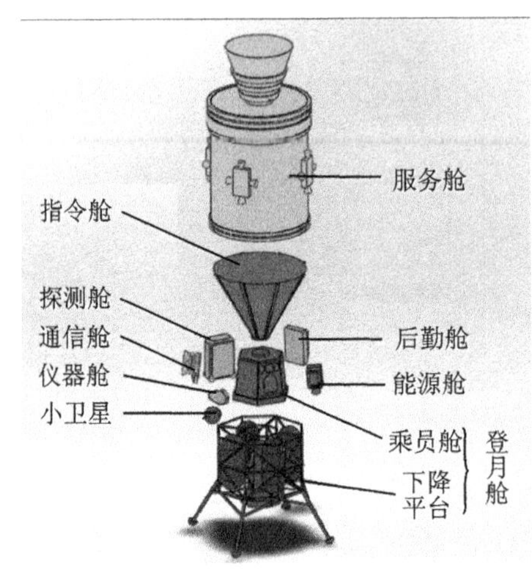

图 12－4 集群化多功能载人月面着陆与上升飞行器结构示意图

登月系统任务流程主要包括：①利用中小型火箭将各功能舱段依次发射至空间站进行组合，待指令服务舱乘载航天员抵达后，组合体离开空间站进入登月轨道；②当飞行器进入环月轨道后，各功能模块以及登月舱依次与指令服务舱在轨分离；③各功能舱段在下降过程中，进行重构控制形成满足着陆要求的编队构型，从而在指定地点完成分布式着陆；④在登月舱下降途中，释放小卫星进行撞月实验，并由仪器舱进行月面上长时间的凝视观测；⑤月球车完成着陆地点附近的月面巡视，以及月表物质和地形的普查和详查；⑥月面部署的各功能舱段已具备月球基地的雏形，可为未来建设体系更为完备的月球基地进行实验；⑦待任务结束后，采用电动泵火箭发动机的登月舱携带航天员进行月面上升以及与指令舱交会对接，并最终返回地球。具体任务流程简图如图 12－5 所示。

12.2.1 飞行器模块划分

载人登月飞船分为指令舱、服务舱、登月舱以及各功能模块舱段，总体质量小于 25 t。本章设计登月舱区别于“阿波罗”等传统登月舱的两段式设计，采用集群模块化设计，将原本的登月舱进行解构，划分为主要运载航天员的登月舱和进行不同任务的功能模块舱段。

功能模块舱段主要包括探测舱、仪器实验舱、通信舱、能源舱、后勤舱五个部分。在登月过程中，指令舱与服务舱始终运行在环月轨道，登月舱与五大功能模块进行月面分散着陆，完成

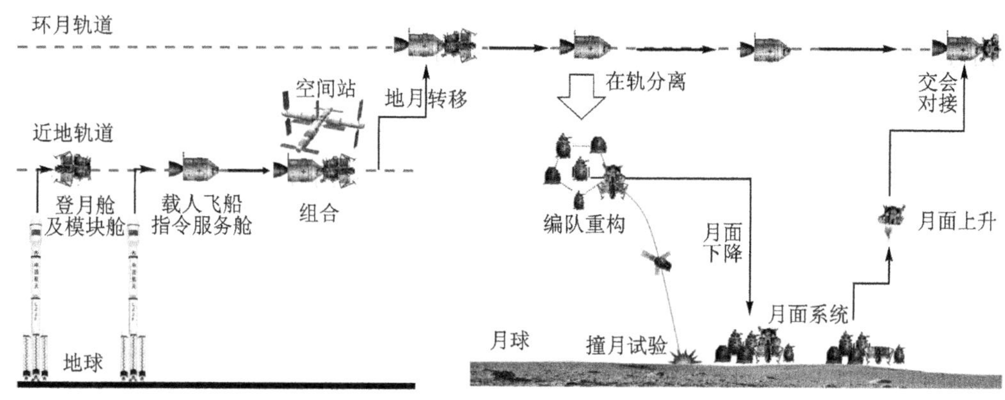

图 12-5　采用集群结构的登月系统任务流程简图

月球任务后，登月舱中以乘员舱为上升段返回。

1. 指令舱和服务舱

指令舱主要分为前舱、指令乘员舱、后舱。前舱主要装载对接探测装置和降落伞回收系统，后舱则装有用于地面着陆控制系统和推进剂。指令乘员舱可容纳三名航天员，配有生命保障系统、通信系统以及飞船控制系统等。指令舱作为航天员主要生活工作场所，对于安全性、可靠性具有较高要求。为承受再入的高温冲击，指令舱具有轻巧坚固且能防高温和辐射的外壳。服务舱为载人登月飞船提供各项服务保障。其构造较为简单，放置有执行任务时各种供应品、电源、天线以及精密仪器设备。

2. 登月舱

登月舱作为载人登月飞船重要的组成部分，其设计应满足以下要求：与指令服务舱分离、对接容易实现；月面着陆必须具有较高的可靠性，保障航天员生命安全；月面起飞应减少载荷，减轻重量。本章设计登月舱区别于传统登月舱的两段式设计。以阿波罗飞船的登月舱为例，传统登月舱包括上升段和下降段。当登月舱上升段离开月球表面时，可以实现更小质量和更高可靠性，但仍存在下降过程中燃料消耗大、故障风险高等问题。

为解决传统登月舱存在的上述问题，本章采用集群模块化设计，将原本的登月舱进行解构，将其设计为包括乘员舱、下降平台在内的登月舱、探测舱、仪器实验舱、通信舱、能源舱、后勤舱共六个舱段。探测舱、仪器实验舱、通信舱、能源舱、后勤舱由于体积皆小于登月舱，因此这五个舱通过爆炸螺栓固定在登月舱的乘员舱四周，在轨分离时使用弹射弹簧将各个舱段与登月舱进行分离。由于各个舱段工作于太空环境且月球上没有大气，无需进行气动外形设计。

登月舱为月面着陆的核心，其中的乘员舱用来搭载航天员，配有生命保障系统、下降段着陆平台、发动机等。乘员舱为密封加压筒状结构，内部安装有各类仪表和开关设备。相比于指令舱中的乘员舱，为减小体积和减轻质量，登月舱中的乘员舱较为精简。生命保障系统安装于乘员舱后侧，在进行登月任务时为航天员提供充足的座舱大气、供水、温控保障等。

登月舱着陆器可以分成制动器和有效载荷两个独立的部分，它们之间依靠绳系装置连接。绳系装置是由电机、辘轳和绳索共同构成，其中电机和辘轳被安装在制动器上，绳索的一端固定在有效载荷上，另一端系在绳系装置上。通过绳系装置，可以控制有效载荷的运动。在制动器上还装有制动发动机，它用于整个着陆系统的减速控制。最终着陆段的着陆控制是由制动发动机和绳系装置共同完成，以实现有效载荷的软着陆，而制动器始终离月面一定高度，可以避免由制动发动机尾焰引起的月面效应，确保有效载荷的安全。当有效载荷满足软着陆条件后，绳索立即被剪断，有效载荷以较小的初速度自由下落，而制动器由侧向发动机推动，溅落在远离有效载荷的地方，以免影响有效载荷的安全与正常工作。

登月舱不同于探测舱等模块，其上搭载有航天员，因此必须重点考虑人体对于月面软着陆以及上升过程的承受能力，在登月舱过载、冲击、姿控速度、环境温度、湿度、压力等技术指标上有所限制。正是因为涉及航天员生命安全，传统载人登月舱通常比无人登月舱质量和体积大数倍，在月面下降着陆和起飞过程中有大量的推进剂消耗，导致登月舱成为时变质量系统，整个飞行过程的制导、导航和控制等与无人登月舱相比都更加复杂[7]。因此，将传统登月舱各模块分离开，带有乘员舱的模块着陆等级最高，进行分散着陆，有利于减轻登月舱质量从而使能源消耗降低，制导、控制等方面简化。

3. 探测舱

探测舱主要装载月球科学考察车，简称月球车。月球车不仅需要能够独立在月面进行探测，还要满足作为航天员代步工具的需求。由于月球表面环境等因素的影响，载人月球车的设计具有较为苛刻的技术要求。作为月面载人移动系统，月球车须具有较高的车速、一定的爬坡和平稳能力、可靠的制动性能、良好的月面适应能力等性能。月球车主要包括五大部分：运动系统、乘坐系统、导航系统、能源系统和热控系统[8]。其中能源系统分为两部分，一是蓄电池，当月球车在能源舱充电距离范围内时，月球车通过能源舱对电池无线充电，为月球车执行任务存储能量；二是备用的小型太阳能帆板，当月球车执行额外任务，蓄电池能量有限的情况下，通过打开太阳能帆板就可以进行能源供给。月球车携带的仪器有：通信天线、样本收集器、月面通信中断装置以及其他仪器。

此外，探测舱还搭载有多个四面体探测器——TET 步行者探测器，设计原型如图 12-6 所示。TET 步行者是以 6 根可伸缩的液压杆和 4 个铰点组成的四面体结构为运动单元的探测器[8]。该探测器克服了轮式、腿式探测器的侧翻、卡陷等问题，通过各杆的伸缩，改变自身重心，从而实现运动。这种可展开、可重构的探测器能够适应各种崎岖地形，适合在月面、火星表面等极端太空地面环境中作业。

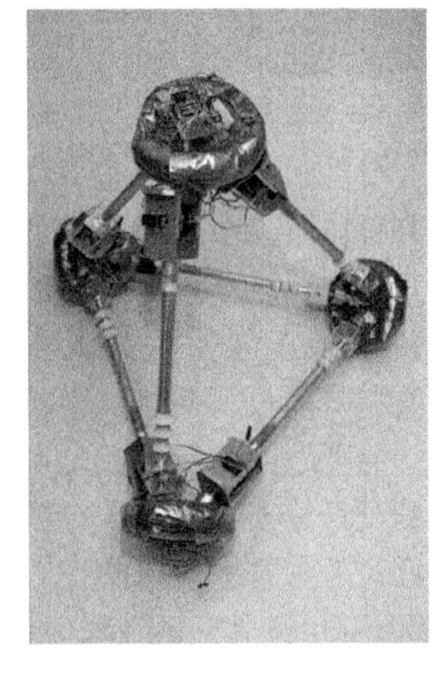

图 12-6 TET 步行者设计原型

4. 仪器实验舱

仪器实验舱主要装载登月任务时所需要的相关仪器设备。科学实验是进行太空任务的重点之一，繁多的实验设备需要在月面安装，因此设计仪器实验舱十分必要。仪器实验舱主要包含中心设备、样本采集装置、月面引力计、月震仪、太阳风分光计、过热离子探测器和阴冷极灯等，搭建月球科学实验室，进行月面学、月球测量学和月成学研究。此外，开展的实验还包括月球大气成分实验、微陨石实验、月震实验、月面引力实验、热流实验、月震轮廓实验、激光反射实验、月球中子探测实验以及宇宙线检测实验。仪器舱还将装载月壤采集、化验、分析等一体化装置，实现月面空间实验室的搭建。

5. 通信舱

通信舱搭载有无线信号发射接收天线和信号处理系统，负责着陆后月面各舱段间及各模块构成的月面系统与地面之间的通信。

根据任务需求，着陆区域可能位于月球正面或者背面。载人登月的着陆点若选择在朝向地球的一面，着陆点将具有和地球保持不间断通信的条件，那么集群网络中的对地数传天线，可以较大的功率、较大的码速率与地球天基通信网络保持视音频等信息交换。载人登月的着陆点若选择在背向地球的一面，着陆点将和地球始终不可见，那么可以选择在地月拉格朗日 L2 点 Lissajous 轨道上部署中继卫星，实现对地的间接不间断通信。

6. 能源舱

能源舱的功能是为其他模块提供续航能量，旨在初步建立月面发电站。当能源舱着陆后，能源舱将自身携带的太阳能电池阵展开，将收集到的太阳能转化为微波能量，并以微波能量的形式向一定距离内的其他模块提供能量。这种无线的能量传输方式有如下优点：使载人登月飞行器对着陆后各模块之间的距离要求大大降低；探测器能够更加自如的进行探测；载人登月飞行器对能量的管理分配更集中有效。

能源舱的重要组成部分为太阳电池阵发电系统、无线能量传输系统和能量管理与分配系统。太阳电池阵发电系统利用太阳电池阵，将收集到的太阳能高效地转化为电能，并将电能储存在高压电池阵中。

7. 后勤舱

后勤舱着陆在月球表面，可为登月任务提供后勤保障。它主要提供的后勤保障包括：生命保障、备用仪器保障以及能源保障。

生命保障部分负责提供消耗品，包括宇航员每天所必需的水、食物(保质期大于两次登月任务时间间隔)等，还配有少数应急使用的氧气瓶；备用仪器保障部分可提供一些易损坏的器件、设备的备份，如镜片、太阳能帆板等；能源保障部分有两组燃料电池，还装有液氧储罐和液氢储罐，在发电的同时燃料电池也可产生水。除此之外，能源段还携带少量燃料以防燃料不足。

由于后勤舱不载人，因此无需采用复杂的密封结构，可采用较为规则的圆柱体或长方体。在返回地球时，后勤舱被留在月面上，舱内所剩余物品在后续登月任务中可以再次使用。这样做一方面有利于本次返回地球时减重，另一方面可使后续登月任务载荷减轻。

8. 撞月小卫星

在登月舱以及各模块功能舱着陆过程中，指令舱将释放用于月面碰撞的试验小卫星。撞月试验是探究月球组成及起源的重要手段之一。通过分析撞击成功产生的月球尘埃成分可探讨月球的起源，并为下一步其他人类探测器在月球或其他星体上精确着陆奠定基础[9]。“嫦娥一号”在完成既定任务后，探月工程小组决定在其寿命末期控制其撞月，而不是让其自然坠落，以此为在落月过程中控制和轨道测定方面积累经验，减少后续工程风险。

当完成与登月舱分离后，小卫星将会对月球表面进行 X 射线和红外线遥感采样绘制地图，从不同的角度拍摄图片可建立月球表面地图的三维模型。待已着陆的集群各个功能舱拍摄或提取撞击过程的准备程序结束，小卫星达到远月点时实施反向机动，使撞击地点部署在摄像机以及相关探测仪器的可视且安全范围内，并使用 X 射线分光镜对月尘组成、月表下物质等进行分析，为未来的月面软着陆进行技术积累。

12.2.2 飞行器模块间通信

要使各个模块都能有效工作、协同进行复杂的月面任务，各模块舱段间必须具有有效的通信系统。各模块舱段通过通信链路互相连在一起，形成一个月面通信网络。该网络以各舱段作为交换结点。本章模块链路主要采用无线微波通信链路和激光通信链路相结合的方式。

各模块完成在轨分离后，在空中形成着陆构型，主要采用模块间微波无线通信。微波通信作为传统的通信方式，当各模块在空中运动时，能够具有较高的可靠性。而激光通信由于激光束很窄，在跟踪和捕获上存在一定困难，着陆过程中较少用到激光通信。当选择在月球正面进行着陆时，由于不存在遮挡，指令舱可直接与地面站进行通信，因此除了模块间通信外，各模块通过微波方式与指令舱联络，指令舱再与地面站直接联络，从而实现地面站信息的获得与指令传送；当选择在月球背面进行着陆时，由于月球遮挡，因此各模块直接与中继卫星通信，通过中继卫星完成相应指令和信息的传送与接收。

当载人登月着陆集群全部安全着陆后，各模块主要采用空间激光链路。激光通信适用于各模块没有相对运动的月球表面，传输介质是激光，利用集群模块之间的光通信链路进行数据传输[10]。激光通信经过多年探索已取得了突破性进展，成为代替无线通信的有效手段[11]。星月地通信链路如图 12-7 所示。

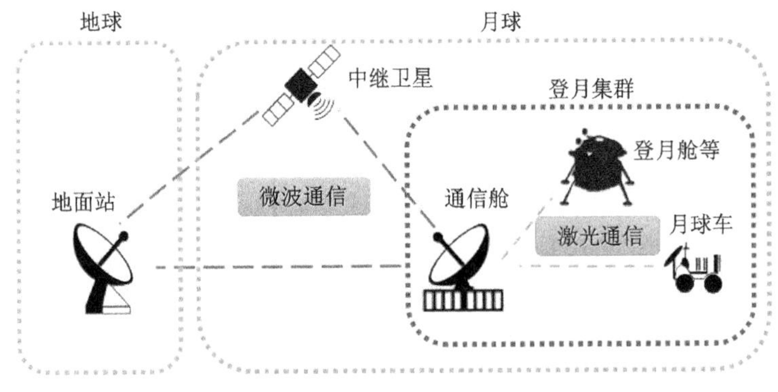

图 12-7 星月地通信链路

12.3 着陆方案与飞行程序

12.3.1 模块分离

登月飞船脱离奔月轨道后，进入环月轨道。环月轨道高度为 300 km，环绕速度为 1.551 km/s，按近月点和远月点等效双脉冲制动估算，各着陆舱段所需的制动ΔV 预算均为约 0.123＋1.745＝1.868 (km/s)，需要根据各自的分离和着陆时序进行分配。飞行器月面着陆与上升的任务剖面设计如下：

① 当航天员进入登月舱后指令服务舱下达登月着陆指令后，各个模块依次开始进行在轨分离。

② 首先是通信舱分离，爆炸螺栓打开，通信舱与登月舱分离，进入制动阶段，通信舱小发

动机处于最大推力状态，以实现减速，降低轨道高度。

③ 待通信舱分离完成，探测舱、能源舱、仪器舱和后勤舱依次间隔几十秒，以和通信舱相同的方式进行在轨分离，图 12－8 给出了飞行器月面着陆与上升过程示意图。

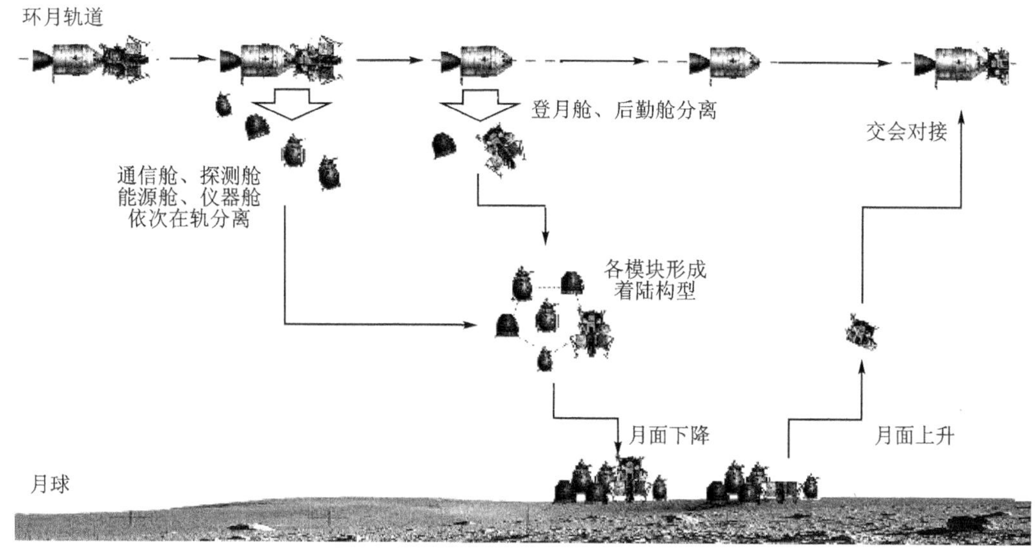

图 12－8　飞行器月面着陆与上升过程示意图

12.3.2　登月舱着陆

在本着陆方案中，仍然假设着陆器已经完成动力下降段的制导控制，但是由于导航误差、环境干扰和系统误差等因素的存在，会导致动力下降段的终端值无法满足终端约束条件，即着陆器仍然具有一定的水平速度。在这种情况下，将最终着陆段再分成两部分：接近段和着陆段。接近段采用重力转弯技术进行制导下降，着陆段采用绳系着陆器进行着陆控制。这样处理的优点是：在接近段，由于采用了重力转弯技术，可以将着陆器的水平速度基本抵消，并且能够将着陆器的姿态调整到垂直方向上，为着陆段做好准备；在着陆段，安装在制动器上的侧向发动机使着陆器在水平方向上具有一定的机动能力，能够在预定着陆区域内选择合适的着陆点，实现安全着陆。

本方案的着陆过程如图 12－9 所示。最终着陆段开始时，着陆器通过多普勒雷达和激光测距仪获得着陆器的速度与斜向距离信息，按照重力转弯的方式进行接近段制导下降，速度与姿态角同时减小。当高度下降到 1 km 左右时，姿态角已经很小，LIDAR 敏感器开始工作，获取月面信息。着陆器继续下降，当高度为 250 m 左右时，启动着陆段制导律，着陆器根据预定着陆区域内的月表情况，选择安全的着陆点，由侧向发动机推动着陆器向着陆点不断靠近。当着陆器距月面的高度约为 20 m 时，着陆器已经接近选定的着陆点，且速度也比较小，此时绳系装置启动，有效载荷与制动器分离，由电机通过绳索的拉力控制有效载荷的着陆过程，而制动器始终悬停在一定高度之上，避免因其尾焰产生月面效应，妨碍有效载荷的软着陆过程，或危害有效载荷的安全。软着陆完成后，制动器在侧向发动机的作用下，远离有效载荷并被抛弃。

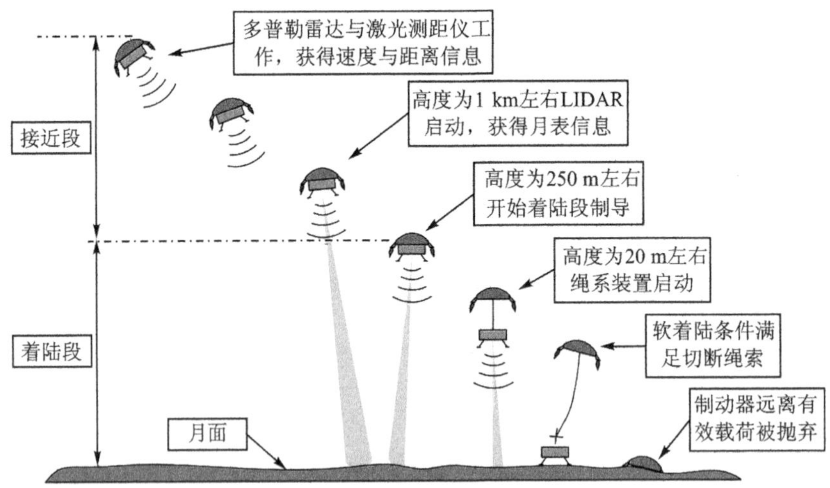

图 12-9　着陆过程示意图

本着陆方案中，接近段采用重力转弯下降方式，其制导律的设计技术较为成熟，这里不再赘述，而是将重点放在着陆段的制导律设计上。着陆段的制导律设计过程可以分为两部分：首先，分别设计制动器的水平通道与垂直通道的控制律，让着陆器向选定的着陆点靠近，并使制动器悬停在月面之上一定的高度；其次，设计绳索的拉力，引导有效载荷以接近于0的速度，安全实现软着陆。

载人登月月面系统落月点主要根据任务需要确定。落月点主要应具备以下条件：需在通信不受干扰的位置，保持信息记录流畅；落点太阳能需充足，避免在南北极着陆；落点应具有一定科学研究价值，如以撞击坑作为窗口进行克里普岩的软着陆有利于从多层面、多角度对月球开展研究。由于月面系统可借助中继卫星实现与地面的通信，因此着陆点可以突破以往限制，选择在月球背面着陆。

12.3.3　撞月试验

在登月舱以及各模块功能舱着陆过程中，可以释放用于月面碰撞的试验小卫星。在下降平台的18 min后分离出小卫星，则小卫星恰巧保持在近月点为零或略高于零(本章取近月距10 km作为停泊轨道)的椭圆轨道上，分离点即为椭圆轨道的远月点。

待小卫星飞行3圈，月面观测舱仪器准备就绪，约6个小时后，集群下降平台部署完毕，可以实施小卫星的撞击机动。由于小卫星等待时间较短，可以采用自旋式姿态控制方式：① 轨控发动机安装在自旋轴方向；② 小卫星起旋后进行分离，选择合适的安装矩阵，使得自旋轴方向恰巧沿着远月点的切线方向。6个轨道圈内，自旋卫星仍保持良好的陀螺定向性，因此在远月点施加脉冲轨控就可以保证月面撞击的位置。

月面撞击观测实验如图12-10所示，主要时序为：① 登月舱携带小卫星在轨分离；② 飞行18 min后小卫星从登月舱分离；③ 登月舱在分离49 min后在月面着陆；④ 分离后的小卫星进入中间轨道飞行3圈，待观测舱设备测试完毕；⑤ 小卫星在第3圈末再次经过近月点时实施轨道机动进入撞击轨道；⑥ 在登月舱着陆点63 km附近完成撞击，并被观测舱近距离观测。

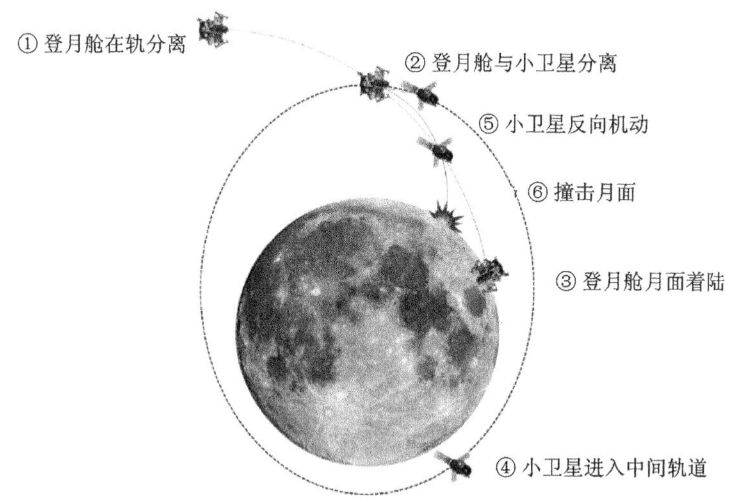

图 12－10　月面撞击观测实验示意图

12.3.4　编队重构

下降平台分离时刻的几何形状决定了参与集群的初始构型，但该构型可能不是最终的着陆构型；因此当各功能模块依次与指令服务舱分离后，需要通过携带的发动机进行编队重构，形成着陆所需构型。

月面着陆构型是以能源舱为中心的近似五边形构型，如图 12－11 所示。能源舱位于构型中间是由于各舱段所携带燃料用于月面着陆，能源舱通过无线供电的方式为各个舱段提供执行月面任务时的能量供给。紧邻乘员舱的是通信舱与仪器舱。通信舱由于需要传输实时数据并与指令服务舱保持通信，因此位于乘员舱一侧；仪器舱与乘员舱相对距离较近，有利于缩短航天员进行月面出舱作业的距离。相对利用频率较少的后勤舱以及具有自动行动能力的探测舱则距离乘员舱较远。

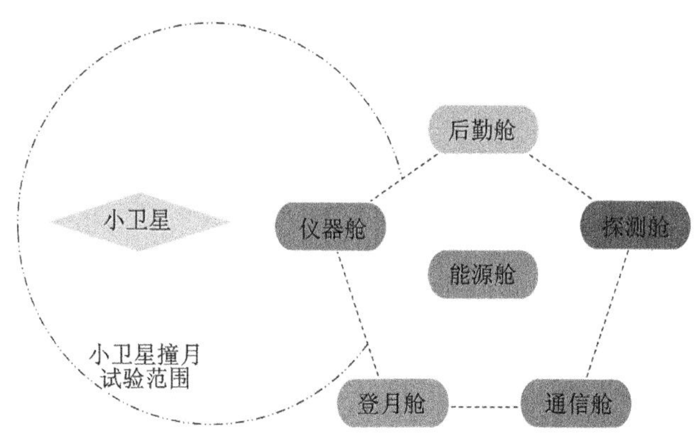

图 12－11　集群编队着陆构型

下降过程中，各个舱段需以无线通信维持在一定距离范围内，以保持有效的相对测量和信息交换。下降平台分离时刻的分离几何决定了参与集群的初始构型，但该构型可能不是最终的着陆构型，需要各舱段完成各自不同着陆方式的期间，还需在 20～40 min 的着陆过程内完成构型重构。

12.3.5 着陆方式

目前月面着陆的主要方式有气囊缓冲着陆、绳系软着陆和机械式软着陆机构等，本章各模块根据不同着陆等级采取不同的着陆方式。

气囊缓冲着陆利用充气气囊作为着陆过程中的缓冲装置，如图 12－12 所示。在舱体靠近月面着陆之前，发动机开启，舱体减速，然后气囊自动充气，气囊包裹在舱体外侧。着陆时，气囊与月面直接接触，通过形变吸收着陆的冲击，同时气囊内气体受压释放，进一步起到缓冲的作用[12]。

机械式软着陆机构是常用的着陆方式，着陆机构主要由着陆腿、缓冲器、足垫、展开锁定机构等组成[13]，如图 12－13 所示。不同的缓冲器可以满足不同的着陆性能要求和着陆等级。

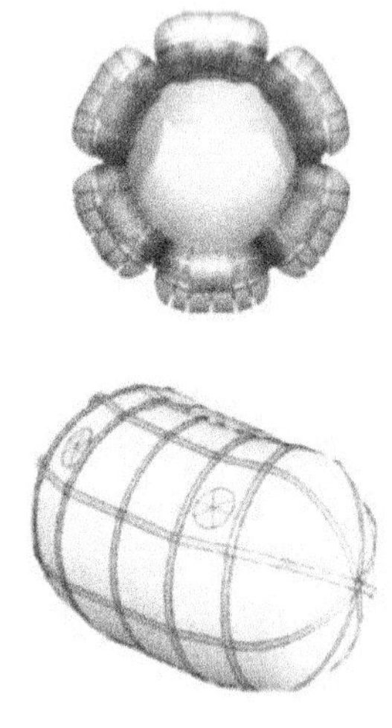

图 12－12 气囊缓冲着陆装置

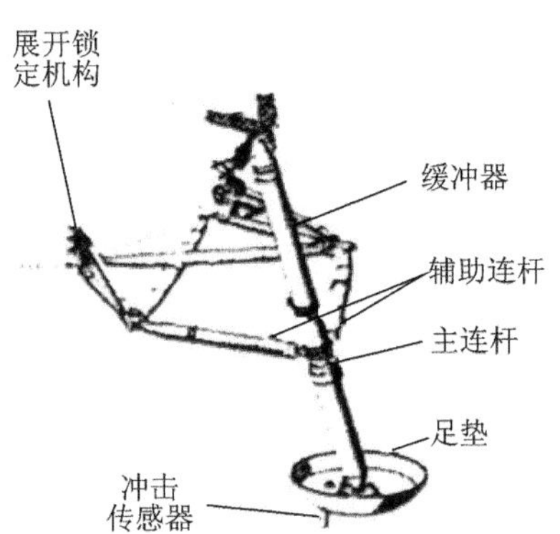

图 12－13 机械式软着陆机构

载人登月飞行器着陆要求及方式见表 12－1。

表 12－1 载人登月飞行器着陆要求及方式

舱段名称	着陆要求	着陆方式
登月舱	航天员所能承受的过载限制严格，着陆等级最高，需严格保证热控系统的可靠性，保障航天员生命安全	绳系软着陆机构
通信舱、能源舱	对着陆姿态具有较高要求，在一定冲击范围内	机械式软着陆机构
仪器实验舱	为保证舱内各仪器的安全，对着陆冲击、结构震颤、噪声等具有较高要求	机械式软着陆机构
后勤舱	着陆等级较低，无重要精密仪器，着陆姿态无严格要求	气囊缓冲着陆装置
分离小卫星	需以一定的速度撞击月球表面，进行撞月试验	无

12.4　上升方案

本章的月面着陆集群，由于已将各个功能舱段进行单独划分，并进行分散着陆，因此在月面上升时只需启动登月舱的上升段发动机，将乘员舱送入月面等待轨道，与指令服务舱进行对接。相较于传统登月舱的载人月面起飞过程，本章设计的上升段载荷更小，质量更轻，有利于进行月面上升控制以及燃料合理消耗。载人月面起飞过程可以划分为 3 个飞行阶段：垂直起飞段、姿态调整段和射入段[7]，如图 12－14 所示。表 12－2 给出了各个阶段推力状态及目标。

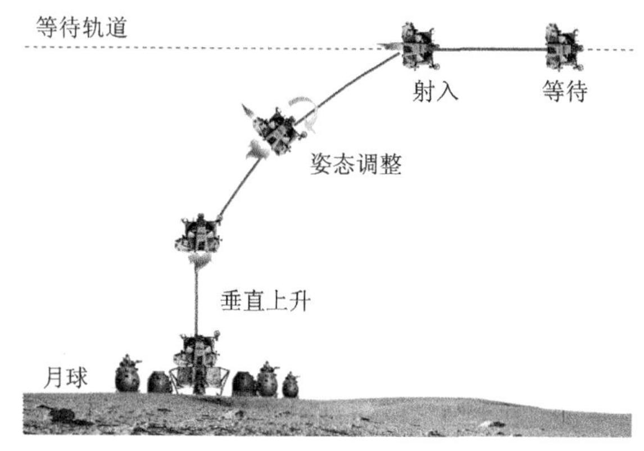

图 12－14　登月舱上升段上升过程示意图

表 12－2　登月舱上升各阶段

上升阶段	推力状态	阶段目标
垂直起飞段	上升级主发动机推力最大	确保上升级安全可靠地从下降级上起飞
姿态调整段	姿态发动机启动	进行上升级姿态调整，使姿态满足射入段制导初始要求
射入段	进入等待轨道后，主发动机关机	采用显式制导率，进入等待轨道，上升段与指令服务舱交会对接

为了实现月面起飞、返回以及与指令舱的最终交会，上升段舱需要安装推力较大的火箭发动机，本章采用电动泵火箭进行上升段起飞。

登月上升返回机动时除了克服 1.868 km/s 速度增量用于轨道高度抬升外，还需要额外增量，用来克服由于月球自公转以及指令舱轨道面的摄动带来的轨道面修正。

飞行程序设计如下：① 登月舱通过主推力上升，通过消耗 1.868 km/s 增量到达 300 km 附近高度的停泊轨道；② 登月舱在停泊轨道和指令舱轨道的轨道面交点处施加异面轨控，以调整轨道面至指令舱轨道面，所需速度增量与任务周期有关；③ 登月舱通过较小的燃料消耗完成对指令舱的追赶和交会对接。

12.5　月球绳系软着陆系统

在月球表面实现软着陆是非常困难的，特别是最终着陆段的制导律显得尤为重要，着陆器的安全性必须得到保障。虽然在以前的探月活动中，有部分探测器已经实现了月面软着陆，但是仍然存在许多关键问题，导致许多探月任务失败，着陆成功率不高。为此，本章将提出的绳系着陆器应用于月球软着陆的最终着陆段，以便实现安全软着陆。把最终着陆段的下降过程分成两个阶段，即接近段和着陆段。通过接近段为着陆段做准备，并将绳系着陆器应用于着陆段。分别对制动器的水平运动、悬停运动和有效载荷的着陆设计了相应的控制律，使有效载荷在绳索拉力的控制下，完成安全软着陆。

12.5.1 绳系着陆器的动力学模型

由有效载荷、制动器与绳系装置共同组成的绳系着陆器如图 12－15 所示。坐标系 $OXYZ$ 固定在月球表面：原点 O 与预定的着陆点重合；正交轴 X 与 Y 在水平面内，即月球表面；Z 轴垂直向上，可由右手法则确定。参数 l、φ_P、α_P 分别表示绳索的长度、有效载荷在平面 XOZ 内的位置角和转到平面 XOZ 的位置夹角。

为了建立绳系着陆器的动力学方程并简化分析过程，对系统作如下假设：

① 在预定的着陆点附近区域，认为月球是平面的，且由于整个着陆系统接近月面，所以月球引力加速度为常值，并垂直于月球表面。

② 制动（侧向）发动机的推力只能为固定的正常数或零，即采用固定推力发动机作为着陆器的推进系统，且其比冲为常数。

③ 认为制动器和有效载荷都是质点，姿态运动可以忽略，则制动发动机推力始终与引力加速度相反。

④ 不考虑绳索的质量和柔性，认为绳索一直保持直线。

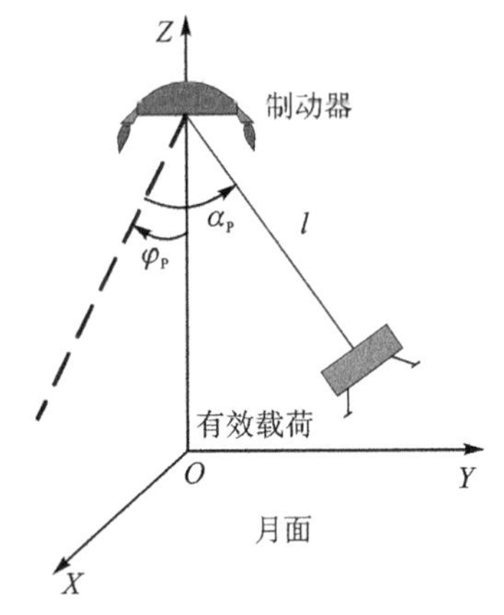

图 12－15 绳系着陆器的运动示意图

⑤ 绳索的拉力 T_c 只沿着绳索方向起作用，且垂直于绳索方向的运动没有控制力与能量的耗散。

⑥ 所有其他外力都可忽略。

因此，这个系统具有 6 个自由度，即制动器的水平坐标（x_A、y_A）、高度坐标 z_A，以及绳索的长度 l、位置角 φ_P 与位置夹角 α_P。由于燃料消耗，制动器的质量是变化的，所以将有效载荷和制动器的运动分开考虑。基于动量定理，可以得到制动器的动力学方程：

$$\left.\begin{aligned}
m_A\ddot{x}_A &= f_X + T_c\cos\alpha_P\sin\varphi_P \\
m_A\ddot{y}_A &= f_Y + T_c\sin\alpha_P \\
m_A\ddot{z}_A &= f_Z - T_c\cos\alpha_P\cos\varphi_P - m_A g_m \\
\dot{m}_A &= -\frac{f_X + f_Y + f_Z}{I_{SP}}
\end{aligned}\right\} \tag{12.5.1}$$

式中：m_A 为制动器的质量；f_X 与 f_Y 为由侧向发动机产生的推力（只能为 0 或 $\pm F_T$，F_T 为固定推力正常数）；f_Z 为由制动发动机产生的推力（只能为固定推力正常数 F 或 0）；I_{SP} 为各发动机的比冲；g_m 为月球引力加速度，T_c 为绳索的拉力。

应用拉格朗日方程建立有效载荷的动力学模型。令有效载荷在坐标系 $OXYZ$ 中的坐标为 x_P、y_P 和 z_P，它们与制动器的坐标有如下关系：

$$\begin{bmatrix} x_P \\ y_P \\ z_P \end{bmatrix} = \begin{bmatrix} x_A \\ y_A \\ z_A \end{bmatrix} + \begin{bmatrix} \cos\varphi_P & 0 & -\sin\varphi_P \\ 0 & 1 & 0 \\ \sin\varphi_P & 0 & \cos\varphi_P \end{bmatrix} \begin{bmatrix} 1 & 0 & 0 \\ 0 & \cos\alpha_P & -\sin\alpha_P \\ 0 & \sin\alpha_P & \cos\alpha_P \end{bmatrix} \begin{bmatrix} 0 \\ 0 \\ -l \end{bmatrix}$$

$$= \begin{bmatrix} x_A + l\cos\alpha_P\sin\varphi_P \\ y_A + l\sin\alpha_P \\ z_A - l\cos\alpha_P\cos\varphi_P \end{bmatrix} \tag{12.5.2}$$

则有效载荷的拉格朗日函数可表示为

$$L = T - V \tag{12.5.3}$$

式中：T 表示有效载荷的动能，

$$\begin{aligned} T &= \frac{1}{2}m_P(\dot{x}_P^2 + \dot{y}_P^2 + \dot{z}_P^2) \\ &= \frac{1}{2}m_P\Big\{(\dot{y}_A + l\dot{\alpha}_P\cos\alpha_P + \dot{l}\sin\alpha_P)^2 + \\ &\quad [\dot{x}_A + l\dot{\varphi}_P\cos\varphi_P\cos\alpha_P - \sin\varphi_P(l\dot{\alpha}_P\sin\alpha_P - \dot{l}\cos\alpha_P)]^2 + \\ &\quad [\dot{z}_A + l\dot{\varphi}_P\sin\varphi_P\cos\alpha_P + \cos\varphi_P(l\dot{\alpha}_P\sin\alpha_P - \dot{l}\cos\alpha_P)]^2\Big\} \end{aligned} \tag{12.5.4}$$

V 表示有效载荷的引力势能，

$$V = m_P g_m(z_A - l\cos\alpha_P\cos\varphi_P) \tag{12.5.5}$$

式中，m_P 为有效载荷的质量。

拉格朗日方程可写成如下形式：

$$\frac{\mathrm{d}}{\mathrm{d}t}\left(\frac{\partial L}{\partial \dot{q}_i}\right) - \left(\frac{\partial L}{\partial q_i}\right) = Q_{q_i} \tag{12.5.6}$$

其中 $q_i = l, \varphi_P, \alpha_P (i=1,2,3)$，$Q_{q_i}$ 为与 q_i 对应的除了引力外的广义力，即

$$Q_l = -T_c, \quad Q_{\varphi_P} = Q_{\alpha_P} = 0 \tag{12.5.7}$$

将式(12.5.3)~式(12.5.5)与式(12.5.7)代入式(12.5.6)，得到有效载荷的动力学方程：

$$\left.\begin{aligned} \ddot{\alpha}_P &= -\frac{1}{l}\Big(g_m\cos\varphi_P\sin\alpha_P + 2\dot{l}\dot{\alpha}_P + l\dot{\varphi}_P^2\cos\alpha_P\sin\alpha_P - \ddot{x}_A\sin\alpha_P\sin\varphi_P + \\ &\quad \ddot{y}_A\cos\alpha_P + \ddot{z}_A\cos\varphi_P\sin\alpha_P\Big) \\ \ddot{\varphi}_P &= -\frac{1}{l\cos\alpha_P}(g_m\sin\varphi_P + 2\dot{l}\dot{\varphi}_P\cos\alpha_P - 2l\dot{\alpha}_P\dot{\varphi}_P\sin\alpha_P + \ddot{x}_A\cos\varphi_P + \ddot{z}_A\sin\varphi_P) \\ \ddot{l} &= g_m\cos\alpha_P\cos\varphi_P + l(\dot{\alpha}_P^2 + \dot{\varphi}_P^2\cos^2\alpha_P) - \ddot{x}_A\cos\alpha_P\sin\varphi_P - \\ &\quad \ddot{y}_A\sin\alpha_P + \ddot{z}_A\cos\alpha_P\cos\varphi_P - \frac{T_c}{m_P} \end{aligned}\right\} \tag{12.5.8}$$

联立方程(12.5.1)和方程(12.5.8)，则可得到描述整个系统运动的动力学方程：

$$\left.\begin{aligned}
\ddot{x}_{\mathrm{A}} &= \frac{1}{m_{\mathrm{A}}}(f_X + T_{\mathrm{c}}\cos\alpha_{\mathrm{P}}\sin\varphi_{\mathrm{P}}) \\
\ddot{y}_{\mathrm{A}} &= \frac{1}{m_{\mathrm{A}}}(f_Y + T_{\mathrm{c}}\sin\alpha_{\mathrm{P}}) \\
\ddot{z}_{\mathrm{A}} &= \frac{1}{m_{\mathrm{A}}}(f_Z - T_{\mathrm{c}}\cos\alpha_{\mathrm{P}}\cos\varphi_{\mathrm{P}} - m_{\mathrm{A}}g_{\mathrm{m}}) \\
\ddot{\alpha}_{\mathrm{P}} &= -\dot{\varphi}_{\mathrm{P}}^2\cos\alpha_{\mathrm{P}}\sin\alpha_{\mathrm{P}} - \frac{1}{lm_{\mathrm{A}}}(-f_X\sin\alpha_{\mathrm{P}}\sin\varphi_{\mathrm{P}} + f_Y\cos\alpha_{\mathrm{P}} + f_Z\cos\varphi_{\mathrm{P}}\sin\alpha_{\mathrm{P}} + 2m_{\mathrm{A}}\dot{l}\dot{\alpha}_{\mathrm{P}}) \\
\ddot{\varphi}_{\mathrm{P}} &= 2\dot{\alpha}_{\mathrm{P}}\dot{\varphi}_{\mathrm{P}}\frac{\sin\alpha_{\mathrm{P}}}{\cos\alpha_{\mathrm{P}}} - \frac{1}{lm_{\mathrm{A}}}\left(f_X\frac{\cos\varphi_{\mathrm{P}}}{\cos\alpha_{\mathrm{P}}} + f_Z\frac{\sin\varphi_{\mathrm{P}}}{\cos\alpha_{\mathrm{P}}} + 2m_{\mathrm{A}}\dot{l}\dot{\varphi}_{\mathrm{P}}\right) \\
\ddot{l} &= l(\dot{\alpha}_{\mathrm{P}}^2 + \dot{\varphi}_{\mathrm{P}}^2\cos^2\alpha_{\mathrm{P}}) + \frac{1}{m_{\mathrm{A}}}(-f_X\cos\alpha_{\mathrm{P}}\sin\varphi_{\mathrm{P}} - f_Y\sin\alpha_{\mathrm{P}} + f_Z\cos\alpha_{\mathrm{P}}\cos\varphi_{\mathrm{P}} - T_{\mathrm{c}}) - \frac{1}{m_{\mathrm{P}}}T_{\mathrm{c}}
\end{aligned}\right\} \tag{12.5.9}$$

显而易见，方程组(12.5.9)是强非线性的，且各方程互相耦合。如果直接应用该方程进行控制律设计，是非常复杂的，必须对其进行适当的简化。当然，由简化模型得到的控制律必须应用原始方程组(12.5.9)进行仿真，以验证其有效性。

假设位置角 φ_{P} 与位置夹角 α_{P} 及它们对时间的一阶导数为小量，则 $\sin\varphi_{\mathrm{P}}\approx\varphi_{\mathrm{P}}$，$\cos\varphi_{\mathrm{P}}\approx 1$，$\sin\alpha_{\mathrm{P}}\approx\alpha_{\mathrm{P}}$，$\cos\alpha_{\mathrm{P}}\approx 1$，那么方程组(12.5.9)可以简化为

$$\left.\begin{aligned}
\ddot{x}_{\mathrm{A}} &= \frac{1}{m_{\mathrm{A}}}(f_X + T_{\mathrm{c}}\varphi_{\mathrm{P}}) \\
\ddot{y}_{\mathrm{A}} &= \frac{1}{m_{\mathrm{A}}}(f_Y + T_{\mathrm{c}}\alpha_{\mathrm{P}}) \\
\ddot{z}_{\mathrm{A}} &= \frac{1}{m_{\mathrm{A}}}(f_Z - T_{\mathrm{c}} - m_{\mathrm{A}}g_{\mathrm{m}}) \\
\ddot{\alpha}_{\mathrm{P}} &= -\frac{1}{lm_{\mathrm{A}}}(f_Y + f_Z\alpha_{\mathrm{P}} + 2m_{\mathrm{A}}\dot{l}\dot{\alpha}_{\mathrm{P}}) \\
\ddot{\varphi}_{\mathrm{P}} &= -\frac{1}{lm_{\mathrm{A}}}(f_X + f_Z\varphi_{\mathrm{P}} + 2m_{\mathrm{A}}\dot{l}\dot{\varphi}_{\mathrm{P}}) \\
\ddot{l} &= \frac{1}{m_{\mathrm{A}}}(-f_X\varphi_{\mathrm{P}} - f_Y\alpha_{\mathrm{P}} + f_Z - T_{\mathrm{c}}) - \frac{1}{m_{\mathrm{P}}}T_{\mathrm{c}}
\end{aligned}\right\} \tag{12.5.10}$$

联合考虑系统的质量方程，即方程(12.5.1)的第4式，就能得到描述绳系着陆器运动的简化的数学模型。

12.5.2 制动器的控制

制动器的控制目的是使着陆器向选定着陆点靠近，并使其在着陆点上方一定的高度悬停，且在有效载荷的着陆过程中，始终保持制动器离月面相当的高度，避免由制动发动机尾焰引起的月面效应。采用两个模糊控制器分别控制 X 轴和 Y 轴的轴向运动，采用改进的变结构控制器进行悬停控制。

1. 水平控制

首先考虑 X 轴向的控制律。选择制动器在 X 轴上的坐标 x_A 和速度分量 $\dot{x}_A$ 作为模糊变量。由于侧向发动机的推力是固定的，即模糊控制器的输出也为定值，因此，可以选择 Takagi－Sugeno－Kang(TSK)模糊系统，并采用乘积推理机、单值模糊器和中心平均解模糊器。同时，模糊输出定义为 3 个常数：－1、0 和＋1。

模糊变量的隶属度函数由许多模糊集构成，每个模糊集代表模糊变量的一个状态。一般情况下，模糊集越多，模糊控制器的精度也越高，但是过多的模糊集会导致模糊规则迅速增加，所以必须权衡考虑。目前，尚没有一个有效的方法确定模糊变量的隶属度函数，通常凭经验或试凑的方法得到。因此，只能通过数值仿真的方法不断调试，以便得到满意的隶属度函数。最后，对模糊变量 x_A 和 $\dot{x}_A$ 都定义了 7 个模糊集，即负大(NB)、负中(NM)、负小(NS)、零(ZE)、正小(PS)、正中(PM)和正大(PB)，相应的模糊变量隶属度函数如图 12－16 和图 12－17 所示。

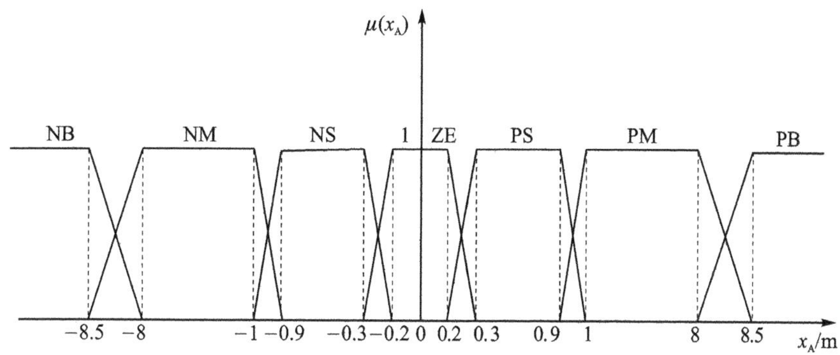

图 12－16　模糊变量 x_A 的隶属度函数

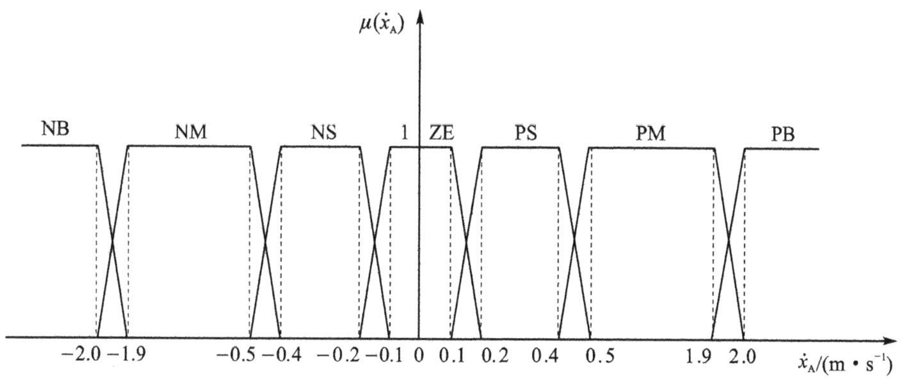

图 12－17　模糊变量 $\dot{x}_A$ 的隶属度函数

同时，建立模糊规则库如表 12－3 所列。由于 Y 轴向的运动与 X 轴向的运动是相似的，所以 Y 轴向的模糊控制器采用与 X 轴向相同的隶属度函数和模糊规则库。

表 12-3　X 轴向的模糊规则库

$\dot{x}_A$ \ x_A	NB	NM	NS	ZE	PS	PM	PB
NB	+1						
NM	+1						−1
NS	+1	+1	+1	0	+1	−1	−1
ZE	+1	+1	+1	0	−1	−1	−1
PS	+1	+1	−1	0	−1	−1	−1
PM	+1	−1					
PB	−1						

2. 悬停控制

采用改进的变结构控制方法设计制动器的高度控制律，使其能够在月面之上处于悬停的状态，保持与月面一定的距离。

选择滑动变量：

$$s=\mathrm{sign}(v_{Az})v_{Az}^2+2(z_A-\delta_1)\left(\frac{F}{m_{A0}+m_P}-g_m\right) \tag{12.5.11}$$

式中：v_{Az} 为制动器的垂直速度；δ_1 为待定的设计参数，且为正，它将影响制动器距月面的最小高度。由于月球引力的存在，会使滑动变量具有减小的趋势，所以通常情况下，选取如下的控制律能够使系统稳定：

$$f_Z=\begin{cases}F & s\leqslant 0\\ 0 & s>0\end{cases} \tag{12.5.12}$$

但是，为了实现控制律(12.5.12)，必须要求控制力在 0 与 F 之间频繁地切换，即要求制动发动机频繁地开/关。一般发动机无法满足此要求，故须对以上控制律进行改进。定义如下开关曲线：

$$\lambda=\mathrm{sign}(v_{Az})v_{Az}^2+2(z_A-\delta_2)\left(\frac{F}{m_{A0}+m_P}-g_m\right) \tag{12.5.13}$$

式中：δ_2 也为一个待定的设计参数，它决定了绳索的最大长度，且满足 $\delta_2>\delta_1$。重新设计如下控制逻辑：

- 如果 $s_k\leqslant 0$，那么 $u_k=F$；
- 如果 $s_k>0,\lambda_k<0,u_{k-1}=F$，那么 $u_k=F$；
- 如果 $\lambda_k\geqslant 0$，那么 $u_k=0$；
- 如果 $s_k>0,\lambda_k<0,u_{k-1}=0$，那么 $u_k=0$。

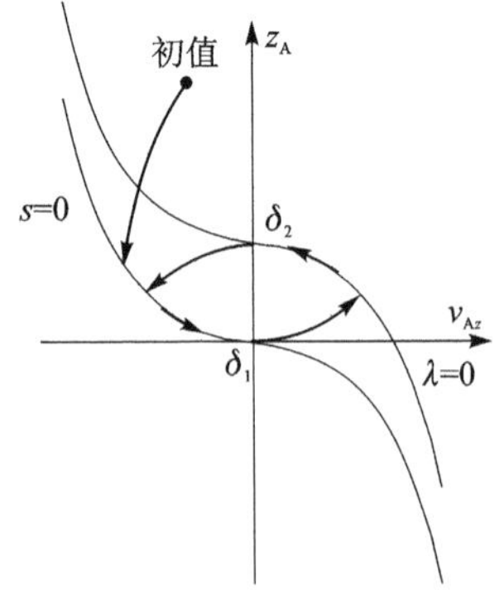

图 12-18　z_A 和 v_{Az} 的相平面轨迹

其中，下标 $k-1$、k 表示时刻 $k-1$、k 的状态值；u 为控制力 f_Z。可以看出：在以上的控制逻辑下，可以避免发动机频繁开/关的缺点，且在没有外界干扰的情况下，z_A 和 v_{Az} 将形成如图 12-18 所示的相平面轨迹，最后形成极限环运动。因此，可以保证制动器的高度在允许的范围内变化，达到近似悬停的效果。

12.5.3 有效载荷的变结构着陆控制

有效载荷着陆控制的目标，是通过绳索拉力控制有效载荷的着陆速度，使其满足软着陆条件，完成安全着陆。下面采用变结构控制方法设计绳索拉力控制律。

有效载荷的高度 z_P 与 $z_\Lambda, l, \varphi_P, \alpha_P$ 的关系已知，将动力学方程(12.5.9)代入，并假设位置角 φ_P 与位置夹角 α_P 及它们的一阶时间导数为小量，则 $\sin\varphi_P \approx \varphi_P, \cos\varphi_P \approx 1, \sin\alpha_P \approx \alpha_P$，$\cos\alpha_P \approx 1$，忽略高阶小量，得到描述有效载荷高度变化的简化动力学方程：

$$\ddot{z}_P = \frac{T_c}{m_P} - g_m \tag{12.5.14}$$

选择滑动变量：

$$\rho = v_{Pz} + \frac{z_P^2}{b} \tag{12.5.15}$$

式中，b 为正的待定参数。将式(12.5.15)对时间 t 求导，并把式(12.5.16)代入，得

$$\dot{\rho} = \frac{T_c}{m_P} - g_m + \frac{2}{b} z_P v_{Pz} \tag{12.5.16}$$

令

$$\dot{\rho} = -\kappa\rho - \eta \operatorname{sat}\left(\frac{\rho}{\Lambda}\right) \tag{12.5.17}$$

式中：κ 和 η 为正系数；Λ 为边界层的厚度；sat 为饱和函数，可表达为

$$\operatorname{sat}\left(\frac{\rho}{\Lambda}\right) = \begin{cases} \rho/\Lambda & |\rho/\Lambda| \leqslant 1 \\ \operatorname{sign}(\rho/\Lambda) & |\rho/\Lambda| > 1 \end{cases} \tag{12.5.18}$$

将式(12.5.17)代入式(12.5.16)，可求得绳索的拉力：

$$T_c = m_P \left[g_m - \frac{2}{b} z_P v_{Pz} - \kappa\rho - \eta \operatorname{sat}\left(\frac{\rho}{\Lambda}\right) \right] \tag{12.5.19}$$

显然，在以上的绳索拉力作用下，式(12.5.14)为全局渐近稳定的，并且能有效避免通常出现在变结构控制器中的颤振现象。

在有效载荷的着陆过程中，绳索的摆动运动必须稳定，即位置角 φ_P 与位置夹角 α_P 必须收敛到 0 或其邻域。对动力学方程(12.5.9)的第 4、5 式进行简化处理，得到关于 φ_P 与 α_P 的简化动力学方程：

$$\left.\begin{aligned} \ddot{\alpha}_P &= -\frac{1}{l m_\Lambda}(f_Y + \alpha_P f_Z + 2 m_\Lambda \dot{l} \dot{\alpha}_P) \\ \ddot{\varphi}_P &= -\frac{1}{l m_\Lambda}(f_X + \varphi_P f_Z + 2 m_\Lambda \dot{l} \dot{\varphi}_P) \end{aligned}\right\} \tag{12.5.20}$$

为了尽快地阻尼 φ_P 与 α_P 的振荡，并将它们控制到 0，在绳系装置刚启动时，拉力 T_c 应该尽可能小。可以通过调节参数 κ 来实现对 T_c 的调节。同时，考虑到绳索只能提供拉力，并考虑系统摩擦的影响，需要对控制律(12.5.19)进行修正：

$$T'_c = \begin{cases} T_c & T_c \geqslant 10 \\ 10 & T_c < 10 \end{cases} \tag{12.5.21}$$

可以通过绳系装置的电机，实现以上的控制律，控制有效载荷的着陆过程。

12.5.4 仿真结果

着陆器的参数及其在着陆段的初始状态如表 12-4 所列。月球引力加速度为 $g_m = 1.618\ \mathrm{m/s^2}$，其他设计参数取为

$$\delta_1 = 15,\quad \delta_2 = 25,\quad b = 2,\quad \kappa = 2,\quad \eta = 0.15,\quad \Lambda = 0.1 \tag{12.5.22}$$

表 12-4 着陆器参数及其初始状态

初始状态变量或着陆器特征参数	数 值
制动器质量/kg	210
有效载荷质量/kg	200
初始位置/m	[26,−25,250]
初始速度/$(\mathrm{m \cdot s^{-1}})$	[−0.4,−0.3,−2]
$X,-X,Y,-Y$ 轴各装 1 台侧向发动机	每台推力 100 N
$-Z$ 轴安装 3 台制动发动机	每台推力 450 N
侧向(制动)发动机比冲/$(\mathrm{m \cdot s^{-1}})$	300×9.8
绳索的初始长度/m	0.05
绳索的最大长度/m	35
初始位置夹角 α_{P_0}/(°)	5
初始位置角 φ_{P_0}/(°)	10

当着陆器下降到 20 m 时，有效载荷与制动器分离，并由绳索控制降落到月面。设定软着陆条件为：有效载荷的垂直速度与高度分别小于 0.5 m/s 和 0.5 m，即当软着陆条件满足后，绳索立即被剪断，有效载荷自由下落并在月面着陆。

仿真结果如图 12-19～图 12-28 所示。

图 12-19 给出了三轴发动机推力的时间历程。可以看到，发动机开/关之间的转换比较稀疏，避免了频繁切换的缺点，工程上一般的发动机都能满足此要求。有效载荷在平面内与平面外的摆动运动如图 12-20 所示，虽然位置角 φ_P 和位置夹角 α_P 分别具有 10°和 5°的初始偏离，但是它们都能很快收敛，并且保持在较小的区域范围内。

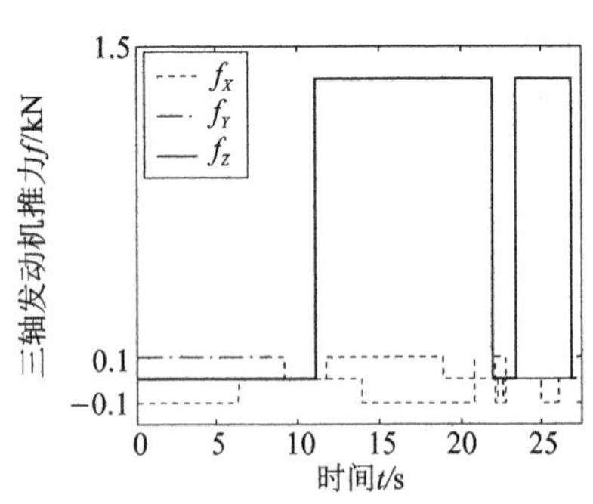

图 12-19 三轴发动机推力的时间历程

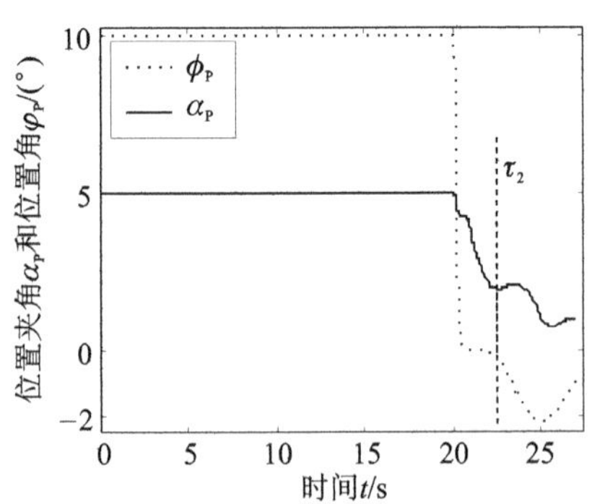

图 12-20 位置角与位置夹角的时间历程

图 12-21 描述了绳索长度随时间变化的情况，绳索首先保持其初始长度，在 τ_1 时刻，着陆器的高度刚好小于 20 m，绳系装置开始工作，绳索由电机控制引导有效载荷下降。到了 τ_2 时刻，绳索有一个回收运动，此时位置角与位置夹角的运动是不稳定的(见图 12-20)，它们都出现了短暂的发散现象。绳索最大伸长 19.7 m，小于最大限制 35 m。

图 12-22 给出了绳索的拉力曲线，在 τ_1 时刻，绳系装置开始工作，并在初始时段提供 10 N 的常值拉力，保证 φ_P 角与 α_P 角迅速收敛，绳索的最大拉力小于 1.5 kN。

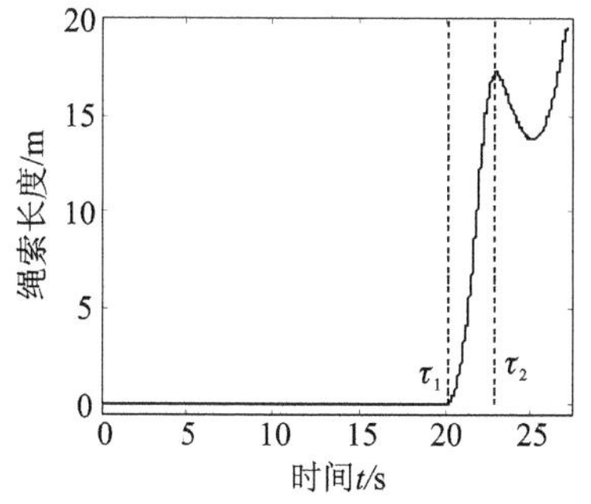

图 12-21　绳索长度的时间历程

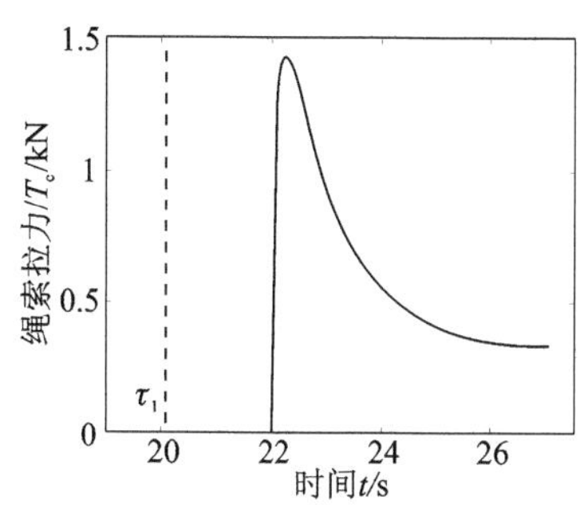

图 12-22　绳索拉力的时间历程

图 12-23 和图 12-24 分别给出了有效载荷的位置曲线和速度曲线，虽然没有水平控制力，但有效载荷的水平位置和水平速度都能收敛到较小的值，保证有效载荷在预定的着陆点附近着陆。在 τ_1 时刻，由于绳索的拉力比较小，使得有效载荷的垂直速度变大，随着拉力的增加，有效载荷的垂直速度逐渐收敛于 0，并以较小的速度着陆，保证了有效载荷的安全。

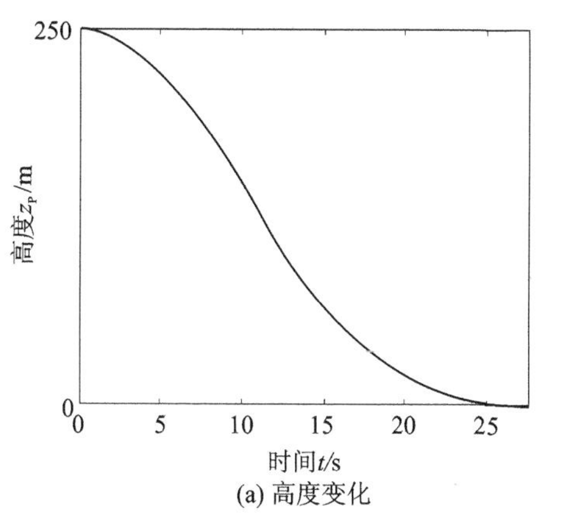

(a) 高度变化

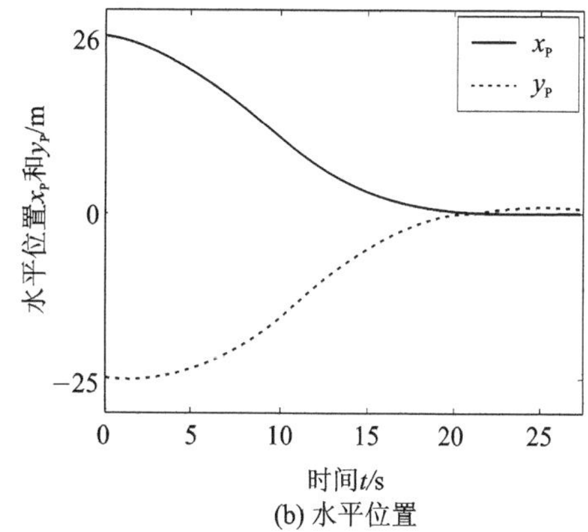

(b) 水平位置

图 12-23　有效载荷的位置曲线

图 12-25 和图 12-26 分别给出了制动器的位置曲线和速度曲线，制动器在侧向发动机的作用下，逐渐向预定着陆点靠近，当制动器到达着陆点上方 20 m 时，有效载荷与制动器分离，制动器在发动机的作用下保持悬停状态，离月面的最小高度为 14.7 m，避免了由制动发动机尾焰引起的月面效应，并且其速度也比较小，保持在−5～5 m/s 之间。

图 12-27 给出了制动器的高度与垂直速度的相轨迹。制动器质量的变化如图 12-28 所示。

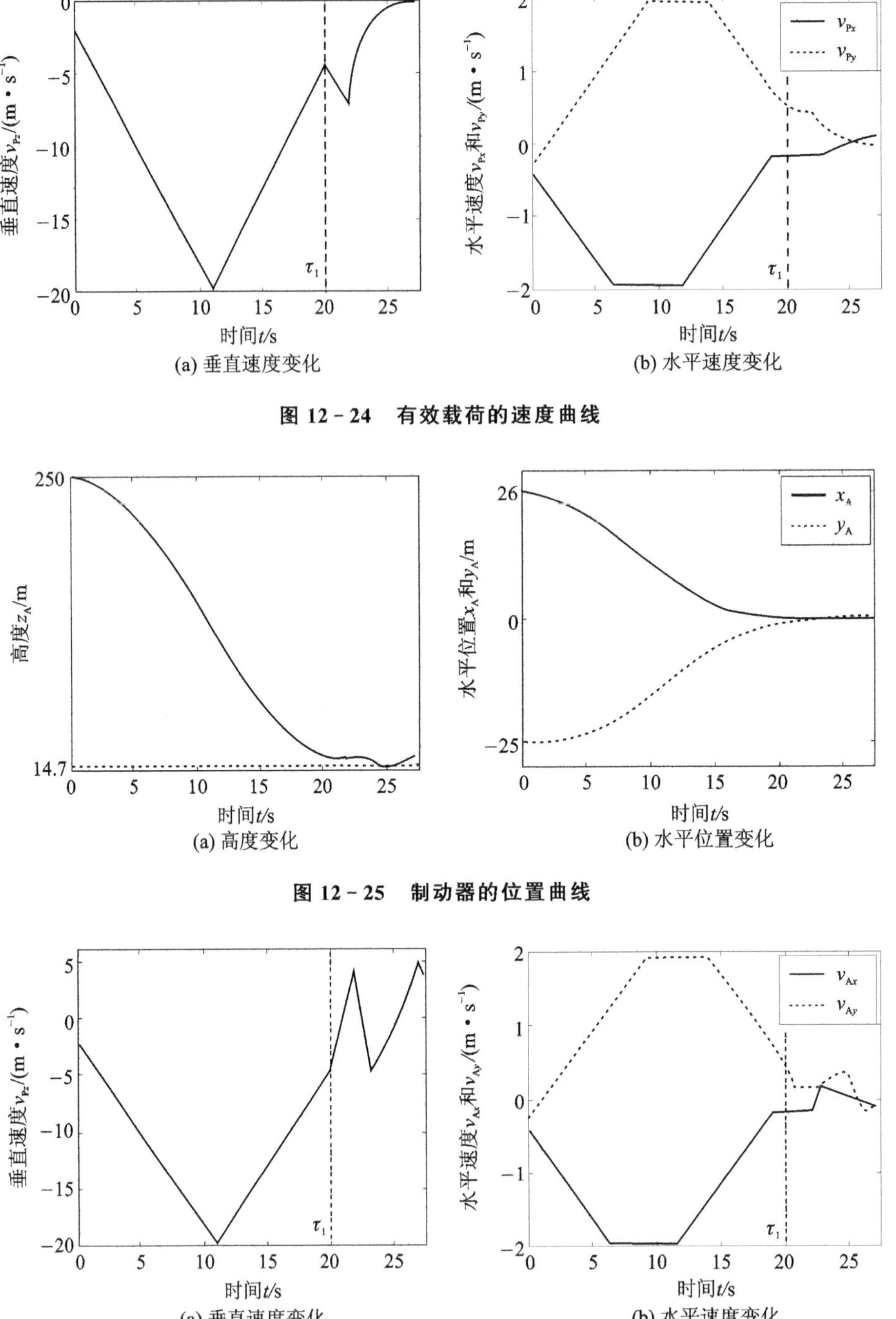

图 12-24　有效载荷的速度曲线

图 12-25　制动器的位置曲线

图 12-26　制动器的速度曲线

当软着陆条件满足后，绳索立即被切断，有效载荷以较小的初速度自由落体着陆。最后，有效载荷的着陆位置为[－0.29，0.48]m，着陆速度为 1.28 m/s，小于 2 m/s 的安全着陆速度。随后，制动器依靠剩余的燃料被推离有效载荷的着陆点。

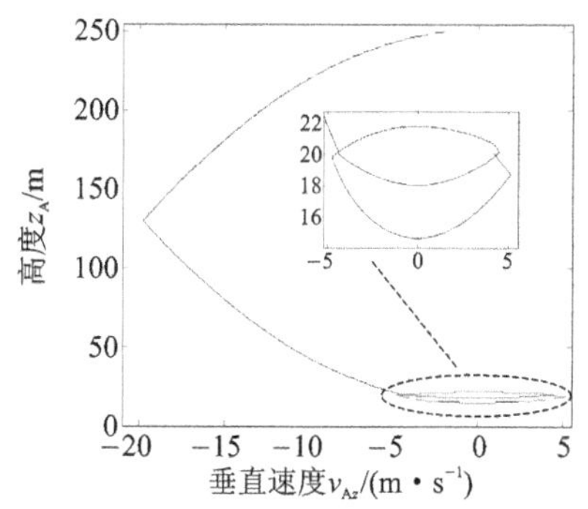

图 12-27　制动器高度与垂直速度的相轨迹

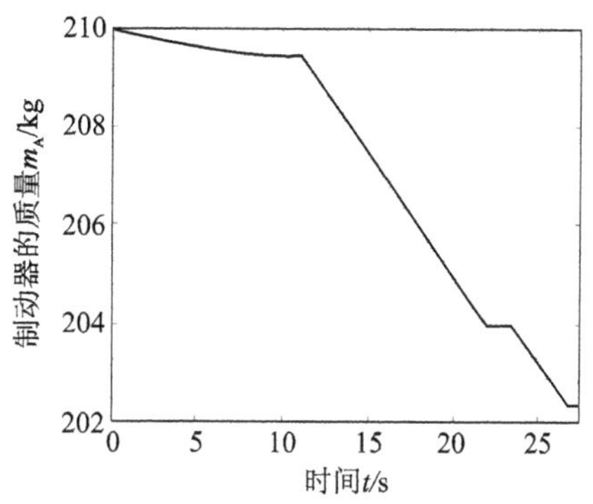

图 12-28　制动器质量的时间历程

思考题

1. 月球探测器具有什么特点？并简述我国嫦娥工程。
2. 载人月面着陆与上升飞行器主要包含哪些模块？为什么要进行分布式设计？
3. 为什么要根据不同着陆等级采取不同的着陆方式？
4. 什么是模糊控制？模糊控制具有什么性质？

参考文献

[1] 李成智，李建华. 阿波罗登月计划研究[M]. 北京：北京航空航天大学出版社，2010.

[2] 何绍改. 国外探月之路：美苏等国探月活动大事纪略(1958—2007 年)[J]. 国防科技工业，2007(11)：82-86.

[3] 孙智信，卢绍华，林聪榕. 人类探月与嫦娥工程[J]. 国防科技，2007(12)：13-20.

[4] 黄勇. “嫦娥一号”探月飞行器的轨道计算研究[D]. 北京：中国科学院研究生院(上海天文台)，2006.

[5] 吴伟仁，于登云. “嫦娥 3 号”月球软着陆工程中的关键技术[J]. 深空探测学报，2014，1.

[6] 郑永春，邹永廖，付晓辉. 月亮女神探月计划及对我国月球与深空探测的思考[J]. 航天器工程，2011(2)：57-65，105-109.

[7] 果琳丽，王平，梁鲁，等. 载人月面着陆及起飞技术初步研究[J]. 航天返回与遥感，2013，34(4)：10-16.

[8] 邓宗全，范雪兵，高海波，等. 载人月球车移动系统综述及关键技术分析[J]. 宇航学报，2012，33(6)：675-689.

[9] 王奉安. “嫦娥一号”受控撞击月球[J]. 环境保护与循环经济，2009，29(4)：60-61.

[10] 董立珉. 星间/星内无线通信技术研究[D]. 哈尔滨：哈尔滨工业大学，2012.

[11] 付强，姜会林，王晓曼，等. 空间激光通信研究现状及发展趋势[J]. 中国光学，2012，5(2)：116-125.

[12] 黄刚，李良春，林健. 着陆气囊的缓冲机理与技术分析[J]. 装备环境工程，2011，08(4)：86-89.

[13] 刘志全，黄传平. 月球探测器软着陆机构发展综述[J]. 中国空间科学技术，2006(1)：33-39.

第 13 章　潜在小行星探测概念设计

空间除尘器能够很好地解决空间中潜在偏离轨道的小行星与地球发生碰撞的危险事件。本章我们将用于探测小行星任务的空间除尘器简称为 DAD(Deflecting Asteroid by Dusting，利用尘土推偏小行星)，将潜在的可能与地球碰撞的小行星简称潜在碰撞小行星(Potentially Hazardous Asteroid,PHA)。DAD 目前是一种创新的、质量最小的空间尘埃探测器，用于探测和开发小行星并具备检测和撤离的能力。本章的概念设计是基于空间小行星采尘车(Asteroid Space Duster,ASD)，该探测器主要用于行星挖矿，具有机器人的特征和路径规划能力。ASD 利用自带的采矿系统将小行星上的可用材料转换为可产生推力的燃料。由于空间除尘器自身的大小受限，因此所产生的推力也有限。合理的布局方式是将其布置于平动点附近。系统平动点是太阳和地球的引力平衡点，运行于该点的探测器可以保持其位置，而几乎不用消耗燃料。在本章以日地系 L_1 点为例子，该点位于日地之间，具有观测太阳活动的天然优势，用来监测太阳风有约 1 小时的预警时间。若将探测器直接放置在该点附近的 Halo 轨道，即可满足观测任务，还可防止通信信号被太阳风干扰。

DAD 的设计目标是利用 PHA 上的推力来完成除尘，并测量由于除尘而造成的小行星轨道偏转。我们使用小行星 99942 Apophis(阿波菲斯)作为本章研究的示例小行星，其将于 2029 年 4 月 13 日与地球擦肩而过。与一些已有的小行星轨道转移的概念设计相比，目前没有使用连续推力来偏转小行星的方法，这个尚未解决的问题就是 DAD 研究的重点。

13.1　概　述

具有潜在危险的小行星(PHA)以不同的转移方式从原始轨迹转移到另一轨迹，在这一过程中可能对地球构成潜在威胁[1]。虽然有不同的识别策略可以识别出这些偏移轨道的小行星，如动能冲击器、喷漆、激光消融、核爆炸，但由于它有不同的初始条件、参数不足等劣势，所以目前并没有提供足够的实际可实施方案。从小行星开采的角度来看，实现探测威胁地球的 PHA 并使其偏转作为首要目标，对星际防御来说具有重要意义，但目前没有明确的解决方案。大多数方案都基于理论，理论方法由于数据的限制很难在方案设计中实现。而 DAD 能够为小行星采矿提供可实施的设计方案，作为以任务为导向的航天器，并且可以获得用于测绘表面的准确数据，以及找到合适的到达地点以开始采矿作业的问题[2]。

因此利用尘土推偏小行星来转移小行星可以解决之前文献中存在的问题。DAD 是一种采矿概念设计，利用 DAD 完成采矿、产生燃料，用于完成任务和偏转 PHA。DAD 配备了一个小行星采尘车(ASD)，将自主执行偏转操作。它的设计旨在平衡小行星采矿技术和现场资源利用 ISRU 作业的不断发展，从而允许简单的机器人小行星偏转任务将其有用元素转化为有用资源。DAD 是一个专门用来偏转小行星的采矿设备，可以分析的内容包括靠近地球的 PHA(产生巨大的撞击)、ASD 和有效载荷(采矿仪器和子系统)、表面测绘(体积特性和元素)、除尘场，观测物理特性的变化。

本章中的仿真对象 99942 Apophis 小行星在 2029 年左右到达地球附近，假设 ASD 2029 年已经抵达小行星，采矿作业需要 15～20 年，直至 2049 年地基观测站的观测结果已经偏离了方向，才能完全停止运行。最后，ASD 将成为一个能够建立最佳转移路径的设备，而该路径可以使用推力方法来确定。经过路径优化，ASD 能够提供一个丰富的矿物元素丰度图，可以定位需要采集的元素为 ASD 供电，并将其转换为推力，产生电力为电池充电，并维持整个电力系统以偏转小行星。DAD 也可以应用于其他小行星的其他未来小行星偏转任务。

13.2　DAD - ASD 任务设计：架构和目标

13.2.1　DAD - ASD 任务设计和架构

基于风化层高级表面系统操作机器人（RASSOR）提出的小行星采矿机是一种自主采矿车的设计概念，用于在低重力表面挖掘风化层。利用小行星表面和地球表面的电解槽，可以简单地将挖掘矿物中的液体转化为火箭燃料，通过加热从行星表面挖掘出的矿物质产生推动力，这种推力可以通过脉冲和多次加油来推进探索其他行星体。DAD - ASD 任务设计和架构如图 13 - 1 所示。

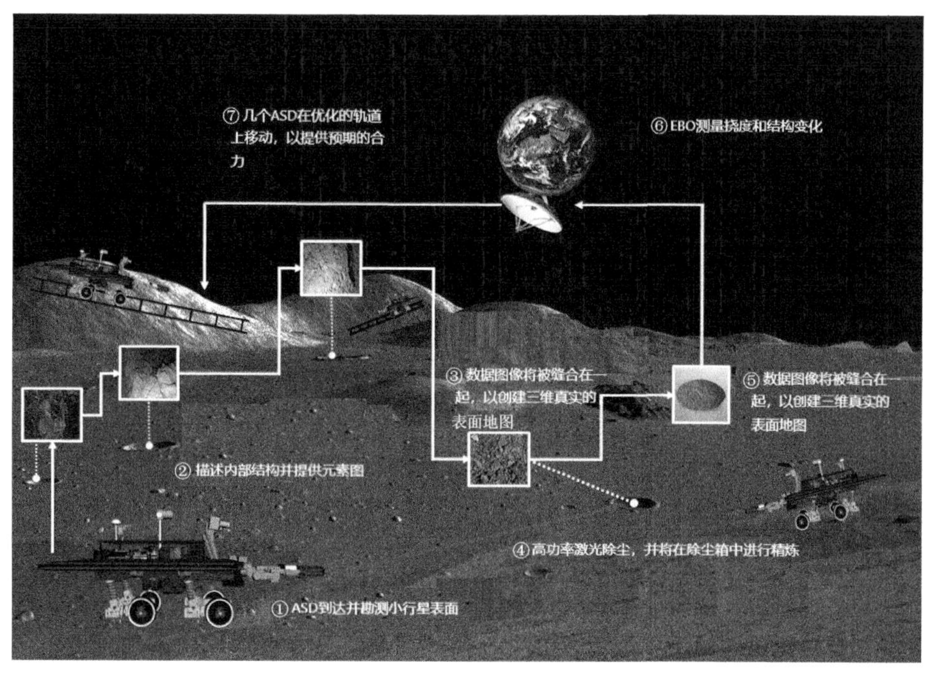

图 13 - 1　DAD - ASD 任务设计和架构

DAD - ASD 的主要设计工作流程如下：

① ASD 到达小行星表面并开始测量，进行路径寻找和优化，以便给可能的除尘站点提供方向；

② 确定目标除尘地点，并绘制能够给 ASD 提供动力的矿物元素丰度图；

③ 将拍摄的数据图像拼接在一起，创建 3D 真实地表图，并提供可采矿元素的确切开采点；

④ 采矿现场挖掘的灰尘将被高功率激光精确吸收，并带到防尘箱里进行提炼；

⑤ 使用收获的尘埃作为推进剂来释放推进器，以产生推力以偏转小行星；

⑥ 地基望远镜仪器用来测量偏转率、物理结构的变化；

⑦ 沿优化的导轨路径移动的几个 ASD，以提供预期的合力。

在工作的过程中 ASD 传递实时信息以反映真实小行星尺度，并由机械装置给出着陆和路径分析，以及随后小行星的采矿和转移方式，并带有行星防御、载人航天、近地天体科学和原地资源利用的辅助功能。它还将提供有关真实小行星体积和其他有用的信息，如表面、成分、物理特性、条件和强度。支持不同的小行星模拟、地基观测站和研究实验室研究，也是 DAD - ASD 任务设计和架构的一个重要特点。

13.2.2 DAD 目标

DAD 为完成主要设定目标，将任务分为 4 个不同的阶段，从而保证避免小行星撞击和探测器帮助下的小行星偏转：

① 征表：确定体积、性质，如表面形态、内部结构组成、旋转速率和自旋状态；

② 路径优化：确定需要绘制的除尘地点并提供优化方向；

③ 粉尘开采：确定开采/收集粉尘的方法，并将其作为一种推力来偏转小行星；

④ 小行星偏转：确定推力大小和轨道速度，以避免卫星遭受灾难性破坏。

根据主要目标、任务，可以回答以下科学问题：

① 有哪些可能的资源可以被发现并用来使小行星偏离轨道？

② 如何收集和提取灰尘以用作推力？

③ 如何分析小行星的内部结构和性质？

④ 小行星的尘埃被用来偏转后会被放在哪里？

⑤ 应将轨迹放在哪里来测量挠度？

这些科学问题的最终目标将是通过聚焦于 PHAs 的地基雷达卫星获得挠度测量数据库。

13.3 开采尘土和探测的科学仪器

内置于 ASD 的采尘探测的科学仪器是根据 DAD 的目的而选定的，并且也应确保这些仪器能够执行小行星 99942 Apophis 任务，提供详细信息，为后续小行星开采任务提供可能的资源。上述仪器由多光谱相机、分光仪、激光地震仪和导航装置几个部分组成，也包含激光烧蚀器、集尘器、采矿器和尘土精炼厂。表 13 - 1 展示了各项仪器与其任务阶段和目标的关联。

表 13 - 1 DAD 的基本目标和仪器

任务阶段	目 标	仪 器
测定小行星特征	测定 Apophis 的表面形态、地势、公转、组分及自转速率	YARU CamSys, MINGSys
路径优化	测定内部结构以找到采尘地点，提供元素丰度分布图	FlASpIn, LaViSe
开采尘土	开采用于产生推力的尘土：尘土-推力法	DH, DVT
推偏小行星	测算推偏小行星需要的推力、推偏角度和推偏轨迹	DRTS

各项仪器的位置由 ASD 设计所决定。图 13 - 2 展示了 ASD 仪器的框图。图中“↔”符号表示串行数据连接，而计算机系统则作为中央处理器。这些仪器建立了串行数据与计算机系

统之间的联系。另外，从尘土真空管(DVT)到尘土提取和推力存储(DRTS)的粗线表示收获的尘土块的走向，该粗线被放置在图片下端表示收获并运输尘土块的仪器安装在ASD底盘上。各项仪器的全局安装位置如图13-3所示。

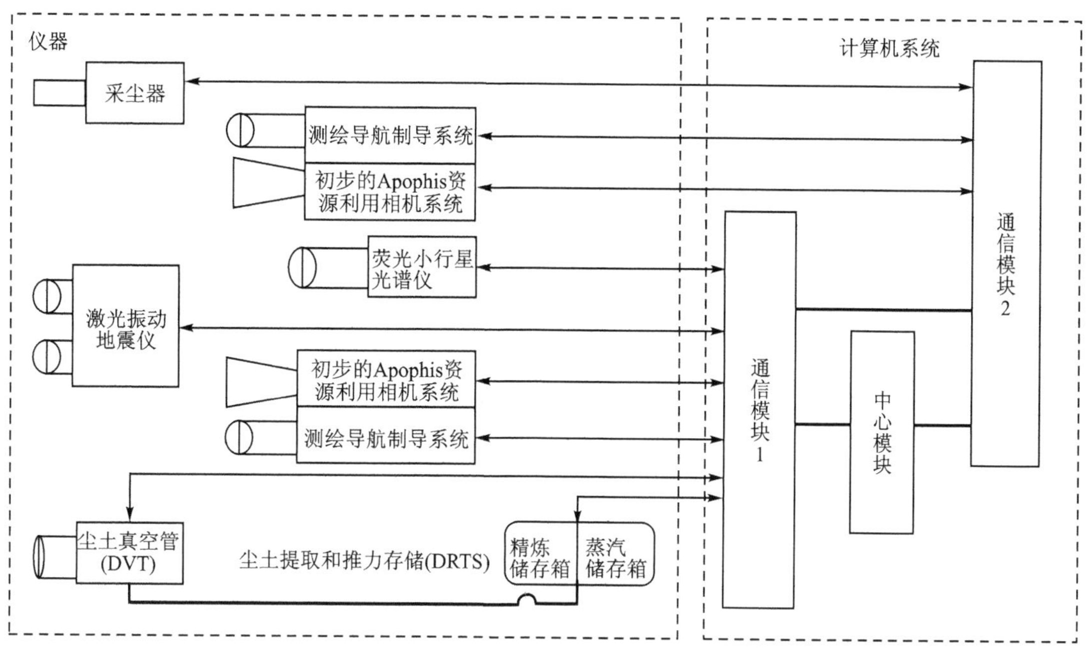

图13-2 ASD仪器的框图

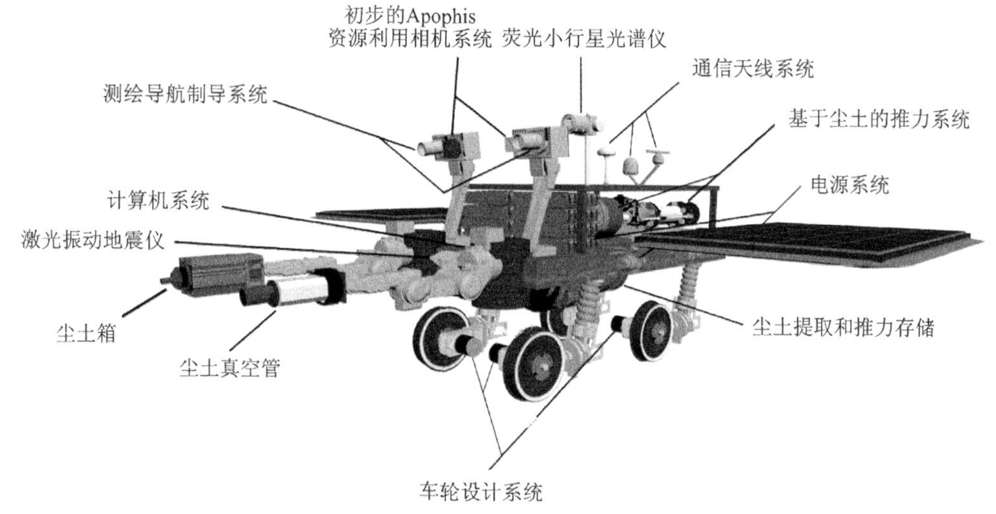

图13-3 子系统和仪器的安装位置

13.3.1 YARU CamSys

YARU CamSys(初步的Apophis资源利用相机系统)由两个相机系统组成，每个相机都能提供多频谱且高清的彩色图像。第一个相机是视场为30～80 mm、f2.8、15°的中角相机

(Medium Angle Camera，MAC)，第二个是视场为 70～200 mm、f2.8、10°的窄角相机(Narrow - Angle Camera，NAC)。NAC 基于 MastCam - Z[3]，具有放大功能，能够在高速运动下拍摄 3D 照片和视频。这些性能使得它能够提供小行星表面形态、地势的完整细节信息，并且其中包含了地质和矿物学表面测绘目标。除此之外，它也能让我们在 Apophis 的地质历史、尺寸测量上有更好的认识。

13.3.2 MINGSys

MINGSys(Mapping Investigator Navigating Guide System，测绘导航制导系统)是由两个相机系统组成的。第一个相机是 15.5～45 mm、f2.8、45°的广角相机，基于月球矿物测绘技术(Moon Mineralogy Mapper，M3)[4]，用于小行星矿物测绘和确定表面组分；第二个相机是 100 m、f2.8、5°的近景相机，用于拍摄小行星矿物的微距图像以及确定表面组分。这两个相机都能拍摄黑白视频和彩色全景图片。彩色图片经过优化算法处理可以得到去往采尘地点的 3D 路径规划结果。

13.3.3 FlASpIn

FlASpIn(Fluorescence Asteroid Spectrometry Instrument，荧光小行星光谱仪)通过测定内部结构特征来确定其内部结构、内聚力以及基本特征，用于寻找开采的位置，并且它将有助于 MINGSys 做出决定，在路径优化过程中提供正确的方向。进一步地，该仪器还可以研究小行星不同类型岩石和土壤的特性，也能在目标表面使用 100 μm 直径的高能激光束，从而测量其化学元素特征。

13.3.4 LaViSe

LaViSe(Laser Vibration Seismometer，激光振动地震仪)与激光多普勒振动计类似，都使用相干激光束[5]。它可以利用地震振动分析提供 3D 的地震成像、内部活动信息，从而判断拟定的采尘位置是否合适。同时，获得对象的内部结构信息，有助于路径优化中在风化层找到最好的位置。

13.3.5 DH

DH(Dust Harvester，采尘器)放置于 ASD 右前位置，利用激光烧蚀技术从精准位置采集尘土。它是一种超声波扫描装置，类似于工业用途，它能够在附近找到最佳开采位置。因为采集尘土是一项非常耗时的操作，所以产生推力将会是该仪器非常重要的一部分。

13.3.6 DVT

DVT(Dust Vacuum Tube，尘土真空管)是一种管状仪器，放置于 ASD 的左前方。它基于岩芯提取器产生蒸汽推力的技术，可以在采尘器提取尘土的时候，吸取细小的尘粒[6]。因为该装备需要进行钻孔操作，所以尘土真空管将直接吸取采尘器开采出的尘粒，并且加热吸尘管来产生蒸汽。然后蒸汽通过吸尘管的小孔，并被压缩储存在 DRTS 中，用于产生推力。

13.3.7 DRTS

DRTS(Dust Refinery and Thrust Storage，尘土提取和推力存储)是由尘土提取装置和推

力存储装置组成的，置于 ASD 的中心区域。蒸汽储存箱（Steam Storage Tank，SST）压缩和储存来自尘土真空管的蒸汽，并用于驱动整个 ASD，同时也利用蒸汽来推偏小行星[7]。然后，精炼储存箱（Refinery Storage Tank，RST）将 DVT 收集的尘土磨成更细小的颗粒，并将之压缩储存在尘土箱（Dust Tank，DT）中用作推进剂。之后，小行星的偏转和轨迹将依赖于这些产生推力的尘土。

13.4　小行星采尘车

ASD 的难点在于将所有的仪器和子系统整合到指定位置，使之能完成对应的工作，如图 13－3 所示。为了让各项仪器在各种情况下都能运行，我们将一些关键难点最大化，比如安装使用中的电源和热环境。另外，表 13－2 展示了这些仪器的质量、功率以及可操作和不可操作的温度范围。提供的数值考虑了对应的系统，如推力（质量）、电源、通信和车轮。

表 13－2　DAD 的基本目标和仪器

载荷		质量/kg	功率/W	温度	
试验	仪器			T_{op}/(°)	T_{nop}/(°)
YARUCAMSys	MAC	2	5.5	0～25	−55～30
MINGSys	NAC	2.2	6.5	0～25	−55～30
	WAC	2	2	−15～55	−30～65
	CUC	1	2	−15～55	−30～65
LaViSe	—	3	10	−83～−63	−163～40
DH	—	5	12	−20～60	−40～40
DVT	—	6.5	12	−20～60	−40～40
DRTS	RST	5	10	−20～60	−20～30
	SST	5	5	−20～60	−20～30
总和		31.7	65	—	—

说明：公共温度区间 10～30 ℃，适宜温度区间−20～30 ℃

进一步地，ASD 整个系统的组成：机体结构设计（Body Structure Design，BDS）作为机体的框架，车轮设计系统（Wheel Design System，WDS）负责在小行星表面运动；基于尘土的推力系统（Dust Based Propulsion System，DBPS）负责推偏小行星；通信天线系统（Communication Antenna System，CAS）负责与地球观测站（Earth－Based Observatorys，EBO）通信，电源系统（Power System，PS）供应电力；计算机系统作为整个装置的计算中心。每个分系统的组分将在后面介绍。图 13－4 展示了 ASD 几个分系统的框图。

有了开采尘土过程中有关尘土大小、组分和正确功率的先验信息，就可以加入特定的尘土组分以适应组分要求，达到偏转小行星的技术目标。每个部分都依赖自动采尘系统而运行。ASD 利用蒸汽生成的氧化剂来产生推力，利用收获的尘土来产生推进剂。然后，蒸汽产生热量进而向电池充电，并且帮助电源系统持续向开采工作的仪器供电。小行星采尘器（ASD）的 CAD 如图 13－5 所示。

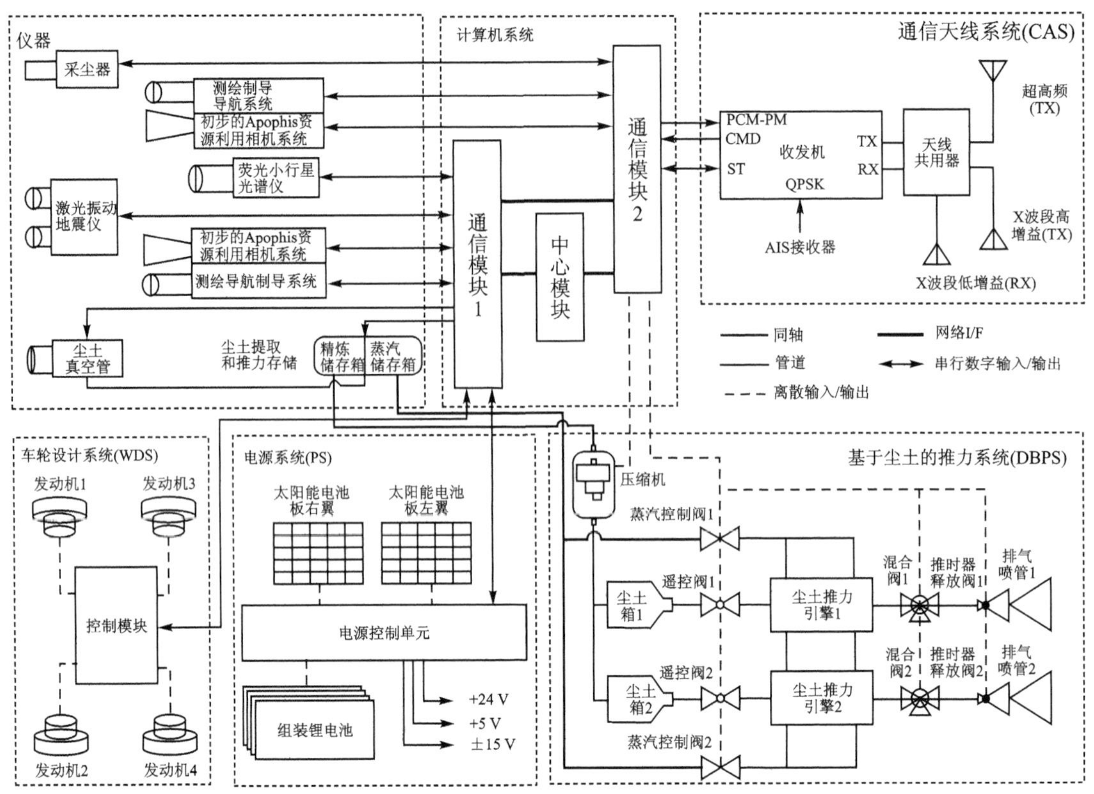

图 13-4　ASD 分系统框图

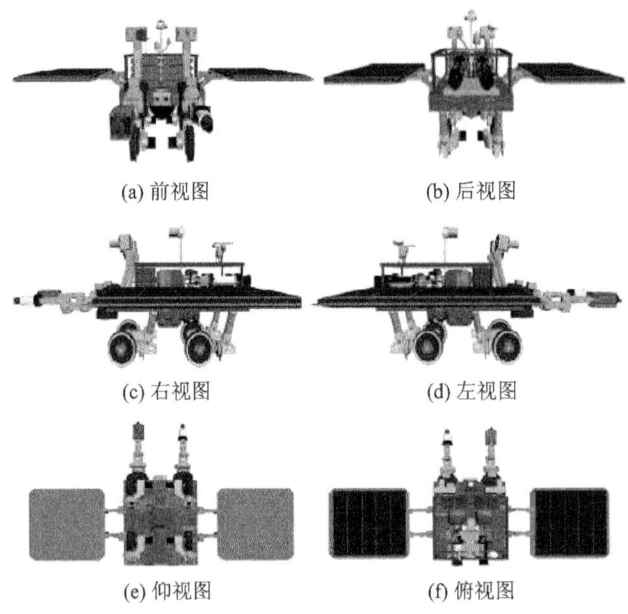

图 13-5　小行星采尘器(ASD)的 CAD 图

放置于 ASD 背面的左、右两个尘土推进器是电弧加热火箭发动机，使用的是电力推进，作为基本引擎使用。这种引擎是一种典型的比化学火箭消耗更少工质的引擎，因为它们的喷气速度比化学火箭更高。由于其功率有限，所以推力相比化学火箭更小。而电推进却是适用于 ASD 的，因为其提供的小推力在长时间的空间航行中能产生更大的速度。因此我们将之修改为基于尘土的推进引擎，以达到 ASD 设计的最低标准。

另外，尘土推力引擎(Dust Thruster Motor，DTM)的概念包含内管、外管、遥控阀(Remote Control Valve，RCV)、蒸汽控制阀(Steam Control Valve，SCV)、混合阀(Mixing Valve，MV)、推进器释放阀(Thruster Release Valve，TRV)以及排气喷管几个部分。图 13-6 展示了尘土推力引擎的 CAD 图。

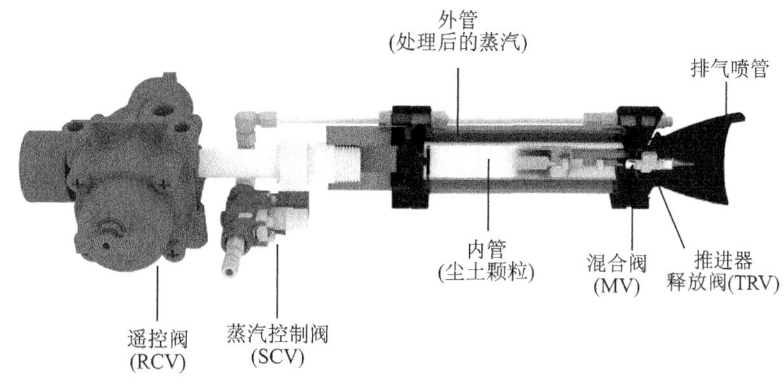

图 13-6　尘土推力引擎 CAD 图

13.4.1　机体结构设计

在机体结构上，ASD 是一个具有弹性的、轻量级的钛合金越野车，其灵感来源于火星的好奇号漫游车。它的尺寸是 3 m(9.8 ft)长、2.8 m(9.2 ft)宽、2.2 m(7.2 ft)高，并且质量为 800 kg(1 763.70 lb)，其中包含有 75 kg(165.35 lb)的科学仪器。在 99942 Apophis 的任务中，上述测量值可假定是足够的，因为 Apophis 的尺寸是 0.37 km×0.45 km×0.17 km[8]，并且用于推偏小行星的时间是 10～15 年。另外，通过机械组装将各个仪器和子系统整合到一起。针对太空的严峻环境，航天电子系统和机械系统都有表面绝缘保护，而包括天线和车轮系统在内的各个分系统都能得到平等的部署分配，使得 ASD 能够实现其全部功能。

13.4.2　车轮设计系统

车轮材料为铝，直径 0.36 m(14 ft)，基于摇臂转向架系统设计。每个车轮与由 ASD 电源系统驱动的电机相连。在平整表面上的初期任务中，尘土推力引擎(DTM)输出的推力大小由计算机系统控制，限制车速最大为 15～20 km/s。随后，推力大小将适应在高低不平的表面调整。

另外，ASD 需要足够的电力来实现整个搜寻和开采工作，一旦电池充满电将开始工作。因为 ASD 是单方向运行，所以需要利用事先铺好的轨道以在开采地点附近活动。进一步地，一些 ASD 将要负责轨道作业，并且就搜索工作计划和开采工作进行相关通信，以防互相干扰。

13.4.3 基于尘土的推力系统

基于尘土的推力系统(DBPS)利用尘土-推力技术，将蒸汽转变为氧化剂，将收集的尘土转变成推进燃料，以达到将尘土转化为推力的目的。这项技术来源于 WINE 航天器一种可重复添加燃料的航天器蒸汽推进系统。另外，尘土真空管(DVT)上的吸取管加热尘土，得到蒸汽，并通过小孔释放蒸汽到蒸汽储存箱(SST)中进一步压缩。然后，剩下的尘土将被自动输送到 SST 中，进一步研磨成更细小的颗粒以防止阻塞。随后，尘土颗粒将在尘土箱 1 和尘土箱 2 中压缩储存。处理后的蒸汽和尘土颗粒将是尘土推力引擎的主要工质。尘土精炼和推力储存(Dust Refinery and Thrust Storage,DRTS)的工作流程图如图 13-7 所示。

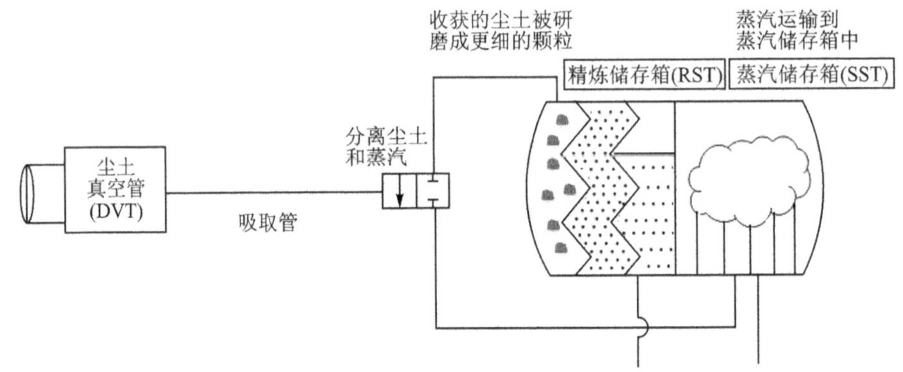

图 13-7 尘土精炼和推力储存工作图

尘土箱(DT)中的遥控阀(RCV)将尘土颗粒泵进尘土推力引擎(DTM)的内管。蒸汽控制阀(SCV)将压缩后的蒸汽从蒸汽储存箱(SST)中释放到外管中。然后，混合阀(MV)将尘土颗粒和蒸汽在内外管的终端混合。因为计算机系统是电子操控的，所以推进器释放阀(TRV)会在内外管填满时自动开启。

同样的，计算机系统决定需要多少推力以及何时、何地输出。尘土颗粒和处理后的蒸汽会被很好地保存在管道中。进一步，ASD 将会继续移动到下一个开采地点继续工作。ASD 并不需要每次开采完就释放推力。尘土推力引擎的工作流程如图 13-8 所示。

13.4.4 通信天线系统

通信天线系统(CAS)包含两方面：① 基于火星“好奇号”漫游车，安装于 ASD 上的三组通信天线；② 3 个轨道卫星(Orbiter Satellite，OS)，如图 13-9 所示。这些卫星必须能够接收、传输来自小行星上 ASD 的信号，同时接收来自地球观测站(EBO)的信号，并将之传输给 ASD。我们考虑了各种严峻情况的可能性以确保可靠的中继通信，例如小行星的翻滚旋转状态会导致数据速率的时间滞后，丢失轨道卫星和小行星之间的距离，以及某些卫星的信号中断等。

此外，通信天线系统将保证 ASD 进行操作的可靠性，以及出现通信问题时的候补选择。由于 ASD 上的超高频天线利用超高频中继链路向轨道卫星-3 远距离传输的数据大小和功率最高近似为 4 Mbit，所以轨道卫星-3 的上限约是 400 MHz。尽管如此，地球观测站预计在 30～60 min 内收到数据，接收时间取决于小行星的位置。

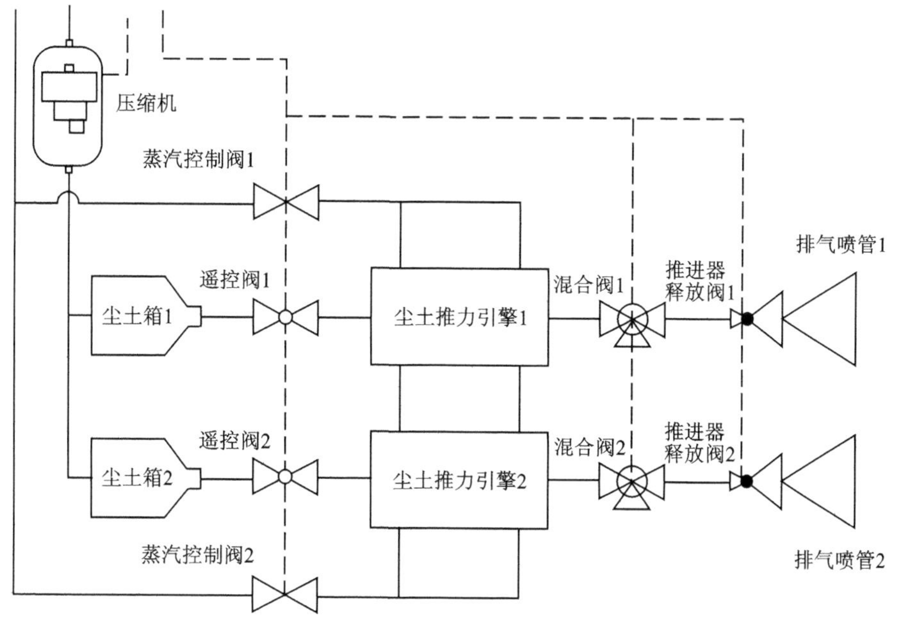

图 13-8　尘土推力引擎的工作流程

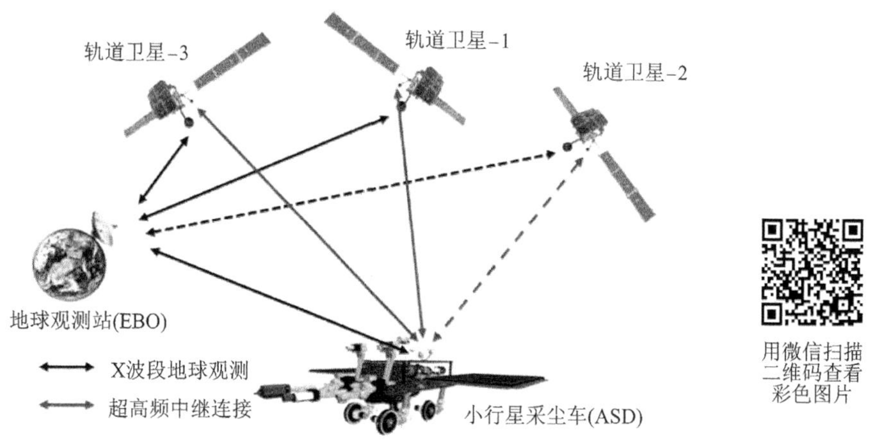

图 13-9　ASD、轨道卫星、地球观测站之间的通信

此外，ASD 在小行星表面是单向运行，最好使用 7 000～8 000 MHz 的 X 波段高增益天线，此波段也用于从 EBO 向 OS-1 传输数据。由于天线可以转向，ASD 不需要移动位置来传输数据。预计数据将通过一个直径 36 m 的天线，以 180/500 bit/s 的速率传输至轨道卫星-1，或者通过直径 72 m 的天线，以速率 900/3 000 bit/s 传输。这种天线的优点之一是它能够直接聚焦其波束，将高数据率的数据传输回地球，并且能量损失很小，将数据传输变得简单易行。

而且，全方位的 X 波段低增益天线将在各个地方承担接收信息的工作。由于 ASD 将通过 7 000～8 000 MHz 的 X 波段信号与地球链接，所以就要求数据在轨道卫星-2 的中继链路上以直径 36 m 的天线、12 bit/s 的速率传输，或者以直径 72 m 的天线、32 bit/s 的速率传输。

13.4.5 电源系统

电源系统(PS)将为 ASD 的各项仪器和子系统提供充足可靠的电力。整个系统的电源主要来源于锂电池,其电力被计算机系统合理分配。另外,安装在 ASD 的左右翼上的太阳能电池板将会为电池充电。因为尘土真空管(DVT)管中处理后的蒸汽也会散发热量,其热量也可用于为电池充电,以维持整个开采工作。但是电源系统预计将提供 12~13 kW 的可靠功率。

13.5 路径优化

自从小行星 99942 Apophis 被发现以来,研究人员已经对它进行过数次的分析,然而,到目前为止,仍然没有小行星表面情况的准确资料。又由于该小行星下次飞掠地球的时间为 2029 年 4 月 13 日,所以目前对于偏移小行星手段的选择主要是依照对该小行星的观测以及与其他小行星的比较。此外,描述其表面形态学、内部结构组成会给出关于小行星所含元素及其分布的推测,从而可以得到元素丰度图(element abundance map)。尽管如此,ASD 的尘土开采和偏移任务选址也需要基于该图。

更进一步地讲,路径优化部分的工作就是依照丰度图以及该小行星的形状,为 ASD 的尘土开采任务提供最优的路径解。由于该小行星是碎石堆型(rubble pile type)小行星,在该小行星的表面存在石碓(boulders)和撞击坑(craters),因此在这之中,优化算法会给出一个 ASD 初始位置的估算。如图 13-10 所示,小行星 101955 Bennu 和 162173 Ryugu 的石碓和撞击坑分布图会被用来规划初始的尘土开采场地的位置。图 13-10(a)展示了小行星 Bennu 的石碓分布图;图 13-10(b)展示了基于镶嵌 V 波段图像的小行星 Ryugu 的石碓分布图以及各撞击坑的命名;图 13-10(c)是马赛克式平面投影图,展示了前 12 个被官方命名的地表特征。基于这些图像中,我们得出了初始的尘土开采场地(dusting site)图,如图 13-11 所示。

路径规划工作基于参考文献[26]中的铁路规划问题,只考虑单条轨道的铁路线路的情况。由于 ASD 会自动地在图 13-11 所示的尘土开采场地规划图上运动,所以它会同时作为轨道和地球观测站(EBO)的监视器,确保每个路径点一次仅能有一个 ASD。当 ASD 到达路径点时,会将其与其他 ASD 的通信链同步来避免干扰。

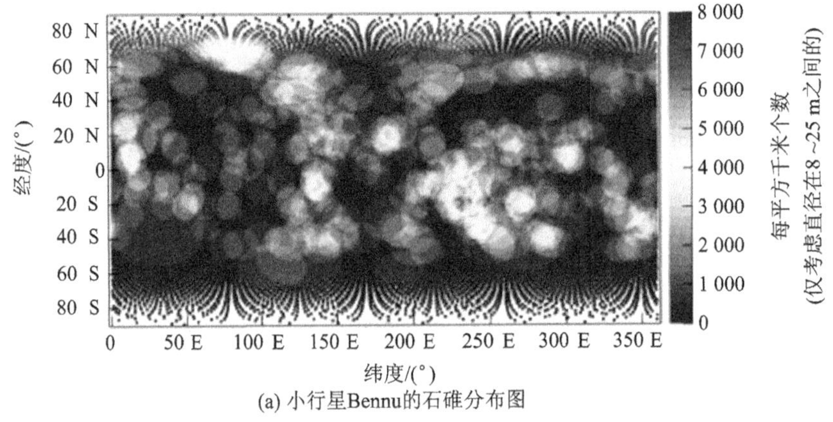

(a) 小行星Bennu的石碓分布图

图 13-10 表面地图绘制计划

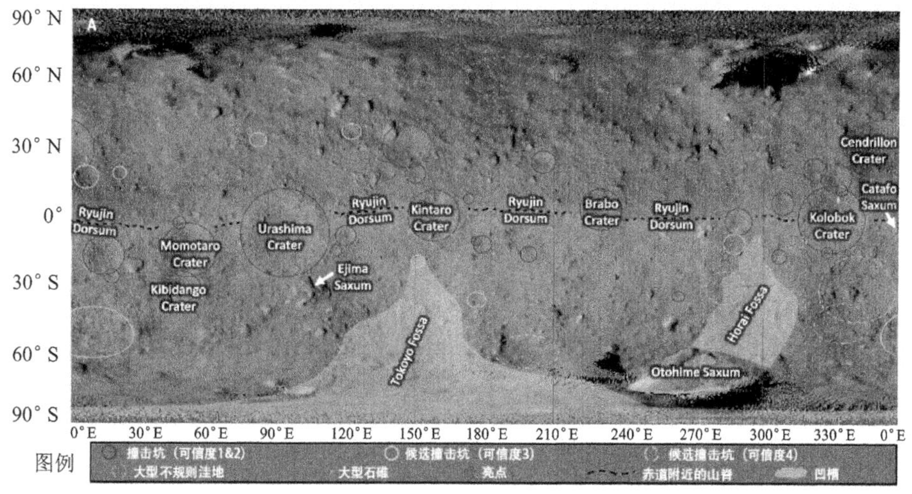

(b) 小行星Ryugu的石碓分布及各撞击坑的命名

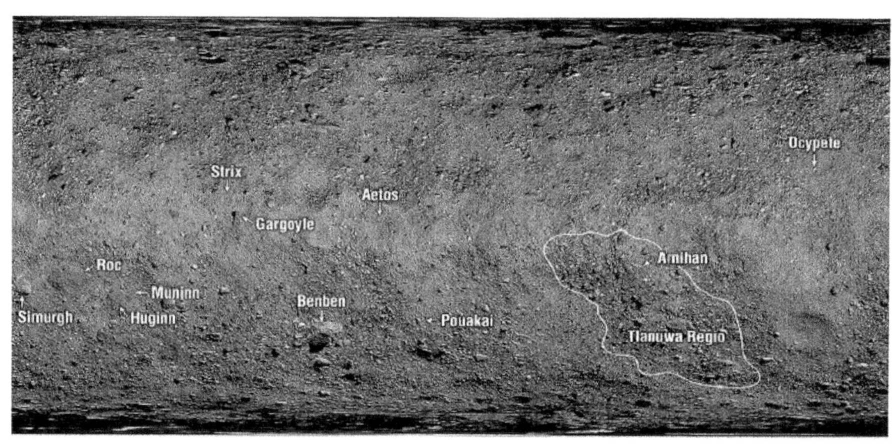

用微信扫描二维码查看彩色图片

(c) 马赛克式平面投影图

图 13-10　表面地图绘制计划(续)

此外，路径规划的重点不是在小行星上建立一个铁路系统，而是利用铁路系统的求解方法，在 ASD 进行尘土开采站(dusting station)的测量和分析的同时解决 ASD 的尘土开采规划问题。为了达到该目的，研究人员给出了必要的条件：

条件 1：尘土开采场地应当有包含特定的矿物质，其中所含的元素能够产生较高的推力，而且能够偏转小行星，从而改变小行星的旋转速度、转轴或者轨道。

条件 2：ASD 需要能够到达富含所需元素的矿物质的尘土开采场地进行充电，以维持尘土开采行动。

条件 3：为了得到一个合适的算法，ASD 的设计和其他设计相同，使得 ASD 的加速度是恒定的。

条件 4：因为不同段的站点间距离不相同，所以所有 ASD 在每段铁轨上运行的时间需要在出发时归零。

基于这些条件，作者将参考文献[9]中的单一轨道规划问题的求解方法用在 ASD 的尘土

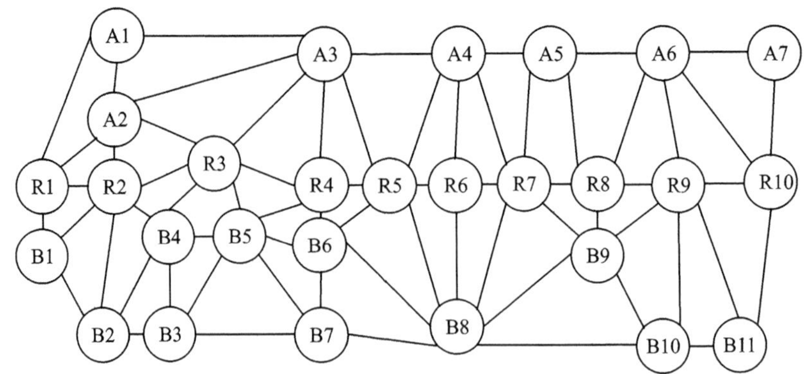

图 13-11 基于小行星 Bennu 和 Ryugu 的石碓撞击坑分布图得到的尘土开采计划图

开采规划上。具体讲，问题设定基于图 13-11 的初始尘土开采场地，为 ASD h，i，j 运行在铁路 A，R，B 上。设 n 是 ASD 合集，包括到达的 ASD n_{I} 和出发的 ASD n_{O}，h，i，j 为具体的 ASD 的编号，W_K 为 ASD h 路径上的所有尘土开采站的集合，而 ASD h 的出发点和目的地记为 Ori(h)和 Des(h)，An 为 W_K 中轨道 A 上的站点，An^+ 为 ASD 路径上的 An 的下一个站点，$C_{\mathrm{A}n}$ 是尘土开采站 An 的容量，$t^d_{h,\mathrm{A}n}$ 是 ASD 在 An 站点的运行时间，$t^s_{h,(\mathrm{A}n,\mathrm{A}n^+)}$ 是 ASD 在两个站点之间转移所需要的时间。$\bar{a}_{h,\mathrm{A}n}$ 和 $\bar{d}_{h,\mathrm{A}n}$ 分别表示 ASD h 在 free-run 模式下到达和离开 An 的时间，而 $a_{h,\mathrm{A}n}$ 和 $d_{h,\mathrm{A}n}$ 表示在真实情况下的时间。

ASD h，i，j 需要从初始站点 A1，R1，B1 运行至 A7，R10，B11，从而利用 FIASpIn 仪器对小行星进行完整的测绘。虽然 ASD 在每个站点需要先完成 5 min 的测绘工作，才能启程前往下一站点，但 ASD 依旧不能从一条轨道上穿行到另一条轨道上。所以 ASD 必须按照序号一次经过各站点并进行测绘。ASD 从当前站点 An 到 An^+ 的过程中的速度忽略不计。

当 LaViSe 仪器进行分析的同时，它也在对整个小行星进行测绘。虽然 ASD 已经知道哪些站点存在需要采集的矿物质和元素，但是预测这些站点在小行星上的具体位置仍有难度。之前描述的那些条件将会被应用于为 ASD 如何能够在小行星上得到尘土开采规划图(dusting map plan)，也就是元素丰度图而提供一些指导。站点需要存在能够被用来收集矿物质的元素。在这种情况下，如果一个站点既不能提供推力又不能为 ASD 供电，那么 ASD 将会从最短的路径前往下一个站点。

当 ASD 到达最终的站点时，它会得到各个站点的位置、矿物含量等信息。以 A 轨道上的 An 站点为例，定义 An_{o} 是 ASD 的初始站点，假设 An^{e+} 是下一个存在所需要元素的站点。如果 ASD 当前处在 An_{o} 而下一个要去的站点为 An^{e+}，那么其之后的状态可以用 An^h_{o}，An^{e+}_1 来表示。对于在不同方向上运行的 ASD，l^{ad} 和 l^{da} 分别用来表示对于同一个站点，不同 ASD 到达和离开的时间差。此外，约束表达出了在一个拥有所需元素的站点中，$\xi^{AD}_{h,t,\mathrm{A}n^{e+}}$ 和 $\xi^{DA}_{h,t,\mathrm{A}n^{e+}}$ 的关系。如果 h 已经选择了拥有所需元素的站点 An^{e+}_{o}，而 i，j 也和 h 在同一条轨道上，只不过初始站点不同，那么这两个 ASD 应该避让前面的 ASD，并尝试寻找其他的存在所需元素的站点。

如果 ASD i，j 同在一段连接线上并且目标是同一站点，那么一个 ASD 将在该站点停留，而另一个 ASD 会在到达之后立刻出发前往下一个存在所需元素的站点。必须保证同一时刻，每个站点仅有一个 ASD 停留。如果一个 ASD 前往下一个站点的连接线被占用，那么该 ASD

将等待至占用结束后再出发。由此，当 ASD 选中适当的尘土开采场地后，尘土开采规划图也随即形成。

由于规则中要求每段轨道上只能有一个 ASD，所以 ASD 必须遵守时序规划，而 ASD 也必须保持在自己的轨道上。下面算法 1 将决定不同尘土开采站点的优先程度，并能够轻易地为 ASD 分派任务。每个 ASD 将被分到等量的站点，并且当 ASD 在规划好的站点间转移时，不会发生干扰或阻挡的情况。m_O 和 m_I 被用来记录路径上驶入和驶出的 ASD 的数量。

算法 1　初始路径优化规划算法（IPPOA）

初始化：输入轨迹 A、R、B，输入 h 的初始值，粉尘站 $A1_O$、最终粉尘站 A7 以及系统信息等；将 h 设置为 A，$m_O=1$，$m_I=0$

for A = $A1_O$：h's 为（A7），

初始化每个除尘站 5 min

for all h，i，j ∈ n / A，**do**

if h 由 $A1_{Ori(h)}$ 一直到 $A2^+ \cdots A7_{Des(h)}$，

if h 从 $R1_I$ 行进到 $A3^+$ **then**

if i 从 $R1_{Ori(i)}$ 到 $A1_I$，j 从 $B1_{Ori(j)}$ 到 $A1_I$，m_O++；otherwise **false**

end if

end for

end for

outputs

矿工 h、i、j 是否到达最终粉尘站 A7、R10、B11

然而在算法 2 的尘土开采准备部分中，对以下的约束条件进行了调整：每个拥有所需元素的站点都应被开采，寻找能够达到下一个拥有所需元素的开采站点的路径，每个站点只允许停留一个 ASD。对应的，每条铁轨上允许存在一个以上的 ASD，不过需要保持距离。这样的调整使得在不同站点间的转移更加容易且优先级更高，同样能够轻松地得到尘土开采规划图。在算法中，p_O 和 p_I 用来记录在剩余路径上驶入和驶出的 ASD 数量，s_O 和 s_I 用来记录在剩余驶入和驶出路径上尘土开采站点的容量。

算法 2　路径规划优化算法（IPPOA）除尘准备

初始化：输入矿工 h、i、j，h、i、j 的初始粉尘站为 A7、R10、B11，含 An^{e+} 元素的粉尘场以及系统信息等；设置 $n_O=1$，$n_I=0$，$s_O=0$，$s_I=1$

for A = $A7_O$：h 的目的地 An^{e+} **do**

初始化 $n_O^s=0$，$n_O^{An^{e+}}=0$，$n_I^s=0$，$n_I^{An^{e+}}=0$

for all h，i，j ∈n / A，**do**

if 矿工 h 行进到 $A7_O$ 下一个粉尘站 An^{e+} **then**

如果矿工 i 和 j 运行同一轨道，$n_O^{An^{e+}}$ ++，搜索最近的灰尘站 An^{e+}；

否则 $n_I^{An^{e+}}$ ++

else if 矿工 h 运行矿工 i 的下一段 **then**

如果矿工 i 和 j 运行方向相同，n_0^s++，搜索最近的灰尘站 An^{e+}；

否则 n_1^s++

if 矿工 h 在 An^{e+} 上行驶不同的轨道 **then**

否则 n_1^s++

end if

end for

end for

outputs

更新除尘图计划（元素丰度图）

为了将路径优化中尘土采集规划部分的描述数学化，作者定义了以下变量并给出了方法。

$$\forall h, i \in n_1 \text{或} h, i \in n_0, h \neq i \tag{13.5.1}$$

$$\forall h \in n_1, i \in n_0 \text{ 或 } \forall h \in n_0, i \in n_1 \tag{13.5.2}$$

$$\xi_{h,i,An^{e+}}^{AD} = \begin{cases} 1 & \text{如果矿工 } h \text{ 比矿工 } i \text{ 提前到达粉尘站} An^{e+} \\ 0 & \text{如果矿工 } h \text{ 未比矿工 } i \text{ 提前到达粉尘站} An^{e+} \end{cases} \tag{13.5.3}$$

$$\xi_{h,i,An^{e+}}^{DA} = \begin{cases} 1 & \text{如果矿工 } h \text{ 比矿工 } i \text{ 提前到达粉尘站} An^{e+} \\ 0 & \text{如果矿工 } h \text{ 未比矿工 } i \text{ 提前到达粉尘站} An^{e+} \end{cases} \tag{13.5.4}$$

$$\omega_{h,i}^{An,An^{e+}} = \begin{cases} 1 & \text{如果矿工 } h \text{ 比矿工 } i \text{ 早于进入} (An, An^{+}) \\ 0 & \text{否则} \end{cases} \tag{13.5.5}$$

其中 M 为足够大的数。对应 IPPOA 算法的数学模型为

$$\sum_{h,i,j \in N} (d_{h,i,j}, \mathrm{Des}_{(h,i,j)} - \bar{d}_{h,i,j}, \mathrm{Des}_{(h,i,j)})$$

公式(13.5.6)保证率 ASD h 会完成路径 A 上从 A0 到 A7 的所有站点的测绘工作对于 ASD i 和 j 也采用同样的设置。公式(13.5.7)保证了 ASD 在各个站点上运行的时间，这个公式一定程度上取决于相邻两站点间的距离。

$$a_{h,An} + t_{h,An}^{d} \leqslant d_{h,An}, \forall h \in n; An \in R_h \tag{13.5.6}$$

$$d_{h,An} + t_{h(An,An^{+})}^{s} \leqslant a_{h,An} +, \forall h \in n; An \in R_h \backslash \mathrm{Des}(h) \tag{13.5.7}$$

$$\left.\begin{array}{l} a_{h,An^{e+}} + l^{ad} \leqslant d_{i,An^{e+}} +, M(1 - \xi_{h,i,An^{e+}}^{AD}) \\ \forall h \in n_1, i \in n_0 \text{ 或 } \forall h \in n_0, i \in n_1; An^{e+} \in R_h \cap R_i \end{array}\right\} \tag{13.5.8}$$

$$\left.\begin{array}{l} d_{h,An^{e+}} + l^{da} \leqslant a_{i,An^{e+}} +, M(1 - \xi_{h,i,An^{e+}}^{DA}) \\ \forall h \in n_1, i \in n_0 \text{ 或 } \forall h \in n_0, i \in n_1; An^{e+} \in R_h \cap R_i \end{array}\right\} \tag{13.5.9}$$

$$\left.\begin{array}{l} \xi_{h,i,An^{e+}}^{AD} + \xi_{j,h,An^{e+}}^{AD} = 1 \\ \forall h \in n_1, i \in n_0 \text{ 或 } \forall h \in n_0, i \in n_1; An^{e+} \in R_h \cap R_i \end{array}\right\} \tag{13.5.10}$$

我们采用了参考文献[26]中的到达-出发、出发-到达方法，从而每一次当 ASD 准备转移至下一站点时，站点搜索部分都会加入相应的约束函数，从而使得结果满足解析方法得到的结果，并能够高效地得到采集规划地图。公式(13.5.8)显示了矿工 h 在轨道 A 的到达距离，并将应用于 R 上的 i 和 B 上的 j 的不同轨道的可能性。与之类似，公式(13.5.9)展示了出发-到达部分的情况。公式(13.5.10)表示连接两个站点之间仅有一条联络线。

13.6 尘土开采作业

尘土开采作业是利用 dust-to-thrust 方法来偏移小行星的一种概念设计，利用小行星进行资源探索和采集。小行星上的任何元素都可以用来当作偏移小行星的工具。然而，我们应当利用、收集哪些元素则需要严谨地回答。如图 13－12 所示为尘土开采作业流程图，展示的是一种规划 ASD 在小行星上的运行方式。

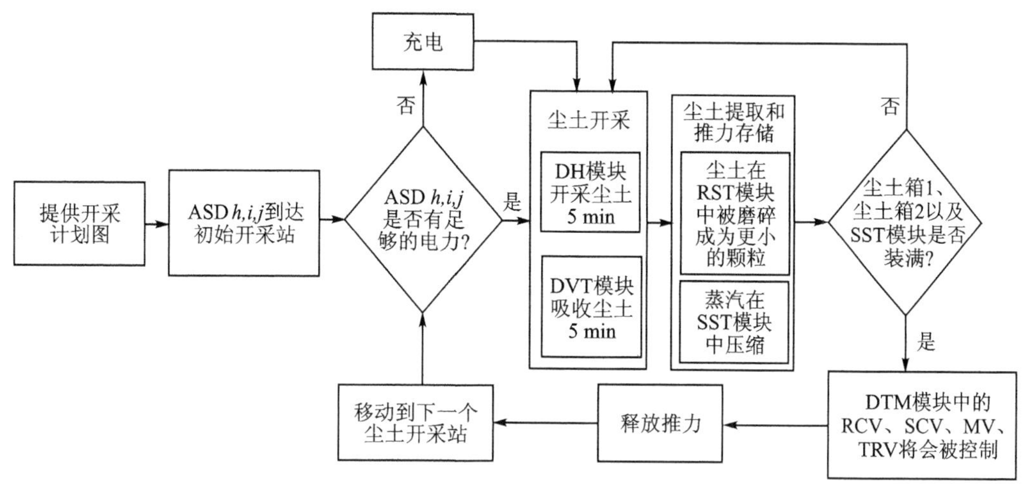

图 13－12 尘土开采作业流程图

此外，当 ASD 探测完小行星并确定开采计划图以后，地球观测站（EBO）将会决定哪个 ASD 前往需要开采的站点。ASD 需要足够的能源来进行尘土开采，支持这部分工作的能源由尘土收集得到。尘土收集作为能量源可以发电，以维持整个项目运行。

DH 模块可以用激光来开采小行星表面，DVT 模块用来收集这些尘土，这两个模块的工作时间也是 5 分钟，当 DVT 模块收集完尘土以后，这些尘土将会穿过吸收管道并被加热，产生的蒸汽将会储存在 SST 模块中。管道中剩余的尘土将会被推入 RST 模块中并被研磨成更细的粉末。之后尘土粉末在尘土箱 1 和尘土箱 2 中压缩，如果尘土箱 1、尘土箱 2 以及 SST 都已存满，计算机系统会自动调整 DTM 模块上的阀门来释放推力。最后 ASD 将会移动到下一个站点并重复上述流程，从而偏移小行星。

偏移小行星的预计时间为 15 年，假设 ASD 在 2029 年 4 月 13 日着陆，那么到了 2044 年，小行星将会偏移。在偏移工作中，作者考虑到几个需要偏移的方面，如小行星的自转速度。由于小行星在多个方向都高速地旋转，寻找合适的降落地点会很困难，需要采集大量的图像后才能找到 ASD 降落的方式。

此外，得到小行星偏移的角度会是 ASD 的一种很好的尝试。由于 ASD 会到达这些投影的角度上，而小行星又在高速自转，ASD 在采集的同时又释放推力，所以它已经开始从另一个角度反推了。如果 ASD 已经开始尘土开采，小行星的物理结构将会下降，在这种情况下，小行星可能转向另一个角度，只有地球观测站才能得到这部分结论。

通常，偏移小行星所需要的推力由尘土推力引擎（DTM）的设计以及尘土开采站点的位置决定。有些在表面上的元素会进行化学结构的分析及利用，如果小行星是S形小行星，主要由硅基物质组成，基于参考文献[8]中的观测数据，这就意味着小行星上富含二氧化硅和LL球粒陨石。所以，作者假设ASD可以利用电推力来偏移小行星。但这仅仅是假设，而小行星上也同样会存在其他元素。

13.7 结　论

对于已经识别的小行星的不同偏移策略，如引力拖车、激光溶解、动能撞击、喷洒涂料、用核弹轰炸等，在可行性程度上也不尽相同。在减少小行星撞击地球概率时，这个问题应得到足够的重视。这些都仅仅是概念设计，并没有进行实际的设计部署。虽然目前已有成功偏移小行星的案例，但是能够成功避免小行星撞击的概率依然很低，并且无法保证能够使得小行星偏移。

此外，部分研究旨在小行星偏离其轨道，然而这种做法与其他方法几乎相同。所以在本章中，作者提出的dust-to-thrust的想法不仅可以用于偏移小行星99942，还能用来偏移其他类似情况的小行星。

由于偏移小行星所需要的总推力无法估计，小行星上尘土的量也是未知状态，而且目前有限的资源，想要将ASD送到该小行星上还需要很长的时间。此外，将小行星带到地球上进行试验是不可能的，所以作者下一步的工作专注于所需推力、能够提供的尘土量以及偏转角度的计算。

思考题

1. 目前的小行星探测具有哪些意义？
2. 简述DAD的目标和DAD－ASD的主要设计工作流程。
3. X波段高增益天线具有哪些优点？
4. 简述ASD路径优化过程。

参考文献

[1] Sánchez-Lozano J M，Fernández-Martínez M. Near-Earth object hazardous impact：A Multi-Criteria Decision-Making approach[J]. Scientific Reports，2016，6(1)：37055.

[2] Andrews D G，Bonner K D，et al. Defining A Successful Commercial Asteroid Mining Program[J]. Acta Astronautica ，2015(108)：106-118.

[3] Bell J F III，Maki JN，et al. Mastcam-Z：A geologic，stereoscopic，and multispectral investigation on the NASA Mars-2020 rover[C]. Presented at the International Workshop on Instrumentation for Planetary Missions (IPM-2014)，Greenbelt，Maryland，November 4-7，2014.

[4] Green R O，Pieters C，et al. The Moon Mineralogy Mapper (M3) imaging spectrometer for lunar science：Instrument description，calibration，on-orbit measurements，science

data calibration, and on-orbit validation[J/OL]. Journal of Geophysical Research, Vol. 116, E00G19, 2011. http://doi.org/10.1029/2011JE003797.

[5] Sava P, Asphaug E. Seismology on small planetary bodies by orbital laser Doppler vibrometry[J]. Advances in Space Research, 2019(64):527-544.

[6] Vendiola V, Zacny K, et al. Testing of the Planetary Volatiles Extractor (PVEx)[C/OL]. 16th Biennial International Conference on Engineering, Science, Construction, and Operations in Challenging Environments, Cleveland, Ohio. April 9-12, 2018. https://doi.org/10.1061/9780784481899.045.

[7] Mantovani J G P, Townsend III I I. Planetary Regolith Delivery Systems for ISRU [J/OL]. Journal of Aerospace Engineering 26 Issue 1, 2013. http://doi.org/10.1061/(ASCE)AS.1943-5525.0000248.

[8] Miller D P, Lee T L. High-Speed Traversal of Rough Terrain Using a Rocker-Bogie Mobility System[C]. Proceedings of Robotics 2002: The 5th International Conference and Exposition on Robotics for Challenging Situations and Environments, 2002.

[9] Xu X, Li K, et al. An efficient train scheduling algorithm on a single-track railway system[J]. Journal of Scheduling, 2019 (22): 85-105.